IPv6 无线传感器网络开发与实践

王　平　蒲宬亘　编著

科学出版社
北　京

内容简介

本书结合重庆邮电大学工业物联网与网络化控制教育部重点实验室多年来在IPv6无线传感网络方面的研究，以实验室自主研发的基于IPv6的物联网开发平台作为载体，引导读者从硬件到软件，从理论到实践由浅入深地学习IPv6无线传感网络。本书全面系统地介绍了IPv6无线传感器网络的基本概念与核心技术，以实践开发为指引对基于Contiki操作系统的6LoWPAN协议栈自下而上地进行了细致讲解，最后结合具体应用案例分析了IPv6无线传感网络的实际设计与操作，将理论与实际结合。

本书穿插了大量的开发实例，总结了高质量的开发代码和先进的开发思维，更有据可依地引导读者学习并掌握6LoWPAN的相关开发方法，可操作性强，可作为物联网工程技术人员的参考书，同时也可作为物联网、自动化等相关专业研究生及本科生的教学用书。

图书在版编目(CIP)数据

IPv6无线传感器网络开发与实践 / 王平，蒲宬亘编著. —北京：科学出版社，2020.12

ISBN 978-7-03-067068-7

Ⅰ.①I… Ⅱ.①王… ②蒲… Ⅲ.①无线电通信-传感器-计算机网络-通信协议 Ⅳ.①TP212②TN915.04

中国版本图书馆CIP数据核字（2020）第242547号

责任编辑：孟 锐 / 责任校对：彭 映
责任印制：罗 科 / 封面设计：义和文创

科学出版社 出版
北京东黄城根北街16号
邮政编码：100717
http://www.sciencep.com

成都锦瑞印刷有限责任公司印刷
科学出版社发行 各地新华书店经销

*

2020年12月第 一 版 开本：787×1092 1/16
2020年12月第一次印刷 印张：25
字数：587 000

定价：128.00元

（如有印装质量问题，我社负责调换）

前　言

物联网作为新一代信息技术与万物深度融合的产物，是世界各领域实现数字化、网络化、智能化的重要基础设施，更是实现全要素、全产业链、全价值链互联互通的关键支撑。邬贺铨院士指出“物联网实现人与人、人与物、物与物之间任意的通信，使联网的每一个物件均可寻址、联网的每一个物件均可通信、联网的每一个物件均可控制”。实现“万物互联”的前提是所连接的物件都必须具备可访问的唯一 IP 地址，只有 IPv6 才能满足物联网对海量地址空间的需求，实现每个物件可寻址、可通信的目标。IPv6 技术作为下一代互联网的基础技术，是未来网络演进的方向，也是我国网络强国的重点工作之一。国际互联网工程任务组 IETF 主导提出的 6LoWPAN 技术通过引入一个适配层高效地解决了 IPv6 在 IEEE 802.15.4 网络中的传输问题。随着 6LoWPAN 技术的发展与完善，IPv6 在无线传感器网络中得到了广泛应用。

本书作者所在的工业物联网与网络化控制教育部重点实验室、国家工业物联网国际科技合作示范基地与智能仪器仪表网络化技术国家地方联合工程实验室牵头承担了国家重大科技专项项目“基于 IPv6 的无线传感网的网络协议研发及验证”、863 计划项目“基于 IPv6 的全互联制造网络技术”、国家智能制造标准化专项“工业互联网基于 IPv6 的网络互联标准研究与试验验证”以及工信部 2020 年工业互联网创新发展工程项目“面向典型行业的生产网络 IPv6 互通及融合技术测试验证平台”等项目在内的 16 项国家级物联网相关项目，突破了一系列物联网关键技术问题，取得了一批具有重要影响的科研成果，并初步形成了专利保护群。制定国际标准 8 项(牵头 3 项)，制定国内标准 12 项(牵头 5 项)，获得发明专利授权 78 项(PCT 专利 12 项、美国发明专利授权 5 项)。在 IPv6 无线传感器网络方面，突破了编址、路由、安全以及轻量级的 IPv6 协议栈等核心技术，开发的低功耗、轻量级 IPv6 协议栈通过了 IPv6 金牌国际认证(IPv6 Ready Phase II)；推进 IPv6 传感网及多协议异构传感器网与 Internet 互通架构、关键技术的研究和标准化工作；突破了多协议适配、协议翻译机制等关键技术；开发了多型支持 IPv6 的无线传感节点、边界网关与信息服务适配器。在 IPv6 无线传感器网络领域积累了丰富的技术，形成了具有国际影响力的研究特色与技术优势。

本书结合作者多年来在 IPv6 无线传感器网络领域的技术积累，基于业界影响力广泛的 Contiki 系统，以实验室自主研发的基于 IPv6 的物联网开发平台为载体，利用开发实例引导读者从硬件到软件，从理论到实践由浅入深地学习 IPv6 无线传感器网络。全书共分为 8 章，第 1 章主要介绍了 IPv6 无线传感器网络的基本内涵及 6LoWPAN 技术的发展历程；第 2 章从硬件资源特性和软件开发工具两个方面介绍了本书所采用的 IPv6 物联网研发平台；第 3、4 章对 Contiki 系统的基础知识和运行原理进行了介绍；第 5 章对 6LoWPAN 协议栈体系架构进行深入探究，介绍 IPv6 无线传感器网络协议栈的逻辑层次以及各层支持的协议与功能；第 6 章对基于协议栈进行节点、路由、网关等功能设备开发进行了介绍；第 7 章介绍 IPv6 无线传感器网络通过网关设备接入互联网的方法；第 8 章以应用案例为引导介绍了 IPv6 无线传感器网络的综合开发。

本书由王平、蒲宬亘共同著述。同时，研究生犇煜、邹智谋、胡心悦、钟佳杉、林洋、王仪、尹彦丹、谢顺吉、唐林阳、杨钊、吴俊锐、孙雄、张斌、鲍娜参与了相关章节的编写与校对。

本书的代码全部调试通过，需要本书源程序电子文档和 IPv6 物联网开发平台的读者，可以发送电子邮件联系：ipv6wsn@163.com。

作者
2020 年 12 月于重庆邮电大学

目　　录

第 1 章　IPv6 无线传感网概述

1.1　物联网与无线传感器网络

早期的物联网概念主要建立在物品编码、射频识别(Radio Frequency Identification，RFID)与互联网结合的基础上。随着物联网技术的发展，其覆盖范围有了较大的拓展，不再只是基于 RFID 技术。国际电信联盟(International Telecommunication Union，ITU)对物联网的概念进行扩展，将其定义为通过信息传感设备，按照约定的协议，将任何物品与互联网相连，进行信息交换，以实现智能化识别、定位、跟踪、监控和管理为目标的网络。欧盟发表了物联网行动计划并给出定义：物联网是一个动态的全球网络基础设施，它具有基于标准和互操作通信协议的自组织能力，其中物理的和虚拟的“物”具有身份标识、物理属性、虚拟特性和智能接口，并与信息网络无缝整合。邬贺铨院士指出物联网具备“连网的每一个物件均可寻址、连网的每一个物件均可通信、连网的每一个物件均可控制”三大特征。

物联网作为新一代信息技术与万物深度融合的产物，是世界各国争夺未来产业发展制高点的重要领域，也是我国创新发展的核心力量。自温家宝总理提出“感知中国”以来，物联网被正式列为国家五大新兴战略性产业之一。此后，物联网得到迅速发展，其应用已覆盖日常生活与工业生产的各个领域。在生活中，物联网应用可具体化到洗衣服时衣服会“告诉”洗衣机对颜色和水温的要求；公共垃圾桶在装满后能及时“通知”垃圾车来清理；汽车在司机犯错误之后能够“自主”地及时做出反应，以避免危险的发生；货车可以通过跟踪和监控温度等信息及时“保护”运输产品的安全；可穿戴设备会时刻收集并“分析”人类的健康状况和环境条件，让医生及时了解患者状况；装有全球定位系统的运输车辆以及装有射频识别芯片的集装箱，可以自由地通过不停车收费站在无人码头自动完成装卸；等等。在工业上，利用物联网技术能够及时掌握和分析原材料的采购、销售和库存等信息，并预测供求关系，提高制造业供应链管理的效率；生产过程中对生产设备进行健康监控、故障诊断和预测，提高维护效率；在工业排污源部署传感器网络，及时进行异常报警并停止相应的生产过程，防止突发性环境污染事故；在危险作业环境中，实时监测作业人员、设备机器及周边环境的安全状态，保障工业生产安全；等等。

无线传感器网络技术作为物联网感知层中最重要的技术，是整个物联网技术发展的基石。无线传感器网络是由大量的静态或动态的具有存储和数据处理能力的传感器节点通过无线自组网的方式构建网络拓扑的分布式系统，是集信息采集、信息处理、信息传输与信息应用于一体的综合智能信息系统，并将检测区域内的信息通过传感器节点的采集、传输、处理发送给网络的所有者。无线传感器网络以微机电系统(Micro-Electro-Mechanical Systems，MEMS)技术为基础，具备 MEMS 高集成、体系小、功耗低、价格低廉等特性，还因为其分布式特点，节点分布具备密集性、多区域性等特点。无线传感器网络中传感器节点之间、传感器节点与用户之间的通信方式均为无线通信，并且可以通过设定按需的规则使网络建立起端到端的通信路径。节点通过无线多跳的方式将采集的数据汇聚到网关中，然后再由网关通过互联网或者移动通信网络传输到后台服务器，最终通过前端界面呈现给用户，以方便指挥人员进行管理和检测与控制。

无线传感器网络技术可以作为移动通信网络、有线接入网络的神经末梢网络，进一步延伸网络的覆盖面积，并逐渐深入到人类生活的各个方面，以各种新的形式出现，如智能家居、智能电网、智慧城市、车联网、工业互联网、智能制造系统等。由此可见，无线传感器网络与各种通信网络互连是物联网发展的必然要求，而无线传感器网络与各种通信网络之间如何有效地相互通信也是一个重要的研究热点。在信息技术日益发展的今天，国家对物联网产业的发展非常重视，研究物联网与无线传感器网络对国家经济、科技等方面的发展具有重要意义，对无线传感器网络与物联网应用技术的研究和完善，将会为物联网技术的发展打下良好基础，并促进我国社会经济可持续发展。

1.2 IPv6 技术引入无线传感网

物联网的核心是互联网，实现“万物互联”的前提是所连接的物体都必须具备可访问的唯一 IP 地址。因此，IP 协议的应用使物联网与互联网之间具有互联互通的共同基础。随着物联网技术发展成熟而催生的物联网时代的到来，越来越多设备接入互联网中，而当前使用的 IPv4(互联网协议第四版)协议技术，远不能承载如此之多的联网设备。为了终端和设备能够连入网络，IP 技术需要升级换代，而下一代 IP 协议技术版本 IPv6，足以让地球上每平方米的区域里分配 1000 个 IP 地址，完全可以满足物联网时代的 IP 需求量。

此外，在 IPv4 版本中具有顶级域名解析功能的 DNS(Domain Name System，域名系统)根服务器，全世界仅有 13 台，其中 1 个为主根服务器在美国，其余 12 个均为辅根服务器，分布于美国 9 个、英国 1 个、瑞典 1 个、日本 1 个，没有一台部署在中国。在 IPv6 版本中，我国已经部署 1 台主根服务器和 3 台辅根服务器，打破了我国没有根服务器的困境，使得我国在 IPv6 版本里有自主可控的能力。为此，2017 年 11 月 26 日中共中央办公厅、国务院办公厅印发了《推进互联网协议第六版(IPv6)规模部署行动计划》。2018 年 5 月 2 日，工信部发布了关于贯彻落实《推进互联网协议第六版(IPv6)规模部署行动计划》的通知，要求大力推进 IPv6 部署，加快网络基础设施和应用基础设施升级步伐，促进下一代互联网与经济社会各领域的融合创新。2020 年，工信部为加快推进 IPv6 在各领域网络的规模部署和应用，持续提升 IPv6 活跃用户和网络流量规模，开展了 IPv6 端到端贯通能力提升专项行动，其中包括优化提升 IPv6 网络接入能力、大幅提升云服务平台 IPv6 业务承载能力、全面扩大数据中心 IPv6 覆盖范围、着力提升终端设备 IPv6 覆盖范围等重点工作任务。IPv6 作为下一代互联网的基础技术，是未来网络演进发展的方向，也是我国网络强国的重点工作之一。

随着 6LoWPAN(IPv6 over Low-Power Wireless Personal Area Networks，基于 IPv6 的低速无线个域网)技术的提出，IPv6 在无线传感器网络中得到了广泛应用。IPv6 协议作为

对 IPv4 协议的延续，为了克服未分配地址空间的急剧减少，并考虑到未来网络设备及仪器的数量将大大超过传统电脑主机的数量，IPv6 将 IP 的地址空间从 32 位扩展到了 128 位。同时，为了应对网络链路带宽的持续增长，IPv6 还将最低最大传输单元(Maximum Transmission Unit，MTU)需求从 576 字节增加到了 1280 字节。此外，为了简化路由并提高路由性能，IPv6 并没有在中间路由进行分片，而是在终端处进行了分片的实现。这些只是 IPv6 核心的一部分，其核心部分通常还包括邻居发现、地址自动配置、IPv4 到 IPv6 的过渡、域名解析和 IPv6 路由技术等。IPv6 技术的优势使得对 IPv6 无线传感器网络的研究变得十分重要，通过 IPv6 技术的融合，无线传感器网络能够支持大量的设备接入，应用更加广泛。

现有的无线传感器网络通信协议往往与具体无线传感器网络的应用相关，不具有可扩展性和移植性，一般外部网络的用户不能直接访问无线传感器网中的节点。而 IPv6 作为下一代网络协议，具有地址资源丰富、地址自动配置、安全性高、移动性好等优点，通过 IPv6 技术，无线传感器网络能够与 Internet 无缝对接起来，从而实现人与人、人与物、物与物之间基于统一协议的自由通信，IPv6 的使用能够让无线传感节点间实现端到端通信，极大扩展了无线传感网络的使用范围。鉴于目前 Internet 的 IPv4 地址资源已经耗尽，同时考虑到无线传感器网络所需的 IP 地址数量巨大，因此将 IP 机制引入无线传感器网络时采用 IPv6 技术是一个必然选择。一个典型的基于 IPv6 协议的无线传感器网络系统如图 1.1 所示。对于 Internet 而言，可将其已有的各种技术和成熟应用直接延伸至传感网；对于传感器网络而言，可将物体之间的信息传输范围扩展至整个人类社会和全球各地。网络的相互延伸和融合，必将有力促进人类信息化的发展和进步。

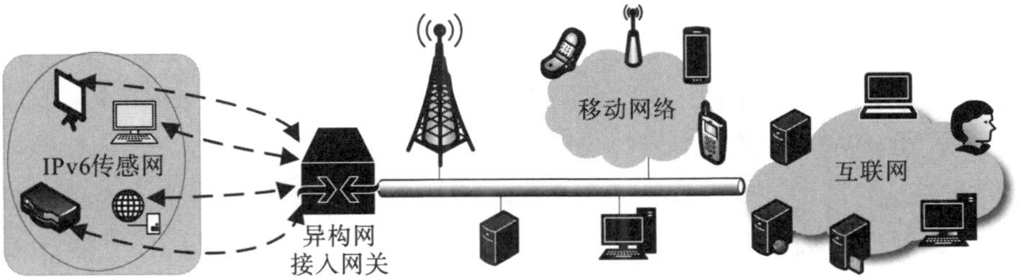

图 1.1　基于 IPv6 的无线传感器网络系统

1.3　6LoWPAN 技术

以太网作为 IPv6 的主导链路被广泛使用，其吞吐量的增长速度也非常惊人。Wi-Fi 通过支持相似大小的 MTU 和高速率链路来实现对以太网功能的映射，其所有链路都工作在充足的功率以及高处理能力设备的条件下。相比之下，WPAN 技术一方面要求被应用在低功率条件下，另一方面其使用的微处理器的能力也被约束限制。此外，IEEE 802.15.4 还将吞吐量限制到 250kbps，并为了确保较低的包错误率，帧长度被限制到 127 字节。因此，为了减少帧头部开销以及满足缓存需要，IEEE 802.15.4 除了采用 EUI-64 地址外，还定义了 16 位长度的链路地址。

由于上述的资源限制以及LoWPAN的多跳特性，在LoWPAN网络上实现对IPv6的支持仍具有一定的挑战性。第一，因为LoWPAN存在吞吐量低、缓存有限以及最大帧长度不超过127字节等约束，为了支持IPv6的正常运行，相应的报文需要进行必要的分片和压缩。第二，由于IEEE 802.15.4是供低功耗和低速率设备使用的短距离无线通信规范，将更容易引发寄生干扰、链路失败、动态链路质量低以及链路不对称等问题。解决这些问题便需要网络层在保持能量效率的同时还应具有快速响应以及自适应性的特点。第三，LoWPAN的预期拓扑主要是一个短程连接的Mesh网，而IPv6所假设的链路是一个单一的广播域，其与LoWPAN链路不相符。

2005年，国际互联网工程任务组(The Internet Engineering Task Force，IETF)专门成立了6LoWPAN工作组，致力于研究基于IEEE 802.15.4底层链路的IPv6的通信网络，制定适用于IPv6的低功耗、无线Mesh网络标准。6LoWPAN旨在IEEE 802.15.4网络中传输IPv6报文，但是底层标准并不局限于IEEE 802.15.4标准，也支持其他的链路层标准，6LoWPAN的这些特性为其标准扩展提供了保证。6LoWPAN工作组通过引入一个适配层高效地解决了IPv6在IEEE 802.15.4网络中的传输问题，其相继制定了RFC4919、RFC 4944、RFC 6282以及RFC 6775等系列标准以支持IPv6在IEEE 802.15.4网络中传输时的分片和头部压缩功能。同时，IETF工作组针对6LoWPAN在低功耗有损网络下的路由需求成立了RoLL(Routing Over Low power and Lossy networks)工作组，以及针对资源受限环境的应用层进行研究的CoRE(Constrained RESTful Environment)工作组，进一步完善了6LoWPAN网络的体系架构。随着6LoWPAN技术的不断发展，其已经成为物联网领域的事实标准。

6LoWPAN适配层在2012年底已经被完善，6LoWPAN工作组随后被关闭。由于用于受限设备的通信技术仍旧在稳步发展，所以将IPv6支持扩展到用于IoT的新一代无线和有线通信技术是进一步的需求。2013年，IPv6资源受限节点网络(6Lo)工作组创建，其主要目标是继承6LoWPAN遗留下来的关键工作以及开展一些其他技术与IPv6的结合，包括Bluetooth LE、ITU-TG.9959等。到2020年3月，关于6LoWPAN格式和功能的更新草案已经进行了21版，关于邻居发现标准的6Lo骨干路由器草案也更新到了第20版，并且仍然有一些新的待解决的问题被提出，例如，如何通过NFC、PLC网络等技术传输IPv6数据包。

IETF有6个工作组在从事IPv6以及资源受限网络相关的研究工作，表1.1展示了最新各个工作组的主要研究内容。6LoWPAN、ROLL和CoRE工作组已经在协议栈的各个层定义了协议，包括IPv6适配层、路由协议和web传输协议，6TiSCH通过时隙跳信道机制(Timeslotted Channel Hopping，TSCH)来定义IPv6，是促进IPv6工业标准化和融合操作技术(OT)和信息技术(IT)的关键，推动了报头压缩、IP-in-IP封装和6LoWPAN邻居发现方面的改进，并提供更有能力的路由方案和安全管理。最近出现的低功率广域网(LPWAN)也是解决资源受限网络问题的一个非常合适的解决方案。

表 1.1 IETF 中 6LoWPAN 相关工作组的研究内容

工作组	研究内容和现存标准文档
6LoWPAN 工作组	6LoWPAN 组主要解决了 IPv6 在无线传感器网络中应用时所面临的地址压缩/解压缩、分片/重组、邻居发现、MESH 网通用路由等问题，6LoPAN 协议运行在 IEEE 802.15.4 的物理层和竞争式 MAC 层之上，通过构建适配层来实现对 IPv6 协议的支持。已完成了 6 个 RFC 标准文档。 ● RFC 4919，指定了初始标准化的基本要求和目标； ● RFC 4944，规定了 6LoWPAN 的格式和功能； ● RFC 6282，6LoWPAN 数据报的压缩格式； ● RFC 6775，6LoWPAN 邻居发现优化； ● RFC 6568，6LoWPAN 的设计和应用空间； ● RFC 6606，6LoWPAN 的路由需求。 2012 年底，其有关于适配层的工作已经被彻底完善，该工作组关闭，余留工作交由 6Lo 工作组继续进行。
6Lo 工作组	6Lo 工作组是为促进受限节点网络 IPv6 的连通而成立，目前工作组已完成了 11 个 RFC 标准文档。 ● RFC 7388，确立了在低功耗无线个域网上(LoWPAN)为 IPv6 定义托管对象； ● RFC 7400，确立了在 6LoWPAN 中 IPv6 的通用报头压缩方案； ● RFC 7428，ITU-TG.9959 网络传输 IPv6 数据包； ● RFC 7668，低能耗 IPv6 蓝牙； ● RFC 7973，提出 IPv6 采用低功率无线个人区域网络的封装并分配了一个以太网类型； ● RFC 8025，推出 6LoWPAN 的寻呼调度； ● RFC 8065，提出 IPv6 适应层机制的隐私考虑； ● RFC 8066，提出 6LoWPAN 中 ESC 调度代码点和指南； ● RFC 8105，提出通过数字增强型无线通信(DECT)传输 IPv6 数据包超低能耗(ULE)； ● RFC 8163，提出通过主从/令牌传递(MS/TP)网络传输 IPv6； ● RFC 8505，继 6LoWPAN 工作组推出的注册扩展 6LoWPAN 邻居发现标准。
6TiSCH 工作组	6TiSCH 工作组专注于在 IEEE 802.15.4 标准的 TSCH 模式上启用 IPv6 的工作，目前已经完成了 3 个标准文档 RFC。 ● RFC 7554，在物联网中使用 IEEE 802.15.4e 时隙信道跳变(TSCH)的问题声明； ● RFC 8180，介绍 6TiSCH 的最小配置，允许单元的动态分配和相邻对等点之间的交换，以适应 IP 流量中吞吐量变化的可用带宽； ● RFC 8480，确定了 6TiSCH 操作子层(6top)协议(6P)，使时隙信道的添加、删除规则更加清晰。
LPWAN 工作组	LPWAN 工作组着力于通过 SIGFOX、LoRa、WI-SUN 和 NB-IoT 等几种低功耗广域技术来实现 IPv6 连接，这些技术具备共同的特性包括最优的无线电调制技术、星型拓扑结构、传输距离长等。尽管这些技术支持下行传输模式，但大部分还是采用上行传输模式，因为上行传输可以支持设备在不传输数据时进入低功耗睡眠模式，节省能耗。该工作组描述 LPWAN 技术、需求，以及优化基于 IPv6 的终端设备通信的新标准。 ● RFC 8376，推出了 LPWAN 概述； ● RFC 8724，指定了静态上下文头压缩和分段的通用框架（SCHC）的文档，提供了头压缩机制和可选的分段机制。 该小组将继续制定新的标准跟踪工作，以优化基于 IPv6 的终端设备通信。
ROLL 工作组	ROLL 工作组针对工业应用、城市应用、家居自动化和楼宇自动化应用等领域的低功耗有损网络路由需求，提出了适用于 IPv6 无线传感器网络的 RPL 路由协议并制定了系列 RFC 标准文件，包括 RPL 框架、指标、路由度量、点对点路由发现机制、一种沿着点对点路由测量路由度量的机制、目标函数以及安全威胁分析等。 ● RFC 6550，RPL：低功耗有损网络的 IPv6 路由协议； ● RFC 6551，低功耗有损网络中用于路径计算的路由度量； ● RFC 6552，用于低功耗有损网络的路由协议（RPL）的目标函数 OF0； ● RFC 6719，具有迟滞目标函数(MRHOF)的最小秩； ● RFC 6997，低功耗有损网络点对点路由发现机制； ● RFC 6998，一种沿着点对点路由测量路由度量的机制； ● RFC 7416，RPL 的安全威胁分析； ● RFC 7731，低功耗有损耗网络的多播协议（MLP）； ● RFC 7732，MPL 具有 Admin-Local 范围的组播转发器策略； ● RFC 7734，MPL 的 DHCPv6 参数配置选项；

续表

工作组	研究内容和现存标准文档
	● RFC 8036，在高级计量基础设施(AMI)网络中用于低功耗有损耗网络的路由协议(RPL)的适用性说明； ● RFC 8138，引入了一种新的用于 6LoWPAN 路由拓扑的调度类型，其最初满足了 RPL 数据分组压缩的需求。
CoRE 工作组	CoRE 工作组旨在为受限网络上运行的面向资源的应用层提供一个框架，通过此框架对受限网络上的资源进行监视、控制以及管理。 ● RFC 7252，完善了适应 6LoWPAN 网络应用的受限应用协议的各方面内容； ● RFC 8323，概述了 CoAP 采用 TCP，TLS 和 WebSockets 进行传输所需的更改； ● RFC 8516，推出了受限应用程序协议的"太多请求"响应代码； ● RFC 8613，约束 RESTful 环境的对象安全(OSCORE)； ● RFC 8710 和 RFC 8768，对约束应用程序协议的多部分内容格式和跳限制选择的说明； ● RFC8790 和 RFC 8798，对带有传感器测量列表(SenML)的 FETCH 和 PATCH 以及传感器测量列表(SenML)的其他单位进行解释。
LWIG 工作组	LWIG 工作组专注在资源受限的设备上实现轻量级的 IP 协议栈，为 Internet 协议的轻量化、在 DNS 实施轻量化服务、以及设计轻量级嵌入式 IP 编程接口提供指导。 ● RFC 7228，规范了约束节点网络术语； ● RFC 7815，最小的 Internet 密钥交换版本 2（IKEv2）发起程序实现； ● RFC 8352，物联网协议的节能特性； ● RFC 8387，保障智能对象网络安全性的实践考虑和实施经验。

与现存的其他传感器网络技术相比，6LoWPAN 具有以下明显的技术优势。

(1) 地址空间方面，6LoWPAN 网络基于 IPv6 地址，拥有广阔的地址空间，可以满足海量节点的部署需要，这也是 6LoWPAN 相对于其他标准最重要的技术优势。

(2) 网络互联方面，6LoWPAN 网络为每个设备配备了 IPv6 地址，因此 6LoWPAN 网络可以方便地与其他基于 IP 的网络(如 4G 网络，因特网络)互联，构建异构网络，实现互相通信。

(3) 重用和基础验证方面，IP 网络可以保证 6LoWPAN 重用其他 IP 网络的设施和 IP 调试、诊断工具，并且 IP 技术已经稳定运行多年，为 6LoWPAN 标准提供了基础验证。

(4) 标准开放性方面，6LoWPAN 是 IETF 制定的开放标准，应用广泛，全世界的开发人员都可以为其改进和完善而努力，为其快速发展、完善提供保障。

6LoWPAN 的标准草案主要描述了适配层和 IP 层的帧格式和关键技术，而对底层和上层协议没有做过多的介绍，只是在标准中声明底层参照 IEEE 802.15.4 标准，传输层采用 TCP 或者 UDP 的传输协议。图 1.2 展示了 6LoWPAN 协议栈架构。

6LoWPAN 协议栈各协议层支持的功能如下。

(1) 应用层：IETF 专门设立了 CoRE 工作组，其目的是为受限节点制定应用层协议（如 CoAP 协议等），使低功耗有损网络下的节点能够被更好地应用。

(2) 传输层：6LoWPAN 协议栈同时采用了 TCP 和 UDP 协议，因为设备资源有限和 TCP 协议较复杂，实际应用中多采用 UDP 的传输方式，并且 RFC 4944 标准和最新的 RFC 6282 标准都设计了针对 UDP 的压缩机制。

(3) IP 层：6LoWPAN 的 IP 层一般采用标准的 IPv6 协议，方便与其他的 IP 协议互联互通。邻居发现的部分功能、组网的部分功能、移动性的部分功能都可以在 IP 层实现，而 Route-over 路由(例如：RPL 路由协议)和资源预留一般在 IP 层实现。

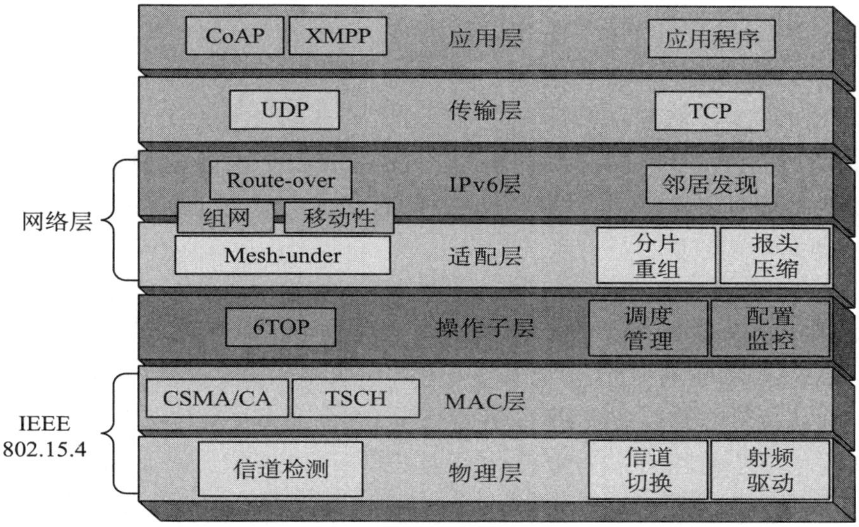

图 1.2　6LoWPAN 协议栈架构

(4) 适配层：适配层是 6LoWPAN 非常重要的一个协议层，其存在主要是为了协调 IP 层和 IEEE 802.15.4 底层之间的不一致，使 1280 个字节的 IPv6 报文可以在 127 个字节的 IEEE 802.15.4 封装包中发送。为了给 IP 层提供支持，适配层设计了分片重组、报头压缩机制，并承担了部分邻居发现、组网和移动性支持功能，6LoWPAN Mesh-under 路由一般也在这一层实现。

(5) IEEE 802.15.4 底层：6LoWPAN 协议最初制定的时候，底层标准参照的是 IEEE 802.15.4-2003 标准，但是 6LoWPAN 并不仅限于支持 IEEE 802.15.4 标准，也支持其他的链路层技术，例如，低功率的 Wi-Fi 标准，IEEE P1901.2 的电力线标准 PLC 等。因此，6LoWPAN 网络可以泛指应用 6LoWPAN 机制的低功率、有损 Mesh 网络，并且其 MAC 层支持 IEEE 802.15.4e 时隙跳信道标准，能够支持确定性的调度服务。

1.4　Contiki 操作系统

支持 6LoWPAN 的协议栈主要有加州大学伯克利分校的 TinyOS、瑞典计算机科学院开发的 Contiki 操作系统、加州伯克利大学的 OpenWSN、重庆邮电大学基于有限状态机开发的 6LoWSN 协议栈以及 Sensinode 公司基于 FreeRTOS 操作系统推出的 Nanostack 协议栈等。这些 6LoWPAN 协议栈各自的优缺点较为明显，TinyOS 使用 NesC 语言开发需要专用的编译器，开发调试比较困难；OpenWSN 目前还在开发完善中，并且主要是针对 6TiSCH 协议，对于 6LoWPAN 还有许多功能有待完善；6LoWSN 协议栈基于有限状态机，结构清晰且开发比较容易，但是 6LoWSN 只支持 UDP，不支持 TCP；Nanostack 性能良好，但需要商业授权；Contiki 以其资源占用少、功能全面、支持处理器多等特点，在科研以及产业化方面得到了广泛的应用。因此，本书选择 Contiki 3.0 物联网操作系统作为无线现场设备的软件平台，使设备采用 6LoWPAN 技术与外部网络开放互联。

Contiki 是瑞典计算机科学院用 C 语言开发的基于事件驱动、支持线程抢占的多任务无线传感器网络节点操作系统，支持 6LoWPAN 技术相关的绝大多数 RFC 标准。Contiki 有一个高效的内核调度机制，能够运行在资源非常受限的嵌入式节点中，只需要几千字节的 RAM 和几十千字节的 Flash 就能够满足系统运行要求，支持基于 MSP430、AVR、ARM、CC2430/2530 以及部分 STM32 系列等芯片的硬件平台，并且还有自带的 Cooja 仿真器，可以很方便地进行实验仿真。

在存储资源非常受限的嵌入式节点中，多线程的操作模式非常消耗内存资源。因为每个线程必须拥有它自己的堆栈，在通常情况下无法提前知道一个线程需要多少堆栈空间，所以先都分配过量的堆栈。因此，传统的操作系统在传感器节点中并不适用。Contiki 具有事件驱动内核，在事件驱动系统中，进程作为事件处理程序实现，所有的进程可以使用同一个堆栈，在所有进程间高效的分享设备及其有限的内存资源。另外，为了结合事件驱动系统和可抢占式多线程系统的优势，Contiki 使用混合模式，以事件驱动为主，以可选的多线程为辅：系统是基于一个事件驱动内核的，可抢占的多线程能够在应用程序明确选用的时候被连接。

Contiki 主要由操作系统调度内核与网络协议栈构成。协议栈核心是轻量级的 TCP/IP 堆栈 uIP/uIPv6，用户的应用程序通过类似于套接字的应用程序接口可以方便地调用 uIP/uIPv6 协议栈。操作系统调度内核实现可选的抢占式多任务，并提供轻量级的线程模型 protothread 来实现多线程编程方式。传统操作系统使用栈保存上下文，每个进程需要一个栈，这对于内存极度受限的传感设备将难以接受，而 protothread 通过保存进程被阻塞处的行数，从而实现进程切换，当进程下一次被调度时，通过 switch 语句跳转到刚才保存的点，恢复执行，这样正个 Contiki 就只用一个栈，当进程切换时清空，大大节省了内存。

Contiki 系统最新发布的集成开发环境是 instantcontiki-3.0，它以 Ubuntu14.04 为载体，集成了 Contiki-3.0 操作系统所需的开发编译环境。Contiki 操作系统还在持续演进中，新发布了 Contiki-NG 版本。Contiki-NG 旨在提供一个兼容 RFC、支持安全、支持低功耗等功能的 IPv6 通信协议栈，目前支持 6TiSCH、CoAPs、低功耗蓝牙等协议。Contiki-NG 项目还在持续开发与完善中,当成熟稳定版本发布时，本书的内容也会进行相应的迭代更新。

1.5 全书组织结构

本书分为 8 章，各章的主要内容如下：

第 1 章是物联网概念及其基本内涵概述。该章介绍物联网及其前端感知层(无线传感器网络)的概念、内涵、应用领域以及在无线传感器网络中对 IPv6 技术的引入，介绍 6LoWPAN 技术的发展历史与应用优势，并且对 Contiki 协议栈的开发现状、层次结构、操作系统支持情况、协议支持情况进行详细的描述。

第 2 章介绍基于 IPv6 的物联网研发平台。该章分别从硬件资源特性和软件开发工具两个方面介绍本研发测试平台的系统组成。主要包括控制模块和无线射频模块的硬件资源特性、开发调试过程中用到的 IAR 集成开发环境、测试工具及其相应软件的安装调试方法。

第 3 章带读者初识 Contiki 系统。该章介绍 Contiki 操作系统的源代码结构、移植方法、程序结构与运行原理。帮助读者对 Contiki 系统形成初步的了解。

第 4 章主要介绍在 Contiki 环境下对通用 I/O 口的操作、多线程、定时器、读取传感器、点对点收发和传感器驱动等方面的基础知识，为后续章节的学习奠定基础。

第 5 章对 6LoWPAN 协议栈体系架构进行深入探究，介绍 IPv6 无线传感器网络协议栈的逻辑层次以及各层支持的协议与功能，并以案例的形式描述各层协议与功能的设计与实现方法。进一步从协议的标准化现状、协议研究现状和协议开发现状来学习无线传感器网络所支持的各个协议，以增强读者对本章节内容的理解。

第 6 章是协议栈综合开发实验部分。该章以开发案例为依托，介绍协议栈的整体结构设计，并且根据不同设备的功能需要依次介绍传感器节点、子网路由和网关设备(传感网数据汇集设备)的协议栈程序开发。

第 7 章是网间通信开发实验部分。该章以设计案例为依托，以后台守护程序、人机交互界面、Sniffer 协议分析软件为例，介绍无线传感器网络网关设备的互联网接入方法。本章作为基础实验部分和进阶实验部分的综合与拔高，是对前面章节知识的梳理和总结，使读者对协议栈整体开发有更深层次的理解，强化读者在设计开发中对系统整体的把握。

第 8 章是应用案例。本章通过案例介绍、应用场景描述、案例分析与设计等部分介绍 IPv6 无线传感器网络在智能家居、现场监管、工业应用等场景的实际应用，读者能够运用前面章节学到的知识，在具体案例中进行实际设计与操作，将理论与实际结合，强化读者的实际动手能力。

第 2 章　研发实验平台介绍

物联网平台是帮助设置和管理互联网连接设备的组件套件。使用者可以远程收集数据，监控和管理所有连接互联网的设备。本书采用重庆邮电大学开发的“基于 IPv6 的物联网研发平台”，它实现了 6LoWPAN 网络和 IPv6 网络之间的数据互通。该研发平台将边界路由器设计为可分离的设备，6LoWPAN 协议栈设计在一个具备 USB 接口的便携式物联网设备(IoT 设备)上，而 IPv6 网络接口在 Linux 主机上实现，这样就可同时实现网关、边界路由和 Sniffer 三种功能，具体描述如图 2.1 所示。

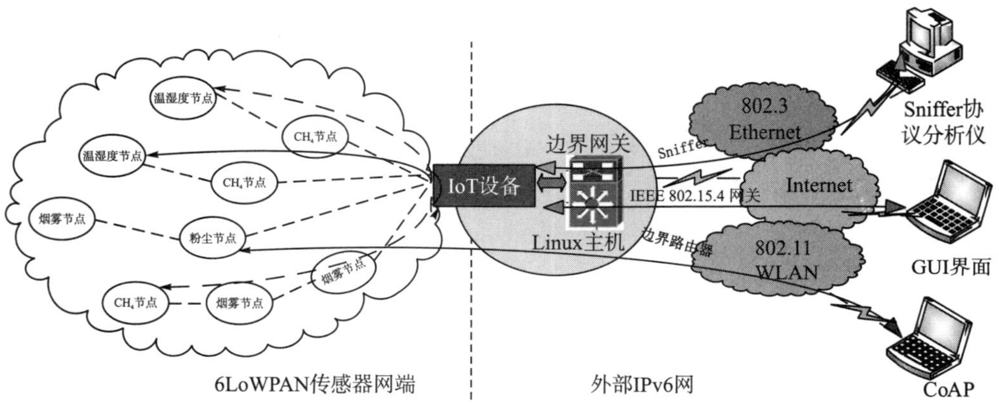

图 2.1　边界路由器的三种功能

网关：能够对 IEEE 802.15.4 的数据帧进行解析和构造，实现传感网内部的数据汇集；能够对 IEEE 802.15.4 网络的传感器节点进行管理，并实现传感网与 Internet 之间的数据转发。

边界路由器：IoT 设备能与基于 Linux 系统的主机(或有线路由器)通过 USB 连接，共同构成 6LoWPAN 边界路由器。边界路由器能够实现 6LoWPAN 网络与外部网络之间的端到端互联与通信；边界路由器支持 RPL、CoAP 等多种 IETF 制定的 IPv6 传感网协议，并能对 6LoWPAN 网络进行管理。

Sniffer 协议分析仪：能够实现各层支持协议的解码分析、网络性能分析、网络功能认证以及简单的网络故障分析等功能，能够有效地进行无线传感器网络测试，并对网络进行简单评估。

2.1　硬件资源特性

基于 IPv6 的便携式多功能物联网(IoT)设备研发平台的系统微处理器采用意法半导体

开发的 STM32F103RBT6，无线收发芯片采用台湾达盛电子和重庆邮电大学联合研发的低功耗芯片 UZ2400。该研发平台的硬件构成如图 2.2 所示。

图 2.2　平台硬件构成

硬件设备及其开发工具装箱清单如表 2.1 所示。

表 2.1　硬件设备及其开发工具装箱清单表

编号	名称	数量/个
1	边界路由/网关设备(IoT 设备)	1
2	无线烟雾传感器节点	1
3	无线温湿度传感器节点	2
4	无线光照传感器	2
5	无线直流电机控制器	2
6	无线步进电机控制器	2
7	无线灯光调控器	1
8	无线智能插座	1
9	J-Link 下载器	1
10	传感器配套充电器	1
11	USB-hub	1
12	配套光盘	1

2.1.1 微控制模块

该研发平台的硬件设备采用基于 STM32F103RB 的微控制模块。STM32 系列芯片具有高性能、低成本、低功耗的特点。STM32F103RB 使用 ContexM3 内核，使用三级流水线技术，最高工作频率可达 72M，运算速度快，非常适合 C 语言编程，并支持嵌入式操作系统。它的代码执行速度高达 1.25MIPS/MHz。其内置 128k 的 FLASH 和 20k 的 SRAM，同时具备丰富的 I/O 接口和外设(包括 16 通道 12 位的 ADC、4 个通用 16 位定时器、电机控制 PWM 接口、2 个 I2C、2 个 SPI/SSP、3 个 UART、1 个 USB 控制器和 1 路 CAN 总线接口等)，为系统开发提供了有力的硬件资源保障。

2.1.2 无线射频模块

该研发平台的硬件设备采用基于 UZ2400 的无线射频模块。UZ2400D 的射频模块由在一个集成电路内的接收器、发送器、压控振荡器和锁相环路组成，采用先进的无线电架构来尽量减少外部元件数和功率消耗量。UZ2400D 的 MAC 和基带为 IEEE 802.15.4 的 MAC 层和 PHY 层提供了硬件架构，主要包括发送/接收控制器、CSMA-CA 控制器、超帧构造器、接收帧过滤器、安全引擎及数字信号处理组件。UZ2400D 是由先进的 0.18μm 的互补金属氧化物半导体加工制作而成的，并采用了 40-pin 6mm×6mm 的四侧无引脚扁平封装技术。UZ2400D 在外围电路上加上天线、晶振和电阻电容等器件，然后引出必要的扩展控制或通信接口，就形成了该无线通信模块。

无线模块常规特性如下：

(1)符合 IEEE 802.15.4-2006 规范，工作在 2.4GHz～2.485GHz 频段；

(2)输入时，−95dBm 灵敏度，最大允许 3dBm；

(3)输出时，0dBm 典型输出功率，40dB 发送功率控制范围；

(4)集成的 32MHz 高速和 32.768kHz 低速晶振驱动；

(5)支持 1M/2Mbps 加速模式；

(6)低功率功耗，接收模式下为 16mA，发送模式下为 17.5mA；

(7)深度休眠模式下，功耗为 2.4μA；

(8)集成的低相位噪声 VCO，频率合成器和锁相环过滤。

2.2 软件开发工具

2.2.1 集成开发环境及仿真器

1. IAR 集成开发环境简介

EWARM 的全称是 Embedded Workbench for ARM，是 IAR 公司专门为 ARM 系列处理器(控制器)设计的一套带有 C/C++编译器和调试器的集成开发环境(integrated development environment，IDE)、实时操作系统和中间件、开发套件、硬件仿真器以及状态机建模工具的软硬件系统。对于 ARM 的开发，相比于新锐的 Keil MDK，IAR EWARM 有着更为久远的历史。事实上，在 Keil 公司被 ARM 公司收购之前 IAR EWARM 一直都是广大 ARM 开发工程师首选的集成环境。

2. 仿真器简介

J-Link 是 SEGGER 公司为支持仿真 ARM 内核芯片推出的 JTAG 仿真器。配合 IAR EWARM、ADS、KEIL、WINARM、RealView 等集成开发环境，支持所有 ARM7/ARM9 内核芯片的仿真，通过 RDI 接口和各集成开发环境无缝连接，操作方便、连接方便、简单易学，是学习开发 ARM 最好、最实用的开发工具。

3. IAR 集成开发环境的安装与配置

打开平台配套光盘目录下的工具和软件\IAR 中的 CD-EWARM-5501-1908_mcu123.zip，将其解压出来，并执行“autorun.exe”文件。具体安装步骤详见附录 D 的第一部分。

4. IAR 应用实例

在 IAR 集成开发环境下创建一个工程。

1) 实验目的

学习在 IAR 集成开发环境下创建工程项目，编译并下载工程项目到硬件设备。

2) 实验内容

学习使用 IAR 创建一个新的项目工程；

学习在已经创建好的工程中添加文件；

学习使用 IAR 编译、下载调试程序。

3) 实验条件

硬件条件：PC 机一台、J-Link 下载器一个、IoT 设备一个、J-Link 下载器的 USB 配线一条、J-Link 下载器转接线(带转接板)一条。

软件条件：IAR for ARM 5.50.1、J-Link 仿真器驱动程序、source Insight 代码编辑器。

编译下载时的实物连接方式如图 2.3 所示。

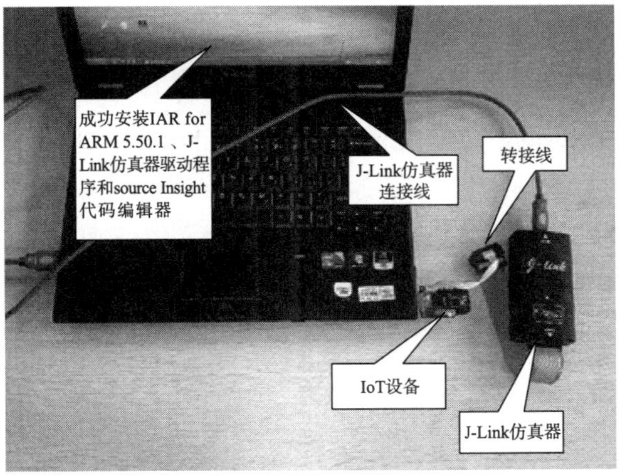

图 2.3　实物连接方式

说明：安装 IAR for ARM 5.50.1、J-Link 仿真器驱动程序的方法请参考“基于 IPv6 的物联网研发平台使用说明”。该实验平台产品所提供的安装软件均适合大多数主流 PC 机操作系统，如 Windows XP、Windows 7 以及 Windows10 等。

4) 实验步骤

(1) 创建新的工程项目文件夹。

使用 IAR 进行嵌入式系统开发，必须建立一个工程项目(project)文件夹。下面以在 E 盘根目录“E：\”下建立名为“stm32 project”的项目工程文件夹为例。

(2) 创建工程项目子文件夹。

在刚建立好的 stm32 project 文件夹内再建立五个子文件夹，分别命名为“boot”“library”“user”“app”“interrupt”，如图 2.4 所示。

图 2.4 创建工程项目文件夹

(3) 在已经建立好的五个子文件夹中添加库文件。

分别解压“\基于 IPv6 的物联网研发平台\光盘资料\源码包\基础实验\stm32 基础实验\新建 IAR 工程”目录下的五个压缩文件。将解压“boot.rar”得到的文件存入刚建好的“boot”文件夹中，将解压“interrupt.rar”得到的文件存入刚建好的“interrupt”文件夹中，将解压“library.rar”得到的文件存入刚建好的“library”文件夹中，将解压“stm32f10x_conf.rar”得到的文件存入刚建好的“user”文件夹中，至此，向工程项目子文件夹中添加库文件完成。

(4) 创建工作区和新项目。

IAR 是基于工作区的开发环境，工程项目(project)必须放在工作区中。在 IDE 环境下建立工作区的方法如下：

开始→程序→IAR System→IAR Embedded Workbench，进入 IDE 环境→File→New→Workspace。建立好的 IAR 工作区如图 2.5 所示。

(5) 接着在已经创建好的工作区中创建新项目。

Project→Create New Project，此时会弹出 Create New Project 的对话框。在对话框中的“Tool Chain”下拉菜单中选择 ARM，“Project Template”编辑框中选择“Empty project”模板，如图 2.6 所示，点击 OK。

然后会弹出另存为的对话框，选择我们刚建好的目录下的 stm32 project 文件夹，输入工程名“stm32 project”，点击保存。一个建立完成的新项目工程如图 2.7 所示。

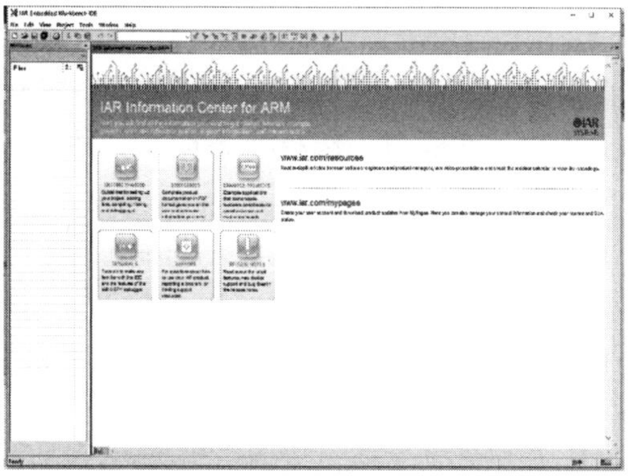

图 2.5　IAR 工作区

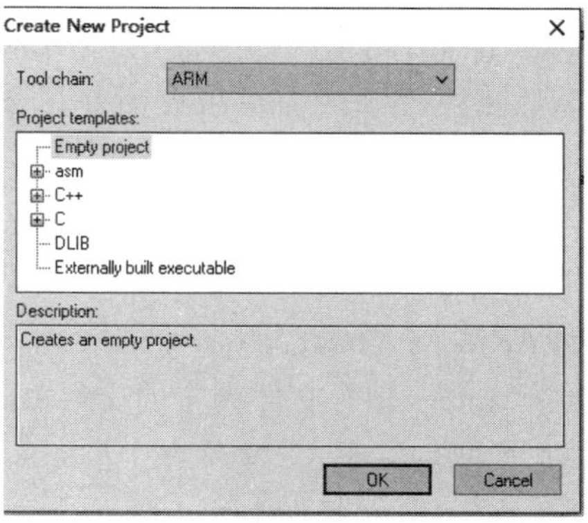

图 2.6　Create New Project 的对话框设置

图 2.7　建立完成新的工程项目

(6)在工程项目中添加项目组。

在 IDE 环境的工作区左侧的 Workspace 里，鼠标右键单击“stm32 project-Debug”，选中 Add→Add Group。在弹出的“Add Group”对话框中输入组名(组名和建立的子文件夹名保持一致)，点击 OK。此时项目名后有“*”，这说明项目或者工作区已经修改，File→Save ALL，点击保存。工作区扩展名.eww，项目扩展名.ewp。添加项目组的结果如图 2.8 所示。

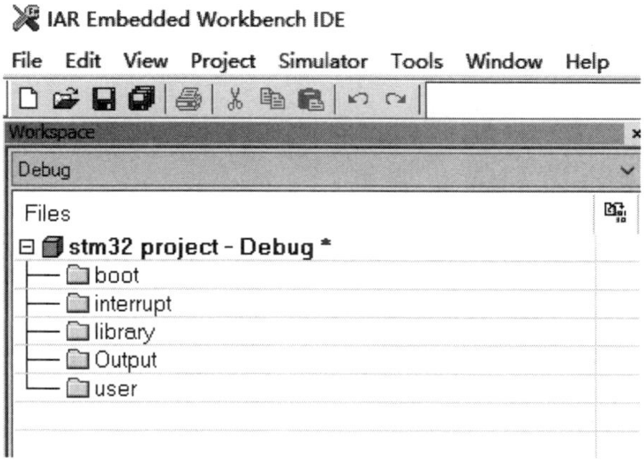

图 2.8　项目组的创建

(7)在项目组中添加文件。

项目组创建完毕后，现在需要在每一个组名里添加库文件，添加方法如下：鼠标右键单击组名→Add→Add File，在弹出的“Add File”对话框中，选择要添加的文件。

下面给出一些必要文件的存放路径：

将“boot”文件夹中的文件“cortexm3_macro.s”和“stm32f10x_vector.c”文件添加到 EWARM 的“boot”中；

将“interrupt”文件夹中的文件“stm32f10x_it.c”添加到 EWARM 的“Interrupt”中；

将“library→src”文件夹中的所有文件添加到 EWARM 的“library”中；

将“user”文件夹中的文件“main.c”添加到 EWARM 的“user”中；

完成后 EWARM 界面上的“workspace”如图 2.9 所示。

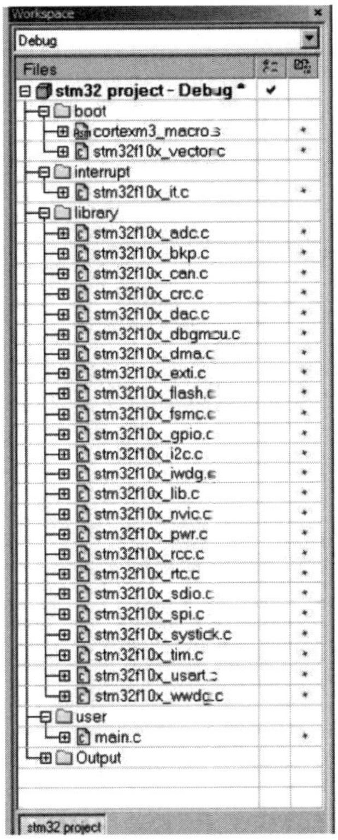

图 2.9 添加库文件后的工作区

(8)基本参数配置。

标准外围固件是一个通用库文件，适合所有 STM32f10x 系列的微控制芯片，下面是基于 STM32f103 芯片适用的配置方法。

右键单击项目名“stm32 project-Debug”，在弹出的快捷菜单中选择 Option 命令，具体配置如下：

General Options 分类中，Target 选项卡下，“process variant”参数设置“Device”，并且在下拉列表中选择“ST STM32F10xxB”，General Options 分类的配置如图 2.10 所示。

C/C++ compiler 分类中，progressor 选项卡下为头文件库所在路径，第一个编辑框中输入“$TOOLKIT_DIR$\INC\”，第二个编辑框中输入如下路径，每一行以回车键结束，C/C++ compiler 分类的配置如图 2.11 所示。

“$PROJ_DIR$\boot
$PROJ_DIR$\library\inc
$PROJ_DIR$\interrupt
$PROJ_DIR$\user”

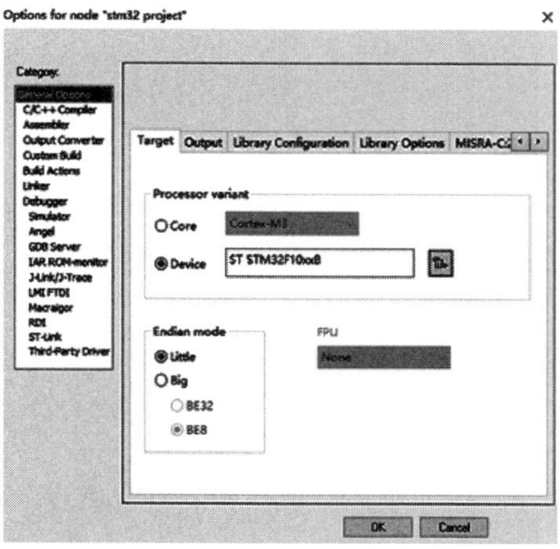

图 2.10　分类 General Options 的配置

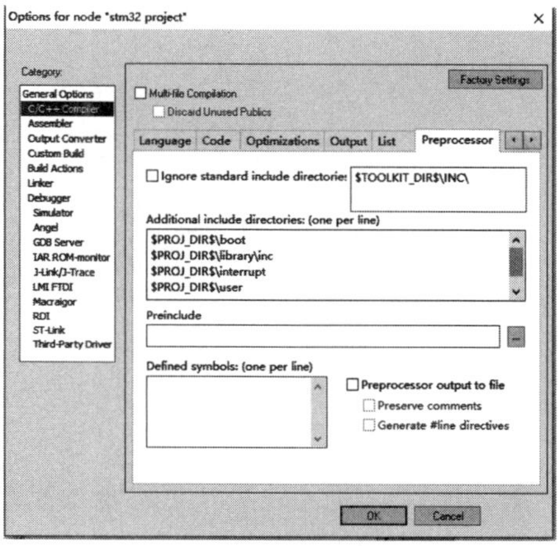

图 2.11　分类 C/C++ compiler 的配置

Linker 分类中，config 选项卡下，勾选“Qverride default”选项，并找到放置 stm32f10x_flash.icf 的路径。Linker 分类的配置如图 2.12 所示。

“Debugger”分类中，“Setup”选项卡下，在“Driver”选项的下拉列表中选择“J-LINK/J-TRACE”，再勾选“run to”选项，并在编辑框中输入“main”，下面的编辑框会自动生成文件目录。“Debugger”分类下“Setup”选项卡的配置如图 2.13 所示。

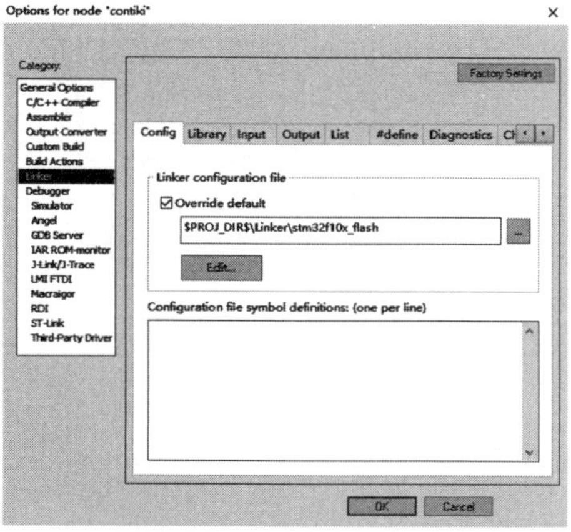

图 2.12　分类 Linker 的配置

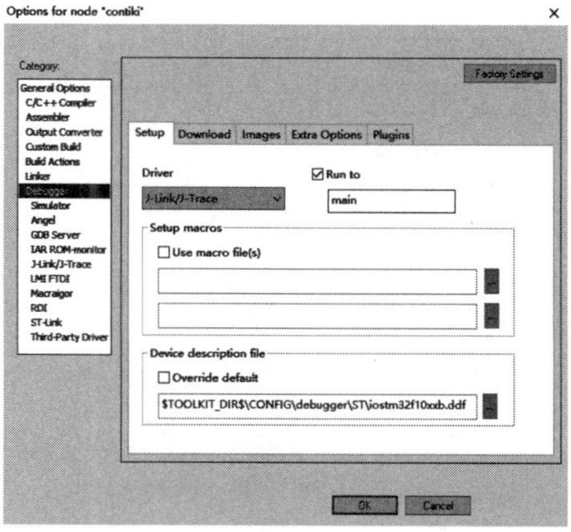

图 2.13　分类“Debugger”下“Setup”选项卡的配置

在“Debugger”分类中，需要对 J-Link/J-Trace 选项中的 Connection 属性进行设置，由于我们采用的是 J-Link 下载器，因此在 interface 页面中选择 SWD 模式，配置页面如图 2.14 所示。

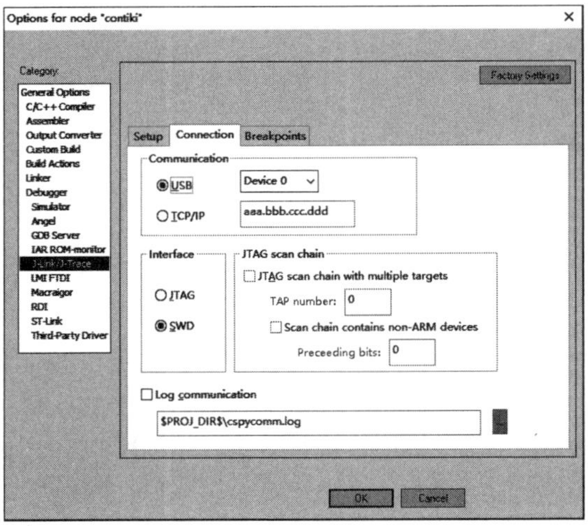

图 2.14　分类 Debugger 下页面 J-link/J-Trace 的配置

(9) 编译并下载代码。

参数配置完成之后，下面需要对代码进行编译，并下载到设备当中。将 IoT 设备按照如图 2.15 所示的方式与转接线连接，并通过 USB 供电。

注意：转接板连接 J-Link 下载器如图 2.15 所示。转接板有粗线的一端连接转接线的电源线，如图 2.16 所示。在 IoT 设备的底部 SWD 位置有粗线的一端连接转接线的电源线，如图 2.17 所示。J-Link 下载器有红色标注的一端为电源线，通过连接转接板有粗线的一端连接转接线电源线最终为 IoT 设备供电。下载器的转接线对应 IoT 设备的 SWD 排针连接时，一定要连接牢固。

第一次下载对应功能的代码时，应该对整个工程文件进行“Clean”和“Rebuild All”操作。

图 2.15　IoT 设备连接示意图

图 2.16　转接板连接示意图

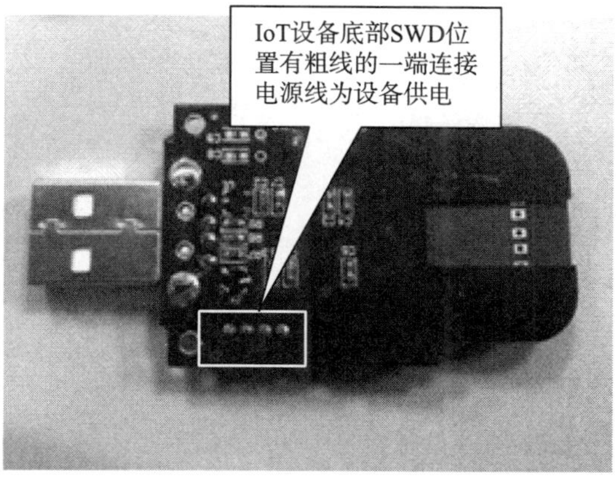

图 2.17　SWD 连接示意图

在 IDE 环境的工作区左侧的 Workspace 里，鼠标右键单击“stm32 project-Debug”工程名称时，会弹出如图 2.18 所示的菜单。

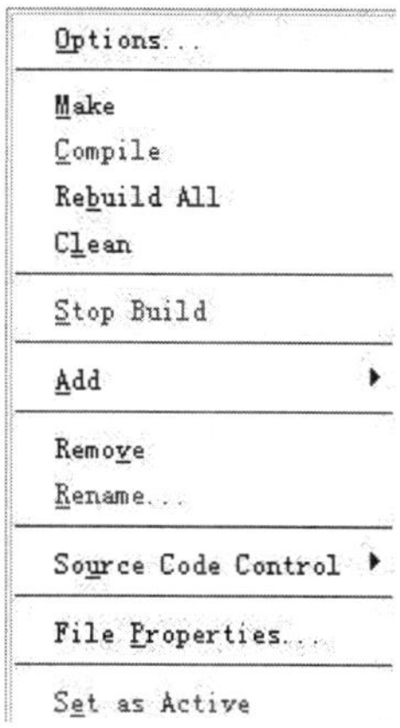

图 2.18　Clean、Rebuild All 菜单

此时依次选择 Clean 和 Rebuild All 完成清除与项目工程的重建。当 Rebuild All 完成之后，如发现有错误，则需要对代码进行编译和调试。

(10) 编译环境简介。

编译环境的常用功能键如图 2.19 所示。

图 2.19　编译环境常用功能键

从左往右第三个功能键  是“查找”功能键，点击后会弹出窗口，在编辑框中输入想要查找的函数名、变量名等，点击  “find next”按键或者  “find previous”按键分别完成向后、向前查找功能，如图 2.20 所示。

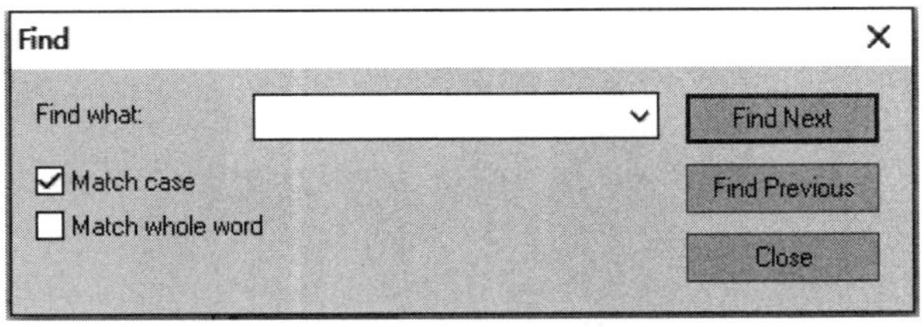

图 2.20　查找窗口

从左往右第四个功能键  是“替换”功能键，点击后弹出窗口，在编辑框中分别输入想要被替换和替换的函数名、变量名等，可以点击“Replace All”全部替换，也可以点击“Find Next”和“Replace”逐个查询后替换，如图 2.21 所示。

从左往右第五个功能键  是“跳转”功能键，点击后会弹出窗口，在编辑框中分别输入想要跳转到的行和列，点击“OK”即完成跳转。如图 2.22 所示。

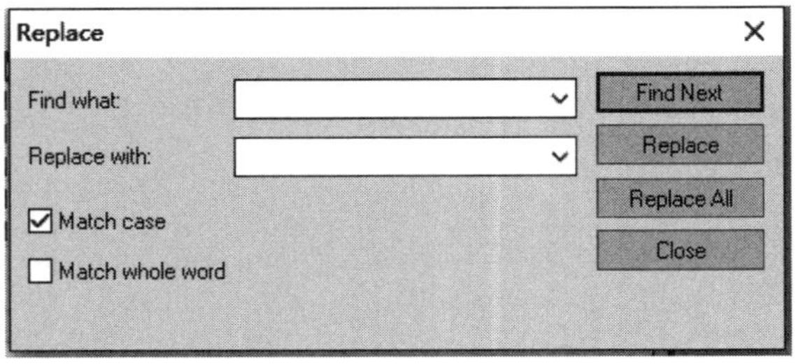

图 2.21　替换窗口

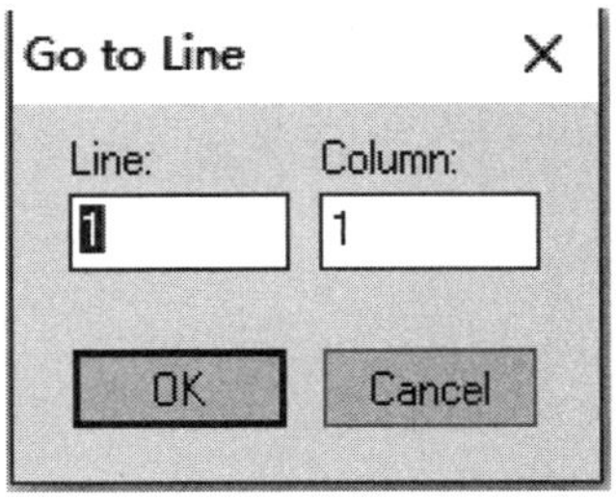

图 2.22　跳转窗口

从左往右第六个功能键  是“断点标签”，将光标停留在想要设置断点的行，点击此功能键则可以重复设置标签和取消标签。根据设置的断点标签设置断点，点击从左往右第十三个功能键  “设置断点”，点击从左往右第七个功能键  “全速运行到断点”。给程序设置断点，可以有效地查看接收到的消息或者命令按照程序的走向，逐步排查问题。

当 Rebuild All 完成之后，可以在下方看到没有任何错误，如图 2.23 所示。

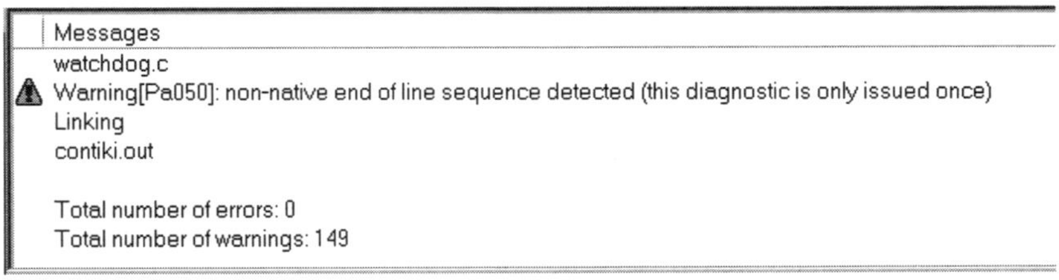

图 2.23　Rebuild 提示

依次点击“Clean”和“Rebuild All”。此时，可以将代码下载到设备当中，IAR 软件的编译下载快捷工具按钮如图 2.24 所示。

IAR 软件上面可以看到 6 个按钮，如图 2.24 所示，从左往右，需要使用的按钮为第二个“Make”（编译）和第五个“Download and Debug”（下载和调试）。

（11）编译结果显示。

编译完成之后若不出现任何错误，则可以点击第五个按钮进行下载并调试。下载成功会出现提示，如图 2.25 所示。

图 2.24　IAR 工具栏

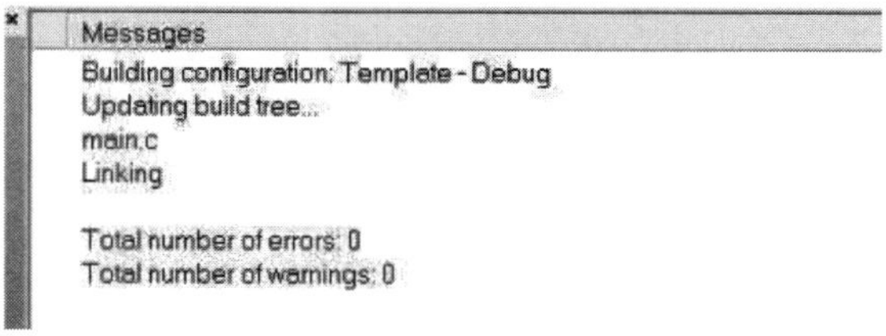

图 2.25　下载成功的提示

提示没有错误后退出调试，图 2.26 是调试过程的 IDE 界面，点击图 2.26 左上角的 ，即退出调试过程，这时 IoT 设备就可以开始工作了。

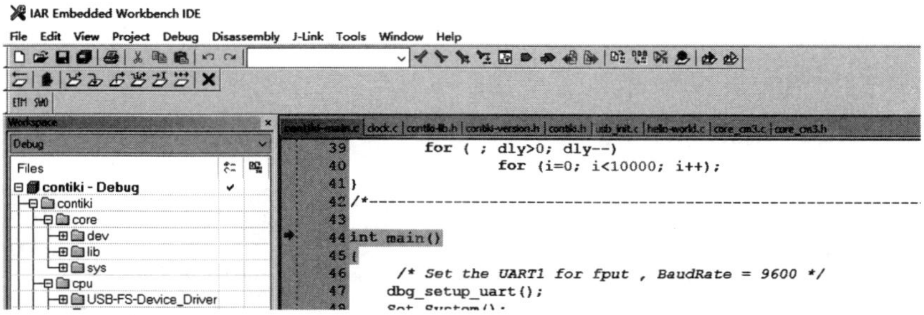

图 2.26　调试界面

2.2.2　Source Insight 软件

Source Insight 是一个面向项目开发的程序编辑器和代码浏览器，它拥有内置的对 C/C++、C#和 Java 等程序的分析功能。Source Insight 能分析源代码并在你工作的同时动态维护它自己的符号数据库，并自动显示有用的上下文信息。Source Insight 提供了可快速访问源代码和源信息的功能。即使在编辑代码的时候，也可以迅速地更新文件信息。具体安装步骤详见附录 D 的第二部分。

2.2.3　守护程序

1. 守护程序简介

守护程序运行在 Linux 主机端，完成设备的驱动、工作模式设定和数据转发等功能。守护程序经过边界路由设备在 Linux 中虚拟为一个网口，网口在操作系统中相当于是一个数据发送和接收的实体，可以是实际的网络设备或通过软件虚拟。建议 Linux 主机采用 Ubuntu 12.10 英文版安装，具体安装方法请参考“环境搭建详细说明书”。

2. 守护程序配置

将平台配套光盘目录下“工具和软件”中的“守护程序”文件夹下的“src”文件夹复制到 PC 机的 Ubuntu 系统桌面，重新开启 Linux 终端，分别输入 cd Desktop/、cd src/、make clean 和 make 四条命令，每条命令之后使用回车键。最终输入 ls 命令，如果显示如图 2.27 所示内容，说明守护程序已经配置为可执行文件。守护程序第一次使用时需要完成这些步骤，之后可以跳过直接使用守护程序。

在启动守护进程之前，需要让 IoT 设备在实验过程中用到串口。在客户机中，首先需要将一个用到串口的代码烧写进 IoT 中(本次实验使用后面要介绍的实验二的知识)。依次打开平台配套光盘目录下的“源码包/基础实验/contiki 基础实验/contiki-helloworld”中后缀名为“.eww”的文件，并将代码烧写进 IoT 设备中。

回到 Linux 操作系统，关闭之前开启的终端，并重新启动终端。依次输入“cd Desktop/”、“cd src/”以及“sudo ./IoT_deamon -s /dev/ttyACM0 aaaa::1/64”三条命令，每条命令用回车隔开。当出现“输入密码”命令时，输入系统的密码(此处密码不会显示，输入完之后回车即可)。前两条命令表示进入守护程序所在文件夹，第三条命令表示以“root”权限启动守护程序。“-s /dev/ttyACM0”表示该参数为设备在 Linux 中对应的设备名称，“aaaa::1/64”表示守护程序给设备配置的前缀。配置成功后可以看到设备的前缀请求以及返回的确认信息，不能关闭终端，如图 2.28 所示。

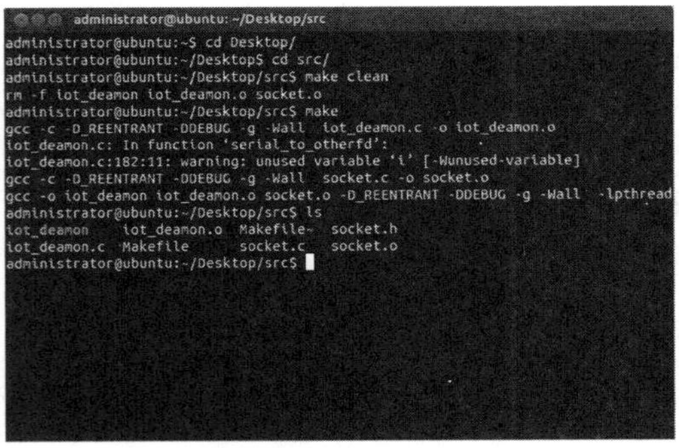

图 2.27 守护程序启动页面

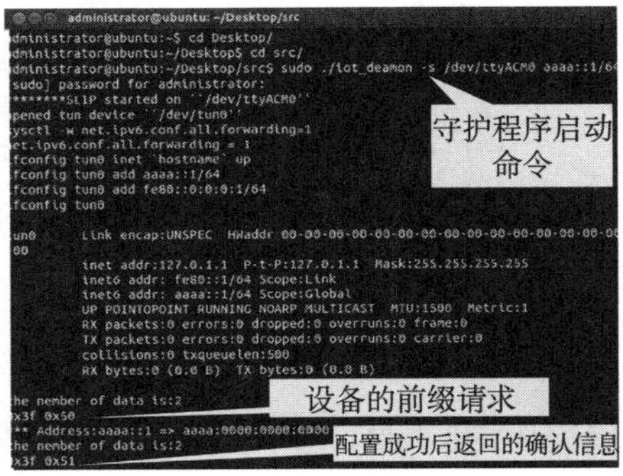

图 2.28 前缀配置显示

2.2.4 GUI 人机交互界面

1. GUI 人机交互界面简介

人机交互界面在嵌入式平台上采用 Qt 开发。利用 Qt 提供的 C++应用程序开发框架，可以轻松地实现“一处编写，随处编译”的跨平台解决方案，使应用程序能完美地运行于从 Windows 98 到 Windows 10，从 Mac OS X 到 Linux，从 Solaris、HP-UX 到其他基于 X11 的众多 UNIX 平台之上。页面主窗口中根据不同的功能划分为多个子页面，包括登录页面、数据实时显示页面、实时数据曲线页面、节点信息页面、MAC 层无线网络配置页面、6LoWPAN 配置页面、RPL 路由配置页面、日志页面、拓扑结构页面等。

2. GUI 人机交互界面配置

首先对安装 Ubuntu 系统的 PC 的版本要求为 12.10，步骤详细过程可以查看 Linux 环境搭建文件夹中的环境搭建详细说明书。

安装完成后，将平台配套光盘“目录\工具和软件”目录下人机交互界面中的 GUI 文件夹放在 PC 机的 Ubuntu 桌面，打开 GUI 文件夹，鼠标右键点击“CISCO”文件，选择“Properties”，出现如图 2.29 所示的属性配置窗口。

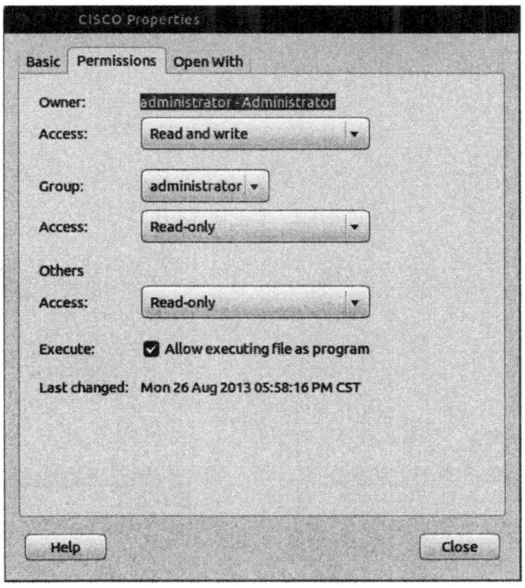

图 2.29　属性配置窗口

选择“Permissions”选项卡，将“Allow executing file as program”处勾选，点击“Close”完成配置。双击“CISCO”文件，打开软件。

3. GUI 人机交互界面功能介绍

1) 登录页面

登陆页面为软件启动后用户进入的第一个页面，首页中的主要功能是 GUI 程序和守护程序的连接，输入守护程序所在 PC 机的 IP 地址和端口号，点击”Connect”按钮，如果守护程序存在并且输入正确，在守护程序和 GUI 之间就建立起连接，此时 IoT 设备、守护程序和 GUI 之间存在一条完整的数据通路，即可进行后续的数据处理。如果连接成功，则“Connect”按钮变为“Disconnect”按钮，此时点击按钮，就会断开守护程序和 GUI 之间的连接，连接信息在状态栏显示。登陆页面的设计如图 2.30 所示。

2) 数据显示页面

当节点设备与边界路由器设备组成网络时，守护程序将收到的传感器数据发送给上层界面解析，并在 Data 栏目中显示出来，如图 2.31 所示。在 Data 选项卡中，可以查看传感器数据的发送时间、类型和传感器的当前数据值。

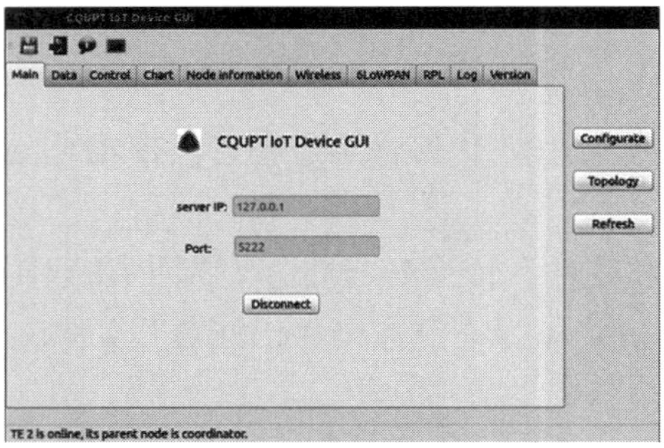

图 2.30　登录页面

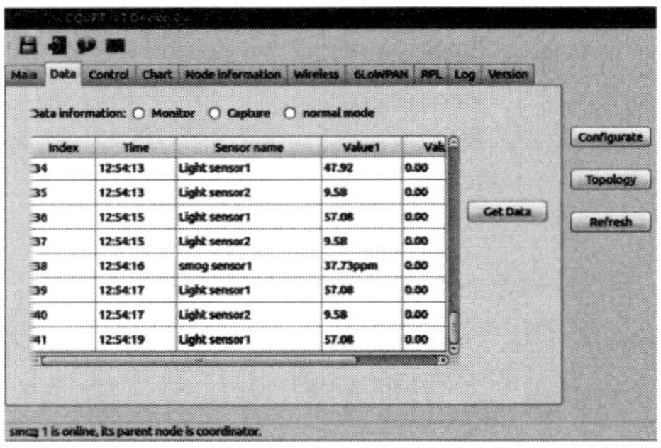

图 2.31　数据显示页面

3)控制页面

通过对 GUI 人机交互界面的控制页面进行操作，可以人为地控制直流电机风扇的转动、步进电机风扇的正转和反转、无线 LED 控制器的环境光强指示以及智能插座的开关，如图 2.32 所示。

4)实时数据曲线页面

当数据传输给上层界面解析时，界面绘制每个传感器的数值变化曲线，如图 2.33 所示。其中，横轴表示数据的个数，纵轴表示数据的单位。

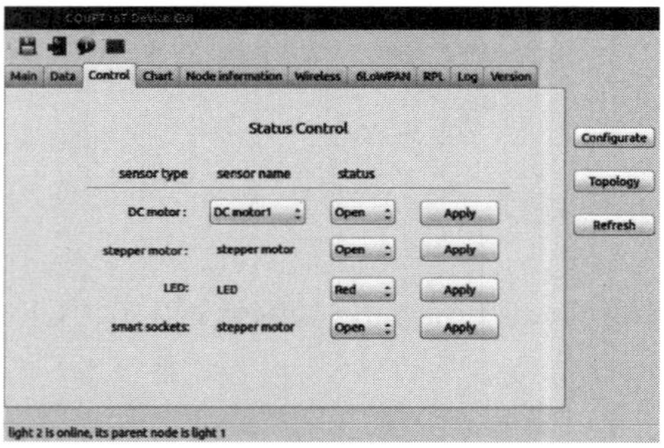

图 2.32　控制页面

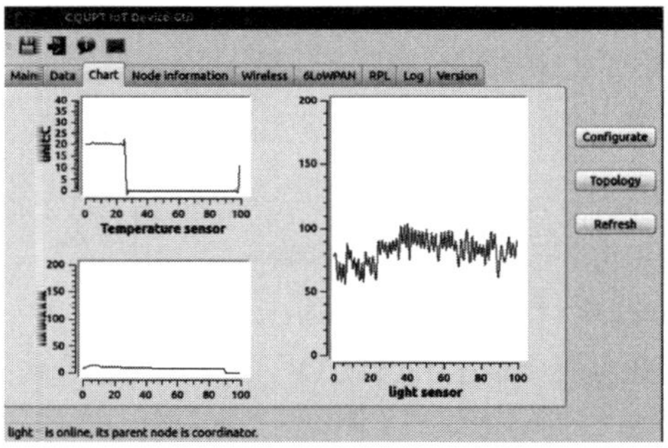

图 2.33　实时数据曲线页面

5)节点信息页面

在节点信息页面中，可以读取传感器当前的数值，如图 2.34 所示。可以选择的传感器有多种，每种有 7 个，普通节点只有 4 个，可以任意读取所选定传感器的当前数值。在节点信息页面中可以显示读取的传感器数值和读取所用的时间。

6)MAC 层无线网络配置页面

在 MAC 层无线网络配置页面中(图 2.35)，可以对边界路由器设备的信道、设备功耗、MAC 地址、PAN ID 和最大重传次数进行配置。信道选择有 16 个，从 10 到 26，对应的信道号为 0B 到 1A，默认信道为 14 个信道。设备功耗的选择分为高功耗、中功耗、低功耗，默认的为高功耗。MAC 地址的配置可以人为输入，长度为 8 个字节，每个字节必须用空格分开，默认的 MAC 地址为 66 66 66 66 66 66 66 64。PAN ID 可以配置为两个字节，每个字节同样必须用空格分开，默认的为 2012。最大重传次数的配置可以为任意值，其默认的为 4 次。

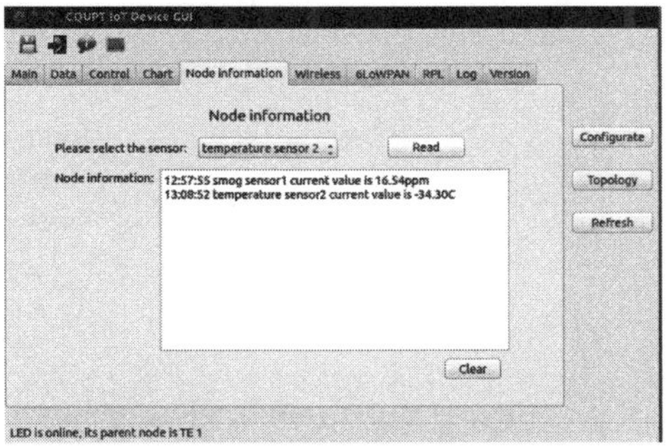

图 2.34　节点信息页面

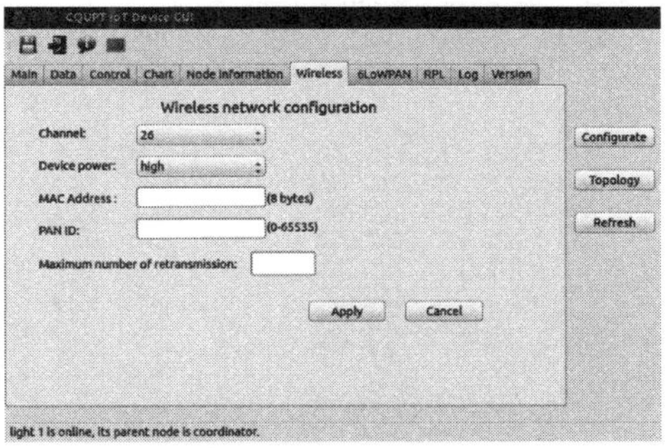

图 2.35　MAC 层无线网络配置页面

7) 6LoWPAN 配置页面

在 6LoWPAN 配置页面中，可以对边界路由器设备前缀、最大分段时间和压缩方式进行配置，如图 2.36 所示。前缀的配置需 8 个字节，每个字节用空格隔开，默认的前缀为守护程序当中配置的 aaaa::1/64。分段时间配置可以配置的范围为 6～16 秒，默认为 8 秒。压缩方式有三种选择，即 HC1、HC06 和 IPv6，默认的为 IPv6 的压缩方式。

8) RPL 路由配置页面

在路由配置页面中，可以对 RPL 的 Instance ID、路由策略和维护时间进行配置，如图 2.37 所示。Instance ID 的配置，一个字节，默认的为 0x1E。路由策略的配置，有两种方式可以供选择，即 Node Energy 和 Expected Transmission Count 两种方式，默认的方式为 Expected Transmission Count。维护时间的配置，可以配置为 2 秒、4 秒或 8 秒，默认的维护时间为 4 秒。

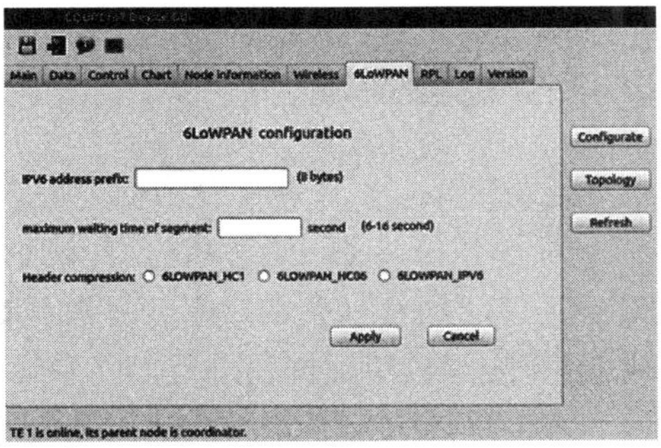

图 2.36　6LoWPAN 配置页面

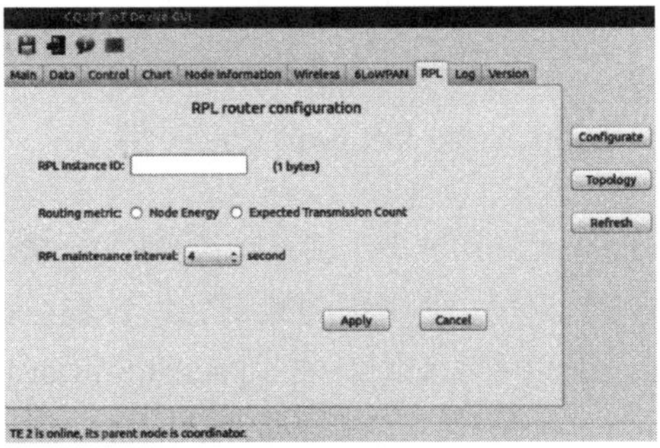

图 2.37　RPL 路由配置页面

9) 日志页面

在日志页面中，可以查看对边界路由器设备进行的操作，如图 2.38 所示。

10) 拓扑结构页面

当点击 Topology 按钮时，可以显示当前网络的拓扑结构。Refresh 按钮可以控制边界路由器设备发送获取节点拓扑信息的数据包，当节点收到边界路由器设备的拓扑包时，会将节点本身的地址和父节点地址返回给边界路由器设备，交给上层界面分析并制作成拓扑结构，如图 2.39 所示。

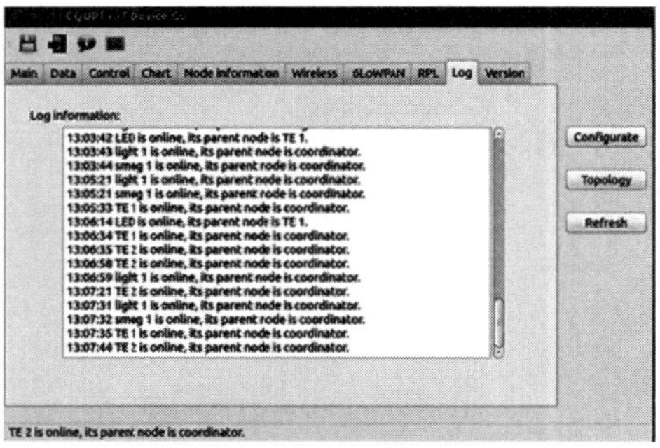

图 2.38 日志页面

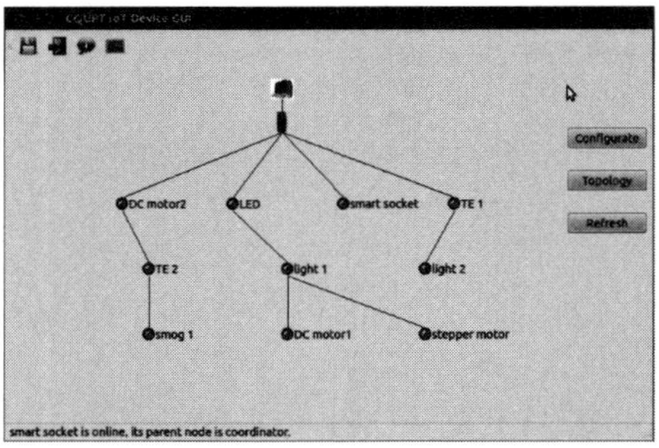

图 2.39 拓扑结构页面

11)版本页面

版本页面记录版本描述信息和版本更新时间，如图 2.40 所示。

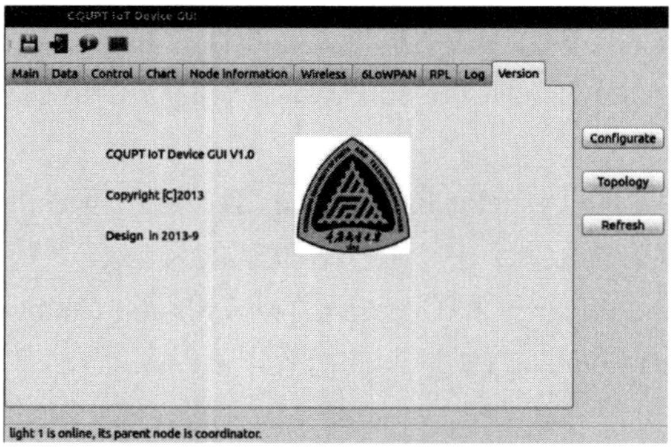

图 2.40 版本页面

2.2.5 Packet Sniffer 软件

Packet Sniffer 是一款专门的协议分析软件，用于显示和存储通过射频硬件节点侦听而捕获的数据包，侦听到的数据包将被保存在硬件的缓存中，所能保存的数据包总数与数据包的大小和硬盘空间有关。Packet Sniffer 支持多种射频协议，对数据包进行过滤和解码，最后用一种简洁的方法显示出来，被广泛地应用于协议分析、应用性能分析和网络安全保障等各个领域。具体安装步骤详见附录 D 的第三部分。

Packet Sniffer 软件安装完成后，启动软件会出现如图 2.41 所示的界面，此时需要选择不同的网络协议和硬件配置。

当选好网络协议和硬件配置后，点击界面上的“Start”按钮，进入到如图 2.42 所示的 Packet Sniffer 主界面，可将其分为三个区域：工具栏、数据包列表栏、选项卡区域。

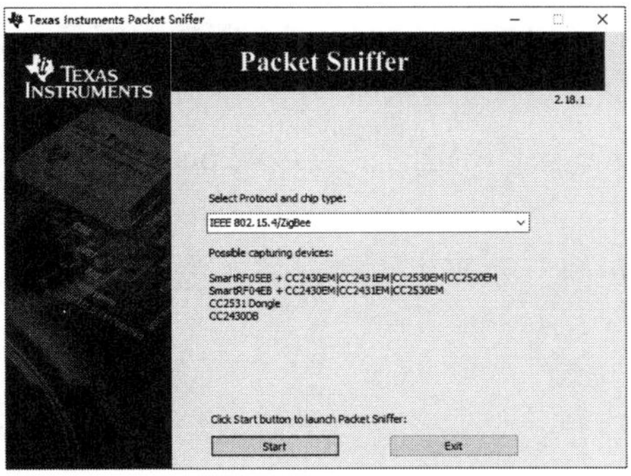

图 2.41　Packet Sniffer 启动界面

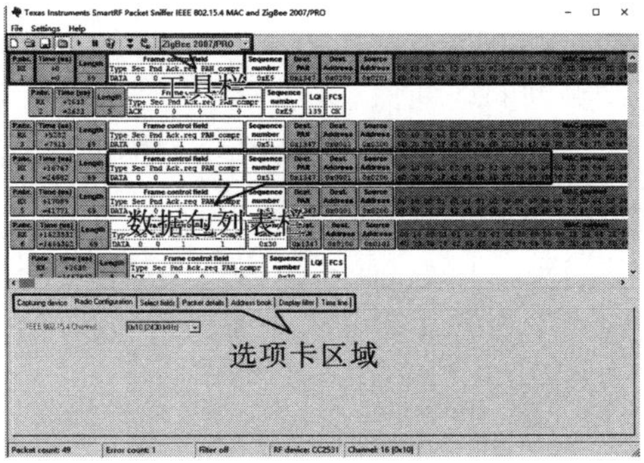

图 2.42　Packet Sniffer 主界面

1. 工具栏介绍

工具栏按钮	功能
	用于清除数据列表和数据包缓冲器中的数据
	用于打开文件夹中的数据包
	保存当前数据包到文件中
	底部可选区域显示控制按钮
	开始抓取数据包
	停止抓取数据包
	在抓包器正常运行下删除数据包列表栏中显示的数据包
	自动滚动控制按钮
	数据包列表栏字体大小调整按钮

2. 数据包列表栏

显示所分析数据包解码后的每个域。

3. 选项卡区域

(1) Capturing device：协议分析的硬件设备选择(在开始抓取数据包前，需要选择好协议分析的硬件)。

(2) Radio configuration：选择数据传输信道。

(3) Select fields：选择需要在数据包列表栏中显示的域。

(4) Packet details：显示数据包的详细信息。选择“Packet details”后，双击数据包列表栏中的一个数据包，则会显示数据包各个域的详细信息。

(5) Address book：显示检测到的所有节点，如果选择 address book 栏中右侧的

“Auto—register”，抓包器将自动登记所有检测到的地址，address book 栏中将自动显示所有检测到的地址信息。

(6) Display filter：显示筛选，使用“Field Name”中设定的字段过滤 packet list 中多余的域显示。

(7) Time line：显示抓取到的数据包的时间信息。水平方向表示抓取数据包的时间先后顺序，垂直方向表示各个源地址或目的地址。

第 3 章　初识 Contiki 操作系统

本章主要介绍 Contiki 操作系统的源代码结构、Contiki 3.0 版本的移植方法、程序结构与运行原理，以帮助读者对 Contiki 系统形成初步的了解。

Contiki 是以 C 语言为基础的微型嵌入式操作系统，专门针对轻量级内存控制器设计，具有易移植、开源、低功耗等特点，在内存受限的嵌入式系统和无线传感器网络中应用广泛。一般来说，Contiki 具有两种主要机制：事件驱动机制和 protothread 机制。其中，事件驱动机制有机会释放 CPU 进入睡眠状态，当事件被触发时，操作系统将会唤醒程序，这能够高效率地利用 CPU 从而降低功耗； protothread 机制可以看作是事件驱动和进程的结合，整个 Contiki 只使用一个栈，当切换进程时就清空，这大大节省了内存空间。轻量级的线程模型与编程风格，使得 Contiki 支持进程中的多线程、进程间的消息通信。为了获得高度移植性，Contiki 的源代码除了 cpu 和 platform 中的源代码与硬件平台相关，其他目录的源代码均与硬件无关，这保证了在编译过程中，只需要根据指定的平台链接对应的代码即可。

Contiki 操作系统源代码的组织结构十分清晰，本章在 3.1 小节将会针对 Contiki 操作系统的组织结构以及每个目录所包含的内容和功能进行简单的介绍，让读者进一步了解源代码并且更加深刻地掌握 Contiki 代码结构。其次，基于重庆邮电大学开发的“基于 IPv6 的物联网研发平台”以及 Contiki 操作系统易移植的特点，本章在 3.2 小节讲述如何在 STM32F103RBT6 嵌入式系统上对 Contiki 3.0 版本的源码进行移植，以适配对应的硬件平台。在正式认识程序结构之前，本章的 3.3 小节初步引入简单实例“Hello World！”，并对比了在普通 STM32 上的主函数与在 Contiki 系统下的主函数代码编写实例，实现 USB 串口打印功能。最后为了对源码进行深入的剖析，总结出 Contiki 程序框架并介绍主函数的运行原理及流程，让读者更好地掌握进程处理细节。

3.1　Contiki 源码结构

Contiki 是一个具有高度可移植性的操作系统，遵循模块化设计，与硬件相关的代码集中在底层，上层协议栈与应用程序中的代码尽量与硬件无关。Contiki 操作系统源代码主要目录包括：apps、core、cpu、platform、examples、tools、doc、dev、regression-tests。

apps：包括 dhcp、shell、webserver、mqtt、json 等应用程序，在开发过程中可以直接使用，使用时，需要在项目的 Makefile 中定义，如：APPS=[应用程序列表]。

core：Contiki 操作系统的核心，它是与硬件平台无关的核心代码目录，包括 uIP 栈、Rime 通信栈、部分设备驱动和链接库文件等。

cpu：顾名思义，该文件包括 CPU 相关的代码，包括寄存器定义相关代码、内核相关代码、特定底层硬件的处理器代码等，如 AVR、ARM、ARM-Cortex 等处理器。

platform： 提供系统支持的不同开发平台，例如 mx231cc、cc253x、sky 等。

examples： 该文件包含了许多 Contiki 编程示例代码，开发者可以参考这些代码或者基于此进行开发。系统针对不同平台自带的实例程序，可以对某些功能进行验证。

tools： 提供一些常用的调试、开发、下载等工具，如仿真工具 cooja、网络仿真工具 tunSLIP、CPS 的 makefsdata 等。

doc： Contiki 操作系统的帮助文档，可以作为应用软件开发的参考资料。

dev： 一些常用设备的相关驱动程序接口以及一些与硬件无关的驱动程序。

regression-tests： 用于测试 Contiki 是否正常工作。

Contiki 源码结构中，除了 cpu 和 platform 中的源码与硬件平台相关以外，其他目录中的源码都尽可能地与硬件无关。这样使得 Contiki 操作系统具有良好的可移植性。

3.2 Contiki 3.0 的移植

3.2.1 系统内核移植

本章通过将 Contiki 移植到 STM32 的过程，逐步介绍 Contiki 操作系统内核的移植过程。Contiki 是一个非可剥夺性内核，移植非常简单。本章仅仅实现的是一个能够调度的内核，关于动态加载、文件系统、网络协议栈的移植都不在讨论范围内。

3.2.2 移植前准备

Contiki 是完全开源的系统，它所有版本的源码都可以在其官方网站 www.contiki-os.org 上任意下载查看。首先从官网上下载 Contiki 3.0 源码包。官方的 Contiki 源码是在 Linux 开发环境进行的，要移植到 IAR 环境下，就需要了解 GCC 与 IAR 之间的差异，这主要包括：

(1) GCC 是用 makefile 来管理工程编译，而 IAR 是集成开发环境，在 IAR IDE 中，需要重点考虑添加或删除哪些文件。

(2) 嵌入式汇编差异。GCC 内嵌汇编与 IAR 内嵌汇编格式差异很大，需要全面修改 Contiki 出现内嵌汇编的部分。

(3) 文件差异。Linux 平台下的 Contiki 会调用 Linux C 的头文件。而在 IAR 中进行开发就需要解决文件差异的问题。

(4) 在移植过程中，IAR 环境下需要增加 stm32 的处理器移植代码，而 GCC 不需要。

3.2.3 建立 IAR 工程

本节首先介绍建立一个 stm32 的 IAR 工程，然后逐步添加代码来完成 Contiki 的内核移植。

首先，逐步建立工程目录。在目录下拷贝 Contiki 源代码文件，另外再新建一个 linker 目录。再将 stm32 标准外设库中的 CMSIS、StartUp 和 StdPeriph_Driver 文件夹拷贝到工程目录下。

其次，打开 IAR，建立工程，将工程保存到上一步建立好的工程目录下。在 IAR 中建立项目组 contiki、example 和 platform。Contiki 项目组用来包含与 contiki 系统内核相关的文件；example 项目组用来包含实例程序文件；platform 项目组用来添加与 stm32 平台相关的文件。

最后，向项目组中添加文件。在工程中暂时只添加内核以及相关的代码，例程以及帮助文档不需要添加。因此，源码中 apps、tools、doc 等与内核无关的目录文件不需要添加。在 contiki 项目组下添加 core 和 cpu 目录。core 目录直接从 contiki 3.0 源码包中复制，cpu 目录添加 contiki 源码中 cpu 目录下的 stm32 处理器代码；platform 目录主要存放硬件评估板平台底层的软件库代码，这里将 stm32 库文件都添加到此目录下。example 目录存放下一步要测试的实例程序文件。建立好的工程目录如图 3.1 所示。

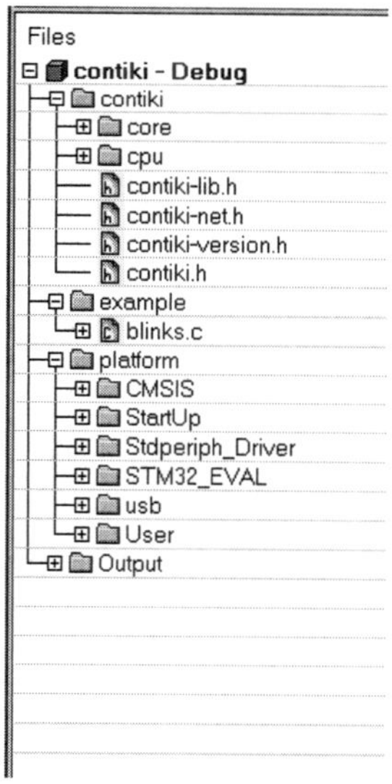

图 3.1　IAR 工程目录

3.2.4　正式移植

(1)先在 cpu 目录下的 clock.c 源码中删除不再使用的 stm32 旧版库文件(stm32f10x_map.h、nvic.h)，添加新的库文件(stm32f10x.h 和 stm32f10x_it.h)。stm32f10x_map.h 和 nvic.h 在 STM32 V3.5 版本固件库中都不再使用。其中 stm32f10x_map.h 里的寄存器设置等被写入 stm32f10x.h 中，nvic.h 文件的内容也被包含到其他文件中；鉴于需要配置中断服务函数，因而将 stm32f10x_it.h 添加进来。

删除原来的两个头文件，修改前：

```
#include <stm32f10x_map.h>
```

```
#include <nvic.h>
```

添加新的库文件，修改后：

```
#include "stm32f10x.h"
#include "stm32f10x_it.h"
```

(2) 在 clock.c 源码中把 clock_init() 时钟初始化函数改为：

```
void clock_init()
{
    //Systick 时钟每秒触发一次 CLOCK_SECOND
    if(SysTick_Config(SystemCoreClock / CLOCK_SECOND))
    {
        while(1);
    }
}
```

(3) 把 SysTick_Handler() 中断函数改为：

```
void SysTick_Handler(void)
{
    current_clock++;
    if(etimer_pending() && etimer_next_expiration_time() <= current_clock)
    {
        etimer_request_poll();
    }
    if(--second_countdown == 0)
    {
        current_seconds++;
        second_countdown = CLOCK_SECOND;
    }
}
```

最后，在 platform 项目组下找到 usb 目录，把 stm32f10x_it.c 源码中的 void SysTick_Handler() 函数和 void PPP_IRQHandler() 函数删除或注释掉。

接下来配置 debug 接口。在 contiki 项目组下找到 cpu 目录，打开 debug_uart.c 源码文件，把源代码中的 DMA 相关代码全部删除，只留串口初始化和 fputc 函数。源码中分别写了两种设置，将 USART1 或 USART2 设为串口默认打开方式，以下代码是将 USART1 设置为串口：

```
void dbg_setup_uart_default()
{
    USART_InitTypeDef USART_InitStructure;
    GPIO_InitTypeDef GPIO_InitStructure;
    //使能 GPIOA 时钟
    RCC_APB2PeriphClockCmd(RCC_APB2Periph_GPIOA
    RCC_APB2Periph_USART1 , ENABLE);
    //PA9 TX1 复用推挽输出
    GPIO_InitStructure.GPIO_Pin = GPIO_Pin_9;
    GPIO_InitStructure.GPIO_Speed = GPIO_Speed_50MHz;
    GPIO_InitStructure.GPIO_Mode = GPIO_Mode_AF_PP;
    GPIO_Init(GPIOA, &GPIO_InitStructure);
    //PA10 RX1 浮动输入
    GPIO_InitStructure.GPIO_Pin = GPIO_Pin_10;
    GPIO_InitStructure.GPIO_Speed = GPIO_Speed_50MHz;
    GPIO_InitStructure.GPIO_Mode = GPIO_Mode_IN_FLOATING;
    GPIO_Init(GPIOA, &GPIO_InitStructure);
    USART_InitStructure.USART_BaudRate = 9600;
    USART_InitStructure.USART_WordLength = USART_WordLength_8b;
    USART_InitStructure.USART_StopBits = USART_StopBits_1;
    USART_InitStructure.USART_Parity = USART_Parity_No;
    USART_InitStructure.USART_HardwareFlowControl = USART_HardwareFlow
    Control_None;
    USART_InitStructure.USART_Mode = USART_Mode_Rx | USART_Mode_Tx;
    USART_Init(USART1, &USART_InitStructure);
    //使能 USART1
    USART_Cmd(USART1, ENABLE);
}
int fputc(int ch, FILE * f)
{
    Contiki_To_USB_Send_Data((uint8_t)ch);
    return ch;
}
```

(4)新建一个测试任务，其线程编写如下：

```
PROCESS(blink_process, "Blink");
AUTOSTART_PROCESSES(&blink_process);
PROCESS_THREAD(blink_process, ev, data)
{
    PROCESS_BEGIN();
    while(1)
    {
        static struct etimer et;
        etimer_set(&et, CLOCK_SECOND);
        PROCESS_WAIT_EVENT_UNTIL(etimer_expired(&et));
        //打开 LED
        GPIO_ResetBits(GPIOC, GPIO_Pin_6);
        printf("LED ON\r\n");
        etimer_set(&et, CLOCK_SECOND);
        PROCESS_WAIT_EVENT_UNTIL(etimer_expired(&et));
        //关闭 LED
        GPIO_SetBits(GPIOC, GPIO_Pin_6);
        printf("LED OFF\r\n");
    }
    PROCESS_END();
}
```

该任务是从 contiki-3.0 中的一个例程修改而来。程序功能是打开 LED，通过串口发送提示信息，然后关闭 LED，通过串口发送提示信息。如果移植成功，得到如图 3.2 所示的实验结果。恭喜你初步完成 Contiki 的内核移植。

图 3.2 实验结果

3.3　从“Hello World！”开始

3.3.1　实例对比

首先来看一个基于 STM32 完成 USB 串口打印功能的 main 函数编写示例。

```
int main(void)
{
    dbg_setup_uart();
    Set_System();
    Set_USBClock();
    USB_Interrupts_Config();
    USB_Init();
    while(1)
        printf("Hello World！");
}
```

具体步骤：

(1) 打开“\基于IPv6的物联网研发平台\光盘资料\源码包\基础实验\stm32基础实验”目录下的 stm32usb.rar 实验工程；

(2) 对代码进行编译，并下载到 IoT 设备当中；

(3) 打开配套光盘“\光盘资料\工具和软件\串口调试”文件夹目录下的“sscom32.exe”串口调试工具软件，并选择合适的 COM 口，点击串口打印工具界面的“打开串口”，即可观察到串口打印工具输出“Hello World！”，如图 3.3 所示。

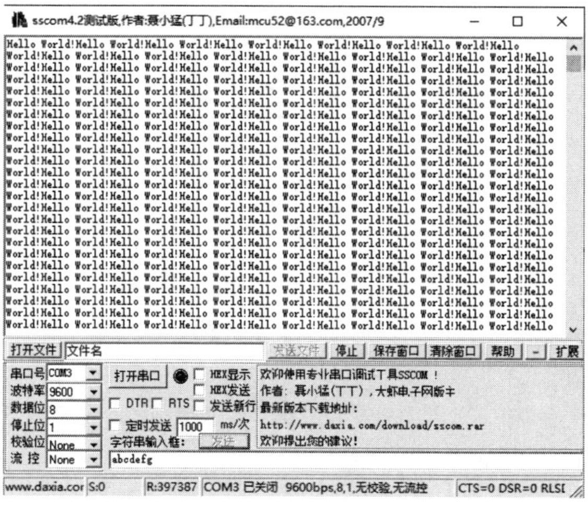

图 3.3　串口打印工具输出

接下来学习在 Contiki 系统环境下编写 USB 串口打印程序，完成向 PC 机打印信息的任务。

以下是在 Contiki 环境下完成串口输出功能的“hello-world.c”文件编写示例：

```
#include "Contiki.h"
#include <stdio.h>
#define DEBUG 1
#if DEBUG
#include <stdio.h>
#define PRINTF(...) printf(__VA_ARGS__)
#else
#define PRINTF(...)
#endif
PROCESS(hello_world_process, "Hello world process");
AUTOSTART_PROCESSES(&hello_world_process);
PROCESS_THREAD(hello_world_process, ev, data)
{
    PROCESS_BEGIN();
    printf("Hello World! \n");
    PROCESS_END();
}
```

以下是 User 项目组 Contiki-main.c 文件的 main 函数编写示例：

```
int main()
{
    dbg_setup_uart();
    Set_System();
    Set_USBClock();
    USB_Interrupts_Config();
    USB_Init();
    clock_init();
    process_init();
    Delay(10000);
    process_start(&etimer_process, NULL);    //启动 etimer_process
    autostart_start(autostart_processes);
    while(1)
    {
```

```
        while(process_run()> 0);
        idle_count++;
    }
    return 0;
}
```

具体步骤：

(1)打开“\基于 IPv6 的物联网研发平台\光盘资料\源码包\基础实验\Contiki 基础实验”目录下的 Contiki-helloworld 实验工程；

(2)编写 hello-world.c 文件，以输出“Hello World！”为例；

(3)在 User 项目组的 Contiki-main.c 文件中编写 main 函数；

(4)编写完成之后对代码进行编译，并下载到 IoT 设备当中；

(5)退出调试后，打开 sscom32.exe 串口调试工具并选择相应端口号，点击串口调试工具界面的“打开串口”，即可观察到串口打印工具输出“Hello World！”。

3.3.2　快速简介

Contiki 主要采用 C 语言进行开发，经过分别在 STM32 与 Contiki 环境下完成 USB 串口打印功能，能够轻易发现两者之间的相同点与不同点，本小节将依次在 Contiki 的核心程序的每一行后面都给出一个简单的描述。

头文件说明：

```
#include "Contiki.h"
#include <stdio.h>
```

用 PROCESS 宏声明一个线程 PROCESS，线程名为“hello_world_process”，线程的说明文字为“Hello World process”，此线程有如下定义：

PROCESS(hello_world_process，"Hello world process")；

PROCESS 宏完成两个功能，一是声明一个函数(该函数是线程的执行体，即线程的 thread 函数指针所指的函数)，二是定义一个线程。

用 AUTOSTART_PROCESSES 宏让线程自启动：

AUTOSTART_PROCESSES(&hello_world_process)；

AUTOSTART_PROCESSES 宏实际上是定义一个指针数组，存放 Contiki 系统运行时需自动启动的进程，这里将 hello_world_process 添加到数组中，在 Contiki 初始化后将自动运行该线程。

定义线程执行主体 THREAD，其中包括参数名、时间(ev)和时间附带的数据(data)：

```
PROCESS_THREAD(hello_world_process, ev, data)
```

```
{
    PROCESS_BEGIN();
    while(1)
    printf("Hello World! \n");
    PROCESS_END();
}
```

所有代码都得放在 PROCESS_BEGIN 宏和 PROCESS_END 宏之间，第 4、5 行是线程执行的内容，表示在串口循环打印“Hello World！”字符串。倘若使用局部变量，情况就比较复杂了，需要视情况而定。而程序全部使用静态局部变量，必须以 PROCESS_BEGIN 宏开头，以 PROCESS_END 宏结束。

注意：在 IAR 中使用 printf()函数时，需要对项目文件进行配置。配置方法为：右击项目文件选择“Options->General Options->Library Configration”，在 Library 选项卡中选择“Full”，点击“OK”按钮，操作页面如图 3.4 所示。

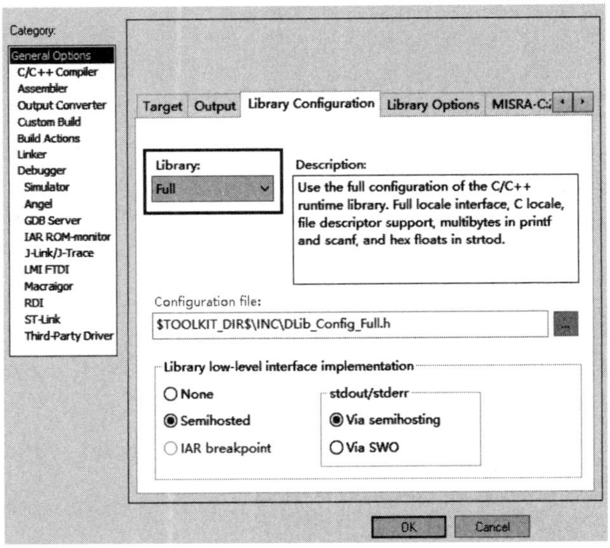

图 3.4 在 IAR 中使用 printf 函数时的配置结果图

3.3.3 程序细节

1. USB 库文件系统

STM32 USB-FS 设备固件库作为接口，连接 IoT 设备底层硬件，并且为 USB 应用程序提供完整接口。STM32 USB-FS 设备固件库的软件设计遵照标准 USB 协议，由 USB 设备驱动和应用程序接口组成，共同管理 USB 2.0 全速设备和 OTG 全速设备。该固件库的库文件系统结构示意图如图 3.5 所示。

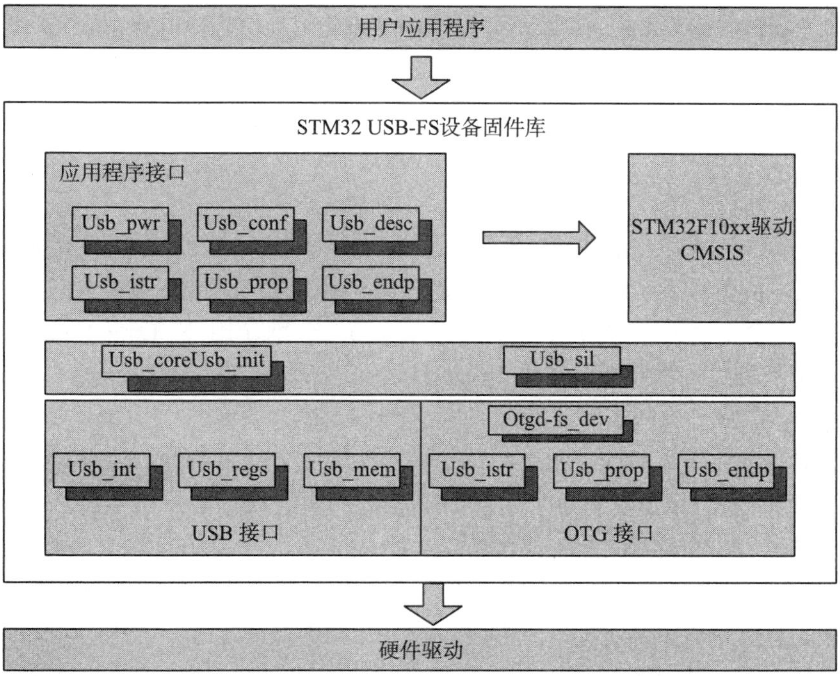

图 3.5　STM32 USB-FS 设备固件库文件系统结构

下面按照具体文件分析 USB 库文件系统结构和功能。

1) usb_conf.h

usb_conf.h 中的宏定义#define IMR_MSK (CNTR_CTRM|CNTR_SOFM|CNTR_RESETM) 用于判别 USB_CNTR 寄存器中的 USB 中断是处于启动状态还是关闭状态。

2) usb_istr.c

进入 USB_Istr() 后，首先检测是否是 CTR 位中断，即完成一次数据传输。如果是 CTR 位中断，并且相应 IMR_MSK 没有被屏蔽，即调用 usb_int.c 文件中的 CTR_LP() 函数，如果定义了 CTR_CALLBACK，则调用本文件中定义的 CTR_Callback() 函数。接下来检测是否为 RESET 位中断。如果是 RESET 位中断，并且相应的中断没有被屏蔽，则首先确定 USB_ISTR 寄存器中相应的中断位，然后调用 Device_Property 结构体 (usb_prop.c 文件) 中的相应函数；如果定义了 RESET_CALLBACK，则还需要调用本文件中定义的 RESET_Callback() 函数。应注意缓冲区数据溢出的问题。如果缓冲区的数据发生溢出，则不会调用 CTR_LP() 和 CTR_Callback()，因此得不到需要处理的数据。所以，若是需要在缓冲区数据溢出的情形下完成数据处理，则需要定义 DOVR_CALLBACK，并提供 DOVR_Callback() 函数。

3) usb_int.h

进入 CTR_LP() 函数后，首先检测发生中断断点的 ID。如果端口是 EP0，则根据是输入还是输出进行调用。如果是输入的数据，则调用 usb_core.c 文件中的 In0_Process() 函数；否则检测是否为 SETUP 数据，如果是 SETUP 数据则调用 usb_core.c 文件中的 Setup0_Process() 函数，如果不是 SETUP 数据则调用 usb_core.c 文件中的 Out0_Process() 函数。

如果是端点 EP0 则调用 usb_endp(.c) 中的 EPX_IN_Callback() 和 EPX_OUT_Callback()。进入 CTR_HP() 后，此时只接收同步传输和双缓冲区的批量传输中断，所以可以直接检测是 IN 数据还是 OUT 数据，并调用 usb_endp.c 文件中的 EPX_IN_Callback() 函数和 EPX_OUT_Callback() 函数。

4) usb_core.c

进入 Setup0_Process() 函数后，如果当前的 CONTROL_STATE 状态不是 PAUSE 状态，则填充 pInformation 所指向的 DEVICE_INFO 结构体，然后设置 CONTROL_STATE 状态为 SETTING_UP。根据获取数据的长度是否为 0，分别调用 NoData_Setup0() 函数或者 Data_Setup0() 函数，最后调用 Post0_Process() 函数。进入 NoData_Setup0() 后，首先判断接收的是否为标准格式的请求，如果是，根据请求的类型(SET_CONFIGURATION、SET_ADDRESS、SET_FEATURE 和 CLEAR_FEATURE) 来调用该文件中相应的处理函数。否则结果设置成 USB_UNSUPPORT 状态。此时需要调用 DEVICE_PROP 结构体中的 RESULT(*Class_NoData_Setup)(uint8_t RequestNo) 函数，我们就在该函数中处理在类库中未实现的请求。进入 Data_Setup0() 后，首先检测请求代码是否为 GET_DESCR IPTOR，如果是，根据描述符的请求，则分别调用 usb_prop.h 和 usb_prop.c 文件的 DEVICE_PROP 结构体中填充的设备描述符、配置描述符和字符串描述符的函数；然后检测请求代码是否为 GET STATUS，如果是则调用 Standard_GetStatus 函数；其次检测是否为 GET_CONFIGURATION 和 GET_INTERFACE，如果是，则调用相关函数。如果不满足上面条件则调用 usb_prop.c 中 DEVICE_PROP 结构体中的 RESULT(*Class_Data_Setup)(uint8_t RequestNo) 函数，在该函数中处理在类库中未实现的请求。

2. 源代码解析

1) dbg_setup_uart_default()

配置 debug 接口，将需要发送的数据通过 UART2 的 USB 虚拟串口发送至上位机(host)，同时接收并记录数据地址信息、数据长度信息(防止溢出，要在发送完毕以前检查数据长度是否超出所支持的最大长度范围)。本实验设置 UART2 为默认输出，可根据实际情况选择其他 UART 输出。实验源代码请查看“\基于 IPv6 的物联网研发平台\光盘资料\源码包\基础实验\stm32 基础实验”目录下的 stm32usb.rar 实验工程文件。

2) Set_System()

这是一个系统时钟设置函数，主要完成的功能有：使能晶振、允许 flash 取址缓冲、flash 分频设置、系统频率设置、APB2 时钟配置为系统时钟 SYSCLK、APB1 时钟配置成 2 分频、ADC 时钟配置为 6 分频(12MHz) 和 PLL 配置为 9 倍频(8X9=72MHz)。由于该设备为全速设备，因此 D+信号线通过电阻上拉。实验源代码请查看“\基于 IPv6 的物联网研发平台\光盘资料\源码包\基础实验\stm32 基础实验”目录下的 stm32usb.rar 实验工程文件。

3) USB_Interrupts_Config()

这是一个 USB 中断配置函数。NVIC_PriorityGroupConfig() 通过设置 USB 中断的优先级、指定中断优先级分组的数据长度实现 USB 中断功能，具体 USB 中断优先级分组请参考 Hw_config.c 文件。

4) USB_Init()

这是一个 USB 初始化函数。它主要完成的功能有：设置芯片序列号、使能芯片(USB 复位)和中断处理。这里可以配置串口到缺省状态，波特率设为 9600，并且允许接受中断，不能发送中断。

5) Set_USBClock()

这是一个配置 USB 时钟输入函数，配置的时钟是 48MHz。该函数完成的主要功能有：USB 时钟使能和选择并使 USB 接入时钟。

3.4　程序结构与运行原理

下面来了解一下 Contiki 的编程模板。Contiki 实际编程需要填充的是每一个执行主体的代码，并且总是以“PROCESS_BEGIN”开始，以“PROCESS_END”结束，main 函数内容无须修改。Contiki 程序框架如下：

```
    #include "Contiki.h"//头文件
    PROCESS(example_1_process, "Example 1")；//用 PROCESS 宏声明进程执行主体，并定义进程
    AUTOSTART_PROCESSES(&example_1_process)；//用 AUTOSTART_PROCESSES 宏让进程自启动
    PROCESS_THREAD(example_1_process, ev, data)//定义进程执行主体 thread
    {
        PROCESS_BEGIN()；//代码总是以宏 PROCESS_BEGIN 开始
        /*example_1_process 的代码*/
        PROCESS_END()；//代码总是以宏 PROCESS_END 结束
}
```

嵌入式系统可以看作是一个运行着死循环的主函数系统，Contiki 内核是基于事件驱动的，系统运行可以视为不断处理事件的过程。Contiki 整个运行是通过事件触发完成的，一个事件绑定相应的进程。当事件被触发，系统把执行权交给事件所绑定的进程。一个典型基于 Contiki 的系统运行示意图如图 3.6 所示。

事实上，图 3.6 几乎是主函数的流程图。通常情况下，应用程序作为一个进程放在自启动的指针数组中，系统启动后，进行一系列的硬件初始化(包括串口和时钟)，接着进程初始化，系统进程启动(如管理 etimer 的系统进程 etimer_process)和用户指定的进程自启动，然后进入处理事件的死循环(如图 3.6 右边框框所示，实际上是 process_run 函数的功能)。通过遍历执行完所有高优先级的进程，而后转去处理事件队列的一个事件，处理该事件(通常对应于执行一个进程)之后，需先满足高优先级进程才能转去处理下一个事件。

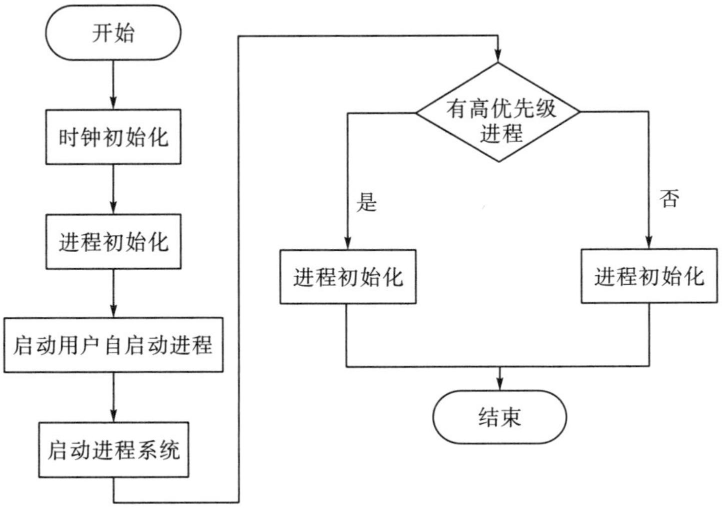

图 3.6　Contiki 运行原理示意图

为了更好地展现进程处理细节，现在将 process_run 代码展开加到 main 函数，保留关键代码，如下：

```
int main()
{
    clock_init();  //时钟初始化
    process_init();  //进程初始化
    process_start(&etimer_process, NULL);  //启动系统进程
    autostart_start(autostart_processes);  //启动用户自启动进程
    while(1)
    {
        /***函数 process_run 的功能***/
        if(poll_requested)
        {
            do_poll();  //执行完所有高优先级的进程
        }
      do_event();  //仅处理事件队列的一个事件
    }
    return 0;
}
```

第 4 章　深入 Contiki 操作系统

本章主要介绍在 Contiki 环境下对通用 I/O 口的操作、多线程、定时器、读取传感器、点对点收发和传感器驱动等方面的基础知识，为后续章节的学习奠定基础。

IoT 设备在硬件结构上比较紧凑，微控制模块通过 SPI 总线通信接口拖带无线射频通信模块，实现对无线通信模块寄存器的读写，从而完成对模块通信参数的配置，进一步控制模块对无线数据的收发。微控制模块基于型号为 STM32F103RB 的芯片，采用高性能的 Cortex M3 的处理器内核，其最高工作频率可达 72M，FLASH 闪存 128k，静态 RAM 为 20k，价格低廉且具备丰富的 I/O 口和外设。

无线射频模块基于型号为 UZ2400D 的射频芯片，可以与微处理器(例如 STM32F103RB 等)结合，适用于低数据传输率，如家庭自动化、消费电子、个人计算机外部设备、工业自动化等。无线射频通信块由一个集成电路内的发送/接收器、压控振荡器和锁相环路组成。其采用先进的无线电架构来尽量减少外部元件数和功率消耗量。无线射频通信模块的 MAC 层与基带为 IEEE 802.15.4 的 MAC 层和 PHY 层提供了硬件架构。

本章要求读者能够在 Contiki 环境下初始化配置并且控制 STM32F103 的 GPIO 口；实现多线程编程；了解 Contiki 进程、事件和定时器的关系，了解 Contiki 中五种定时器和 timerlist 控制进程的原理，掌握 Contiki 中 timer 和 etimer 控制事件执行的操作方法；了解传感器数据的存储方式，能够在 Contiki 操作系统下读取采集到的传感器数据；了解 UZ2400 射频模块特性、寄存器的配置以及收发数据的格式构造，能够编写射频数据读取与存储到寄存器的操作函数，并且能够建立简单的点对点的射频通信；最后学习甲烷传感器、烟雾传感器、温湿度传感器以及粉尘传感器的驱动设计原理。

4.1　Contiki 通用 I/O 口操作

4.1.1　GPIO 入门之道

通用 I/O 口，即通用输入/输出(general purpose input output，简称为 GPIO 或总线扩展器)，它利用工业标准或 SPI 接口简化了 I/O 口的扩展。当微控制器或芯片组没有足够的 I/O 端口，或者系统需要采用远端串行通信和控制时，GPIO 能够提供额外的控制和监视功能。GPIO 驱动可以有多种用途，包括管脚设置、单位设置/重置、锁定机制、从端口管脚读入或者向端口管脚写入数据。

1. GPIO 寄存器

打开“contiki-3.0\cpu\arm\stm32f103”文件夹，GPIO_TypeDef 作为 GPIO 寄存器结构

体在文件“stm32f10x_map.h”中定义如下：

```
typedef struct
{
    vu32 CRL; //端口配置低寄存器
    vu32 CRH; //端口配置高寄存器
    vu32 IDR; //端口输入数据寄存器
    vu32 ODR; //端口输出数据寄存器
    vu32 BSRR; //端口位设置/复位寄存器
    vu32 BRR; //端口位复位寄存器
    vu32 LCKR; //端口配置锁定寄存器
} GPIO_TypeDef;
```

GPIO 寄存器结构 AFIO_TypeDef 在文件“stm32f10x_map.h”中的定义如下：

```
typedef struct
{
    vu32 EVCR; //事件控制寄存器
    vu32 MAPR; //复用重映射和调试 I/O 配置寄存器
    vu32 EXTICR[4]; //外部中断线路 0—15 配置寄存器
} AFIO_TypeDef;
```

五个 GPIO 外设声明于文件“stm32f10x_map.h”中。使用“Debug”模式时，初始化指针 AFIO、GPIOA、GPIOB、GPIOC、GPIOD 和 GPIOE 并存放在文件“stm32f10x_lib.c”中。为了访问 GPIO 寄存器，上述指针必须在文件“stm32f10x_conf.h”中定义。

2. GPIO 库函数

GPIO_DeInit()用于将外设 GPIO*x* 寄存器重设为某个值(缺省)，通过输入 GPIO*x*(*x* 可以是 A、B、C、D 或者 E)来选择 GPIO 外设。例如调用重置 GPIO 寄存器则使用 RCC_APB2PeriphResetCmd()函数。

GPIO_AFIODeInit()用于将复用功能(重映射事件控制和 EXTI 设置)重设为缺省值。例如在 RCC_APB2PeriphResetCmd()中调用。

GPIO_Init()根据 GPIO_InitStruct 中指定的参数初始化外设 GPIO*x* 寄存器，通过输入 GPIO*x* 来选择 GPIO 外设，同时输入 GPIO_InitStruct(指向结构 GPIO_InitTypeDef 的指针，包含了外设 GPIO 的配置信息)完成初始化。

GPIO_StructInit()用于把 GPIO_InitStruct 中的每一个参数按缺省值填入，通过输入 GPIO_InitStruct(指向结构 GPIO_InitTypeDef 的指针)完成初始化过程。

GPIO_ReadInputDataBit()用于读取指定端口管脚的输入，通过输入 GPIO*x* 来选择

GPIO 外设，并且需要同时输入 GPIO_Pin(待读取的端口位)完成读取。

GPIO_ReadInputData()用于读取指定的 GPIO 端口输入，通过输入 GPIO*x* 来选择 GPIO 外设。

GPIO_ReadOutputDataBit()用于读取指定端口管脚的输出，通过输入 GPIO*x* 来选择 GPIO 外设，并且需要同时输入 GPIO_Pin(待读取的端口位)完成读取。

GPIO_ReadOutputData()用于读取指定的 GPIO 端口输出，通过输入 GPIO*x* 来选择 GPIO 外设。

GPIO_SetBits()用于置位指定的数据端口位，通过输入 GPIO*x* 来指定 GPIO 外设。

GPIO_ResetBits()用于清除指定的数据端口位，通过输入 GPIO*x* 来指定 GPIO 外设。

GPIO_WriteBit()用于置位或者清除指定的数据端口位，通过输入 GPIO*x* 来选择 GPIO 外设，并且需要同时输入 GPIO_Pin(待读取的端口位)完成写入。

GPIO_Write()用于置位或者清除指定的数据端口位，通过输入 GPIO*x* 来选择 GPIO 外设。

GPIO_PinLockConfig()用于锁定 GPIO 管脚设置寄存器，通过输入 GPIO*x* 来选择 GPIO 外设，并且需要同时输入 GPIO_Pin(待读取的端口位)完成锁定。

GPIO_EventOutputConfig()用于选择 GPIO 管脚用作事件输出，通过输入 GPIO*x* 来选择用作事件输出的端口。

GPIO_EventOutputCmd()用于使能或者禁止时间输出，通过将 NewState(事件输出的新状态)置为 ENABLE 或者 DISABLE，分别完成使能和禁止。

GPIO_PinRemapConfig()用于改变指定管脚的映射，通过输入 GPIO_Remap(选择重映射的管脚)和 NewState(事件输出的新状态)来完成管脚映射的改变。

GPIO_Remap 用以选择用作事件输出的 GPIO 端口，具体如下所示：

GPIO_Remap_SPI1 即 SPI1 复用功能映射；

GPIO_Remap_I2C1 即 I2C1 复用功能映射；

GPIO_Remap_USART1 即 USART1 复用功能映射；

GPIO_PartialRemap_USART3 即 USART2 复用功能映射；

GPIO_FullRemap_USART3 即 USART3 复用功能完全映射；

GPIO_PartialRemap_TIM1 即 USART3 复用功能部分映射；

GPIO_FullRemap_TIM1 即 TIM1 复用功能完全映射；

GPIO_PartialRemap1_TIM2 即 TIM2 复用功能部分映射 1；

GPIO_PartialRemap2_TIM2 即 TIM2 复用功能部分映射 2；

GPIO_FullRemap_TIM2 即 TIM2 复用功能完全映射；

GPIO_PartialRemap_TIM3 即 TIM3 复用功能部分映射；

GPIO_FullRemap_TIM3 即 TIM3 复用功能完全映射；

GPIO_Remap_TIM4 即 TIM4 复用功能映射；

GPIO_Remap1_CAN 即 CAN 复用功能映射 1；

GPIO_Remap2_CAN 即 CAN 复用功能映射 2；

GPIO_Remap_PD01 即 PD01 复用功能映射；

GPIO_Remap_SWJ_NoJTRST 即除 JTRST 外 SWJ 完全使能(JTAG+SW-DP);

GPIO_Remap_SWJ_JTAGDisable 即 JTAG-DP 失能+ SW-DP 使能;

GPIO_Remap_SWJ_Disable 即 SWJ 完全失能(JTAG+SW-DP)。

其中，GPIO_EXTILineConfig()用于选择 GPIO 管脚用作外部中断线路，通过输入 GPIO_PortSource(选择用作外部中断线源的 GPIO 端口)和 GPIO_PinSource(待设置的外部中断线路)完成选择。

4.1.2 代码解析

1. GPIO 初始化结构体

通用 I/O 口的初始化结构体中规定了三个量：I/O 端口号(本实验选择 GPIO_Pin_1)、翻转速度和工作模式。其中要说明的是翻转速度，即程序向输出寄存器写入 0，然后再写入 1，信号传输到引脚上，在 GPIO 引脚检测从 0 变为 1 所经历的时间。STM32F103 提供的翻转速度为 2M、10M 和 50M 三种。

该 GPIO 初始化结构体如下所示：

```
typedef struct
{
    uint16_t GPIO_Pin;    //GPIO 引脚
    GPIOSpeed_TypeDef GPIO_Speed;    //翻转速度
    GPIOMode_TypeDef GPIO_Mode;    //工作模式
} GPIO_InitTypeDef;
```

2. STM32 的八种工作模式

STM32 的八种工作模式的功能简单介绍如下，实验中使用的是 GPIO_Mode_Out_PP 模式。①GPIO_Mode_AIN 模拟输入，应用 ADC 模拟输入，或者低功耗下省电。②GPIO_Mode_IN_FLOATING 浮空输入，浮空输入，可以做 KEY 识别，RX1。③GPIO_Mode_IPD 下拉电阻输入。④GPIO_Mode_IPU 上拉电阻输入。⑤GPIO_Mode_Out_OD 开漏输出，I/O 输出 0 接 GND，I/O 输出 1 悬空，需要外接上拉电阻，才能实现输出高电平。当输出为 1 时，I/O 口的状态由上拉电阻拉高电平，但由于是开漏输出模式，这样 I/O 口也就可以由外部电路改变为低电平或不变。可以读 I/O 输入电平变化，实现 C51 的 I/O 双向功能。⑥GPIO_Mode_Out_PP 推挽输出，I/O 输出 0 接 GND，I/O 输出 1 接 VCC，读输入值是未知的。⑦GPIO_Mode_AF_OD 复用开漏输出，片内外设功能。⑧GPIO_Mode_AF_PP 复用推挽输出，片内外设功能。

八种工作模式的结构体定义如下所示：

```
    typedef enum
    {
        GPIO_Mode_AIN = 0x0;
        GPIO_Mode_IN_FLOATING = 0x04;
        GPIO_Mode_IPD = 0x28;
        GPIO_Mode_IPU = 0x48;
        GPIO_Mode_Out_OD = 0x14;
        GPIO_Mode_Out_PP = 0x10;
        GPIO_Mode_AF_OD = 0x1C;
        GPIO_Mode_AF_PP = 0x18;
} GPIOMode_TypeDef;
```

当某管脚设置为上拉或者下拉输入模式时，使用寄存器 Px_BSRR 和 PxBRR GPIO_Mode 允许同时设置 GPIO 方向(输入/输出)和对应的输入/输出设置：位[7：4]对应 GPIO 方向，位[4：0]对应配置。GPIO 方向有如下索引：GPIO 输入模式=0x00，GPIO 输出模式=0x01。

3. 外围时钟

在 LED 初始化的代码中，时钟使能函数完成打开或关闭对应的外设输出时钟端口，APB2NR 为外设时钟使能寄存器，偏移地址 0x18。其源代码及解析如下：

```
    void RCC_APB2PeriphClockCmd(uint32_t RCC_APB2Periph, FunctionalState NewState)
    {
        assert_param(IS_RCC_APB2_PERIPH(RCC_APB2Periph));    //参数纠正
        assert_param(IS_FUNCTIONAL_STATE(NewState));         //参数验证
        if(NewState ! = DISABLE)
        {
            RCC->APB2ENR |= RCC_APB2Periph;    //打开对应的外设时钟输出口
        }
        else
        {
            RCC->APB2ENR &= ~RCC_APB2Periph;    //关闭对应的外设时钟输出口
        }
}
```

4. GPIO 口输出电平控制

GPIO 口输出高电平函数写法示例：

```
void GPIO_SetBits(GPIO_TypeDef* GPIOx, uint16_t GPIO_Pin)
{
    /* 检查参数 */
    assert_param(IS_GPIO_ALL_PERIPH(GPIOx));
    assert_param(IS_GPIO_PIN(GPIO_Pin));
    GPIOx->BSRR = GPIO_Pin;          //GPIO_Pin 升为高电平
}
```

GPIO 口输出低电平函数写法示例：

```
void GPIO_ResetBits(GPIO_TypeDef* GPIOx, uint16_t GPIO_Pin)
{
    /* 检查参数*/
    assert_param(IS_GPIO_ALL_PERIPH(GPIOx));
    assert_param(IS_GPIO_PIN(GPIO_Pin));
    GPIOx->BRR = GPIO_Pin;          //GPIO_Pin 降为低电平
}
```

4.1.3 关键程序设计

设计目标：学习在 Contiki 环境下如何初始化配置并控制 STM32F103 的 GPIO 口。
实现功能：在 Contiki 环境下控制 GPIO 口完成 LED 以 1 秒为间隔闪烁。
(1)控制 GPIO 口功能的文件编写。

```
#include "Contiki.h"
#include <stdio.h> /* For printf() */
#define DEBUG 1
#if DEBUG
#include <stdio.h>
#define PRINTF(...) printf(__VA_ARGS__)
#else
#define PRINTF(...)
#endif
#include "stm32f10x.h"
#include <stdint.h>
void led_init();
PROCESS(blink_process, "Blink");
```

```
    AUTOSTART_PROCESSES(&blink_process);
    PROCESS_THREAD(blink_process, ev, data)
    {
        PROCESS_BEGIN();
        while(1)
        {
            static struct etimer et;
            etimer_set(&et, CLOCK_SECOND);
            PROCESS_WAIT_EVENT_UNTIL(etimer_expired(&et));
            //打开 LED
            GPIO_ResetBits(GPIOA, GPIO_Pin_1);
            printf("ledon\n");
            etimer_set(&et, CLOCK_SECOND);
            PROCESS_WAIT_EVENT_UNTIL(etimer_expired(&et));
            //关闭 LED
            GPIO_SetBits(GPIOA, GPIO_Pin_1);
            printf("ledoff\n");
        }
        PROCESS_END();
    }
    /*LED 初始化*/
    void led_init()
    {
        GPIO_InitTypeDef GPIO_InitStructure;
        RCC_APB2PeriphClockCmd(RCC_APB2Periph_GPIOC, ENABLE);
        /*打开或关闭对应的外设输出时钟端口 */
        GPIO_InitStructure.GPIO_Pin= GPIO_Pin_1;               //设置 IO 口
        GPIO_InitStructure.GPIO_Speed= GPIO_Speed_50MHz;       //翻转速度 50MHz
        GPIO_InitStructure.GPIO_Mode= GPIO_Mode_Out_PP;        //复用推挽输出
        GPIO_Init(GPIOA, &GPIO_InitStructure);
}
```

(2) 以控制 LED 以 1 秒为间隔闪烁的同时 USB 打印描述信息为例，下面给出一个完成 Contiki 操作系统控制 GPIO 口功能的 main 函数编写示例：

```
    int main()
    {
        /* Set the UART1 for fput , BaudRate = 9600 */
```

```
        dbg_setup_uart();
        Set_System();
        Set_USBClock();
        USB_Interrupts_Config();
        USB_Init();
        clock_init();
        process_init();
    #ifdef    led
        led_init();
    #endif
        Delay(10000);
        process_start(&etimer_process, NULL);  //启动 etimer_process
        autostart_start(autostart_processes);
        while(1)
        {
            do
            {
            }
            while(process_run()> 0);
            idle_count++;
        }
        return 0;
}
```

4.1.4 实例操作步骤

1. 准备实验的软、硬件环境

(1)硬件条件：PC 机一台、J-Link 下载器一个、IoT 设备一个、配线若干。

(2)软件条件：IAR for ARM 5.50.1、J-Link 仿真器驱动程序、Source Insight、sscom32 串口调试工具、完成 Contiki 通用 I/O 操作实验的源代码。

编译下载时的实物连接方式如图 4.1 所示。

(3)打开并解压“\基于 IPv6 的物联网研发平台\光盘资料\源码包\基础实验\Contiki 基础实验”目录下的 Contiki-blinks.rar 实验工程压缩包。

(4)对代码进行编译，并下载到 IoT 设备当中；编译下载程序完成后，IoT 设备保持连接到 PC 机，拔掉转接线、仿真器及其配线之后使用 sscom32 串口调试工具开始调试。

(5)退出调试后，打开 sscom32.exe 串口调试工具并选择相应端口号，点击串口调试工具界面的“打开串口”，即可观察到串口随着 LED 一亮一灭的动作，同时在串口中打印出“ledon”“ledoff”的描述。闪烁的效果图如图 4.2 所示，USB 输出如图 4.3 所示。

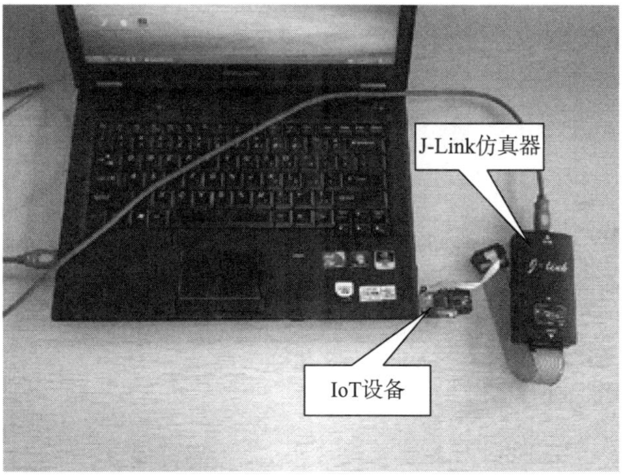

图 4.1　实物连接方式

图 4.2　闪烁效果

图 4.3　串口打印输出

说明：该实验设置 USB 串口打印描述信息仅为调试程序，且本实验的 USB 串口打印描述和 LED 闪烁基本同步。但是对于大规模的完整协议栈工程项目，USB 串口打印速度往往跟不上协议栈的数据收发速度。

4.2 Contiki 多线程

4.2.1 Contiki 多线程编程模板

Contiki 实际编程需要具体填充的是每一个执行主体的代码，并且总是以 PROCESS_BEGIN()开始，以 PROCESS_END()结束，main 函数内容甚至无须修改。有两个进程的 Contiki 程序框架如下：

```
    /*头文件*/
    #include "Contiki.h"

    /*用 PROCESS 宏声明进程执行主体，并定义进程*/
    PROCESS(example_1_process, "Example 1");   //PROCESS(name, strname)
    PROCESS(example_2_process, "Example 1");

    /*用 AUTOSTART_PROCESSES 宏让进程自启动*/
    AUTOSTART_PROCESSES(&example_1_process, &example_2_process);

    /*定义进程执行主体 thread*/
    PROCESS_THREAD(example_1_process, ev, data)//PROCESS_THREAD(name, ev,
data)
    {
        PROCESS_BEGIN();    /*代码总是以宏 PROCESS_BEGIN 开始*/
        /*example_1_process 的代码*/
        PROCESS_END();    /*代码总是以宏 PROCESS_END 结束*/
    }
    PROCESS_THREAD(example_2_process, ev, data)
    {
        PROCESS_BEGIN();
        /*example_2_process 的代码*/
        PROCESS_END();
}
```

4.2.2　库函数源代码及其解析

1. etimer_set()

etimer_set 函数设置 timer 定时器的时间间隔，并将这个 etimer 加入 timerlist 中。

2. PROCESS_WAIT_EVENT_UNTIL 宏

第一次执行时，PROCESS_WAIT_EVENT_UNTIL 总是被挂起(因为当 PT_YIELD_FLAG==0 为真时，会直接执行 return PT_YIELDED)。其代码解析如下：

```
//把事件 event_data_ready 加入事件队列
int process_post(struct process *p, process_event_t ev, process_data_t data)
{
    static process_num_events_t snum;
    if(nevents == PROCESS_CONF_NUMEVENTS)
    return PROCESS_ERR_FULL;
    snum = (process_num_events_t) (fevent + nevents) % PROCESS_CONF_NUMEVENTS;
    events[snum].ev = ev;
    events[snum].data = data;
    events[snum].p = p;
    ++nevents;
#if PROCESS_CONF_STATS
    if(nevents > process_maxevents)
    {
        process_maxevents = nevents;
    }
#endif
    return PROCESS_ERR_OK;
}
```

3. process_post()

代码解析如下：

```
//把事件 event_data_ready 加入事件队列
int process_post(struct process *p, process_event_t ev, process_data_t data)
{
    static process_num_events_t snum;
```

```
        if(nevents == PROCESS_CONF_NUMEVENTS)
        {
            return PROCESS_ERR_FULL;
        }
        snum =(process_num_events_t) (fevent + nevents) % PROCESS_CONF_NUMEVENTS;
        events[snum].ev = ev;
        events[snum].data = data;
        events[snum].p = p;
        ++nevents;
#if PROCESS_CONF_STATS
        if(nevents > process_maxevents)
        {
            process_maxevents = nevents;
        }
#endif
        return PROCESS_ERR_OK;
}
```

4.2.3 关键程序设计

设计目标：学习在 Contiki 环境下编写多线程程序的原理，同时能够编写多线程程序文件。

实现功能：使用 USB 串口分别打印任务的开始信息和“Hello”“world”两行描述字符串的双线程程序。

(1)以 USB 串口提示开始打印并分别打印“Hello”和“world”描述字符串为例，下面给出一个多线程程序 ex-etimer.c 的编写示例：

```
#include "Contiki.h"
#include <stdio.h>
#define DEBUG 1
#if DEBUG
#include <stdio.h>
#define PRINTF(...) printf(__VA_ARGS__)
#else
#define PRINTF(...)
#endif
static process_event_t event_data_ready;
```

```
/*声明两个进程*/
PROCESS(print_hello_process, "Hello");
PROCESS(print_world_process, "world");
/*让该两进程自启动*/
AUTOSTART_PROCESSES(&print_hello_process, &print_world_process);
PROCESS_THREAD(print_hello_process, ev, data)
{
    PROCESS_BEGIN();
    static struct etimer timer;
    etimer_set(&timer, CLOCK_CONF_SECOND); //定义了 CLOCK_CONF_SECOND
    的值为 100
    printf("print hello process start\n");
    //新建一个事件，事实上是用一组 unsigned char 值来标识不同事件
    event_data_ready = process_alloc_event();
    while(1)
    {
        PROCESS_WAIT_EVENT_UNTIL(ev == PROCESS_EVENT_TIMER);
        Delay(1000);
        printf("Hello, \n");
        //传递异步事件给 print_world_process,直到内核调度该进程才处理该事件
        process_post(&print_world_process, event_data_ready, NULL);
    }
    PROCESS_END();
}
PROCESS_THREAD(print_world_process, ev, data)
{
    PROCESS_BEGIN();
    Delay(1000);
    printf("print world process start\n");
    while(1)
    {
        PROCESS_WAIT_EVENT_UNTIL(ev == event_data_ready);
        Delay(1000);
        printf("world! \n");
    }
    PROCESS_END();
}
```

(2) 完成串口输出功能的 main 函数编写示例：

```
int main()
{
        dbg_setup_uart();
        Set_System();
        Set_USBClock();
        USB_Interrupts_Config();
        USB_Init();
        clock_init();
        process_init();
#ifdef    led
        led_init();
#endif
        Delay(10000);
        process_start(&etimer_process, NULL);   //启动 etimer_process
        autostart_start(autostart_processes);
        while(1)
        {
            while(process_run()> 0);
            idle_count++;
        }
        return 0;
}
```

4.2.4 实例操作步骤

(1) 准备实验的软、硬件环境：实验 4.2 到实验 4.4 的软、硬件条件，实物连接方式参考 4.1 节的实例操作部分，不再赘述；

(2) 打开并解压“\基于 IPv6 的物联网研发平台\光盘资料\源码包\基础实验\Contiki 基础实验”目录下的 Contiki-多线程.rar 实验工程压缩包；

(3) 对代码进行编译，并下载到 IoT 设备当中；

(4) 退出调试后，打开 sscom32.exe 串口调试工具并选择相应端口号；

(5) 点击串口调试工具界面的“打开串口”，即可观察到串口打印工具输出打印开始的提示和“Hello”“world！”字符串，如图 4.4 所示。

图 4.4　串口调试工具输出

4.3　Contiki 定时器

4.3.1　Contiki 定时器基本原理及代码解析

1. 进程、事件和定时器的关系

系统使用定时器方便对事件进行管理，定时器把事件加入队列，定时器根据成员变量的值来判断事件是否到期。当事件传递给进程时，新建一个事件并且绑定进程(进程中可以绑定多个事件)，当定时器判断到期时，执行进程使得所有的事件投入运行。

2. 五种定时器

Contiki 包含一个时钟模型和五种定时器，下面介绍这五种定时器和全局静态变量 timerlist 的链表。

(1) timer：事件定时器(event timer)，提供一个定时器机制查看事件是否到期，从而驱动事件。

(2) ctimer：调用 etimer，触发以后调用回调函数，源代码如下：

```
void ctimer_set(struct ctimer *c, clock_time_t t, void(*f)(void *), void *ptr)
{
    PRINTF("ctimer_set %p %u\n", c, (unsigned)t);
    c->p = PROCESS_CURRENT();
    c->f = f;
    c->ptr = ptr;
    if(initialized)
    {
```

```
            PROCESS_CONTEXT_BEGIN(&ctimer_process);
            etimer_set(&c->etimer, t);
            PROCESS_CONTEXT_END(&ctimer_process);
        }
        else
        {
            c->etimer.timer.interval = t;
        }
        list_add(ctimer_list, c);
}
```

需要注意的是，ctimer 本身就是一个进程，靠 etimer 来驱动。分析上面的代码可以发现，ctimer 是在 etimer 队列前面加了 ctimer 事件，当 ctimer 进程触发后回调函数运行。

(3)rtimer：realtime timer，直接调用硬件平台，硬件实时定时器精度很高，触发以后调用一个定时器回调。但是需要注意 rtimer 最大值可以到 0xffff，载入值超过就会溢出。

(4)stimer：和 timer 类似，它们没有自己的中断，全靠 etimer 来驱动。区别在于 stimer 以 second 作为时间精度。

3. etimer 解析

1)etimer 结构体

etimer 的定时器机制产生 time events，可以理解成 etimer 是 Contiki 特殊的一种事件。etimer 与 timer 的结构体源码如下：

```
    /*****etimer 定义*****/
    struct etimer
    {
        struct timer timer;
        struct etimer *next;
        struct process *p;
    };
    /*****timer 定义*****/
    struct timer
    {
        clock_time_t start;
        clock_time_t interval;
    };
typedef unsigned int clock_time_t;
```

其中，timer 仅包含起始时刻和间隔时间，其只记录到期时间。通过比较到期时间和当前时钟来判断该定时器是否到期。当 etimer 到期时，会给相应的进程传递事件 PROCESS_EVENT_TIMER，启动进程。

2) timerlist

timerlist 是一个全局静态变量，初始化后指向系统的第一个 etimer，源代码如下：

static struct etimer *timerlist;

比较 timer 的到期时间和当前时钟来判断事件是否到期，如果到期，则 struct etimer *next 指向下一个 etimer。

timerlist 可以形象地用图 4.5 的链表来表示。

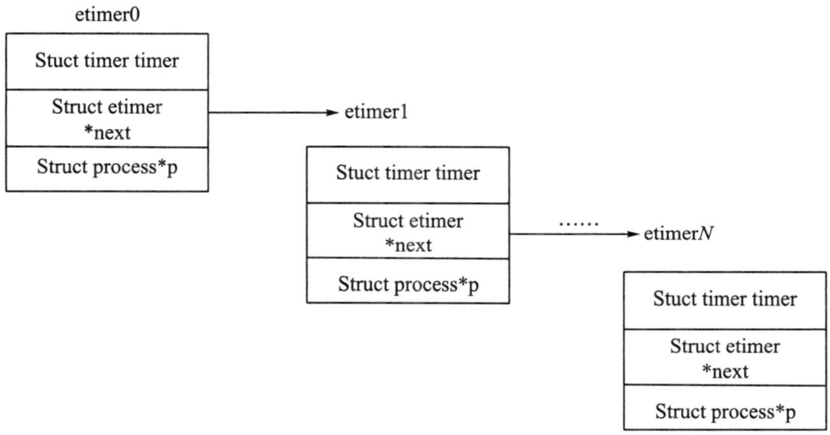

图 4.5　timerlist 中事件执行控制原理框图

4. 系统进程 etimer_process 解析

1) 启动 etimer

在 main 函数中，先是进行一系列初始化，接着启动系统进程 etimer_process 和指针数组 autostart_processes[]里的所有进程。源代码如下：

```
int main()
{
    dbg_setup_uart();
    clock_init();
    process_init();
    process_start(&etimer_process, NULL); //启动一个进程，这里指的是 etimer_process
    autostart_start(autostart_processes); //自启动指针数组里的所有进程
    while(1)
    {
        do
```

```
        {
        }
        while(process_run()> 0);
    }
    return 0;
}
```

process_start 函数用于启动一个进程，将进程加入进程链表。给进程传递一个初始化事件，让其开始执行，事实上是执行进程结构体中的 thread 函数指针所指的函数，由主控函数 PROCESS_THREAD(name，ev，data)实现。然后判断执行结果，如果返回值表示退出、结尾或者遇到 PROCESS_EVENT_EXIT 时进程退出，否则进程被挂起，等待事件。

PT 的四种状态：

```
#define PT_WAITING   0 /*被阻塞，等待事件发生*/
#define PT_YIELDED   1 /*主动让出*/
#define PT_EXITED    2 /*退出*/
#define PT_ENDED     3 /*结束*/
```

2) etimer_ etimer_process

etimer_process 收到某个事件，就会从 timerlist 中把与该退出进程相关的 etimer 删除。紧接着查询 timerlist 中是否有 etimer 到期。凡有 timer 到期就将事件 PROCESS_EVENT_TIMER 加入到事件队列中，并将该 etimer 成员变量 p 指向 PROCESS_NONE。在这里，PROCESS_NONE 用于标识该 etimer 到期，从而由 etimer_expired 函数根据 etimer 的 p 是否指向 PROCESS_NONE 来判断该 etimer 是否到期。源代码如下：

```
PROCESS_THREAD(etimer_process，ev，data)
{
    struct etimer *t，*u;
    PROCESS_BEGIN();
    timerlist = NULL;
    while(1)
    {
        PROCESS_YIELD();
        /*进程退出时，需向所有进程(当然也包括 etimer_process)发送事件
       PROCESS_EVENT_EXITED。etimer_process 收到该事件，就会遍历 timerlist，
    并把与该退出进程相关的 etimer 从 timerlist 删除*/
    if(ev == PROCESS_EVENT_EXITED)
    {
```

```
            struct process *p=data；//此时通过 data 传递将要退出的进程，data 是 void *类型
            /*查找是否有 etimer 绑定该退出进程*/
            while(timerlist ！= NULL && timerlist->p == p)
          {
                timerlist = timerlist->next；
          }
          /*有 etimer 绑定该退出进程，将 etimer 从 timerlist 删除*/
          if(timerlist ！= NULL)
         {
            t = timerlist；
            while(t->next ！= NULL)
            {
                if(t->next->p == p)
                {
                    t->next = t->next->next；
                }
                else
                     t = t->next；
             }
         }
         continue；  //删除所有与退出进程绑定的 etimer
    }
    else if(ev ！= PROCESS_EVENT_POLL)
    {
         continue；
    }
    again：
    u = NULL；
    for(t = timerlist； t ！= NULL； t = t->next)
    {
         if(timer_expired(&t->timer))//检查该 etimer 的 timer 是不是到期，
          {
             if(process_post(t->p，PROCESS_EVENT_TIMER，t)== PROCESS_ERR_OK)
              /*把事件 PROCESS_EVENT_TIMER 加入到事件队列*/
              {
                  /*成功加入事件队列*/
                  t->p = PROCESS_NONE；
                 /*如果 etimer 的 p 指向的是 PROCESS_NONE，则表示该 etimer 已到期。
```

```
                用于后续 etimer_expired()函数判断该 etimer 是否到期*/
                if(u  ! =NULL)
                {
                    u->next = t->next;
                 }
                else
                {
                   timerlist = t->next;
                }
                t->next = NULL;
                update_time();
                 /*求出下一个到期时间 next_expiration(全局静态变量),
                 即还有 next_expiration 时间, 就有 timer 到期*/
                goto again;
        }
        else
        {
            etimer_request_poll();
            /*若加入事件 PROCESS_EVENT_TIMER 出错(可能是事件队列已满),
            执行 etimer_request_poll(), 即 process_poll(&etimer_process),
          使其有更高的优先级*/
        }
        }
        u = t;
            }
         }
         PROCESS_END();
}
```

4.3.2 关键程序设计

设计目标：学习 Contiki 进程、事件和定时器的关系；学习 Contiki 五种定时器和 timerlist 控制进程的原理；学习 Contiki timer 和 etimer 控制事件执行的操作方法。

实现功能：以 etimer 控制双线程交互执行打印任务，即串口打印工具交互输出“Hello”和“world！”。

(1)完成 etimer 控制进程交互执行的 ex-etimer.c 文件编写示例：

```
#include "Contiki.h"
#include <stdio.h> /* For printf() */
#define DEBUG 1
#if DEBUG
#include <stdio.h>
#define PRINTF(...) printf(__VA_ARGS__)
#else
#define PRINTF(...)
#endif
static process_event_t event_data_ready;
/*声明两个进程*/
PROCESS(print_hello_process, "Hello");
PROCESS(print_world_process, "world");
AUTOSTART_PROCESSES(&print_hello_process, &print_world_process); //让该
两进程自启动
PROCESS_THREAD(print_hello_process, ev, data)
{
    PROCESS_BEGIN();
    static struct etimer timer;
    etimer_set(&timer, CLOCK_CONF_SECOND); //定义 CLOCK_CONF_SECOND
    的值为 100
     printf("print hello process start\n");
    event_data_ready = process_alloc_event();
    while(1)
    {
        PROCESS_WAIT_EVENT_UNTIL(ev == PROCESS_EVENT_TIMER);
        //etimer 到期继续执行下面内容
        Delay(1000);
        printf("Hello, \n");
        /*传递异步事件给 print_world_process，直到内核调度该进程才处理该事件*/
        process_post(&print_world_process, event_data_ready, NULL);
        etimer_reset(&timer);  //重置定时器，达到交互打印的效果
    }
    PROCESS_END();
}
PROCESS_THREAD(print_world_process, ev, data)
{
    PROCESS_BEGIN();
```

```
        Delay(1000);
        printf("print world process start\n");
        while(1)
        {
            PROCESS_WAIT_EVENT_UNTIL(ev == event_data_ready);
            Delay(1000);
            printf("world!  \n");
        }
        PROCESS_END();
}
```

让两个进程自启动，按照顺序先执行进程 print_hello_process，该进程一直执行到 PROCESS_WAIT_EVENT_UNTIL(ev == PROCESS_EVENT_TIMER)，此时 etimer 还没到期，进程被挂起。转去执行进程 print_world_process，待执行到 PROCESS_WAIT_EVENT_UNTIL(ev == event_data_ready)被挂起(因为 print_hello_process 还没 post 事件)。而后再转去执行系统进程 etimer_process，若检测到 etimer 到期，则继续执行 print_hello_process，打印 Hello，并传递事件 event_data_ready 给 print_world_process，初始化 timer，待执行到 PROCESS_WAIT_EVENT_UNTIL(while 死循环)，再次被挂起。转去执行 print_world_process，打印 world，待执行到 PROCESS_WAIT_EVENT_UNTIL(ev == event_data_ready)又被挂起。再次执行系统进程 etimer_process，如此反复执行。

(2)以完成串口交互输出“Hello”“world”为例，下面给出 main 函数编写示例：

```
int main()
{
    /* Set the UART1 for fput  ，BaudRate = 9600 */
    dbg_setup_uart();
    Set_System();
    Set_USBClock();
    USB_Interrupts_Config();
    USB_Init();
    clock_init();
    process_init();
#ifdef    led
    led_init();
#endif
    Delay(10000);
    process_start(&etimer_process, NULL);   //启动 etimer_process
    autostart_start(autostart_processes);
```

```
        while(1)
        {
            while(process_run()> 0);
            idle_count++;
        }
        return 0;
}
```

系统启动，执行一系列初始化(串口、时钟、进程等)，接着启动系统进程 etimer_process 和指针数组 autostart_processes[]里的所有进程(print_hello_process 和 print_world_process 两个进程)，到这里就启动了所有的系统进程(当然后续的操作还可能动态产生新进程)。接下来的工作就是系统反复处理所有 needspoll 标记为 1 的进程及事件队列中所有事件。处理事件过程中(典型情况是让某些进程继续执行)又可能产生新的事件，再处理事件，系统如此反复运行。

4.3.3　实例操作步骤

1. 打开并解压“\基于 IPv6 的物联网研发平台\光盘资料\源码包\基础实验\Contiki 基础实验”目录下的 Contiki-timer.rar 实验工程压缩包；

2. 对代码进行编译，并下载到 IoT 设备当中；

3. 退出调试后，打开 sscom32.exe 串口调试工具并选择相应端口号；

4. 点击串口调试工具界面的“打开串口”按钮，即可观察到串口打印工具交互输出“Hello”和“world！”，如图 4.6 所示。

图 4.6　串口调试工具输出

4.4 Contiki 读取传感器

4.4.1 无线传感器网络节点基本原理

1. 节点基本构成

在不同应用中，传感器节点的组成不尽相同，但是一般的结构都由数据采集单元、数据处理和存储单元、数据传输单元、电源和嵌入式操作系统组成，如图 4.7 所示。

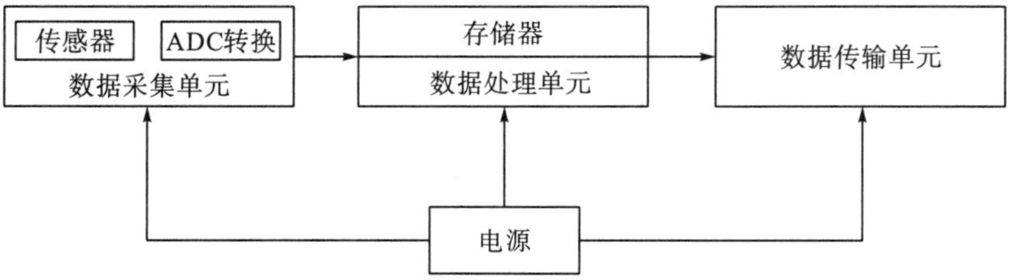

图 4.7 节点的基本构成

2. ADC

传感器的输出电压范围很少直接与模数转换器(ADC)的输入电压范围相同。因此，常常会造成传感器数据丢失或者 ADC 的动态范围没有完全被利用的损失。下面是一段 ADC 转换的源代码。

```
    void usrStartAdcData(void)
    {
        unsigned short   ADC_Data;
        if(ADC_GetFlagStatus(ADC1，ADC_FLAG_EOC)==SET)//第一次转换的值不准，舍弃
        ADC_Data=ADC_GetConversionValue(ADC1);
        Delay(50);
        if(ADC_GetFlagStatus(ADC1，ADC_FLAG_EOC)==SET) //转换完成
        ADC_Data=ADC_GetConversionValue(ADC1);
        ADC_Data =(ADC_Data*3300)/4095;
        // 3300 表示参考电压是 3.3V，4096 表示为 12 位 ADC
        ADC_VALUE[0]=(ADC_Data >> 8);   //将 adc 转换的值装入应用层缓存
        ADC_VALUE[1] = ADC_Data;
}
```

3. 数据存储

数据处理单元是无线传感器网络节点的计算核心，通常选用嵌入式 CPU，负责协调节点各部分的工作，如对数据采集单元获取的信息进行必要的保存和计算，控制数据采集单元的电源和工作模式等。传感器数据存储结构体 sensors_sensor 的源代码如下：

```
struct sensors_sensor
{
    char type[10];
    int value;
}
```

4. 节点数据读取的源代码分析

它是用数组写成的传感器节点数据读取函数，interval_count 表示间隔时间，newt_count 表示后一次读取开始的事件，last_count 表示前一次读取开始的事件。

```
void usrReadFenchenData(void)
{
    static struct etimer et;
    etimer_set(&et, 0.5*CLOCK_CONF_SECOND);
    if(etimer_expired(&et))
    {
        interval_count = newt_count - last_count; //时间间隔
        last_count = newt_count;
        etimer_restart(&et);
    }
    buf[3] =(interval_count >> 8);
    buf[4] = interval_count;
    static char i=0;
    static unsigned short jiavalue[6] = {0x1046, 0x1086, 0x0916, 0x1206, 0x0988,
    0x0839};
    if(i>=6)
        i=0;
    buf[3] =(jiavalue[i] >> 8);
    buf[4] = jiavalue[i];
    i=i+1;
}
```

4.4.2 关键程序设计

设计目标：了解传感器数据的存储方式，并且掌握在 Contiki 操作系统下读取采集到的传感器数据。

实现功能：采用串口打印工具来输出传感器节点中的模拟数据。

(1)完成读取数据功能的 ex-sensor-data.c 文件编写示例：

```
#include <string.h>
#include "Contiki.h"
#include <stdio.h> /* For printf() */
#define DEBUG 1
#if DEBUG
#include <stdio.h>
#define PRINTF(...) printf(__VA_ARGS__)
#else
#define PRINTF(...)
#endif
process_event_t sensors_event;
PROCESS(sensors_test_process, "Sensor Test Process");
AUTOSTART_PROCESSES(&sensors_test_process);   //让该进程自启动
PROCESS_THREAD(sensors_test_process, ev, data)
{
    static struct etimer et;
    struct sensors_sensor
    {
        char type[10];
        int value;
    };
    /* Sensor Values */
    static int rv;
    static float sane = 0;
    static int dec;
    static float frac;
    static struct sensors_sensor sensor;
    static struct sensors_sensor * s;
    s=&sensor;
    sensor.value=1400;
```

```
        PROCESS_BEGIN();
        while(1)
        {
        rv =(* s).value;
        if(rv  ! =0)
        {
            sane =((rv * 0.61065 - 773)/ 2.45);
            dec = sane;
            frac = sane - dec;
            printf("test node value = %d\n", rv);
            Delay(1000);
            printf("temperature example caculating below: \n");
            Delay(1000);
            PRINTF("    Temp=%d.%02u C(%d)\n", dec, (unsigned int) (frac*100), rv);
        }
    }
    PROCESS_END();
}
```

(2)完成数据读取功能的 main 函数编写示例:

```
int main()
{
    /* Set the UART1 for fput  ,  BaudRate = 9600 */
    dbg_setup_uart();
    Set_System();
    Set_USBClock();
    USB_Interrupts_Config();
    USB_Init();
    clock_init();
    process_init();
#ifdef      led
    led_init();
#endif
    Delay(10000);
    process_start(&etimer_process, NULL);  //启动 etimer_process
    autostart_start(autostart_processes);
    while(1)
```

```
    {
        while(process_run()> 0);
        idle_count++;
    }
    return 0;
}
```

4.4.3 实例操作步骤

(1)打开并解压"\基于 IPv6 的物联网研发平台\光盘资料\源码包\基础实验\Contiki 基础实验"目录下的 Contiki-sensor.rar 实验工程压缩包；

(2)对代码进行编译，并下载到 IoT 设备当中；

(3)退出调试后，打开 sscom32.exe 串口调试工具并选择相应端口号；

(4)点击串口调试工具界面的"打开串口"，即可观察到串口打印工具输出数据，如图 4.8 所示。

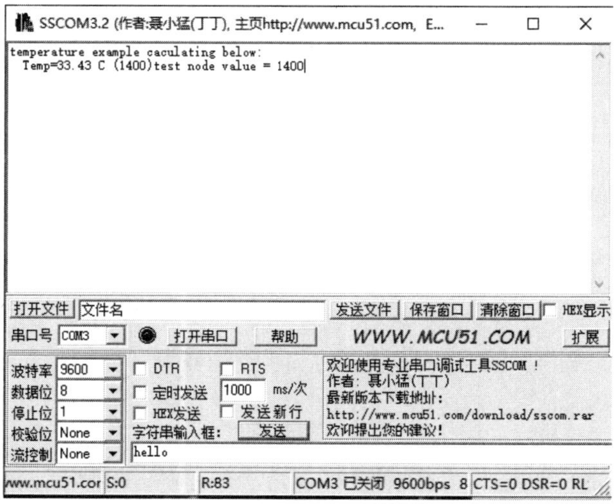

图 4.8 串口调试输出

4.5 Contiki 点对点收发

4.5.1 点对点收发原理

1. UZ2400 射频芯片

IoT 设备的硬件设计需考虑到在嵌入式系统上运行应用程序必要的灵活性，和代码易于移植的需求。主控制器模块需要具有标准 USB 接口来支持即插即用的功能，射频芯片一般通过 SPI 接口与主控制器模块连接。

IoT 设备在硬件结构上比较紧凑，主控制器模块通过 SPI 总线通信接口拖带无线射频通信模块，可以实现对无线通信模块的寄存器的读写，从而完成对模块通信参数的配置，控制无线数据的收发。主控制器模块也能进一步获取无线模块传送过来的数据。系统的硬件结构如图 4.9 所示。

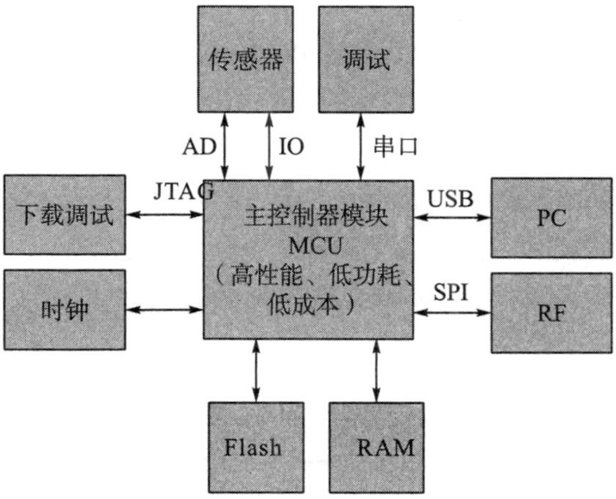

图 4.9　系统硬件结构图

IoT 设备前端射频芯片使用达盛公司的 2.4GHz 频段的 UZ2400 芯片来实现无线数据的接收和发送。Contiki3.0 的源代码并不支持这款射频芯片，所以该芯片射频驱动程序的开发设计是实现其他各种功能的基础。

UZ2400 的射频块由在一个集成电路内的接收器、发送器、压控振荡器和锁相环路组成。它采用先进的无线电架构来满足外部元件数尽可能少和功率消耗量尽可能低的最优平衡点。UZ2400 的 MAC 和基带为 IEEE 802.15.4 的 MAC 层和 PHY 层提供了硬件架构。它主要包括 TX/RX 控制器、CSMA-CA 控制器、超帧构造器、接收帧过滤器、安全引擎及数字信号处理组件。UZ2400D 是由先进的 0.18μm 的互补金属氧化物半导体加工制作而成的，并采用了 40-pin 6mm×6mm 的四侧无引脚扁平封装技术。UZ2400 芯片在外围电路上加上天线、晶振和电阻电容等器件，引出必要的扩展控制或通信接口，无线通信模块就形成了。

2. 微处理器与无线射频模块的通信

UZ2400 符合 IEEE 802.15.4 标准，满足了低成本、低功耗的无线应用需要。它由一个无线射频收发器作用在 2.4 GHz 的 IEEE 802.15.4 标准基带和媒介访问控制子层功能模块组成。UZ2400 可以与微处理器(例如 8051)结合，适用于对数据传输率要求低的领域，如家庭自动化、消费电子、个人计算机外部设备、玩具、工业自动化等。

主控芯片 STM32F103 与射频芯片 UZ2400 之间通过 SPI 接口连接。为了保证射频通信的稳定性，在利用 SPI 接口操作射频时必须关闭射频芯片的接收/发送中断，SPI 操作完成后打开即可。UZ2400 正常工作的前提条件是：主控芯片的 SPI 接口驱动正常以及外部中断成功使能。通过 SPI 接口来配置 UZ2400 相关寄存器控制器的值，然后配置 IEEE

802.15.4 网络信道和 PAN ID。设置成功以后 UZ2400 才能够正常收发数据。

UZ2400 通过接收中断通知主控芯片其已接收到无线数据，然后进入中断服务子程序。其中 Sniffer 模式直接将射频接收到的数据封装固定包头以后传给上位机，而其他模式将数据先放入缓冲队列，传递给协议栈进一步处理。

1) SPI 总线通信

串行外围设备接口 SPI (serial peripheral interface) 总线技术是一种同步串行接口，微处理器与各种外围设备以串行方式进行通信，其特点是高速、同步、全双工。

微处理器与无线射频模块 UZ2400 通过同步 SPI 总线进行通信，管脚连接关系如图 4.10 所示。

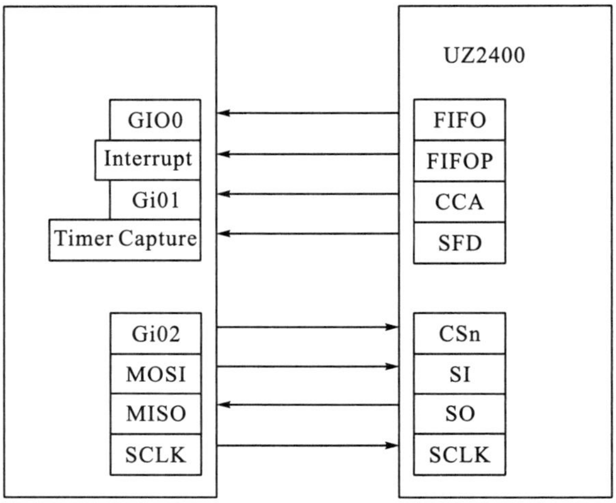

图 4.10 管脚连接关系

SFD：帧首定界符，告知接收方准备接收新的帧。

CCA：空闲信道评估，信道有信号时输出高电压，接收状态下有效。

FIFO：FIFO 缓冲区有数据，FIFO 输出高电平。

FIFOP：接收一个完整的帧后输出高电平。

SIMO：从入主出，主机输出模式，从机输入模式。

SOMI：从出主入，主机输入模式，从机输出模式。

UCLK：输入输出时钟。

2) SPI 帧构造与寄存器长短地址模式下的内存分配

SPI 模块提供接口 SPI 读/写控制寄存器、FIFO 和 UZ2400 的安全密钥表。最高有效位(MSB)的地址和数据传输必须先通过 SPI。可以通过查询 UZ2400 芯片手册来获得 SPI 的 Interface。

UZ2400 的内存(包括寄存器和 FIFOs)都是由 SRAM 实现的。在 SPI 模式 FIFO 的帧格式如图 4.11 所示。

Bit[7]	Bit[6:1]	Bit[0]
短地址 0	0x3F-0X00	读0 写1

(a)短地址控制寄存器（64字节）

Bit[11]	Bit[10:11]	Bit[0]
长地址 1	0x27F- 02X00	读0 写1

(b)长地址控制寄存器（128字节）

图 4.11　SPI 通信的 FIFO 格式

3. 内存块

FIFO 即先入先出存储器，用于 A/D 转换过程中的数据缓存，可以理解成射频芯片上带的一小块内存，目的是防止采集数据来不及传输而造成的丢点现象，实际上其充当了硬件寄存器的角色；“双缓冲”(double buffer)是一种在软件上实现数据连续传输的方法，是在内存中设置一个环行缓冲区，并分成两部分，倒着传数据，同时保证数据不间断。FIFO 寄存器的结构如图 4.12 所示。

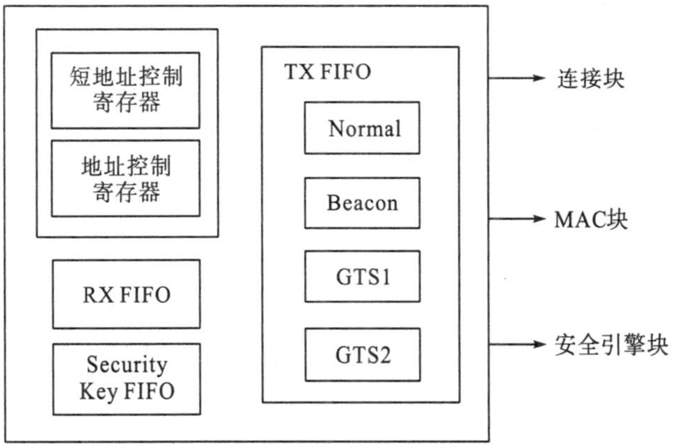

图 4.12　FIFO 寄存器的结构

FIFO 类型及其大小说明：

TX FIFO – Normal (128 bytes)

TX FIFO – Beacon (128 bytes)

TX FIFO – GTS1 (128 bytes)

TX FIFO – GTS2 (128 bytes)

Security Key FIFO (64 bytes)

RX FIFO – RXFIFO0 (144 bytes)

RX FIFO – RXFIFO1 (144 bytes)

其中，短地址寄存器是通过短寻址模式与合法的地址分配从“0x00”到“0x3f”的地址。长地址寄存器通过长期与有效的地址“sses”寻址模式分配从“0x200”到“0x27f”的地址。

4. FIFO 访问

1) TXFIFO 数据传输

信标模式下，TXFIFO 数据传输的 MAC 层发送过程会从 TXFIFOs、普通 FIFO、GTS2、GTS1 中选择，并根据不同的条件，选择不同的 FIFO。四个 TXFIFOs 都是 128 字节长度，它可以在同一时间接受整个 802.15.4 MAC 数据包。

在非信标模式下，TXMAC 数据总是从普通 FIFO 开始。在信标使能模式，TXMAC 从信标 FIFO 得到数据，它将得到的数据发给普通 FIFO 寄存器，再到 FIFOs、GTS1、GTS2。所有的 FIFOs 都可通过 SPI/I2C 接口。

FIFOs 的 GTS1 和 GTS2 寄存器是用于传输数据，它们是专为 QoS(服务质量)在信标启用模式下使用的。FIFOs 可以分配给不同的时隙 GTS，但如果它们是在相同的时隙，则会同时被触发。详情请查阅 UZ2400 芯片手册。

2) RXFIFO 数据传输

一个 RXFIFO 由两个 144 字节的 FIFOs(RXFIFO0 和 RXFIFO1)来存储传入的数据包。RXMAC 行为描述请查阅 UZ2400 芯片手册。

一个帧记录数据的长度字节，包括 MAC 头、MAC 负载和 MAC 层的 FCS(MAC 帧检查序列)。帧长度不包括 LQI(1 字节)和 RSSI(1 字节)。当一个数据包通过基带滤波(序文和分隔符)时，它进入 RXMAC，这个 RXMAC 执行几个级别的包过滤。默认模式是地址识别模式，它可以过滤这些数据包。

在 IEEE 802.15.4 标准中共有八种帧。每一位 LREG0x23C 都关联到这八种类型。当相关位是“1”时，XMAC 接收数据包的类型没有过滤。如果收到的数据包通过上面所讨论的过滤器，有正确的 FCS，RXOK 中断发布在 SREG0x31[3]中。单片机主机可以读包内的 RXFIFO，其中刷新的是 RXFIFFO 长度字段的读取或通过主机数据包触发的在 SREG0x0D[0]中的 RX。

3) FIFO 安全秘钥

“Security Key”的 FIFO 持有“先进先出”的安全密钥，地址映射如图 4.13 所示。

地址	描述
0x280-0x28F	TX Normal FIFO key
0x290-0x2AF	TX GTS1 FIFO key
0x2A0-0x2AF	TX GTS2/Beacon FIFO key
0x2B0-0x2BF	RX FIFO key

图 4.13 FIFO 安全秘钥

5. 射频模块特性

本研发平台硬件设备的射频模块特性如下：

(1) 符合 IEEE502.15.4—2006 规范，工作在 2.4～2.485GHz 频段；

(2) 输入时，−95dBm 灵敏度，最大允许 3dBm；

(3) 输出时，0dBm 典型输出功率和 40dB 发送功率控制范围；

(4) 集成的 32MHz 高速和 32.768kHz 低速晶振驱动；

(5) 支持 1M/2Mbps 加速模式；

(6) 低功率功耗，接收模式下为 16mA，发送模式下为 17.5mA；

(7) 深度休眠模式下，功耗为 2.4μA；

(8) 集成的低相位噪声 VCO，频率合成器和锁相环过滤。

UZ2400 的无线特性指标如下表 4.1 所示。

表 4.1　UZ2400 的无线特性指标

无线特性指标	芯片类型	UZ2400D
	工作频段	2.4～2.485GHz
	调制方式	QPSK
	传输距离	70～100m 无障碍传输
	天线	陶瓷天线
接口	USB 接口	USB 2.0 全速接口
	无线接口	IEEE802.15.4 无线接口
供电	USB 接口供电	5V

6. 硬件电路

射频模块 UZ2400，采用 3.3V 供电，它的硬件电路原理图如图 4.14 所示。

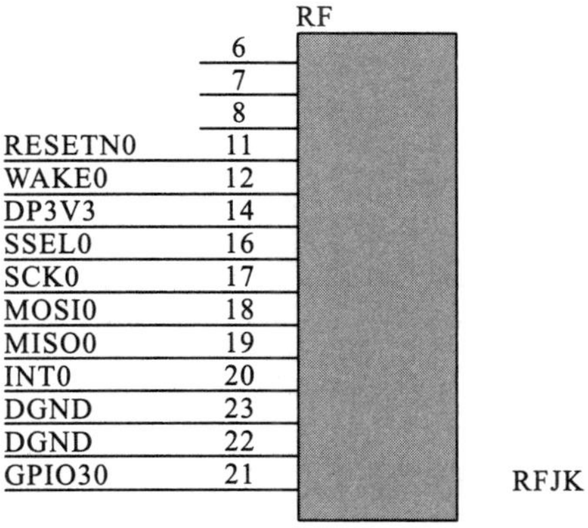

图 4.14　UZ2400 硬件电路

7. 发送操作

典型的发送操作包括当传输时 UZ2400 自动生成的序文和开始帧定界符字段。此外，可以填充成任何值。设备必须将其他的帧字段写入才可以完成操作，具体的编程步骤如下。

(1) 填写正常的 FIFO 的数据包，并且等待发送。通用帧的帧格式如图 4.15 所示。

1字节	1字节	变长	变长
头部长度	帧长度	头部域	负载

图 4.15 通用帧格式

(2)设置一个 Ackreq(SREG0x1B[2])，等待是否返回一个响应帧。如果在规定的最长等待时间内依然没有收到期待的响应，则 UZ2400 将重新发送数据包直到达到规定的最大试验次数。

(3)第三步，设置触发位(SREG0x1B[0])发送一个数据包。发送完毕后，这一位需要被清除。此时，将执行冲突避免载波多路检测访问(CSMA-CA)。

(4)等待显示在 SREG0x31[0]的中断状态。

(5)检查 SREG0x24[0]是否传输成功。SREG0x24[0]=0 意味着传输成功，收到应答的次数可以读取 SREG0x24[6]。而 REG0x24[0]=1 意味着传输失败和 ACK 丢失应答。

基于时隙的传输模式下，在{SREG0x1C[5：3]，SREG0x1D[5：3]}中设置相应的 GTS 数，从而决定何时发送这个存储在 FIFO 中的数据包。具体发送步骤类似典型发送，可以查询 UZ2400 芯片手册。

8. 接收操作

UZ2400 的接收过程是首先通过 PHY 过滤器过滤所有传入信号和跟踪同步符号。当一个 IEEE 802.15.4 数据包被接受，则被存储在 RXFIFO 中。同时，计算帧的 FCS 来确认是否为正确的包。接受过程中 MAC 的过滤器 MAC 头会跳过这些数据包不会发送到自己的地址，如果需要一个确认，MAC 将发送 ACK 响应。接收到的帧格式如下图 4.16 所示。

RXFIFO Address 0x300				0x300+m+n+3	0x300+m+n+4
1 Byte	M Byte	N Bytes	2 Byte	1 Byte	1 Byte
Frame length	MAC Header	MAC Payload	MAC FCS	LQI	RSSI

图 4.16 通用接收格式

在上面的帧格式中，帧长度(字节数)字段的长度包括标题、负载和 FCS(2 字节)，但它并不包括 LQI(1 字节)和 RSSI(1 字节)。当一个数据包通过基带滤波(前言和分隔符)进入 MAC，MAC 会执行几个级别的信息包过滤。

默认模式下，它可以过滤不是 IEEE 802.15.4—2006 标准规范的数据包。如果收到的数据包通过过滤有正确的 FCS，则发出一个中断 SREG0x31[3]。主控芯片可以读 RXFIFO。

主控制器芯片通过 SPI 接口对 UZ2400 芯片的相关寄存器进行读/写操作和射频功能配置。UZ2400 芯片的接收缓存按照图 4.16 所示的格式进行存放。通过 SPI 接口读取“0x300”这个地址，即可获取射频芯片接收到的帧。

UZ2400 芯片寄存器地址有 8 位的和 16 位的，因此对这两类寄存器的读/写操作分为两组读/写函数：8 位寄存器读/写函数和 16 位寄存器读/写函数。为了保证 SPI 操作的正确性，每次读/写的时候必须关闭外部中断，读/写完毕之后再重新开启，以防止外部中断干扰。

UZ2400 在发送数据或者接收数据的时候，先将数据存放到缓存里，然后调用相应的发送或接收函数。数据缓存分为发送缓存 TXFIFO 和接收缓存 RXFIFO。射频芯片收发数据的流程如图 4.17 和图 4.18 所示。

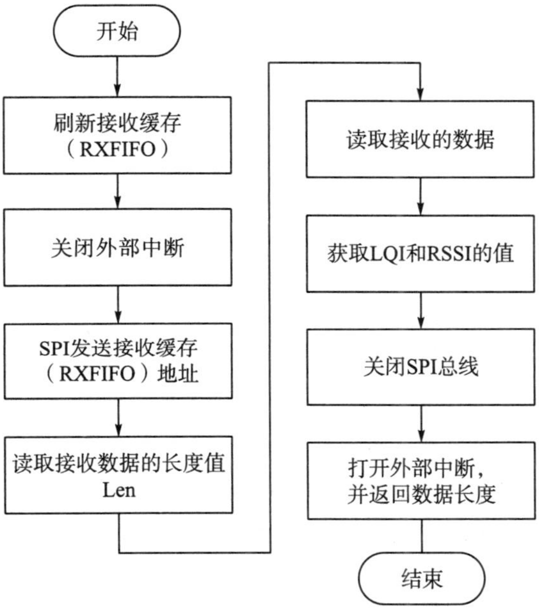

图 4.17　射频芯片接收数据流程

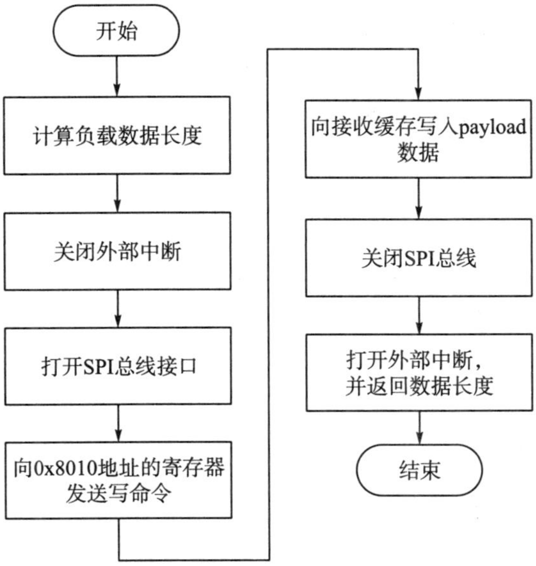

图 4.18　射频芯片发送数据流程

4.5.2 关键程序设计

设计目标：掌握 UZ2400 射频模块特性以及寄存器的配置，了解 UZ2400 收发数据的格式构造，掌握如何编写射频数据读取与存储到寄存器的操作函数，学会建立简单的两点之间的射频通信。

实现功能：建立简单的两点之间的射频通信，其中一个设备可以收到来自另外一个设备发出的数据包，并通过串口调试工具输出。

(1)在 spi_2400.c 文件中有 SPI 口与外围通信设置的代码，设置 SPI 口通信的示例如下：

```
void SPI1Init(void)
{
    /* Initalize ports for communication with SPI_1 units. */
    SPI_InitTypeDef     SPI_InitStructure;
    RCC_APB2PeriphClockCmd(RCC_APB2Periph_AFIO                                |
    RCC_APB2Periph_SPI1, ENABLE);
    SPI_Cmd(SPI1, DISABLE);                       //必须先禁能，才能改变 MODE
    SPI_InitStructure.SPI_Direction = SPI_Direction_2Lines_FullDuplex; //两线全双工
    SPI_InitStructure.SPI_Mode = SPI_Mode_Master;       //主
    SPI_InitStructure.SPI_DataSize = SPI_DataSize_8b;   //8 位
    SPI_InitStructure.SPI_CPOL = SPI_CPOL_Low;          //CPOL=0 时钟悬空低
    SPI_InitStructure.SPI_CPHA = SPI_CPHA_1Edge;     //CPHA=0 数据捕获第 1 个
    SPI_InitStructure.SPI_NSS = SPI_NSS_Soft;          //软件 NSS
    SPI_InitStructure.SPI_BaudRatePrescaler = SPI_BaudRatePrescaler_32;   // 32 分频
    SPI_InitStructure.SPI_FirstBit = SPI_FirstBit_MSB;     //高位在前
    SPI_InitStructure.SPI_CRCPolynomial = 7;     //CRC7
    SPI_Init(SPI1, &SPI_InitStructure);
    SPI_Cmd(SPI1, ENABLE);
}
```

(2)打开 SPI_RX 文件夹下的工程项目，在 User 项目组的 Contiki-main.c 文件中的 main 函数编写示例：

```
int main()
{
    GPIOInit();
    /* Set the UART1 for fput , BaudRate = 9600 */
    dbg_setup_uart();
```

```
    Set_System();
    Set_USBClock();
    USB_Interrupts_Config();
    USB_Init();
    MyUART1Init(115200);
    SPI1Init();     //SPI 初始化
    uz2400_EXTIInit();
    UZ2400_RadioInit();
    UZ2400_MAC_Init(0x010);
    EXTI_ENABLE();
    while(1){}
}
```

(3)在 SPI_TX 文件夹下的一个 main 函数编写示例：

```
int main()
{
    GPIOInit();
    /* Set the UART1 for fput ， BaudRate = 9600 */
    dbg_setup_uart();
    Set_System();
    Set_USBClock();
    USB_Interrupts_Config();
    USB_Init();
    MyUART1Init(115200);
    SPI1Init();     //SPI 初始化
    uz2400_EXTIInit();
    UZ2400_RadioInit();
    UZ2400_MAC_Init(0x10);
    /* Set the UART1 for fput ， BaudRate = 9600 */
    EXTI_ENABLE();
    Delay(10000);
    while(1)
    {
        for(i=0; i<1000; i++)
        {
            UZ2400_SendBuff();
            Delay(700);
```

```
            }
            Delay(10000);
        }
}
```

(4)打开 SPI_RX 文件夹的工程项目，在 spi_2400.c 文件的 UZ2400_RadioInit()函数中有配置寄存器的示例：

```
    void UZ2400_RadioInit(void)
    {
        SPI_WRITE8(RXFLUSH, SPI_READ8(RXFLUSH)| 0x01);
        SPI_WRITE8(PAONSETUP, 0x08); //功率放大倍数固定不变
        SPI_WRITE8(FIFOEN , 0x94);
        //bit[7]使能 FIFO 输出，bit[5-2]TX 之前的间隔数(固定)
        SPI_WRITE8(TXPEMISP, 0x95); //VCO 时间设置，手册强制推荐 0x95
        SPI_WRITE8(BBREG3 , 0x50);
        //Baseband 解码参数，低速(250kbps)最优 0101 Baseband 编码参数最优 0000
        SPI_WRITE8(BBREG5 , 0x07);    //preamble 搜索时间上下边界固定不变
        SPI_WRITE8(BBREG6 , 0x00);    //不需要给数据包后面添加 RSSI
        SPI_WRITE16(RFCTRL0, 0x03);    //预分频控制位：设定不变
        SPI_WRITE16(RFCTRL1, 0x01);   // RX VCO 设定不变
        SPI_WRITE16(RFCTRL2, 0x74);    //RSSI 调整：符合 IEEE 15.4 定义范围
        SPI_WRITE16(RFCTRL4, 0x06);    //RX 滤波校准
        SPI_WRITE16(RFCTRL6, 0x10);   //TX Filter : Optimized for 250 kbps normal mode
        SPI_WRITE16(RFCTRL7, 0xec);    //TXFS: Optimized for 250 kbps normal mode
        SPI_WRITE16(RFCTRL8, 0x8C);    //TX Divide-by-2 Option: TXD2CO1
        SPI_WRITE16(GPIO_DIR, 0x00);
        //GPIO 0/1/2 方向均设为输出，是作为外部开关：PA，a LNA 或射频开关
        SPI_WRITE16(SECCTRL, 0x20);      //Enable IEEE802.15.4-2006-compliant
        Block Cipher Mode
        SPI_WRITE16(RFCTRL50, 0x07);    //DC-DC Converter Optimization Control:
        DCOPC[3: 2]
        SPI_WRITE16(RFCTRL51, 0xC0);    //DC-DC Converter Optimization Control:
        DCOPC[5: 4]
        SPI_WRITE16(RFCTRL52, 0x01);   //32MHz Crystal Oscillator Control: ENABLE
        SPI_WRITE16(RFCTRL59, 0x00);     //PLL 最优控制
        SPI_WRITE16(RFCTRL73, 0x80);     //VCO for TX Optimization
        SPI_WRITE16(RFCTRL74, 0xe5);   //PA1 打开(2.0v Vd ≦ d≦3.6v)，用于
```

```
        自动切换 RX<->TX 状态
        SPI_WRITE16(RFCTRL75，0x13)；     //Sleep Clock Select：Integrated Ring
        Oscillator
        SPI_WRITE16(RFCTRL76，0x07)；   //Sleep Clock Optimization
        SPI_WRITE8(INTMSK  ，0xF7)；    // Enable all interrupt .默认下降沿触发
        SPI_WRITE8(SLPACK  ，0x7f)；    //设置系统时钟恢复时间：最优设置值。
        手册不可查
        SPI_WRITE8(TXMCR   ，0x12)；
        //使能 CSMA-CA，关闭 Slotted CSMA-CA 模式。设定算法最小/大 backoff 值
        SPI_WRITE8(RXMCR，0x21)；  //自动响应关，接收 CRC 通过的所有数据包
        SPI_WRITE8(TXPEND  ，0x1c)；    //Continue TX GTS FIFO Switch
        SPI_WRITE8(SOFTRST，0x02)；   //Baseband 复位，硬件自动清 0   //Reset RF
        state machine
        SPI_WRITE8(RFCTL，0x04)；     //RF 状态机 bit[2]先写 1 后写 0 来复位
        SPI_WRITE8(RFCTL，0x00)；
        SPI_WRITE8(RFCTL，0x02)；     //RF 状态机进入 TX 模式：bit[1]
        Delay192(1)；                // delay 192us
        SPI_WRITE8(RFCTL，0x01)；     //RF 状态机进入 TX 模式 ：bit[0]
        Delay192(1)；                 // delay 192us
        SPI_WRITE8(RFCTL，0x00)；     //RF 状态机进入 TX/RX 模式
        SPI_WRITE16(TESTMODE，0x29)；  /*GPIO0，GPIO1，GPIO2 被设置为控
        制外部
        TESTMODE 或射频开关 */
}
```

(5) 打开 SPI_RX 文件夹的工程项目，在 spi_2400.c 文件下的 MAC 初始化函数通过 SPI 接口设置 PAN ID、原地址、信道、写入接收寄存器的代码示例：

```
    void UZ2400_MAC_Init(uint8_t channel)
    {
        SPI_WRITE8(PANIDL，LOBYTE(MAC_SRC_PANID))；    //Set PANID Low
        Byte Value
        SPI_WRITE8(PANIDH，HIBYTE(MAC_SRC_PANID))；    //Set PANID High
        Byte Value
        SPI_WRITE8(SADRL ， LOBYTE(MAC_SRC_SADDR)) ；      //Set  Source
        Address Low Byte Value
        SPI_WRITE8(SADRH ， HIBYTE(MAC_SRC_SADDR)) ；      //Set  Source
        Address High Byte Value
```

```
        if(channel >= 0x0B && channel <= 0x1A)
        {
        SPI_WRITE16(RFCTRL0, ((channel - 11)<<4)+0x03);
        }
        SPI_WRITE8(RXFLUSH, SPI_READ8(RXFLUSH)| 0x01);   /*flush RX FIFO
        在寄存器配置后,
        重新复位使得信道设置不成功*/
        SPI_WRITE8(RFCTL, 0x04);
        SPI_WRITE8(RFCTL, 0x00);
}
```

(6)打开 SPI_RX 文件夹的工程项目，在 spi_2400.c 文件中有将 UZ2400 接收到的值从 RXFIFO 中取出的读函数，读函数代码示例如下：

```
    uint8_t UZ2400_Read_RXFIFO(uint8_t * frame)
    {
        uint16_t addr;
        uint8_t   i, len=0;
        memset(frame, 0, BUFF_SIZE);
        addr = 0xE000;
        rf_int_off();   //关闭外部中断
        SPI_CS_ON;
        SPISendByte(HIBYTE(addr));
        SPISendByte(LOBYTE(addr));
        len = SPISendByte(0x00);   //读取包长度
        frame[0] = len;
        if(len>127)
            return 0;   //杜绝无效报文
        for(i=1; i<=len+2; i++)//len+LQI+RSSI
        {
            frame[i] = SPISendByte(0x00);
        }
        SPI_CS_OFF;
        rf_int_on();
        return len+3; //length+len(addr+payload+CRC)+LQI+RSSI
}
```

(7)打开 SPI_RX 文件夹的工程项目，在 spi_2400.c 中有 SPI 从指定地址读出 8 位值和 16 位值的函数，示例代码如下：

```
uint8_t SPI_READ8(uint8_t addr) //8 位寄存器读操作
{
    uint8_t val=0;
    addr =(addr<<1);
    rf_int_off();    //关闭外部中断
    SPI_CS_ON;  //使能 SPI
    SPISendByte(addr);  //逐个发送 8 位寄存器地址
    val = SPISendByte(0xFF); //获取寄存器的值，发送 0xff 接收 SPI 另一端的缓冲数据
    SPI_CS_OFF;  //关闭 SPI
    rf_int_on();    //开启外部中断
    return val;
}
uint8_t SPI_READ16(uint16_t addr) //16 位寄存器读操作
{
    uint8_t val=0;
    addr =(addr<<5)| 0x8000;
    rf_int_off();  //关闭外部中断
    SPI_CS_ON;  //使能 SPI
    SPISendByte(HIBYTE(addr));
    SPISendByte(LOBYTE(addr));    //由高到低发送 16 位寄存器地址
    val = SPISendByte(0x00);    //获取寄存器的值，发送 0x00 来获取另一端的缓
    冲数据
    SPI_CS_OFF;                   //关闭 SPI
    rf_int_on();                  //开启外部中断
    return val;
}
```

(8)发送报文的构造，代码如下：

```
void UZ2400_SendBuff(void)
{
    uint8_t   txBuf[17];
    memset(txBuf, 0, 17);
    txBuf[0] = 0x09;
    txBuf[1] =(9+4);     //length 0D
    txBuf[2] = 0x61;    //data-ack req-intra
```

```
        txBuf[3] = 0x88;
        txBuf[4] = 0x0F;
        txBuf[5] = LOBYTE(MAC_SRC_PANID);
        //PANID
        txBuf[6] = HIBYTE(MAC_SRC_PANID);
        txBuf[7] = LOBYTE(MAC_DST_SADDR);
        //Dest Addr
        txBuf[8] = HIBYTE(MAC_DST_SADDR);
        txBuf[9] = LOBYTE(MAC_SRC_SADDR);        //SrcAddr
        txBuf[10]= HIBYTE(MAC_SRC_SADDR);
        txBuf[11] = 0x11;      //payload
        txBuf[12] = 0x22;
        txBuf[13] = 0x33;
        txBuf[14] = 0x44;
        //payload
        UZ2400_Fill_TXFIFO(txBuf);      //填充 FIFO
        SPI_WRITE8(TXNMTRIG, 0x01);   //触发发送
}
```

(9)打开 SPI_TX 文件夹的工程项目，在 spi_2400.c 文件中有将 PAYLOAD 中的值装进 UZ2400 的 TXFIFO(发送缓冲)的填充函数，代码示例如下：

```
    void UZ2400_Fill_TXFIFO(uint8_t* payload)
    {
        uint16_t addr;
        uint8_t   len;
        addr = 0x8010;
        len   = payload[1]+2;
        rf_int_off();
        SPI_CS_ON;
        SPISendByte(HIBYTE(addr));
        SPISendByte(LOBYTE(addr));
        while(len--)
        {
            SPISendByte(*payload++);
        }
        SPI_CS_OFF;
        rf_int_on();
```

```
}
```

(10)打开 SPI_TX 文件夹的工程项目，同样的 UZ2400 芯片寄存器地址有 8 位的和 16 位的，因此对这两类寄存器的写操作分为两组写函数：8 位寄存器写函数和 16 位寄存器写函数。在 spi_2400.c 文件中有 SPI 给指定地址写 8 位值的函数，示例代码如下：

```
void SPI_WRITE8(uint8_t addr, uint8_t value)//8 位寄存器写操作
{
    addr =(addr<<1)| 0x01;
    rf_int_off(); //关闭外部中断
    SPI_CS_ON; //使能 SPI
    SPISendByte(addr); //逐个发送 8 位寄存器地址
    SPISendByte(value); //发送要写入的值
    SPI_CS_OFF; //关闭 SPI
    rf_int_on(); //开启外部中断
}
void SPI_WRITE16(uint16_t addr, uint8_t value)//16 位寄存器写操作
{
    addr =(addr<<5)| 0x8010; //取 16 位地址
    rf_int_off(); //关闭外部中断
    SPI_CS_ON; //使能 SPI
    SPISendByte(HIBYTE(addr));
    SPISendByte(LOBYTE(addr));
    //由高到低发送 16 位寄存器地址
    SPISendByte(value); //发送要写入的值
    SPI_CS_OFF; //关闭 SPI
    rf_int_on(); //开启外部中断
}
```

4.5.3　实例操作步骤

(1)打开并解压“基于 IPv6 的物联网研发平台\光盘资料\源码包\基础实验\射频基础实验”目录下的“stm32+Contiki+uz2400.rar”实验工程压缩包；

(2)解压“stm32+Contiki+uz2400”文件中的“SPI_RX.rar”压缩包，得到的 SPI_RX 文件夹的工程项目，将代码进行编译，并下载到 IoT 设备 1 中；

(3)退出调试后，打开 sscom32.exe 串口调试工具并选择相应端口号，并勾选“HEX 显示”；

(4)打开解压得到的 SPI_TX 文件夹的工程项目，将代码进行编译，并下载到 IoT 设

备 2 中；

(5) 退出调试；

(6) 将下载 RX 代码的设备 1 连接到电脑上，并打开 sscom32.exe 串口。给下载了 TX 代码的设备 2 供电，设备 1 可以接收到十六进制的数据包，并且收到的数据包与之前构造的完全相同，在 sscom32 上看到如图 4.19 所示的内容则说明射频点到点数据收发实验成功。

图 4.19　串口调试工具输出射频接收的数据包

实验现象说明：在构造数组中的第一个字节表示数据包的长度为 0x0D，由于接收报文时会自动将 RSSI 和 LQI 的值加到数据包的后面，因此收到的数据包长度应该为 0x0F，后面接收到的 0xEE、0x79 分别为 RSSI 和 LQI 的值。

4.6　体验传感器驱动实例

设计目标：学习传感器的驱动设计原理。具体包括学习甲烷传感器、烟雾传感器、温湿度传感器、粉尘传感器的驱动设计原理。

实现功能：能够获取甲烷传感器、烟雾传感器、温湿度传感器、粉尘传感器的实时监测数据。

4.6.1　关键程序设计

(1) 在使用传感器驱动之前应该在 main.c 文件中对传感器进行初始化。

```
    ADCInit();
    usrInitFenchen();
    SHT_Initialize();
```

(2)粉尘传感器驱动的初始化。

①对 GPIO 口的初始化。

```
    GPIO_InitTypeDef  GPIO_InitStructure;
    RCC_APB2PeriphClockCmd(RCC_APB2Periph_GPIOA, ENABLE); //开启 GPIOA 端口
    //PA1 配置为输入
    GPIO_InitStructure.GPIO_Pin = GPIO_Pin_1;
    GPIO_InitStructure.GPIO_Mode = GPIO_Mode_IPU;          //上拉输入
    GPIO_InitStructure.GPIO_Speed = GPIO_Speed_50MHz;          //50M 时钟速度
    GPIO_Init(GPIOA, &GPIO_InitStructure);
//GPIO 配置函数
```

②中断的初始化。

```
    void EXTIInit(void)
    {
        EXTI_InitTypeDef  EXTI_InitStructure;
        NVIC_InitTypeDef  NVIC_InitStructure;
        RCC_APB2PeriphClockCmd(RCC_APB2Periph_AFIO, ENABLE); //开启 AFIO 端口
        GPIO_EXTILineConfig(GPIO_PortSourceGPIOA, GPIO_PinSource1); //连接
        IO 口到中断线; PA1
        /*设置中断为下降沿触发*/
        EXTI_InitStructure.EXTI_Line = EXTI_Line1;    //选择中断线路 0
        EXTI_InitStructure.EXTI_Mode = EXTI_Mode_Interrupt; //设置为中断请求,
        非事件请求
        EXTI_InitStructure.EXTI_Trigger = EXTI_Trigger_Falling;  //下降沿触发
        //EXTI_InitStructure.EXTI_Trigger = EXTI_Trigger_Rising;  //上升沿触发
        EXTI_InitStructure.EXTI_LineCmd = ENABLE;   //外部中断使能
        EXTI_Init(&EXTI_InitStructure);
        //外部中断 NVIC 配置
        NVIC_InitStructure.NVIC_IRQChannel = EXTI1_IRQn;   //选择中断通道 0
        NVIC_InitStructure.NVIC_IRQChannelPreemptionPriority = 0;   //抢占式中断优
        先级设置为 0
        NVIC_InitStructure.NVIC_IRQChannelSubPriority = 0; //响应式中断优先级设置为 0
```

```
    NVIC_InitStructure.NVIC_IRQChannelCmd = ENABLE;   //使能中断
    NVIC_Init(&NVIC_InitStructure);
}
```

③中断的设置。

```
void   EXTI1_IRQHandler(void)
{
    if(EXTI_GetITStatus(EXTI_Line1) != RESET)
    {
        newt_count++;
        EXTI_ClearITPendingBit(EXTI_Line1);
    }
}
```

④粉尘传感器初始化。

```
void usrInitFenchen(void)//粉尘传感器初始化
{
    Init_IO();
    EXTIInit();
}
void usrReadFenchenData(void)//读取粉尘传感器采集到的数据
{
    static struct etimer et;
    etimer_set(&et, 0.5*CLOCK_CONF_SECOND);
    if(etimer_expired(&et))
    {
        interval_count = newt_count - last_count;
        last_count = newt_count;
        etimer_restart(&et);
    }
    buf[3] =(interval_count >> 8);   //将采集到的数据赋值给对应的载荷，分别放
    在第 3、第 4 位上
    buf[4] = interval_count;
}
```

(3)将采集到的数据赋值给对应的载荷，分别放在第 3、第 4 位上。温湿度传感器的

驱动代码如下。

①配置温湿度传感器引脚的 GPIO 初始化：

```
void SHT_Initialize(void)
{
    GPIO_InitTypeDef   GPIO_InitStructure;
    RCC_APB2PeriphClockCmd(RCC_APB2Periph_GPIOA, ENABLE); //开启 GPIOA
    端口
    GPIO_InitStructure.GPIO_Pin = GPIO_Pin_0;          //dat 引脚
    GPIO_InitStructure.GPIO_Mode = GPIO_Mode_Out_OD;       //开漏输出
    GPIO_InitStructure.GPIO_Speed = GPIO_Speed_50MHz;      //50M 时钟速度
    GPIO_Init(GPIOA, &GPIO_InitStructure);             //GPIO 配置函数
    GPIO_InitStructure.GPIO_Pin = GPIO_Pin_1;          //clk 引脚
    GPIO_InitStructure.GPIO_Mode = GPIO_Mode_Out_PP;       //推挽输出
    GPIO_InitStructure.GPIO_Speed = GPIO_Speed_50MHz;      //50M 时钟速度
    GPIO_Init(GPIOA, &GPIO_InitStructure);             //GPIO 配置函数
}
```

②由于温湿度传感器可以同时采集温度和湿度两种数据，因此传感器数据读取代码为：

```
uint8_t shtMeasure(uint8_t *ptr, uint8_t mode)
{
    uint8_t error, crc;
    uint16_t i;
    switch(mode)
{
    case SHT_MODE_TEMP:
    do
    {
        error = 0;
        shtTransstart();
        error += shtWriteByte(SHT_MEASURE_TEMP);
    } while(error);
    break;
    case SHT_MODE_HUMI:
    do
    {
```

```
                error = 0;
                shtTransstart();
                error += shtWriteByte(SHT_MEASURE_HUMI);
            } while(error);
            break;
            default:
            break;
    }
    for(i=0; i<65535; i++)
    {
            if(SHT_SDA_STATE==0)
            {
                break;
            }
    }
    Delay(350);
    *ptr = shtReadByte();
    Delay(50);
    *(ptr+1)= shtReadByte();
    crc = shtReadByte();
    crc = crc;
    return error;
}
```

4.6.2 实例操作步骤

(1)准备实验的软、硬件环境

硬件条件：PC 机一台、J-Link 下载器一个、甲烷传感器一个、烟雾传感器一个、粉尘传感器一个、温湿度传感器一个及配线若干。

软件条件：IAR for ARM 5.50.1、J-Link 仿真器驱动程序。

编译下载时的各传感器实物连接方式图 4.20 所示。

应注意，下载器的转接线对应传感器的 SWD 接口连接，排针一端的粗线代表电源线，转接线有长线连接下载器的一端对应电源线的排针连接，一定要连接牢固。

(2)打开并解压“基于 IPv6 的物联网研发平台\光盘资料\源码包\基础实验\传感器基础实验”目录下的 sensor 实验工程压缩包，里面分别有 smog(烟雾)、dust(粉尘)、ch4(甲烷)和 temphumi(温湿度)四种传感器驱动代码。

(3)将代码下载到对应装有传感器的设备当中，即可将传感器采集到的数据存放在响应的 buf 中，若需要直接将其赋值给对应的载荷当中即可。

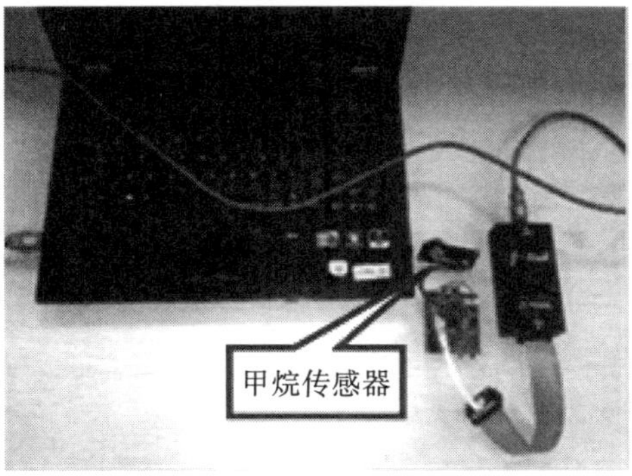

(a)甲烷传感器实物连接方式

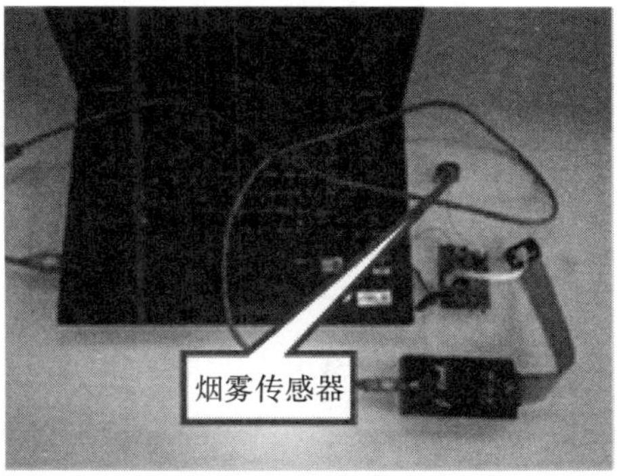

(b)烟雾传感器实物连接方式

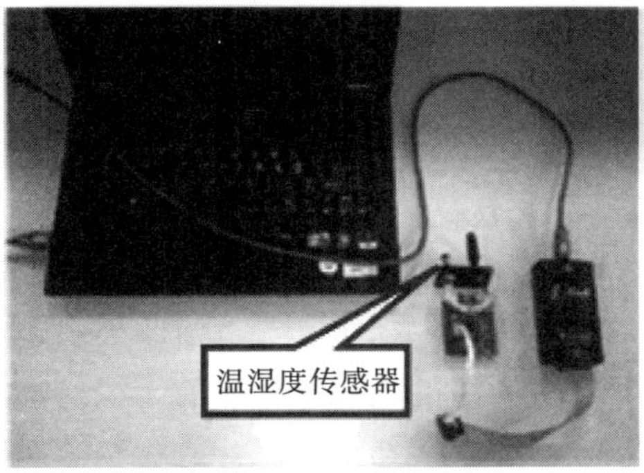

(c)温湿度传感器实物连接方式

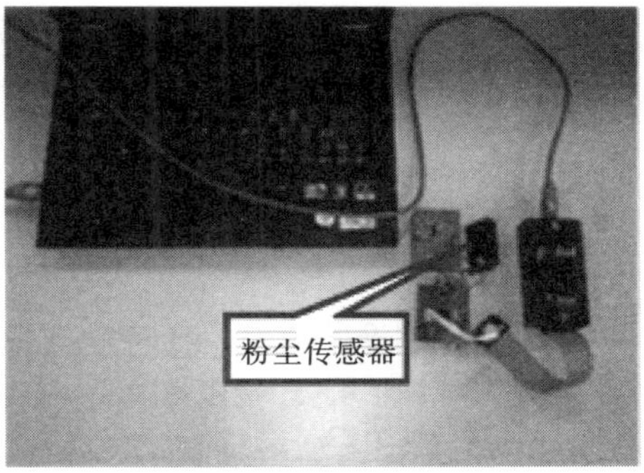

(d)粉尘传感器实物连接方式

图 4.20　各传感器实物连接图

第 5 章　探究 6LoWPAN 协议栈

本章主要介绍 IPv6 无线传感器网络在各层的数据接收与处理。在学习本章前，应对传感器网络协议栈及其协议相关知识有一定了解。

当传统的 IPv4 技术已经无法满足设备所需要的地址空间时，传感器网络和 IPv6 技术的融合就成了新的潮流。IPv6 技术采用 128 位的地址长度，相比于 IPv4 技术，地址空间增大了 2^{96} 倍，为“物物相连”的物联网发展提供了良好的保障。因此基于 IPv6 的无线传感器网络将成为通信领域的一个研究热点，是信息感知和采集的一场革命，具有十分广阔的应用前景。

传统的无线传感器网络协议栈架构从低到高分别为物理层、数据链路层、网络层、传输层和应用层，但 IEEE 802.15.4 协议作为低功耗、低开销的无线传感网协议技术，在报文长度和路由设计等各个方面都难以满足 IPv6 技术的要求，所以在数据链路层与网络层之间增加了适配层，主要完成报文压缩/解压缩和分片重组的功能。传统的无线传感器网络协议栈和 IPv6 无线传感器网络协议栈的架构间的区别如图 5.1 所示。进阶实验部分从物理层、数据链路层的 IEEE 802.15.4 协议和 SLIP 协议、适配层协议、网络层的 RPL 路由协议、传输层的用户数据报协议 UDP 和应用层 CoAP 协议等方面介绍 IPv6 无线传感器网络的特性。

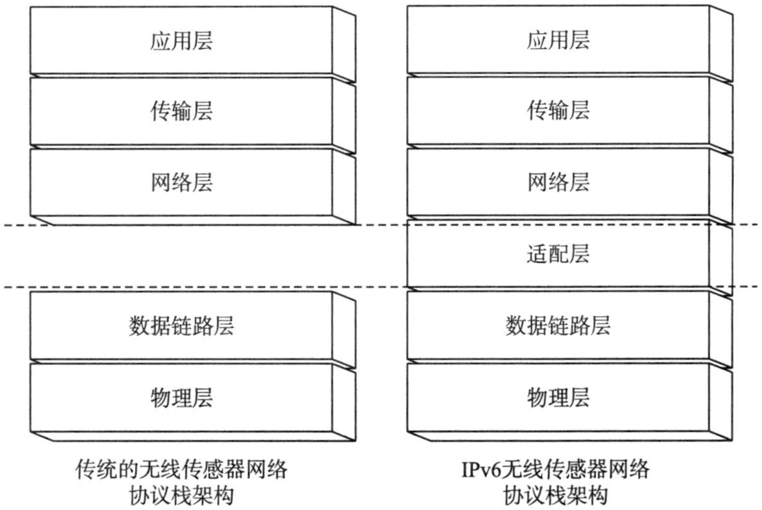

图 5.1　传统 WSN 与 IPv6WSN 协议栈架构间的区别

5.1　物理层之无线误码率测试

5.1.1　基本原理

1. IEEE 802.15.4 标准

低速率的无线个域网(low rate-wireless personal area network，LR-WPAN)是一种简单、低成本的通信网络，具有有限的功率和灵活的吞吐，可以广泛应用在智能家居和工业控制等领域。采用 LR-WPAN 可以将电脑、信息家电、安全设备、照明设备、医疗监护系统等互连，实现数据共享和管理，并可以以广域网为接口与外界交互，IEEE 802.15.4 标准即是 LR-WPAN 的典型代表。

IEEE 802.15.4 是短距离无线通信标准之一，属于 IEEE 802.15 工作组，其低功耗、低成本的优点使它在很多领域获得了广泛的应用。在网络内的无线传输中，采用非时隙载波侦听多路访问和冲突避免机制的网络拓扑结构，可以是星型网，也可以是点对点的对等网。该标准定义了 3 种数据传输频率，分别是 868MHz、915MHz 和 2.4GHz。前两种传输频率采取 BPSK 的调制方式，后一种采取的是 O-QPSK 的调制方式，其最高无线数据传输速度为 250kb/s，但频率的选择取决于局域网的规则和用户的选择，传输距离为 50～100m，功耗远低于 IEEE 802.11 和 GPRS/CDMA，而与 Bluetooth 相近。

IEEE 802.15.4 只规定了物理(PHY)层和介质访问控制(MAC)层标准，没有涉及网络层以上的规范。PHY 层由射频收发器以及底层的控制模块构成。MAC 子层为高层访问物理信道提供点到点通信的服务接口。

2. IEEE 802.15.4 PHY 功能

物理层负责以下工作：
(1)无线收发器的激活与释放；
(2)当前信道的能量检测(ED)；
(3)接收链路服务质量指示(LQI)；
(4)冲突避免载波侦听多路接入(CSMA-CA)机制的空闲信道评估(CCA)；
(5)信道频率选择；
(6)数据发送和接收。

3. IEEE 802.15.4 PHY 层的空闲信道评估

物理层通过如下所述的三种方法，进行空闲信道评估(CCA)：

(1)CCA 模式 1：信号能量判断。当 CCA 检测到一个超出信号能量的阈值能量时，给出一个忙信息。

(2)CCA 模式 2：无线信号判断，包括扩频信号和载波信号。当 CCA 检测到一个具有与标准物理层同样的调制方式和扩展特性的信号正在使用信道时，给出一个忙的信息。

(3)CCA 模式 3：带有超出阈值能量的无线信号判断。该模式是前两种模式的结合，同时检测信号的强度以及信号的特征。

CCA 使用以上模式进行逻辑组合来给出一个忙信号，当检测到一个具有 IEEE 802.15.4 标准特性的扩展调制信号，并且检测到超出阈值能量的扩展调制信号时逻辑操作可能是“与”或者“或”。

通常空闲信道评估的参数应符合以下标准：

(1)能量检测阈值不能超过协议标准接收机灵敏度 10dB；

(2)空闲信道评估的检测时间等于 8 个符号周期。

4. 数据包的收发

MAC 层服务数据单元(MSDU)指的是数据负载，在 MSDU 前面加上一个 MAC 层帧头(MHR)在 MSDU 结尾加上一个 MAC 层帧尾(MFR)，它们一起形成了 MAC 层协议数据单元——MPDU。

MAC 层协议数据单元作为物理层信标包的载荷(PSDU)被发送到物理层。同样，在 PSDU 前面，需要加上一个同步帧头(SHR)和一个物理层帧头(PHR)，其中 SHR 包括前同步帧序列和帧起始定界符(SFD)，PHR 包括物理层负载的长度的字节数。SHR、PHR 和 PSDU 一起构成了物理层协议数据单元(PPDU)。

在帧定界符检测后，才考虑接收物理层协议数据单元。对于帧定界符的检测时间为检测到物理层包头的 8 比特组数据为止。一个 MAC 层数据帧加物理层帧头的实例如图 5.2 所示。

图 5.2 物理层帧格式

5.1.2 关键程序清单

设计目标：学习 802.15.4 物理层标准、802.15.4 帧的构造以及如何测试无线误码率和丢包率。

实现功能：检查串口调试工具中输出的射频接收的数据包信息，统计丢包率和误码率。

1. SPI 通信接收端 main 函数编写示例

```
int main()
{
    GPIOInit();
    dbg_setup_uart();
    Set_System();
    Set_USBClock();
    USB_Interrupts_Config();
```

```
        USB_Init();
        MyUART1Init(115200);
        SPI1Init();        //SPI 初始化
        uz2400_EXTIInit();
        UZ2400_RadioInit();
        UZ2400_MAC_Init(0x010);
        EXTI_ENABLE();
        while(1)
        {
        }
}
```

2. SPI 通信发送端 main 函数编写示例

```
    int main()
    {
        GPIOInit();
        dbg_setup_uart();
        Set_System();
        Set_USBClock();
        USB_Interrupts_Config();
        USB_Init();
        MyUART1Init(115200);
        SPI1Init();        //SPI 初始化
        uz2400_EXTIInit();
        UZ2400_RadioInit();
        UZ2400_MAC_Init(0x10);
        EXTI_ENABLE();
        Delay(10000);
        while(1)
        {
            for(i=0; i<1000; i++)
            {
                UZ2400_SendBuff();
                Delay(700);
            };
        }
```

```
}
```

3.SPI 通信发送端在发送缓冲中数据包的封装函数示例

```
void UZ2400_SendBuff(void)
{
    uint8_t   txBuf[17];
    memset(txBuf, 0, 17);
    txBuf[0] = 0x09;
    txBuf[1] =(9+4);    //length
    txBuf[2] = 0x61;    //data-ack req-intra
    txBuf[3] = 0x88;
    txBuf[4] = 0x0F;
    txBuf[5] = LOBYTE(MAC_SRC_PANID);
    txBuf[6] = HIBYTE(MAC_SRC_PANID);
    txBuf[7] = LOBYTE(MAC_DST_SADDR);
    txBuf[8] = HIBYTE(MAC_DST_SADDR);
    txBuf[9] = LOBYTE(MAC_SRC_SADDR);
    txBuf[10]= HIBYTE(MAC_SRC_SADDR);
    txBuf[11] = 0x11;    //payload
    txBuf[12] = 0x22;
    txBuf[13] = 0x33;
    txBuf[14] = 0x44; //payload
    UZ2400_Fill_TXFIFO(txBuf);    //填充 FIFO
    SPI_WRITE8(TXNMTRIG, 0x01);    /触发发送
}
```

5.1.3 实例操作步骤

(1)准备实验环境。

硬件条件：PC 机一台、J-Link 下载器一个、IoT 设备两个，协议分析工具及配线若干。

软件条件：IAR for ARM 5.50.1、J-Link 仿真器驱动程序、Source Insight、sscom32 串口调试工具。

编译下载时的实物连接方式如图 4.1 所示。

(2)打开“基于 IPv6 的物联网研发平台\光盘资料\源码包\进阶实验\物理层误码率测试实验”源码文件夹。

(3)编译工程项目”SPI_RX”的代码，并下载到 IoT 设备 1 中。

(4)编译工程项目”SPI_TX”的代码，并下载到 IoT 设备 2 中。

(5)保持 IoT 设备 2 和电脑的连接，退出调试后，打开 sscom32.exe 串口调试工具并选择相应端口号，并勾选 HEX 显示；此时在已经打开的 sscom32.exe 串口中可以接收到十六进制的数据包，如图 5.3 所示。

图 5.3　串口调试工具输出射频接收的数据包

(6)等待 1000 个数据包发送完毕后，统计串口输出的全部数据包信息。

(7)检查收到的全部数据包，并统计丢包率和误码率。

5.2　MAC 层之 IEEE 802.15.4 协议

IEEE 802.15.4 MAC 层协议描述了低速率无线个人局域网的 MAC 层接入控制协议。该协议被应用在 6LoWPAN 协议栈的 MAC 层，同时也是 ZigBee、WirelessHART、MiWi、Thread 规范的基础。

5.2.1　基本原理

1. IEEE 802.15.4 标准

低速率的无线个人区域网络(LR-WPAN)是一种简单、低成本的通信网络，具有有限的功率和灵活的吞吐。

在一个 IEEE 802.15.4 协议的网络中，可以存在两种不同类型的设备，一种是具有完整功能的设备(FFD)，另一种是简化功能设备(RFD)。在网络中，FFD 通常有 3 种工作状态：个人区域网络的主协调器、协调器、终端设备。一个 FFD 可以同时和多个 RFD 或多个其他的 FFD 通信，而对于一个 RFD 来说，它只能和一个 FFD 通信。RFD 的应用非常简单，例如一个电灯开关，或者一个红外线传感器。由于它们不需要发送大量的数据，并且每次只能同一个 FFD 连接通信，因此，RFD 仅需要使用较小的资源和存储空间来实现。在这一个网络中，无论是星型网还是对等网，至少要求有一个 FFD 作为 PAN 主协调器。

2. MAC 层功能

MAC 层处理所有物理层无线信道的接入，其主要功能包括：

(1) 网络协调器产生网络信标；
(2) 与信标同步；
(3) 支持个域网 (PAN) 链路的建立和断开；
(4) 为设备的安全提供支持；
(5) 采用冲突避免的载波检测多路访问 (CSMA-CA) 机制访问信道；
(6) 处理和维护保护时隙 (GTS) 机制；
(7) 在两个同等的 MAC 层实体之间提供一个可靠的通信链路。

3. 两种地址模式

在任何一个拓扑网络上，所有设备都有一个唯一的 64 位长地址码，该地址可以在 PAN 中直接用于通信，或者当设备之间已经存在连接时，可以将其转变为 16 位短地址码分配给设备。每个独立的 PAN 都有一个唯一的标识符，利用 PAN 标识符，可以使用短位地址进行网络设备间的通信，并且可激活 PAN 网络设备之间的通信。选择标识符的机制不属于本标准的范围。IEEE 802.15.4 MAC 层协议分配 16bit 短地址或 64bit 长地址。

4. CSMA/CA 机制

IEEE 802.15.4 LR- WPAN 网络工作方式为信标网络和非信标网络，对不同的网络工作方式将采用两种不同的信道接入机制。在非信标网络工作方式下，使用非时隙 CSMA/CA 信道接入机制。CSMA/CA，即载波侦听多点接入/冲突避免。一方面，载波侦听查看物理层介质是否空闲；另一方面，通过随机的时间等待，使信号冲突发生的概率减到最小，当介质被侦听到空闲时，则优先发送。下面给出 CSMA/CA 信道接入机制的源代码及解析。

```
struct radio_driver()
{
    int(* init) (void);
    /** 准备要发送的数据 */
    int(* prepare) (const void *payload, unsigned short payload_len);
    /** 发送 */
    int(* transmit) (unsigned short transmit_len);
    /**准备并投递 */
    int(* send) (const void *payload, unsigned short payload_len);
```

```
    /** 解析收到的包并存入相应的 buffer */
    int(* read)(void *buf, unsigned short buf_len);
    /**信道是否空闲*/
    int(* channel_clear)(void);
    /** 检查是否正在接收数据*/
    int(* receiving_packet)(void);
    /** 检查是否已经收到数据 */
    int(* pending_packet)(void);
    /**打开监听 */
    int(* on)(void);
    /** 关闭监听 */
    int(* off)(void);
}
```

5. MAC 层帧的构造和发送

1)通用帧结构

每个 MAC 层帧由下列基本部分组成：

(1)MAC 层帧头，包括帧控制、序列号和地址信息。

(2)可变长度的 MAC 层载荷，不同的帧类型有不同的载荷。确认帧没有载荷。

(3)MAC 层帧尾，应包含帧校验序列(FCS)。

MAC 层帧各个域的传输顺序为从左到右，即首先传输最左边的数据位。帧字段中的位按从 0(最左边最低有效位)到 k-1(最右边最高有效位)排列，k 为字段的比特位数。在传输多于 8 位的字段时，由最低位到最高位传输字节。对每个 MAC 层帧，所有的保留位在发送时都置 0，并且在接收时不具体赋值给存储单元。MAC 层通用帧格式如图 5.4 所示。

<table>
<tr><td>2字节</td><td>1字节</td><td>0/2字节</td><td>0/2/8字节</td><td>0/2字节</td><td>0/2/8字节</td><td>0/5/6/10/14字节</td><td>可变</td><td>2字节</td></tr>
<tr><td rowspan="2">帧控制</td><td rowspan="2">序列号</td><td>目的PAN标识符</td><td>目的地址</td><td>源PAN标识符</td><td>源地址</td><td rowspan="2">辅助安全头</td><td rowspan="3">帧载荷</td><td rowspan="3">帧校验序列</td></tr>
<tr><td colspan="4">地址子字段</td></tr>
<tr><td colspan="7">MAC层帧头</td></tr>
</table>

图 5.4　通用帧格式

帧控制域的地址子域说明如下：

(1)帧类型子域：000——信标帧(节点入网)；001——数据帧；010——确认帧；011——MAC 命令帧；其他保留；

(2)安全使能子域：如果帧被 MAC 层保护，安全使能子字段应设置为 1，否则应设置为 0；

(3)帧未处理子域：帧未处理子字段位长度为 1 个比特位，如果发送帧的设备有更多的数据要发送到接收方，该字段应设置为 1；

(4)应答请求= packetbuf_attr[PACKETBUF_ATTR_RELIABLE]；

(5)panid = 0(目的地址和源地址只有一个出现)；

(6)目的寻址模式：如果是广播则短地址模式，0xFF 为广播，否则为长地址模式；

(7)帧版本为 FRAME802154_IEEE802154_2003(15.4 的 03 版本)；

(8)源寻址模式=长地址模式。

IEEE 802.15.4 标准规定的数据传输模式分为：协调器到不带传感器的节点、不带传感器的节点到协调器以及不带传感器的节点到不带传感器的节点。这三种传输模式又与网络的拓扑结构相关：在标准规定的星型拓扑结构中，只准许在协调器与不带传感器的节点之间的数据通信，因此只有两种传输模式；只有在对等网络中才能够支持上述三种数据传输模式。三种传输模式与网络是否支持信标使能相关，如果应用场景要求低延时和确定性则选用信标使能网络，数据严格按照信标帧分配的时隙来传输；否则可以使用非信标使能网络，这时数据传输使用非时隙的 CSMA/CA 机制而不依赖信标的时隙资源，但是网络在建立阶段仍然需要信标帧。其中 6LoWPAN 上层协议数据单元通过封装在 MAC 层数据帧中进行传输，数据帧结构如图 5.5 所示。

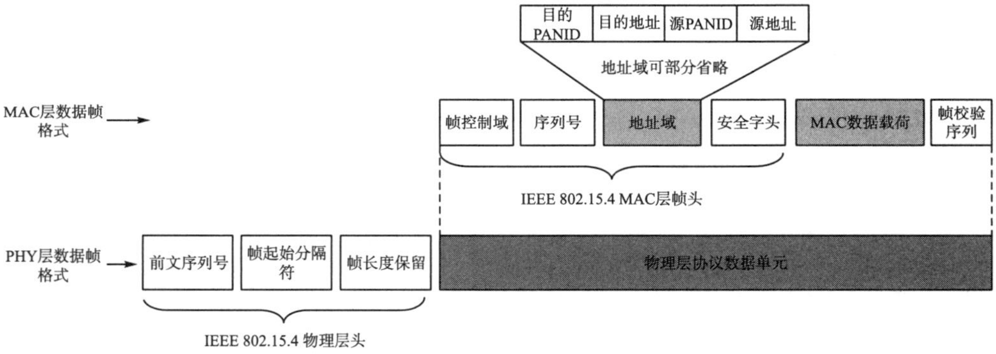

图 5.5 IEEE 802.15.4 数据帧结构

2)通用帧格式各域及其子域定义的结构体

IEEE 802.15.4 MAC 层通用帧格式各域、FCF 子域、辅助安全头子域结构体的定义可以在 Contiki-3.0 的源码中查看 frame802154.h(contiki-3.0\core\net\mac)文件，下面分别给出源代码及其解析。

(1)MAC 层通用帧格式各域结构体的定义：

```
typedef struct
{
    uint8_t dest_addr[8];   /*目的地址 */
    uint8_t src_addr[8];   /*原地址*/
    frame802154_fcf_t fcf;   /*帧控制域 FCF */
    uint8_t seq;   /*序列号，用于描述消息的新鲜度，可以通过 mac_dsn 赋值 */
```

```
    uint16_t dest_pid；  /*目的 PAN ID，同一网络使用 PAN ID 唯一，
FRAME802154_DATAFRAME */
    uint16_t src_pid；  /*源 PAN ID，同一网络使用的 PAN ID 唯一，
FRAME802154_DATAFRAME */
    frame802154_aux_hdr_t aux_hdr；  /*辅助安全头域 */
    uint8_t *payload；  /*指向 802.15.4 负载*/
    uint8_t payload_len；  /*负载域的长度*/
} frame802154_t；
```

(2)MAC 层通用帧格式 FCF 子域结构体的定义：

```
typedef struct
{
    uint8_t frame_type；      /**< 3 bit. 帧类型子域 */
    uint8_t security_enabled；/**< 1 bit.安全使能子域 */
    uint8_t frame_pending；  /**< 1 bit. 帧未处理子域 */
    uint8_t ack_required；   /**< 1 bit. 应答请求子域*/
    uint8_t panid_compression；  /**< 1bit.PANID 密集——判断帧是否被压缩*/
    /**< 3 bit. 预留*/
    uint8_t dest_addr_mode；  /**< 2 bit.目的地址模式 */
    uint8_t frame_version；   /**< 2bit. 802.15.4 帧版本 */
    uint8_t src_addr_mode；   /**< 2 bit. S 源地址模式 */
} frame802154_fcf_t；
```

(3)MAC 层通用帧格式安全辅助头子域结构体的定义：

```
typedef struct
{
    frame802154_scf_t security_control；  /*安全控制子域*/
    frame802154_frame_counter_t frame_counter；/*安全计数子域*/
    frame802154_key_source_t key_source；/*关键源子域*/
    uint8_t key_index；  /*关键索引子域*/
} frame802154_aux_hdr_t；
```

在发送数据包的函数中需要对响应的元素赋值，有些需要在判断模式后分别对多种情况进行赋值，详细赋值方法请见“5.2.2 关键程序清单”中的 MAC 层数据包发送函数。

5.2.2 关键程序清单

设计目标：学习 802.15.4 MAC 层协议标准并按照标准描述构造帧头、封装发送；学习并按照标准描述的数据帧格式解析收到的数据包。

实现功能：通过协议分析仪 Packet Sniffer 和抓包器能够看到设备发出的数据帧格式符合 IEEE 802.15.4 MAC 层协议标准。

打开 sicslowmac.c（contiki-3.0\core\net\mac\sicslowmac）文件，按照驱动的顺序依次编写相应功能的函数，涉及 CSMA 机制请参考 5.1 小节的“物理层之无线误码率测试”的实例。

1. MAC 层驱动函数示例

```
const struct rdc_driver sicslowmac_driver =
{
    "sicslowmac",
    init,
    send_packet,
    input_packet,
    on,
    off,
    channel_check_interval
}
```

2. MAC 层初始化函数示例

```
static void init(void)
{
    mac_dsn = random_rand() % 256;
    NETSTACK_RADIO.on();
}
```

3. MAC 层数据包发送函数示例

```
static void send_packet(mac_callback_t sent, void *ptr)
{
    frame802154_t params;            //声明
    uint8_t len;
    memset(&params, 0, sizeof(params)); /*在构造帧之前需要将各个域和子域
    清 0，这是非常必要的*/
```

```
    /* 构造 FCF 子域. */
    params.fcf.frame_type = FRAME802154_DATAFRAME;
    params.fcf.security_enabled = 0;
    params.fcf.frame_pending = 0;
#if NETSTACK_CONF_WITH_RIME
    params.fcf.ack_required = packetbuf_attr(PACKETBUF_ATTR_RELIABLE);
#endif0
    params.fcf.panid_compression = 0;
    params.fcf.frame_version=FRAME802154_IEEE802154_2003 ;  /* 插 入  IEEE
    802.15.4(2003)版本位.*/
    params.seq = mac_dsn++; /*增加和设置数据序列号*/
    /*完成地址域. */
    params.fcf.src_addr_mode = FRAME802154_LONGADDRMODE;
    params.dest_pid = mac_dst_pan_id;
    /*比较 RIME 缓冲区，如果是接收到的地址是空，则广播发送*/
    if(packetbuf_holds_broadcast())
    {
        /* 设置广播时候的短地址模式下的目的地址 0xFFFF */
        params.fcf.dest_addr_mode = FRAME802154_SHORTADDRMODE;
        params.dest_addr[0] = 0xFF;
        params.dest_addr[1] = 0xFF;
        /*如果不是广播，复制 RIME 缓冲区中收到的地址作为目的地址，
        这时采用的是长地址模式 */
}
else
{
    linkaddr_copy((linkaddr_t *)&params.dest_addr,
    packetbuf_addr(PACKETBUF_ADDR_RECEIVER));
    params.fcf.dest_addr_mode = FRAME802154_LONGADDRMODE;
}
params.src_pid = mac_src_pan_id; /* 设置源 PAN ID t 为全局变量. */
/* 设置源地址仅用长地址模式 */
#if NETSTACK_CONF_BRIDGE_MODE
linkaddr_copy((linkaddr_t                    *)&params.src_addr        ,
packetbuf_addr(PACKETBUF_ADDR_ SENDER));
#else
linkaddr_copy((linkaddr_t *)&params.src_addr, &linkaddr_node_addr);
#endif
```

```
    params.payload = packetbuf_dataptr()；      //填充载荷，调用 packetbuf_dataptr()函数
    params.payload_len = packetbuf_datalen()；     //数据帧长度
    len = frame802154_hdrlen(&params)；           //帧头部长度
    /*判断是否有负载，*/
    if(packetbuf_hdralloc(len))
    {
        int ret;
        frame802154_create(&params, packetbuf_hdrptr())；
        PRINTF("6MAC-UT：%2X", params.fcf.frame_type)；
        PRINTADDR(params.dest_addr)；
        PRINTF("%u %u(%u)\n", len, packetbuf_datalen(), packetbuf_totlen())；
        Delay(50)；   //延时一段时间
        /*CSMA 控制发送*/
        ret = NETSTACK_RADIO.send(packetbuf_hdrptr(), packetbuf_totlen())；
        if(sent)
        {
            switch(ret)
            {
                case RADIO_TX_OK:
                    sent(ptr, MAC_TX_OK, 1)；
                    break;
                case RADIO_TX_ERR:
                    sent(ptr, MAC_TX_ERR, 1)；
                    break;
            }
        }
    }
    else
    {
            PRINTF("6MAC-UT：too large header：%u\n", len)；
        }
}
```

4. MAC 层数据包解析函数示例

```
    static void input_packet(void)
    {
        frame802154_t frame;
```

```
        int len;
        len = packetbuf_datalen();
        if(frame802154_parse(packetbuf_dataptr(), len, &frame) &&
          packetbuf_hdrreduce(len- frame.payload_len))
        {
            if(frame.fcf.dest_addr_mode)
            {
            if(frame.dest_pid! =mac_src_pan_id &&
              frame.dest_pid! = FRAME802154_BROADCASTPANDID)
            {
                /* Not broadcast or for our PAN */
                PRINTF("6MAC: for another pan %u\n", frame.dest_pid);
                return;
            }
            if(! is_broadcast_addr(frame.fcf.dest_addr_mode, frame.dest_addr))
            {
                packetbuf_set_addr(PACKETBUF_ADDR_RECEIVER,
                                    (linkaddr_t*)&frame.dest_addr);
    #if ! NETSTACK_CONF_BRIDGE_MODE
                if(! linkaddr_cmp(packetbuf_addr(PACKETBUF_ADDR_RECEIVER)
                &linkaddr_node_addr))
                {
                    /* Not for this node */
                    PRINTF("6MAC: not for us\n");
                    return;
                }
    #endif
                }
        }
        packetbuf_set_addr(PACKETBUF_ADDR_SENDER, (linkaddr_t *)&frame.src_addr);
        PRINTF("6MAC-IN: %2X", frame.fcf.frame_type);
        PRINTADDR(packetbuf_addr(PACKETBUF_ADDR_SENDER));
        PRINTADDR(packetbuf_addr(PACKETBUF_ADDR_RECEIVER));
        PRINTF("%u\n", packetbuf_datalen());
        NETSTACK_MAC.input();
    }
    else
    {
```

```
        PRINTF("6MAC: failed to parse hdr\n");
    }
}
```

5. on和off函数示例

```
static int on(void)
{
    return NETSTACK_RADIO.on();
}
/*---------------------------------------------*/
static int off(int keep_radio_on)
{
    if(keep_radio_on)
    {
        return NETSTACK_RADIO.on();
    }
    else
    {
        return NETSTACK_RADIO.off();
    }
}
```

5.2.3 实例操作步骤

(1)搭建实验环境。

硬件条件：PC机一台、J-Link仿真器、IoT设备(两个)、ZigBee CC2530 USB Dongle(协议分析仪)、配线若干。

软件条件：IAR for ARM 5.50.1、J-Link仿真器驱动程序、Source Insight、Packet Sniffer协议分析工具。

编译下载时的实物连接方式如图5.6所示。

实验时的实物连接如图5.7所示，实验时IoT设备协调器与不带传感器的节点均需USB供电。

实验时的抓包器Packet Sniffer实物连接如图5.8所示，本实验使用了两个IoT设备，当使用更多的设备时，USB hub可以为多个节点供电。

Packet Sniffer抓包器需在setup页面设置数据包长度(默认20)、信道号(根据代码内写入的信道号填写，本实验采用0x12 2440MHz的信道)，如图5.9所示。

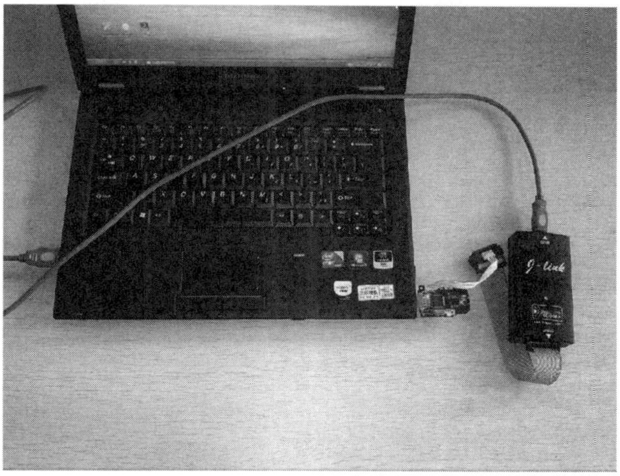

图 5.6　实物连接方式

图 5.7　IoT 设备的实物连接

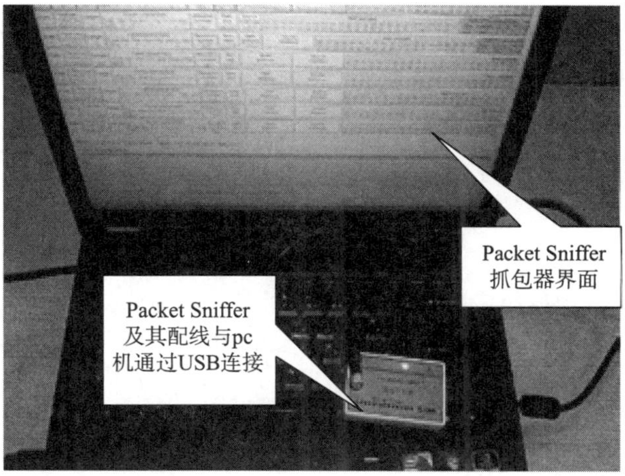

图 5.8　Packet Sniffer 实物连接及抓包器界面显示

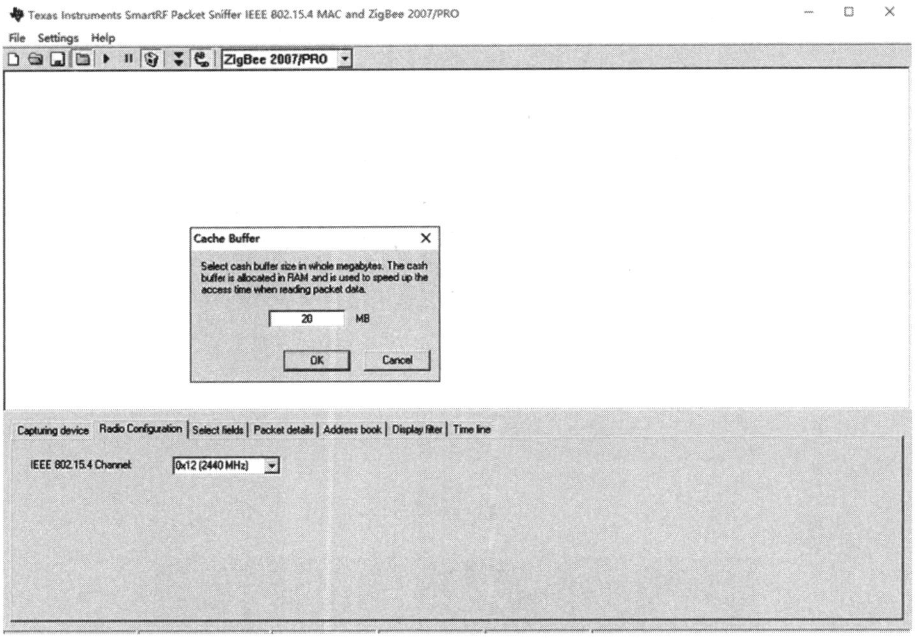

图 5.9 Packet Sniffer 设置

(2) 打开“\基于 IPv6 的物联网研发平台\光盘资料\源码包\进阶实验\源码包”文件，并双击打开 Untitled Project.PR 文件。

(3) 展开左侧的组“platform”可以看到 contiki-conf.h 文件，双击打开此文件并找到定义传感器类型的宏定义，屏蔽除了“不带传感器的节点”以外的宏定义。

```
//#define RPL_BORDER_ROUTER                 边界路由器
//#define SIXLOWPAN_ENDDEVICE_SMOG          烟雾传感器节点
//#define SIXLOWPAN_ENDDEVICE_CH4           甲烷传感器节点
//#define SIXLOWPAN_ENDDEVICE_DUST          粉尘传感器节点
//#define SIXLOWPAN_ENDDEVICE_HUMTEMP       温湿度传感器节点
#define SIXLOWPAN_ENDDEVICE_NODE            不带传感器的节点
```

(4) 展开 IAR 的工程页面左侧的“example”项目组，找到并左键选择 IPv6 工程文件夹，右击鼠标选择 Options。在左上角的 Exclude from build 选项中勾选，表示从工程中屏蔽此工程文件。点击 OK。当文件变成灰色，表明已经屏蔽成功。

(5) 在“example”项目组中找到 clien.c 工程文件，确认文件没有被屏蔽。

(6) 完成上述操作后，编译“无传感器的节点”的代码，并下载到 IoT 设备中。

(7) 在 Contiki-conf.h 文件中，屏蔽除了“边界路由器”以外的宏定义。

```
#define RPL_BORDER_ROUTER                   边界路由器
//#define SIXLOWPAN_ENDDEVICE_SMOG          烟雾传感器节点
```

```
//#define SIXLOWPAN_ENDDEVICE_CH4          甲烷传感器节点
//#define SIXLOWPAN_ENDDEVICE_DUST         粉尘传感器节点
//#define SIXLOWPAN_ENDDEVICE_HUMTEMP      温湿度传感器节点
//#define SIXLOWPAN_ENDDEVICE_NODE         不带传感器的节点
```

(8) 在“example”项目组中找到 client.c 工程文件，确认文件已被屏蔽。

(9) 编译“路由器节点”代码并下载到 IoT 设备 2 中。

(10) 连接协议分析仪 Packet Sniffer 到 PC 机，并打开协议分析仪工具。通过抓包器在空中抓包，能够看到设备发出的数据帧符合 IEEE 802.15.4 MAC 层协议标准，则说明设备能够成功发送 IEEE 802.15.4 数据帧。抓包器抓到的数据帧如图 5.10 所示。

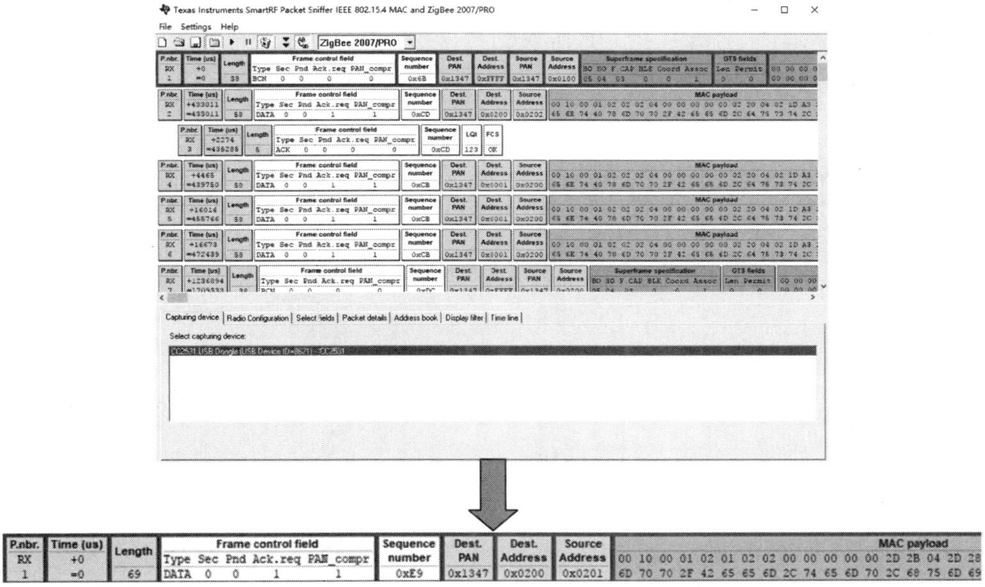

图 5.10　抓包器抓到的数据帧

5.3　轻量级 TCP/IP 协议栈之 uIP

5.3.1　基本原理及协议栈源代码

1. uIP 协议

uIP 由瑞典计算机科学学院（网络嵌入式系统小组）的 Adam Dunkels 开发。其源代码由 C 语言编写，并完全公开，uIP 协议栈去掉了完整的 TCP/IP 中不常用的功能，简化了通信流程，但保留了网络通信必须使用的协议，设计重点放在了 IP/TCP/ICMP/UDP/ARP 这些网络层和传输层协议上，保证了其代码的通用性和结构的稳定性。

uIP 是一个适用于 8/16 位机的小型嵌入式 TCP/IP 协议栈，简单易用、资源占用少是它的设计特点。它去掉了许多全功能协议栈中不常用的功能，而保留了网络通信中所必要的协议机制。开放的代码使开发者可以完整地了解整个协议栈，并能够根据应用要求作一定程度的修改，将其移植到实际的嵌入式系统中。uIP 协议从上到下逐步封装用户的数据，封装顺序如下所示：

应用层→传输层→网络层→数据链路层→物理层；

应用数据→TCP 封装头部→IP 封装头部→MAC 封装+尾部→发送。

总的来说，uIP 协议栈是将应用层载荷逐层封装并有效传递的中间桥梁。实现了 TCP 到 IP 再到 MAC 层最终发送出完整数据包的过程。

uip_buf 存放的是实际的数据，所有的数据都保存在 uip_buf 数组中。通过 uip_process 函数来封装，uip_len 是 uip_buf 接收到的数据的长度。

具体发送到网络上的函数需要根据自己的平台具体实现，循环架构可以在保持整体模型的基础上根据需求适当修改。在 uIP 协议的数据缓冲区，实际上是一个 char 类型的数组。然后定义各种 struct 将它转换成所需的结构体，举例如下所示：

```
#define BUF ((struct uip_eth_hdr *) &uip_buf[0])
#define ICMPBUF ((struct icmpip_hdr *) &uip_buf[UIP_LLH_LEN])
#define UDPBUF ((struct uip_UDPip_hdr *) &uip_buf[UIP_LLH_LEN])
```

2. 底层接口

实现底层与 uIP 的对接，需要开发者实现以下七个接口程序和一个缓存数组：

uip_input()：处理一个输入的数据包。

uip_periodic(conn)：通过连接号，对连接周期性进行处理。

uip_periodic_conn(conn)：周期性处理一个连接，此操作要借助指向这个连接的结构体的指针。

uip_poll_conn(conn)：请求轮询(poll)某一指定连接。

uip_UDP_periodic(conn)：周期性处理 UDP 连接，此操作要借助连接号。

uip_UDP_periodic_conn(conn)：周期性处理一 UDP 连接，要借助指向此连接结构体的指针。

u8_t uip_buf [UIP_BUFSIZE+2]：uIP 包缓冲区。

1) #define uip_input()

该接口定义的函数用于处理输入数据包，当设备从网络上接收到数据包时调用该函数。底层应该在调用该函数之前，将接收到的数据包存入 uip_buf 缓冲区，计算其长度值并赋给 uip_len 变量。

如果其返回函数有数据需要输出，则直接将数据包存入 uip_buf，计算其长度值并赋给 uip_len 变量。如果没有数据要发送，则长度值置 0。该函数的定义及其调用实例如下所示。

定义：#define uip_input()　　　　uip_process(UIP_DATA)

调用实例：

```
if(uip_fw_forward()== UIP_FW_LOCAL)
{
    tcpip_is_forwarding = 0;
    check_for_tcp_syn();
    uip_input();     //调用#define uip_input()
    if(uip_len > 0)
    {
#if UIP_CONF_TCP_SPLIT
        uip_split_output();
#else /* UIP_CONF_TCP_SPLIT */
#if UIP_CONF_IPV6
        tcpip_iPv6_output();
#else
        PRINTF("tcpip packet_input forward output len %d\n", uip_len);
        tcpip_output();
#endif/* UIP_CONF_IPV6*/
#endif /* UIP_CONF_TCP_SPLIT */
    }
}
```

注意：如果协议栈需要使用 ARP(address resolution protocal)协议，比如在以太网内使用 uIP 的时候，则调用此函数之前需要先调用 uIP 的 ARP 接口。

2)#define uip_periodic(conn)

该函数为周期性处理某连接的函数，处理过程中需借助其连接号 conn。此函数对 uIP 的 TCP 连接需要进行一些必要的周期性处理(如定时器、轮询等)，当周期性 uIP 定时器到期即收到报文时调用该函数。需要说明的是，每一个连接处理都会调用，该函数不管此时连接是打开状态还是关闭状态。

如果其返回函数有要传送出去的数据包需要输出并提供相应的服务，包内数据会被放到 uIP 的缓冲区中，此时 uip_len 的值会被置为一个大于零的数，此时 MAC 层应该将数据包添加尾部封装，之后再发送出去。

通常调用此函数时，会使用一个如下的 for 循环：

```
for(i = 0;  i < UIP_CONNS;  ++i)
{
    uip_periodic(i);
    if(uip_len > 0)
```

```
        {
            devicedriver_send();
        }
}
```

注意：如果协议栈需要使用 ARP 协议，例如是在以太网中使用 uIP，则需要在底层发送数据包与调用底层函数之间调用 uip_arp_out()函数，如下所示：

```
    for(i = 0;   i < UIP_CONNS;   ++i)
    {
        uip_periodic(i);
        if(uip_len > 0)
        {
            uip_arp_out();
            ethernet_devicedriver_send();
        }
}
```

3)#define uip_periodic_conn(conn)

该函数用于对某连接进行周期性处理，需要借助指向其结构体的指针 conn。这个函数与 uip_periodic 执行的操作相类似，与 uip_periodic 的不同之处仅在于其传入的参数是一个指向 uip_conn 结构体的指针。同时，此函数可以用于对某个连接强制进行周期性处理。该函数的定义及其调用实例如下所示。

定义：

```
    #define uip_periodic_coon(conn) do
    {
        uip_conn = &uip_conns[conn];
        uip_process(UIP_TIMER);
}while(0);
```

调用实例：

```
    #if UIP_TCP
        for(i = 0;   i < UIP_CONNS;   ++i)
        {
            if(uip_conn_active(i))
            {
```

```
                /* Only restart the timer if there are active connections. */
                etimer_restart(&periodic);
                uip_periodic_conn(i);    //调用#define uip_periodic_conn(conn)
    #if UIP_CONF_IPV6
                    tcpip_iPv6_output();
    #else
                if(uip_len > 0)
                {
                    PRINTF("tcpip_output from periodic len %d\n", uip_len);
                    tcpip_output();
                    PRINTF("tcpip_output after periodic len %d\n", uip_len);
                }
    #endif /* UIP_CONF_IPV6 */
            }
        }
    #endif /* UIP_TCP */
}
```

4) #define uip_poll_conn(conn)

该函数用于请求对特定连接进行轮询，以得到新数据。函数功能与周期性处理某连接函数 uip_periodic_conn()相同，但不执行任何定时器处理。其中，conn 指向要进行处理的连接结构体 uip_conn 的指针。该函数的定义及其调用实例如下所示。

定义：

```
#define uip_poll_conn(conn) do
{
    uip_conn = conn;
    uip_process(UIP_POLL_REQUEST);
} while(0);
```

调用实例：

```
case TCP_POLL:
if(data ! = NULL)
{
    uip_poll_conn(data);
#if UIP_CONF_IPV6
    tcpip_iPv6_output();
```

```
    #else /* UIP_CONF_IPV6 */
        if(uip_len > 0)
        {
            PRINTF("tcpip_output from tcp pcll len %d\n", uip_len);
            tcpip_output();
        }
    #endif /* UIP_CONF_IPV6 */
        /* Start the periodic polling, if it isn't already active.*/
        start_periodic_tcp_timer();
    }
break;
```

5) #define uip_UDP_periodic(conn)

该函数用于周期性处理 UDP 连接，需要借助连接号 conn。函数内容基本上与 uip_periodic()相同，区别之处仅在于这里处理的是 UDP 连接。其调用方式也与 uip_periodic()类似：

```
    for(i = 0;  i < UIP_UDP_CONNS;  i++)
    {
        uip_UDP_periodic(i);
        if(uip_len > 0)
        {
            devicedriver_send();
        }
}
```

对于 uip_periodic()函数，在 uIP 中使用 ARP 时，与 uip_UDP_periodic()类似需要注意：

```
    for(i = 0;  i < UIP_UDP_CONNS;  i++)
    {
        uip_UDP_periodic(i);
        if(uip_len > 0)
        {
            uip_arp_out();
            ethernet_devicedriver_send();
        }
}
```

定义该函数的源代码如下所示：

```
    #define uip_UDP_periodic(conn) do
    {
        uip_UDP_conn = &uip_udp_conns[conn];
        uip_process(UIP_UDP_TIMER);
}while(0);
```

6) #define uip_UDP_periodic_conn(conn)

该函数用于周期性处理 UDP 连接，需借助指向该连接结构体的指针。该函数用于强制执行周期性处理某连接函数，这点与 uip_UDP_periodic(conn)相同，不同之处在于所用参数为指向连接结构体的指针而非连接号。其中，conn 指向要处理的 UDP 连接的 uip_UDP_conn 结构体的指针。该函数的定义及其调用实例如下所示。

定义：

```
    #define uip_UDP_periodic_conn(conn) do
    {
        uip_UDP_conn = conn;
        uip_process(UIP_UDP_TIMER);
} while(0);
```

调用实例：

```
    case UDP_POLL:
        if(data ! =NULL)
        {
        uip_UDP_periodic_conn(data);
    #if UIP_CONF_IPV6
            tcpip_iPv6_output();
    #else
            if(uip_len > 0)
            {
                tcpip_output();
            }
    #endif /* UIP_UDP */
}
```

7) u8_t uip_buf[UIP_BUFSIZE+2]

此结构体为 uip 数据包缓冲区，uip_buf 数列用于存放传入/传出的数据包。底层应将传入的数据放于此缓冲区中。发送数据时，设备驱动从缓冲区中读取数据链路层的头部和 TCP/IP 头部。链路层头部的长度在 UIP_LLH_LEN 中定义。此变量常常被 uip_process() 引用。

注意：应用层数据并不放在该缓冲区中，所以底层需要从 uip_appdata 指针所指的地方读取数据。下面给出一个实例：

```
    void devicedriver_send(void)
    {
        hwsend(&uip_buf[0], UIP_LLH_LEN);
        if(uip_len <= UIP_LLH_LEN + UIP_TCPIP_HLEN)
        {
            hwsend(&uip_buf[UIP_LLH_LEN], uip_len - UIP_LLH_LEN);
        }
        else
        {
            hwsend(&uip_buf[UIP_LLH_LEN], UIP_TCPIP_HLEN);
            hwsend(uip_appdata, uip_len - UIP_TCPIP_HLEN - UIP_LLH_LEN);
        }
}
```

3. 初始化及配置

uIP 初始化函数用于启动 uIP。它包括以下函数：

```
    void uip_init(void)
    void uip_setipid(u16_t id)
```

其中，void uip_init(void) 函数用于在启动时初始化 uIP 的 TCP/IP 栈，void uip_setipid(u16_t id) 用于启动时设置初始 ip_id。

1) void uip_init()

uIP 协议栈初始化函数的主要工作依次为 IPv6 数据结构的初始化、监听端口的初始化、将所有连接的标志位设置为关闭。此外，如果定义了 UIP_UDP 则将 uip_UDP_conns 的 lport 清零。下面给出初始化函数的源代码及其注释：

```
    voiduip_init(void)
    {
```

```
        uip_ds6_init()；    //IPv6 数据结构初始化函数
    #if UIP_TCP
        for(c = 0；  c < UIP_LISTENPORTS；  ++c)
        {
            uip_listenports[c] = 0；
        }  //将 UIP 监听的端口数组全部清 0
        for(c = 0；  c < UIP_CONNS；  ++c)
        {
            uip_conns[c].tcpstateflags = UIP_CLOSED；
        } //将所有连接的 tcpstateflags 状态标志设为关闭，表示此连接为关闭状态。
    #endif /* UIP_TCP */
    #if UIP_ACTIVE_OPEN || UIP_UDP
        lastport = 1024；
    #endif /* UIP_ACTIVE_OPEN || UIP_UDP */
    #if UIP_UDP
        for(c = 0；  c < UIP_UDP_CONNS；  ++c)
        {
            uip_UDP_conns[c].lport = 0；
        }  //如果定义了 UIP_UDP 则将 uip_UDP_conns 的 lport 清零。
    #endif /* UIP_UDP */
}
```

其中，UIP_LISTENPORTS 表示可同时监听的 TCP 端口数最大值，每监听一个 TCP 端口都要占用两字节内存，此宏定义于 uipopt.h，其默认值为 20。UIP_CONNS 表示可同时打开的 TCP 端口数的最大值，由于 TCP 连接是静态分配的，所以减小这个值可以降低占用的内存空间，每个 TCP 连接大约需要 30 字节内存，此宏定义于 uipopt.h，其默认值为 10。UIP_UDP_CONNS 表示最大的并行 UDP 连接数。uip_conns 是 struct uip_conn 型结构体数列，数列大小为 UIP_CONNS。每个 uip_UDP_conn 代表一个 UDP 连接。UIP_ACTIVE_OPEN 是一个宏定义开关。开启这个宏定义，就表示在编译代码时，允许编译器编译源代码中与 TCP 连接功能有关的代码，关闭此功能可以降低 uIP 的代码大小，此宏定义于 uipopt.h 文件中。

2) void uip_setipid()

void uip_setipid(u16_t id)用于启动时设置初始 ip_id。源代码如下：

```
void uip_setipid(uint16_t id)
{
    ipid = id；
}
```

IP 配置函数用于设置一些如 IP 地址、默认路由器地址、网络掩码等 uIP 运行时的参数，它包括以下一些函数：

uip_sethostaddr(addr)：设定主机 IP 地址。

uip_gethostaddr(addr)：获取主机 IP 地址。

uip_setdraddr(addr)：设定默认路由器地址。

uip_getdraddr(addr)：获取默认路由器地址。

uip_setnetmask(addr)：设定网络掩码。

uip_getnetmask(addr)：获取网络掩码。

uip_setethaddr(eaddr)：设定以太网 MAC 地址。

前六个函数皆定义于 uip.h 文件中，最后一个定义于 uip_arp.h 文件中。

ip_sethostaddr(addr)

```
#define uip_sethostaddr(addr)uip_ipaddr_copy(uip_hostaddr，(addr))
```

该宏定义作用是获取主机 IP 地址，主机 IP 地址由 4 字节的数列表示，第一个八位数就是数组的第一个成员。常用使用方法如下：

```
uip_ipaddr_t addr;
uip_ipaddr(&addr，192，168，1，2);
uip_sethostaddr(&addr);
```

uip_gethostaddr(addr)

```
#define uip_gethostaddr(addr)uip_ipaddr_copy((addr)，uip_hostaddr)
```

使用方法例子：

```
uip_ipaddr_t hostaddr;
uip_gethostaddr(&hostaddr)
```

uip_setdraddr(addr)

设定的是默认路由器地址。

#define uip_setdraddr(addr)uip_ipaddr_copy(uip_draddr，(addr))

uip_getdraddr(addr)

获取默认路由器地址。

#define uip_getdraddr(addr)uip_ipaddr_ccpy((addr)，uip_draddr)

uip_setnetmask(addr)

设定子网掩码。

#define uip_setnetmask(addr) uip_ipaddr_copy(uip_netmask，(addr))

uip_getnetmask(addr)

获取子网掩码。

#define uip_getnetmask(addr) uip_ipaddr_copy((addr)，uip_netmask)

uip_setethaddr(eaddr)

获取以太网的 MAC 地址，ARP 代码需要知道以太网卡的 MAC 地址，才能回应 ARP 查询，并产生以太网头部。

```
#define uip_setethaddr(eaddr) do
{
    uip_ethaddr.addr[0] = eaddr.addr[0];
    uip_ethaddr.addr[1] = eaddr.addr[1];
    uip_ethaddr.addr[2] = eaddr.addr[2];
    uip_ethaddr.addr[3] = eaddr.addr[3];
    uip_ethaddr.addr[4] = eaddr.addr[4];
    uip_ethaddr.addr[5] = eaddr.addr[5];
}while(0);
```

注意：此宏只能用来确定以太网卡的 MAC 地址，并不能用来改变它。

3) uip_conn 结构体

此结构体用于鉴定一个 TCP 连接，除了 appstate，其他的成员都是只读的。appstate 域列入结构体的目的是存取应用相关的连接状态，该结构体定义于 uipopt.h 文件中。下面给出该结构体的源代码及注释：

```
struct uip_conn
{
    uip_ipaddr_t ripaddr;   /*远程主机的 IP 地址 */
    uint16_t lport;   /*本地主机的 TCP 端口号*/
    uint16_t rport;   /*远程主机的 TCP 端口号，以以太网传输的字节顺序排列*/
    uint8_t rcv_nxt[4];   /*下一个期待接收的序列号*/
    uint8_t snd_nxt[4];   /*下一个要发送数据的序列号*/
    uint16_t len;   /*上一个发送的数据长度*/
    uint16_t mss;   /*现行连接的端大小的最大值*/
    uint16_t initialmss;   /*连接初始段大小的最小值*/
    uint8_t sa;   /*重传超时计算变量 1*/
    uint8_t sv;   /*重传超时计算变量 2*/
    uint8_t rto;   /*重传超时*/
    uint8_t tcpstateflags;   /*TCP 状态标志位*/
```

```
        uint8_t timer;    /*重传控制定时器. */
        uint8_t nrtx;   /*上个数据包发送过程中的重传次数*/
        uip_tcp_appstate_t appstate;    /*应用状态*/
};
```

应用举例：

struct uip_conn   uip_conns[UIP_CONNS]

其中，uip_conns 默认值为 10，表示最大并行 UDP 连接数为 10。每一个 uip_conns[i]（其中 i=0，1，…，UIP_CONNS-1）代表不同的 UDP 连接。

4）uip_UDP_conn 结构体

该结构体代表一个 uIPUDP 连接，除了 appstate，其他的成员都是只读的。appstate 域列入结构体的目的是让应用存取应用相关的连接状态，该结构体定义于 uipopt.h 中。下面给出该结构体的源代码及注释：

```
    struct uip_UDP_conn
    {
        uip_ipaddr_t ripaddr;   /*远程主机的 IP 地址  */
        uint16_t lport;   /*本地主机的 TCP 端口号*/
        uint16_t rport;   /*远程主机的 TCP 端口号，以以太网传输的字节顺序排列*/
        uint8_t ttl;   /*默认的生命周期  */
        uip_UDP_appstate_t appstate;    /*应用状态  */
};
```

应用举例：

struct uip_UDP_conn uip_UDP_conns[UIP_UDP_CONNS]

其中，uip_UDP_conns 为 uip_UDP_conn 型结构体数列；UIP_UDP_CONNS 为数列的大小，默认值是 10，表示最大并行 UDP 连接个数为 10。

4. 应用程序 API 接口

应用程序 API 接口定义的函数如下所示：

（1）uip_outstanding（conn）（（conn）->len）。

（2）uip_datalen（）：存放在 uip_appdata 中的现行可用的传入数据长度。

（3）uip_urgdatalen（）：到达连接的带外数据长度（高优先级数据）。

（4）uip_close（）：关闭当前连接。

（5）uip_abort（）：中止当前连接。

（6）uip_stop（）：告诉发送方主机停止发送数据。

（7）uip_stopped（）：查明当前连接是否以前被 uip_stop（）停止过。

(8) uip_restart()：如果当前连接被 uip_stop()停止过，重新开始。

(9) uip_UDPconnection()：查明当前连接是否是 UDP 连接。

(10) uip_newdata()：查明新传入的数据是否可用。

(11) uip_acked()：查明以前发送的数据是否得到回应了。

(12) uip_connected()：查明连接是否连接上了。

(13) uip_closed()：查明连接是否是被另一端关闭。

(14) uip_aborted()：查明连接是否被另一端中止。

(15) uip_timeout()：查明连接是否超时。

(16) uip_rexmit()：查明是否需要将上次传送的数据重新传送。

(17) uip_poll()：查明连接是否被 uip 轮询了。

(18) uip_initialmss()：获得当前连接的初始最大段大小。

(19) uip_mss()：获取可以在当前连接上发送的最大段大小。

(20) uip_UDP_remove(conn)：移除一个 UDP 连接。

(21) uip_UDP_bind(conn，port)：绑定一个 UDP 连接到本地端口。

(22) uip_UDP_send(len)：在当前连接上发送一个长度为 len 的 UDP 数据报。

(23) uip_listen(u16_t port)：开始监听指定的端口。

(24) uip_unlisten(u16_t port)：停止监听指定的端口。

(25) uip_conn * uip_connect(uip_ipaddr_t * ripaddr，u16_t port)：通过 TCP 连接到远程主机。

(26) uip_send(const void * data，int len)：在当前连接上发送数据。

(27) uip_UDP_conn * uip_UDP_new(uip_ipaddr_t * ripaddr ，u16_t port)：建立一个新的 UDP 连接。

5. 原始套接字

原始套接字(protosocket)为 uIP 提供了一个与传统 BSD 套接字接口类似的接口。不同于为传统 uIP 事件驱动接口写的程序，为原始套接字接口写的程序是顺序方式执行的，并且无须以明确的状态方式实现。

原始套接字只能用于 TCP 连接。原始套接字库使用“原始线程”(protothreads)来提供顺序控制流。这使得原始套接字在内存方面变得轻量型，但也同时意味着原始套接字继承了“原始线程”的功能限制。每个原始套接字只能生存于单个函数中。自动变量(栈变量)不能跨原始套接字函数调用而存在。

由于原始套接字库使用的是“原始线程”，在调用原始套接字库函数时，局部变量并不总能得到保存，所以这里建议小心使用局部变量。

原始套接字库提供了一些无须处理重传和回应的发送数据函数和一些无须对被分解成多个 TCP 段的数据进行处理的读取数据函数。

由于每个原始套接字都作为一个“原始线程”来运行，应在使用原始套接字的函数起始处通过调用 PSOCK_BEGIN()的方式启用原始套接字。与之类似，原始套接字可以通过调用 PSOCK_EXIT()结束。

相关结构体定义如下：

```
struct psock_bufstruct psock  //代表一个原始套接字。
#define  PSOCK_INIT(psock，buffer，buffersize) // 初始化一个原始套接字。
#define  PSOCK_BEGIN(psock)  //在一个函数中启用一个原始套接字的原始线程。
#define  PSOCK_SEND(psock，data，datalen)   // 发送数据。
#define  PSOCK_SEND_STR(psock，str) //发送一个以零结尾的字符串。
#define  PSOCK_GENERATOR_SEND(psock， generator， arg)  /* 通过函数
         (generator)产生数据
并发送出去。*/
#define  PSOCK_CLOSE(psock)  //关闭一个原始套接字。
#define  PSOCK_READBUF(psock)  //读数据直到缓冲区满。
#define  PSOCK_READTO(psock，c) //读数据到字符c.
#define  PSOCK_DATALEN(psock) // 获得上次读到的数据长度。
#define  PSOCK_EXIT(psock) //  退出原始套接字的原始线程。
#define  PSOCK_CLOSE_EXIT(psock)  //关闭一个原始套接字，并退出其原始线程。
#define  PSOCK_END(psock) //声明一个原始套接字的原始线程的结尾。
#define  PSOCK_NEWDATA(psock)  //查明是否有数据到达原始套接字。
#define  PSOCK_WAIT_UNTIL(psock，condition) //等待，直到条件(condition)为真。
#define  PSOCK_WAIT_THREAD(psock，condition)
         PT_WAIT_THREAD(&((psock)->pt)，(condition))
         u16_t psock_datalen(struct psock *psock) char psock_newdata(psock * s)
```

6. 原始线程

“原始线程”是一种轻量级的、无须堆栈的线程。它主要用于内存极为受限的系统，如嵌入式系统、传感器网络等。它以C语言实现，为Contiki操作系统的事件驱动机制提供了代码支持。“原始线程”既可以用在有实时操作系统的系统中，也可以用在没有实时操作系统的系统中。它在事件驱动的系统上层提供了阻塞上下文，省去了每个线程的单独堆栈空间开销。原始线程的目标是在没有复杂的状态机或多线程的情况下实现控制顺序流。原始线程在C语言内部实现了条件阻塞。

原始线程相对于纯事件驱动方法的优势是原始线程提供了可以阻塞函数的顺序代码结构。在纯事件驱动的方法中，阻塞的实现必须将一个函数手动分成两个部分。一部分放在阻塞调用前，另一部分放在阻塞调用后。这让使用if和while语句变得困难。

原始线程相对于普通线程的优势是，它不需要为每个线程分配堆栈。在内存受限的系统中，为每个线程分配堆栈空间会占用大量的内存。相比而言，原始线程的每个线程只需2～12个字节的状态字，具体字节数与构架有关。

原始线程包括四个基本的操作：

(1) 初始化 (PT_INIT ())；

(2) 执行 (PT_BEGIN ())；

(3) 条件阻塞 (PT_WAIT_UNTIL ())；

(4) 退出 (PT_EXIT ())。

在此之上还有两个控制函数：

(1) 反向条件阻塞 (PT_WAIT_WHILE ())；

(2) 原始线程阻塞 (PT_WAIT_THREAD ())。

下面根据原始线程的分类对各个线程的宏定义进行解释：

(1) 初始化原始线程。

PT_INIT (pt)：初始化原始线程。

(2) 声明和定义类的原始线程。

PT_THREAD (name_args)：声明原始线程。

PT_BEGIN (pt)：在要实现原始线程的函数内部声明原始线程的开始。

PT_END (pt)：声明原始线程的结尾。

(3) 阻塞等待类原始线程。

PT_WAIT_UNTIL (pt，condition)：等待直到条件为真。

PT_WAIT_WHILE (pt，cond)：等待只要条件为真。

(4) 分级的原始线程。

PT_WAIT_THREAD (pt，thread)：阻塞等待子线程完成。

PT_SPAWN (pt，child，thread)：产生子进程并等待其结束。

(5) 退出和重启类原始线程。

PT_RESTART (pt)：重启原始线程。

PT_EXIT (pt)：退出原始线程。

(6) 调用原始线程。

PT_SCHEDULE (pt)：高度原始线程。

(7) 让位类的原始线程。

PT_YIELD (pt)：当前原始线程让位 (即暂时中止，让别的线程先执行)。

PT_YIELD_UNTIL (pt)：面前原始线程让位，直到条件为真。

(8) 定义状态：

```
#define PT_WAITING 0
#define PT_EXITED 1
#define PT_ENDED   2
#define PT_YIELDED 3
```

5.3.2　关键程序清单

设计目标：学习 uIP 通信协议中的底层接口函数、数据结构及初始化配置、套接字库及原始线程以及应用程序 API 接口。

实现功能：IoT 设备向上位机发送前缀请求的命令后，能在串口调试助手上看到 IoT 设备前缀配置成功，配置并开启守护程序后，在守护程序中可以看到正常的数据传输。

(1)打开源码包中的 uip.c(contiki-3.0\core\net\ipv4)文件，找到 uip_init()函数。uIP 协议栈初始化函数的主要工作依次为 IPv6 数据结构的初始化、监听端口的初始化、将所有连接的标志位设置为关闭。此外，如果定义了 UIP_UDP 则将 uip_UDP_conns 的 lport 清零。具体代码示例请参考本小节实验原理中的 uip_init()部分。

(2)打开源码包中的 Uip.c(contiki-3.0\core\net\iPv6)文件，编写释放 UDP 连接的函数 uip_htons()，每次应用层调用完成 uIP 发送 UDP 数据包后都要释放 UDP 连接，为下次发送数据包做准备，下面给出一段 uip_htons()的代码示例：

```
    uint16_t uip_htons(uint16_t val)
    {
        return UIP_HTONS(val);
    }
    uint32_tuip_htonl(uint32_t val)
    {
        return UIP_HTONL(val);
}
```

(3)打开源码包中的 uip-udp-packet.c(contiki-3.0\core\net\ip)文件，编写传输层采用 UDP 协议时应用程序调用的发送函数 uip_udp_packet_send()，下面给出一段代码示例：

```
    void uip_udp_packet_send(struct uip_udp_conn *c, const void *data, int len)
    {
    #if UIP_UDP
        if(data ! =NULL)
        {
            uip_UDP_conn = c;
            uip_slen = len;
            memcpy(&uip_buf[UIP_LLH_LEN + UIP_IPUDPH_LEN], data,
                len > UIP_BUFSIZE - UIP_LLH_LEN - UIP_IPUDPH_LEN?
                UIP_BUFSIZE - UIP_LLH_LEN - UIP_IPUDPH_LEN: len);
            uip_process(UIP_UDP_SEND_CONN);
    #if UIP_CONF_IPV6_MULTICAST
      if(uip_is_addr_mcast_routable(&uip_udp_conn->ripaddr))
    {
        UIP_MCAST6.out();
      }
```

```
    #endif /* UIP_IPV6_MULTICAST */
    #if NETSTACK_CONF_WITH_IPV6
            tcpip_iPv6_output();
    #else
            if(uip_len > 0)
            {
                tcpip_output();
            }
    #endif
        }
        uip_slen = 0;
    #endif /* UIP_UDP */
}
```

(4) 打开源码包中的 slip-bridge.c (contiki-3.0\example\ipv6\rpl-border-router) 文件，并在 slip_input_callback() 函数中编写 SLIP 协议的请求帧调用 uIP 应用层接口的函数，本实验以获取 IoT 设备的信道信息(本实验规定以 uip_buf[1] == 0x42 为判断标志)和节点信道信息为例，下面给出一段 SLIP 请求帧调用 uIP 接口的代码示例：

```
    /*------获取节点信息-----*/
    if(uip_buf[1] == 0x42)
    {
        PRINTF("Got configuration message of type %c\n", uip_buf[1]);
        PRINTF(" getting channel_info: ");
        PRINTF("\n");
        ack_channel_info();          //返回信道信息
    }
    /*----获取节点设备的信道信息----*/
    else if(uip_buf[1] == 0x43)
    {
        memset(&node_ipaddr, 0, 16);
        memcpy(&node_ipaddr, &uip_buf[4], 16);
        PRINTF(" Setting node_ipaddr: ");
        PRINT6ADDR(&node_ipaddr);
        PRINTF("\n");
        get_node_channel_info(node_ipaddr);
}
```

(5)打开源码包中的border-router.c(contiki-3.0\example\ipv6\rpl-border-router)文件，判断uip_buf[]并添加边界路由器调用uIP建立UDP套接字的接口、释放UDP连接的接口、发送数据的接口和获取长度的接口返回响应的构造函数，下面给出以返回协调器信道信息和返回节点信道信息的函数为例的代码：

```
void ack_channel_info(void)
{
    uip_buf[0] = '?';
    uip_buf[1] = channelid;
    uip_len = 2;
    SLIP_send();
    uip_len = 0;
}
void get_node_channel_info(uip_ipaddr_t ipaddr)
{
    uip_ipaddr_t destipaddr;
    uint8_t get_node_channel_info[2] ={0x01, 0x03};
    server_conn = UDP_new(NULL, uip_htons(0), NULL);
    for(int i=0; i<8; i++) ipaddr.u16[i]=(ipaddr.u16[i]<<8)|(ipaddr.u16[i]>>8);
    uip_ip6addr(&destipaddr, (uint16_t)ipaddr.u16[0], (uint16_t)ipaddr.u16[1],
    (uint16_t)ipaddr.u16[2],
    (uint16_t)ipaddr.u16[3], (uint16_t)ipaddr.u16[4], (uint16_t)ipaddr.u16[5],
    (uint16_t)ipaddr.u16[6], (uint16_t)ipaddr.u16[7]);
    uip_ipaddr_copy(&server_conn->ripaddr, &destipaddr);
    server_conn->rport = UIP_HTONS(7000);
    if(server_conn == NULL)
    {
        PRINTF("No UDP connection available, exiting the process! \n");
    }
    UDP_bind(server_conn, UIP_HTONS(7000)); //建立UDP绑定
    uip_UDP_packet_send(server_conn, get_node_channel_info, 2); //调用uIP发送函数
    //释放UDP连接
    server_conn->lport = uip_htons(0);
    server_conn->rport = uip_htons(0);
    server_conn->ttl = 0;
    uip_ip6addr(&server_conn->ripaddr, 0, 0, 0, 0, 0, 0, 0, 0);
}
```

5.3.3　实验操作步骤

(1) 搭建实验环境。

硬件条件：PC 机一台、J-Link 仿真器一个、IoT 设备两个(至少两个)、配线若干。

软件条件：IAR for ARM 5.50.1、J-Link 仿真器驱动程序、Source Insight 和 Ubuntu 操作系统。

编译下载时的实物连接方式和实验时的实物连接分别如图 5.6 和图 5.7 所示。

说明：成功安装"\基于IPv6的物联网研发平台\光盘资料\工具和软件"目录中的Ubuntu 操作系统到 PC 机之后，需要复制"\基于 IPv6 的物联网研发平台\光盘资料\工具和软件\人机交互界面"文件夹内的文件夹"GUI"和"\基于 IPv6 的物联网研发平台\光盘资料\工具和软件\守护程序"文件夹内的文件夹"src"到 PC 机的 Ubuntu 系统桌面，并重新开启 Linux 终端。

(2) 打开"\基于 IPv6 的物联网研发平台\光盘资料\源码包\进阶实验\源码包"目录。

(3) 编译"无传感器的节点"的代码，并下载到 IoT 设备 1 中。

(4) 编译"路由器节点"代码并下载到 IoT 设备 2 中。

(5) 打开平台配套光盘目录下的"工具和软件\串口调试"中的 Commix.exe 件，并选择正确的 COM 端口号。

(6) 打开成功后再输出框中看到"CO 3F 50 CO"命令，表示此 IoT 设备在向上位机发送前缀请求的命令，如图 5.11 所示。

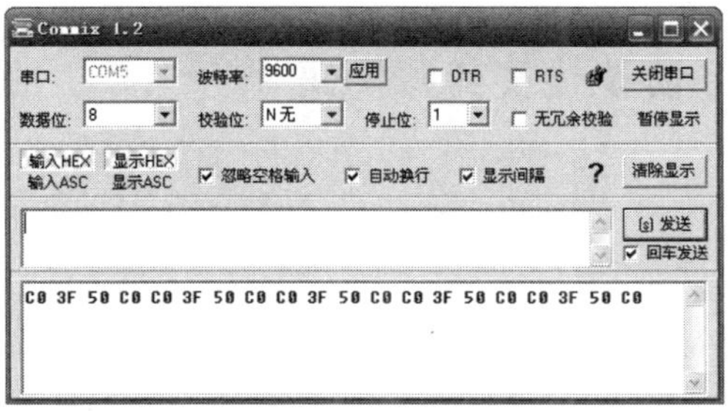

图 5.11　IoT 设备在向上位机发送前缀请求的命令

打开平台配套光盘目录下的"工具和软件\私有命令集.txt"文件，在文件中可以看到前缀配置信息：C0 21 50 aa aa 00 00 00 00 00 00 C0。将命令输入到如图 5.12 的发送框格中。

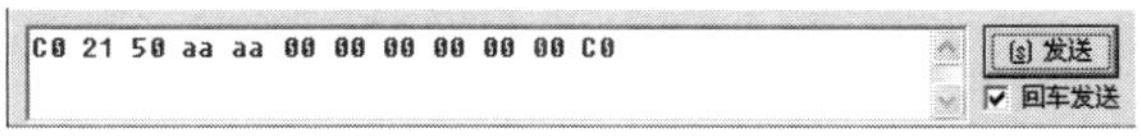

图 5.12　编辑发送

点击发送，发送成功后在 Commix.exe 软件中可以看到 IoT 设备的前缀配置成功，如图 5.13 示。

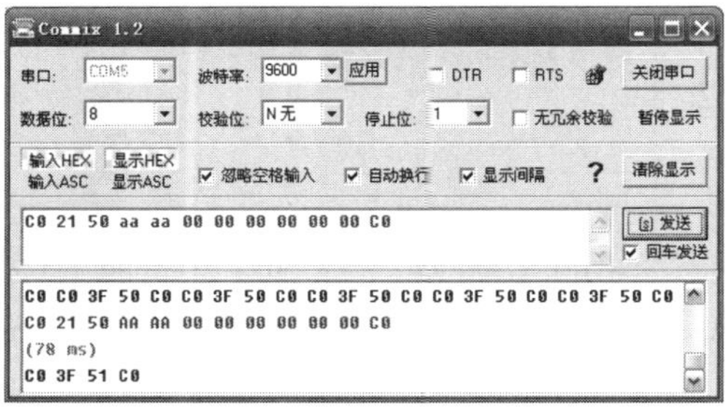

图 5.13　前缀配置成功

配置守护程序并开启守护程序后，在守护程序中可以看到正常的数据传输，如图 5.14 示。

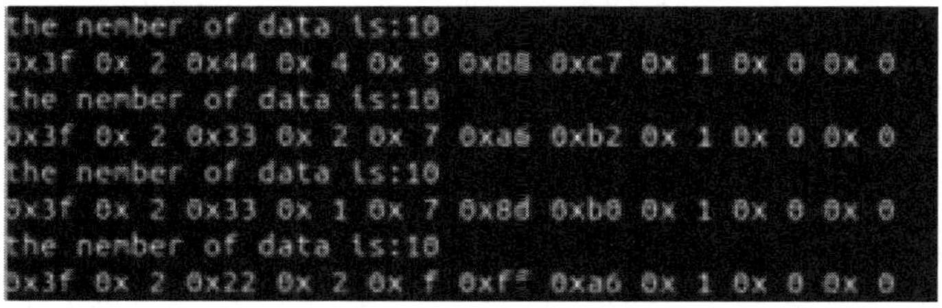

图 5.14　守护程序收到的数据

5.4　低功耗无线通信栈之 Rime

5.4.1　认识 Rime 协议栈及其源代码

1. Rime

1) 简介

传统的分层通信架构(communication architectures)很难满足资源受限的传感器网络，于是，研究者将目光转向跨层优化(比如将数据聚合顶层的功能放在底层实现)，但这导致系统变得更脆弱以及难以管理，从而分层通信结构再次得到重视，Rime 就是在这样的背景下开发的。

Rime 是针对传感器网络的轻量级、层次型协议栈，也是低功耗、无线网络协议栈，旨在简化传感器网络协议及代码重用，属于 Contiki 的一部分(Contiki 还支持 uIPv4、uIPv6、lwIP)。

2) 协议栈层次图

Rime 路由协议有两种基本的使用方法，一种是将 Mesh 路由协议跑在 Rime 协议栈之上，另一种是直接使用 Rime 协议栈。每个通信路径使用自己的逻辑信道，图 5.15 是一个使用 Mesh 路由的 Rime 协议层次逻辑的示意图。

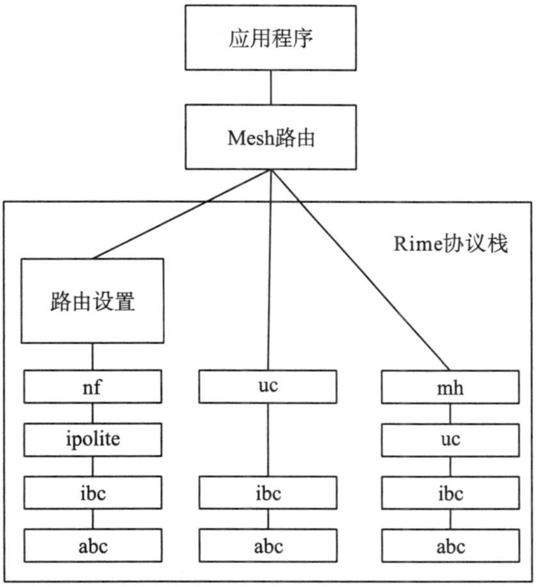

图 5.15　Rime 协议结合 mesh 路由的使用方法

图 5.16 是直接使用 Rime 协议层次逻辑的示意图。

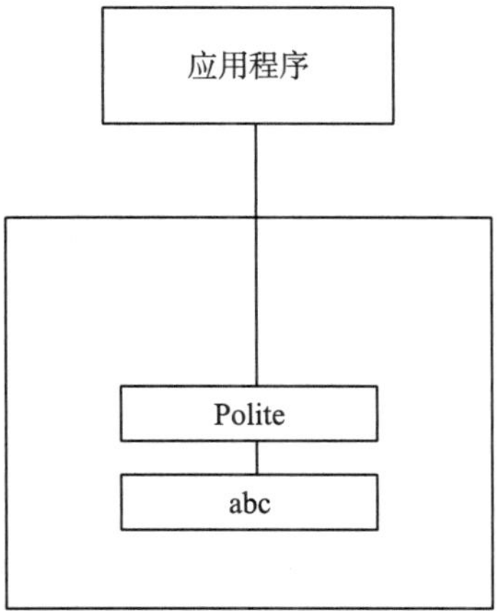

图 5.16　Rime 协议独立使用的使用方法

abc(anonymous broadcast)：将数据包通过无线射频驱动发出去，接收来自无线射频驱动所有的包并交给上层。

ibc(identified broadcast)：将上层的数据包添加一个发送者身份头部。

uc(unicast)：将上层的数据包添加一个接收者头部。

2. 协议栈缓冲区

1) Rime 协议栈缓冲区存放方式

Rime 缓冲区管理的方法是，将发出和收到的数据包(包括应用程序数据和数据包属性(packet attributes)，即所有数据都经过该缓冲区)都存储在一个单一的缓冲区(packetbuf)，由头部和数据两部分组成。

发出和接收的数据包都放在同一缓冲区，但它们存放的格式是不一样的。对于发出的数据包，头部放在 packetbuf 的头部，数据放在 packetbuf 的数据区；然而，对于接收的数据包，头部和数据都放在 packetbuf 的数据区域里。如图 5.17 所示。

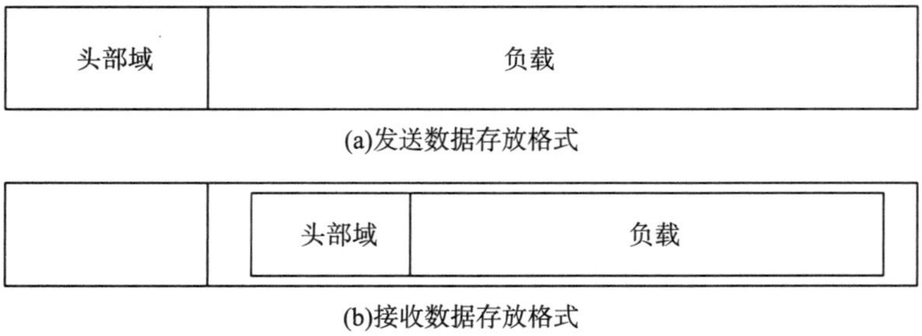

图 5.17　缓冲区数据存放方式

Rime 缓冲区存放应用程序数据和数据包属性，缓冲区大小是这两部分的和。Rime 缓冲区由静态全局变量 packetbuf 定义，源代码如下：

```
static uint16_t packetbuf_aligned[(PACKETBUF_SIZE + PACKETBUF_HDR_SIZE)/2+1];
static uint8_t *packetbuf =(uint8_t*) packetbuf_aligned;
```

Rime 缓冲区在路径为“contiki/core/net”的“packetbuf.h”和“packetbuf.c”的文件中管理相关代码，涉及很多变量(如 hdrptr、bufptr、buflen、packetbufptr)，理清这些变量间的关系有助于阅读 packetbuf.c 的源码，这些变量关系如图 5.18 所示。

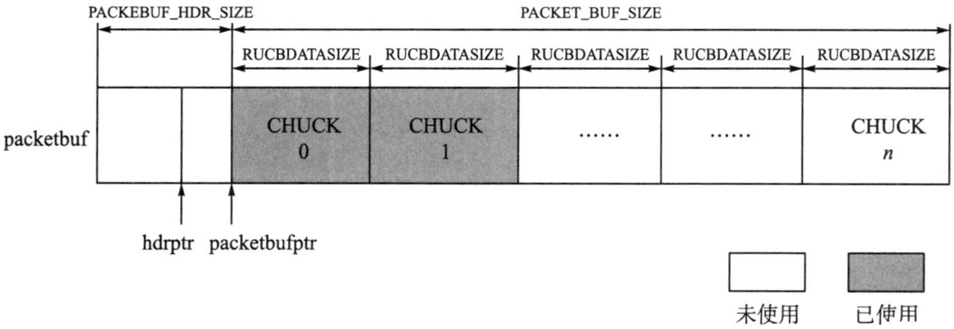

图 5.18　Rime 缓冲区管理示意图

其中，hdrptr、bufptr 是整型变量(hdrptr 是 uint8_t，bufptr 是 uint16_t)。

2) packetbuf 定义

Rime 缓冲区存放应用程序数据和数据包属性，大小是这两部分的和。Rime 缓冲区由静态全局变量 packetbuf 定义，源代码如下：

```
    static uint16_t packetbuf_aligned[(PACKETBUF_SIZE + PACKETBUF_HDR_SIZE)/2+1];
static uint8_t *packetbuf = (uint8_t*) packetbuf_aligned;
```

这样定义确保了在 16 位边界(如 MSP430 等)也能对齐，因为 Contiki 支持的一些平台(如 MSP430 等)在访问没对齐 Rime 缓冲区的 16 位数据时在边界的处理上稍有不同。

PACKETBUF_SIZE

用户可以通过 PACKETBUF_CONF_SIZE 自行设置数据包缓冲区大小 PACKETBUF_SIZE，PACKETBUF_SIZE 默认大小是 128 字节，源代码如下：

```
#ifdef PACKETBUF_CONF_SIZE
#define PACKETBUF_SIZE PACKETBUF_CONF_SIZE
#else
#define PACKETBUF_SIZE 128
#endif
```

PACKETBUF_HDR_SIZE

用户可以通过 PACKETBUF_CONF_HDR_SIZE 自行设置数据包缓冲区头部大小 PACKETBUF_HDR_SIZE，PACKETBUF_HDR_SIZE 默认大小是 48 字节，源代码如下：

```
#ifdef PACKETBUF_CONF_HDR_SIZE
#define PACKETBUF_HDR_SIZE PACKETBUF_CONF_HDR_SIZE
#else
#define PACKETBUF_HDR_SIZE 48
#endif
```

buflen、bufptr、hdrptr 和 packetbufptr

hdrptr 为头部指针，初始化为 PACKETBUF_HDR_SIZE；packetbufptr 是整型指针，指向 Rime 缓冲区数据部分起始处；bufptr 初始值为 0，即 Rime 缓冲区数据部分起始处，随着数据增加，bufptr 往后移；buflen 指 Rime 缓冲区使用的空间长度。这些变量的定义源代码如下：

```
static uint16_t buflen, bufptr;
static uint8_t hdrptr;
static uint8_t *packetbufptr;
```

packetbuf_attrs

为了兼容其他协议，Rime 不定义任何头部格式，而是将所有头部字段抽象为类型 type 和长度 len，这恰是结构体 packetbuf_attrlist 的两个成员变量。

数据包缓冲属性类型是用枚举类型变量组织的，类型的值从 0 开始以 1 递增。很容易想到的是，数组的下标值等同于类型值，只须保存长度即可，结构体 packetbuf_attr 正是这样的，源代码如下：

```
    struct packetbuf_attr packetbuf_attrs[PACKETBUF_NUM_ATTRS];
    typedef uint16_t packetbuf_attr_t;
    struct packetbuf_attr
    {
        /* uint8_t type;    */
        packetbuf_attr_t val;
}
```

宏 PACKETBUF_NUM_ATTRS 由其他宏定义，其值实际上就是系统定义的数据包缓冲属性类型数目，每个类型定义对应于一个值，相关定义源码如下：

```
    #define PACKETBUF_NUM_ATTRS (PACKETBUF_ATTR_MAX-PACKETBUF_NUM_
            ADDRS)
    #define PACKETBUF_NUM_ADDRS 4
```

PACKETBUF_ATTR_MAX 是数据包缓冲属性类型枚举变量的最后一个枚举元素，其值为 28，所以 PACKETBUF_NUM_ATTRS 值为 24。

packetbuf_addrs

将数据包缓冲属性类型枚举变量关于地址的四个枚举变量单独列出来，理由很简单，因为数据类型不同。相关源代码如下：

```
    /*四个与 Rim 地址相关的枚举元素*/
    PACKETBUF_ADDR_SENDER,
    PACKETBUF_ADDR_RECEIVER,
    PACKETBUF_ADDR_ESENDER,
    PACKETBUF_ADDR_ERECEIVER,
    struct packetbuf_addr packetbuf_addrs[PACKETBUF_NUM_ADDRS];
    struct packetbuf_addr
    {
        /* uint8_t type;    */
        rimeaddr_t addr;
}
```

packetbuf_attr_clear

函数 packetbuf_attr_clear()初始化数组 packetbuf_attrs[]和 packetbuf_addrs[]，源代码如下：

```
void packetbuf_attr_clear(void)
{
    int i;
    for(I = 0;  I < PACKETBUF_NUM_ATTRS;  ++i)
    {
        packetbuf_attrs[i].val = 0;
    }
    for(I = 0; I < PACKETBUF_NUM_ADDRS;  ++i)
    {
        rimeaddr_copy(&packetbuf_addrs[i].addr,  &rimeaddr_null);
    }
}
```

相关函数(如 Rime 缓冲区管理的函数 API 及其数据结构)请参考附录 C。

packetbuf_clear()

该函数用于清空和重置 Rime 缓冲区 packetbuf 所有内部状态变量，源代码如下：

```
void packetbuf_clear(void)
{
    buflen = bufptr = 0;
    hdrptr = PACKETBUF_HDR_SIZE;
    packetbufptr = &packetbuf[PACKETBUF_HDR_SIZE];
    packetbuf_attr_clear();
}
```

packetbuf_datalen()

对于发出的数据包 packetbuf_datalen 返回的是数据区域的长度，而对于接收的数据包 packetbuf_datalen 返回的是整个数据包的长度(包括头部域和负载)。源代码如下：

```
uint16_t packetbuf_datalen(void)
{
    return buflen;
}
```

packetbuf_hdrlen()

对于接收的数据包，将头部和数据都放入 packetbuf 的数据区里，packetbuf_hdrlen 对于接收的数据包没有意义。对于发出的数据包，packetbuf_hdrlen 返回已使用的头部大小，源代码如下：

```
uint8_t packetbuf_hdrlen(void)
{
    return PACKETBUF_HDR_SIZE - hdrptr;
}
```

packetbuf_totlen()

该函数返回整个已使用的缓冲区大小，源代码如下：

```
uint16_t packetbuf_totlen(void)
{
    return packetbuf_hdrlen() + packetbuf_datalen();
}
```

packetbuf_set_datalen()

该函数设置 Rime 缓冲区中数据部分的大小，源代码如下：

```
void packetbuf_set_datalen(uint16_t len)
{
    PRINTF("packetbuf_set_len: len %d\n", len);
    buflen = len;
}
```

packetbuf_hdralloc()

当发送数据包时，Rime 缓冲区利用 packetbuf_hdralloc() 函数在头部空间为其分配 size 字节（即 hdrptr 向前移动），成功返回 1，否则返回 0，源代码如下：

```
int packetbuf_hdralloc(int size)
{
    if(hdrptr >= size && packetbuf_totlen() + size <= PACKETBUF_SIZE)
    {
        hdrptr -= size;
        return 1;
    }
    return 0;
```

```
}
```

packetbuf_hdr_remove()

注意到 hdrptr 初始值是 PACKETBUF_HDR_SIZE，也就是说使用头部空间是从后向前使用的。所以，函数 packetbuf_hdr_remove()要从头部空间移除 size 个字节，只要将 hdrptr 往后移 size 字节即可(即进行回退操作)，源代码如下：

```
void packetbuf_hdr_remove(int size)
{
    hdrptr += size;
}
```

packetbuf_hdrreduce()

packetbuf_hdrreduce()对于接收的数据包才是有意义的，当处理接收的数据包时，注意到接收的数据包头部和数据都放在 packetbuf 的数据区域，移除 packetbuf 头部区域的第一部分，即移植数据区的第一部分，这样 buflen 减少 size 字节，但 bufptr 却增加 size 字节。acketbuf_hdrreduce()源代码如下：

```
int packetbuf_hdrreduce(int size)
{
    if(buflen < size)
    {
        return0;
    }
    bufptr += size;
    buflen -= size;
    return 1;
}
```

packetbuf_clear_hdr()

packetbuf_clear_hdr 将头部空间清空重置，发送数据包前后使用，以备后续重发，源代码如下：

```
void packetbuf_clear_hdr(void)
{
    hdrptr = PACKETBUF_HDR_SIZE;
}
```

packetbuf_dataptr()

尽管发出和接收的数据包都放在同一缓冲区，但它们的存放格式是不一样的。对于发出的数据包，头部放在 packetbuf 的头部区域，数据放在 packetbuf 的数据区域；然而，对于接收的数据包，头部和数据都放在 packetbuf 的数据区域里。可见，packetbuf_dataptr()函数功能分两种情况：对于发出的数据包，此函数返回的是其数据区的指针；而对于接收的数据包，此函数返回的是其头部指针。定义函数 packetbuf_dataptr()的源代码如下：

```
void *packetbuf_dataptr(void)
{
    return (void*) (&packetbuf[bufptr + PACKETBUF_HDR_SIZE]);
}
```

packetbuf_hdrptr()

packetbuf_hdrptr()用于返回发送数据包时 Rime 缓冲区的头部指针，源代码如下：

```
void *packetbuf_hdrptr(void)
{
    return(void*) (&packetbuf[hdrptr]);
}
```

packetbuf_clear()

packetbuf_clear 用于清空和重置 Rime 缓冲区 packetbuf[]所有内部状态变量，源代码如下：

```
void packetbuf_clear(void)
{
    buflen = bufptr = 0;
    hdrptr = PACKETBUF_HDR_SIZE;
    packetbufptr = &packetbuf[PACKETBUF_HDR_SIZE];
    packetbuf_attr_clear();
}
```

关联外部数据函数。对于发出的数据包，packetbuf 数据部分可以将 packetbufptr 指向其他地方，而不使用原来的数据区。这样做的目的是适应数据区大小，即可以定义一个比原来数据区更长或者更短的数组，再关联到 packetbuf 数据区。函数 packetbuf_reference 关联数据区、packetbuf_is_reference 判断是有 external data 与数据区关联、packetbuf_reference_ptr 获取数据区指针。源代码如下：

```
    void packetbuf_reference(void *ptr, uint16_t len)
    {
        packetbuf_clear();
        packetbufptr = ptr;
        buflen = len;
    }
    /*-------------------------------------------*/
    int packetbuf_is_reference(void)
    {
        return packetbufptr ! = &packetbuf[PACKETBUF_HDR_SIZE];
    }
    /*-------------------------------------------*/
    void *packetbuf_reference_ptr(void)
    {
        return packetbufptr;
}
```

5.4.2　关键程序清单

设计目标：学习 Rime 路由协议标准和 Rime 路由协议缓冲区数据存放方式。

实现功能：经过传感器的节点与路由节点的组网，在配置并开启守护程序后，可以在守护程序中看到正常的数据传输情况。

(1)打开源码包中的 rime.c 文件，并编写 Rime 路由协议启动函数，下面给出一段启动函数示例：

```
const struct network_driver rime_driver = {"Rime", init, input};
```

(2)在 rime.c 文件(contiki-3.0\core\net\rime)中编写 Rime 初始化函数，下面是初始化示例：

```
    static void init(void)
    {
        queuebuf_init();
        packetbuf_clear();
        announcement_init();
        chameleon_init();
        broadcast_announcement_init(BROADCAST_ANNOUNCEMENT_CHANNEL,
                                    BROADCAST_ANNOUNCEMENT_BUMP_TIME,
```

```
                                BROADCAST_ANNOUNCEMENT_MIN_TIME,
                                BROADCAST_ANNOUNCEMENT_MAX_TIME);
}
```

(3) 在 rime.c (contiki-3.0\core\net\rime) 中编写接收解析函数。下面给出一段解析函数的示例：

```
static void input(void)
{
    struct rime_sniffer *s;
    struct channel *c;
    RIMESTATS_ADD(rx);
    c = chameleon_parse();
    for(s = list_head(sniffers); s != NULL; s = list_item_next(s))
    {
        if(s->input_callback != NULL)
        {
            s->input_callback();
        }
    }
    if(c != NULL)
    {
        abc_input(c);
    }
}
```

(4) 在 rime.c (contiki-3.0\core\net\rime) 中编写数据包发送的示例：

```
static voidpacket_sent(void *ptr, int status, int num_tx)
{
  struct channel *c = ptr;
  struct rime_sniffer *s;
  switch(status)
{
    case MAC_TX_COLLISION:
      PRINTF("rime: collision after %d tx\n", num_tx);
      break;
```

```
        case MAC_TX_NOACK:
          PRINTF("rime: noack after %d tx\n", num_tx);
          break;
        case MAC_TX_OK:
          PRINTF("rime: sent after %d tx\n", num_tx);
          break;
        default:
          PRINTF("rime: error %d after %d tx\n", status, num_tx);
        }
        /* Call sniffers, pass along the MAC status code. */
        for(s = list_head(sniffers); s != NULL; s = list_item_next(s))
        {
            if(s->output_callback != NULL)
            {
              s->output_callback(status);
        }
      }
      abc_sent(c, status, num_tx);
    }
    /*---------------------------------------------------------------------*/
    intrime_output(struct channel *c)
    {
      RIMESTATS_ADD(tx);
      if(chameleon_create(c))
    {
        packetbuf_compact();
        NETSTACK_LLSEC.send(packet_sent, c);
        return 1;
      }
      return 0;
}
```

5.4.3　实验操作步骤

(1) 搭建实验环境。

硬件条件：PC 机一台、J-Link 下载器一个、IoT 设备(至少两个)及配线若干。

软件条件：IAR for ARM 5.50.1、J-Link 仿真器驱动程序、Source Insight、Ubantu 操作系统、完成 Rime 路由协议实验的源代码。

编译下载时的实物连接方式和实验时的实物连接分别如图 5.6 和图 5.7 所示。

说明：成功安装“\基于IPv6的物联网研发平台\光盘资料\工具和软件”目录中的Ubuntu操作系统到 PC 机之后，需要复制“\基于 IPv6 的物联网研发平台\光盘资料\工具和软件\人机交互界面”文件夹内的文件夹“GUI”和“\基于 IPv6 的物联网研发平台\光盘资料\工具和软件\守护程序”文件夹内的文件夹“src”到 PC 机的 Ubuntu 系统桌面，并重新开启 Linux 终端。

(2)打开“\基于 IPv6 的物联网研发平台\光盘资料\源码包\进阶实验\源码包”目录。

(3)编译“无传感器的节点”的代码，并下载到 IoT 设备 1、2、3、4 中。

(4)编译“路由器节点”代码并下载到 IoT 设备 5 中。

(5)将 IoT 设备 5 与装有 Ubuntu 系统的 PC 机相连，打开 Linux 的终端(Ctrl+Alt+T)，并查看 IoT 设备 5 在 Linux 中的连接情况。

(6)配置守护程序并开启守护程序后，在守护程序中可以看到正常的数据传输，如图 5.19 所示。

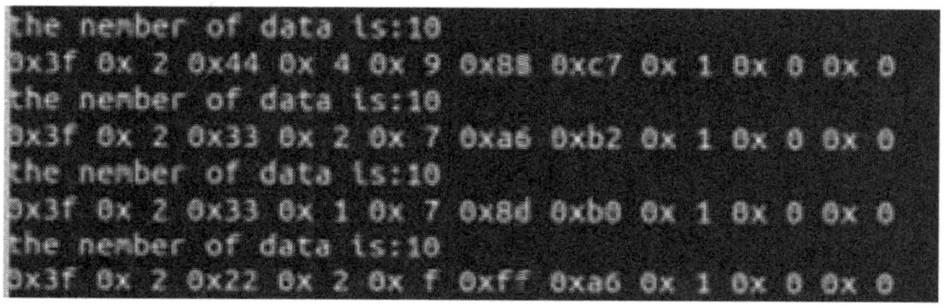

图 5.19 守护程序收到的数据

5.5 6LoWPAN 适配层协议

5.5.1 基本原理

1. 6LoWPAN 适配层协议

适配层解决了 IPv6 数据包在 IEEE 802.15.4 链路上的传输问题。6LoWPAN 适配层的主要功能包括对 IPv6、UDP 和 ICMP 的报头压缩与解压缩机制，数据报的分片重组方法等。相关的标准有 RFC4944、RFC6282，RFC4944 中主要实现了 IPv6 数据报的地址映射机制、无状态报文压缩/解压缩机制、数据报的分片重组机制等功能，RFC6282 是对 RFC4944 的更新，该标准中定义一种对 IPv6 数据包的新的压缩方式——基于共享语境的压缩机制。

由于最大 MTU、组播及 MAC 层路由的限制，IPv6 不能直接运行在 IEEE 802.15.4 MAC 层之上，适配层将起到中间层的作用，同时提供对上下两层的支持，其主要功能如下：

(1)分片和重组：IPv6 规定数据链路层最小 MTU 为 1280 字节，对于不支持该 MTU 的链路层，协议要求必须提供对 IPv6 透明的链路层的分片和重组。因此，适配层需要通过对 IP 报文进行分片和重组来传输超过 IEEE 802.15.4 MAC 层最大帧长(127 字节)的报文。

(2)组播支持：组播在 IPv6 中有非常重要的作用，IPv6 特别是邻居发现协议的很多功能都依赖于 IP 层组播。此外，WSN 的一些应用也需要 MAC 层广播的功能。IEEE 802.15.4 MAC 层不支持组播，但提供有限的广播功能，适配层利用可控广播共泛的方式在整个 WSN 中传播 IP 组播报文。

(3)头部压缩：在不使用安全功能的前提下，IEEE 802.15.4 MAC 层的最大 payload 为 102 字节，而 IPv6 报文头部为 40 字节，再除去适配层和传输层(如 UDP)头部，将只有 50 字节左右的应用数据空间。为了满足 IPv6 在 IEEE 802.15.4 传输的 MTU，一方面可以通过分片和重组来传输大于 102 字节的 IPv6 报文，另一方面也需要对 IPv6 报文进行压缩来提高传输效率和节省节点能量。为了实现压缩，需要在适配层头部后增加一个头部压缩编码字段，该字段将指出 IPv6 头部哪些可压缩字段将被压缩，例如，传输类型和流标识符均为 0 时将在头部压缩编码字段被指出并且在 IPv6 头部中省去。除了对 IPv6 头部进行压缩以外，还可以对上层协议(UDP、TCP 及 ICMPv6)头部进行进一步压缩。

(4)网络拓扑构建和地址分配：IEEE 发布的标准文档 IEEE Std 802.15.4—2003 对 802.15.4 协议物理层和 MAC 层做了详尽地描述，其中 MAC 层提供了功能丰富的各种原语，包括信道扫描、网络维护等。但 MAC 层并不负责调用这些原语来形成网络拓扑并对拓扑进行维护，因此调用原语进行拓扑维护的工作将由适配层来完成。另外，6LoWPAN 中每个节点都是使用 EUI-64 地址标识符，但是一般的 LoWPAN 网络节点能力非常有限，而且通常会有大量的部署节点，若采用 64-bits 地址将占用大量的存储空间并增加报文长度，因此，更适合的方案是在 PAN 内部采用 16-bits 短地址来标识一个节点，这就需要在适配层实现动态的 16-bits 短地址分配机制。

(5)MAC 层路由：现网络拓扑构建和地址分配相同，IEEE 802.15.4 标准并没有定义 MAC 层的多跳路由。适配层将在地址分配方案的基础上提供两种基本的路由机制——树状路由和网状路由。

2. 6LoWPAN 的适配层帧格式

6LoWPAN 的适配层是为面向 IPv6 技术的无线传感器网络的 MAC 更好地提供服务，为 IPv6 网络层更好地提供支持，通过在网络层之下定义的中间层，屏蔽上下层之间的技术差异，实现控制网络构建、分片重组和头部压缩等功能。

6LoWPAN 适配层由报头和载荷构成，头部可以包含多个子域。由于 6LoWPAN 适配层可以支持 Mesh 路由、广播和分片，因此子头部域的排列遵循一定的顺序，如图 5.20 所示。

Mesh类型	Mesh头	广播头类型	广播头	分片类型	分片头	压缩类型	压缩头部	可变负载

图 5.20　适配层通用帧格式

每个 6LoWPAN 报文不一定全部带有图 5.20 中的四种类型的子头部，根据网络的实际情况选择合适的头部进行填充。每种头部前面都有相应的头部类型，头部类型为八位，其中最高两位固定为“01”。如图 5.21 所示。

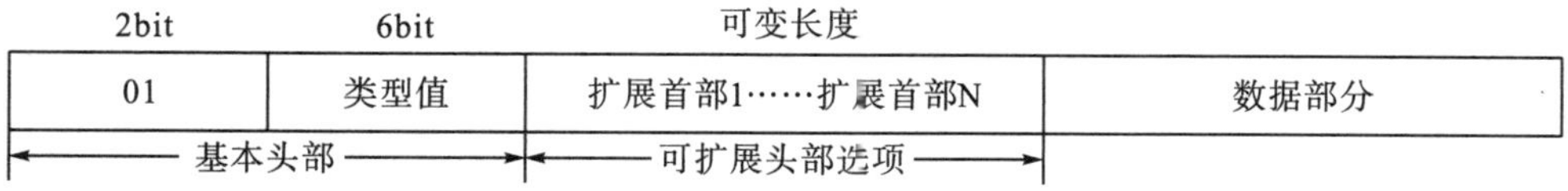

图 5.21 头部类型域格式

根据 RFC 4944 标准，不同的类型值对应不同的头部域，关系如表 5.1 所示。

表 5.1 头部域格式

类型值	帧头	字段含义
00XXXXXX	NALP	非 LoWPAN 帧，任何 6 LoWPAN 节点将丢弃此包
01000001	IPv6	后续头部为未压缩的 IPv6 报头
01000010	LOWPAN_HC1	后续头部为采用 LOWPAN_HC1 方式压缩的 IPv6 报头
……	预留	为将来预留使用
01010000	LOWPAN_BC0	后续头部为 LOWPAN_BC0 的广播头
……	预留	为将来预留使用
01111111	ESC	后续头部为类型值的单一 8 位字段。其允许报文值大于 127
10XXXXXX	MESH	后续头部为 Mesh 路由报头
11000XXX	FRAG1	后续头部为第一个分片报头
11100XXX	FRAGN	后续头部为非第一个分片报头

如果适配层的调度头部类型值为“01000001”，则表示后续是一个非压缩的 IPv6 报文，因此报头为标准的 IPv6 报头格式，格式如图 5.22 所示。

```
 0                   1                   2                   3
 0 1 2 3 4 5 6 7 8 9 0 1 2 3 4 5 6 7 8 9 0 1 2 3 4 5 6 7 8 9 0 1
+-+-+-+-+-+-+-+-+-+-+-+-+-+-+-+-+-+-+-+-+-+-+-+-+-+-+-+-+-+-+-+-+
|0 1 0 0 0 0 0 1 | version | Traffic Class |     Flow Label  ...
+-+-+-+-+-+-+-+-+-+-+-+-+-+-+-+-+-+-+-+-+-+-+-+-+-+-+-+-+-+-+-+-+
| ...(FL count)  |        payload length        |  next header  |
+-+-+-+-+-+-+-+-+-+-+-+-+-+-+-+-+-+-+-+-+-+-+-+-+-+-+-+-+-+-+-+-+
|   hop limit    |                    |
+-+-+-+-+-+-+-+-+                      +
|                              |
+                       Source address                          +
|                              |
+                              +
|       |       -+-+-+-+-+-+-+-+-+-+-+-+-+-+-+-+-+-+-+-+-+-+-+-|
+                              +
|+-+-+-+-+-+-+-+|                      |
+                              +
|                    Destination address                        |
...
```

图 5.22 未压缩的 IPv6 报文 6LoWPAN 适配层头

如果 6LoWPAN 适配层采用非压缩方式，则后续为一个标准的 IPv6 报文，报头格式也与标准 IPv6 报头一致。如果采用其他压缩方式，如 LoWPAN-HC1 和 HC-UDP，则根据上下文信息可以压缩掉 IPv6 报头和 UDP 报头中的部分子域。

3. 6LoWPAN 报头压缩机制

6LoWPAN 的报头压缩主要是针对 IPv6 报头和 UDP 头的。IP 报头在 IP 包中位于有效载荷前，它包括版本类型、流标签、净荷长度以及源地址和目的地址等。报头压缩技术只压缩报头，并不压缩有效载荷。通过上下文信息以及特定规则减少或去掉报头中的部分冗余子域以减小整个报头的大小，提高传输效率。而无线传感器网络中 TCP 协议用的非常少，而且 TCP 协议比较复杂，因此对 TCP 的压缩机制还处于研究阶段。

HC1 头部压缩只占用一个字节，而且是针对 IPv6 报文头部的压缩方式。由于 IPv6 地址能够通过前缀和子网标识符自动生成，因此如果在上下文或者特定网络环境中通过其他层次的信息就能够知道 IPv6 源地址和目的地址，那么就可以在 IPv6 报文头部中将其省略或部分省略，从而节省大量的地址域所占用的帧长度。其他区域如版本号、流标签和流量类型等，如果能够通过上下文推出来则省略，否则携带在未压缩字段中，这样最低可以将 40 个字节的 IPv6 报文头部压缩为一个字节。LoWPAN_HC1 帧头格式如表 5.2 所示。

表 5.2　LoWPAN_HC1 帧头格式

源地址	IPv6 目的地址	版本号、流类型与流标签	下一个头	HC2 压缩编码	未压缩字段
2bit	2bit	1bit	2bit	1bit	可变

标准的 UDP 报头包括源端口、目的端口、UDP 长度、UDP 校验和四个子域。采用 HC-UDP 规则压缩的报文头格式如表 5.3 所示，HC-UDP 压缩头同样为一个字节。如果 UDP 源端口、目的端口能够被压缩，则将相应的位置为“1”；否则置为“0”，并将端口号携带在后面的未压缩部分。长度和校验和不能够被压缩的字节携带在后面未压缩字段，这样就能够将八个字节的 UDP 报头压缩成最少四个字节。

表 5.3　HC-UDP 规则压缩的报文头格式

UDP 源端口	UDP 目的端口	长度	保留	未压缩或部分压缩字段
1bit	1bit	1bit	5bit	不定

4. 分片重组机制

6LoWPAN 适配层主要用来解决 IPv6 在低功耗个域网中传输的问题，由于 IPv6 报文可能会很长，单纯使用报头压缩方法难以控制在 127 个字节以内，如果 MAC 层使用 16 位短地址并且在不使用 IEEE 802.15.4 安全机制的情况下，负载报文长度最大为 95(102−2−5)字节，因此分片重组机制才能解决根本问题。当上层递交给适配层一个超过最大载荷长度的报文以后，适配层启动分片机制。分片偏移位只能是 8 字节的倍数，首个分片头如图 5.23 所示。

0 1 2 3 4	5 6 7 8 9 0 1 2 3 4 5 6	7 8 9 0 1 2 3 4 5 6 7 8 9 0 1
1 1 0 0 0	数据报文大小	数据报文标签

图 5.23　第一片分片头部格式

由于适配层第一个分片偏移量必然为零，因此在首个分片中可以省去这个域。在适配层第二个和随后的分片中(直到最后一个并包含最后一个)应该包含一个分片头，该分片头应符合图 5.24 所示格式。

0 1 2 3 4	5 6 7 8 9 0 1 2 3 4 5 6	7 8 9 0 1 2 3 4 5 6 7 8 9 0 1
1 1 1 0 0	数据报文大小	数据报文标签
数据报文偏移量		

图 5.24　适配层后续分片报头格式

根据接收到的第一个分片，接收者开始构造最初的未分片的数据包，它的大小为数据报大小。接收者通过后续分片头中的偏移字段，决定了未分片时数据包中某个分片的位置。例如，实现的时候可以开辟一个负载数据包重组的缓冲区，缓冲区的大小根据数据包大小来分配，这样根据头部携带的分片偏移量来操作缓冲区的指针。

如果接收到的分片和其他的发生重叠，而且该分片的大小和数据报偏移与重叠的分片都不同，若这种分片在重组的缓冲区中已存在则丢弃老的分片包。同时，当一个节点第一次接受一个已给定数据报标签的分片时，它会初始化一个重组定时器，定时器设置与 IPv6 重组超时时间一致(如 60 秒)。当重组定时器超时时，若整个数据包还未被重组完成，则已存在的分片全部丢弃，所有的分片报文必须重传或直接放弃(根据上层协议来确定)。

头部长度的宏定义源代码如下：

```
    #define SICSLOWPAN_IPV6_HDR_LEN              1/*one byte*/
    #define SICSLOWPAN_HC1_HDR_LEN              3
    #define SICSLOWPAN_HC1_HC_UDP_HDR_LEN   7
    #define SICSLOWPAN_FRAG1_HDR_LEN          4
#define SICSLOWPAN_FRAGN_HDR_LEN          5
```

注意：不是每个报文都需要这个域，如第一个发送的分片里含有这个域，之后则可以不用。然而，在每一个链路分片里包含这个域有利于目标主机对分片进行重组，特别是在第二个(或更后面的)分片比第一个分片早到达的情况下。在这种情况下，接收者在收到任一个分片后就可以知道数据报大小(datagram_size)并在等待接收剩下的分片前知道设置多大的缓存空间，采用这一格式使得效率得以提升。

(1)数据报标签(datagram_tag)：这个标签的数值对于一个载荷(如 IPv6)数据报的所有链路分片应该是相同的。发送者应该对连续的分片数据报递增数据报标签的值。当数据报标签的值递增到大于 65535 时应该变为 0。这个域是 16 位的，它的初始值没有定义。

(2) 数据报偏移量(datagram_offset)：这个域只出现在第二个和之后的链路分片里，并应该指示从载荷数据报开始的以 8 字节为增量的分片偏移量。数据报的第一个字节(例如，IPv6 报头的开始)的偏移量是 0；第一个链路分片的数据报偏移量隐含值是 0。这个域是 8 位的。

5. 重组

适配层对接收到的分片数据包进行重组，得到未经分片处理之前的原始数据包。当收到一个具有新的数据报标签的分片数据包时，开始启动一个新的重组过程并启动一个重组计时器，计时器的最大超时时间必须设置为 60 秒。下面给出一段源代码，对其进行解析。

```
    if(timer_expired(&reass_timer))
    {
        sicslowpan_len = 0;
        processed_ip_in_len = 0;
}
```

将其展开可以看到：

```
    timer_expired(struct timer *t)
    {
        clock_time_t diff = (clock_time() - t->start) + 1;
        return t->interval < diff;
}
```

在重组过程中应该根据数据报的链路层源地址、目的地址、数据报的长度和数据包标识来识别不同的分片是否属于同一个原未分片的数据包，并利用分片数据包的偏移量来确定其在原始数据包中的位置。

5.5.2 关键程序清单

设计目标：学习 6LoWPAN 适配层协议的头部压缩与解压缩、分片重组原理、6LoWPAN 适配层驱动及初始化、解析收到的报文并进行压缩或者重组处理的方法。

实现功能：用 2.4G 抓包器可以抓到 LOWPAN_HC1 压缩之后的 IP 包，并能够对满足 LOWPAN_HC1 压缩条件的 IP 包进行分析，解析出其压缩前的 IP 包。

打开 sicslowmac.c (contiki-3.0\core\net\net\ipv6) 文件，并编写适配层驱动函数，写法请参考 netstack.h 中 network_driver 驱动模型。

(1) 下面给出一段驱动函数示例以及 network_driver 结构体的代码示例：

```
const struct network_driver sicslowpan_driver
{
    "sicslowpan",
    sicslowpan_init,
    input
};
/*** Contiki network 驱动模型******/
struct network_driver
{
    char *name;
    /** Initialize the network driver */
    void (* init) (void);
    /** Callback for getting notified of incoming packet. */
    void (* input) (void);
}
```

(2) 下面给出一段适配层初始化函数的示例：

```
void sicslowpan_init(void)
{
    /*设网络层 uIP 的发送功能发送一个数据包 */
    tcpip_set_outputfunc(output);
#if SICSLOWPAN_COMPRESSION==SICSLOWPAN_COMPRESSION_HC06 //压缩模式
#if SICSLOWPAN_CONF_MAX_ADDR_CONTEXTS > 0
    addr_contexts[0].used    = 1;
    addr_contexts[0].number = 0;
#ifdef SICSLOWPAN_CONF_ADDR_CONTEXT_0
    SICSLOWPAN_CONF_ADDR_CONTEXT_0;
#else
    addr_contexts[0].prefix[0] = 0xaa;
    addr_contexts[0].prefix[1] = 0xaa;
#endif
#endif
    /*SICSLOWPAN_CONF_MAX_ADDR_CONTEXTS > 0 */
#if SICSLOWPAN_CONF_MAX_ADDR_CONTEXTS > 1
 {
    int i;
    for(i = 1;  i < SICSLOWPAN_CONF_MAX_ADDR_CONTEXTS;  i++)
```

```
        {
    #ifdef SICSLOWPAN_CONF_ADDR_CONTEXT_1
        if(i==1)
        {
            addr_contexts[1].used    = 1;
            addr_contexts[1].number = 1;
            SICSLOWPAN_CONF_ADDR_CONTEXT_1;
    #ifdef SICSLOWPAN_CONF_ADDR_CONTEXT_2
        }
        else if(i==2)
        {
            addr_contexts[2].used    = 1;
            addr_contexts[2].number = 2;
            SICSLOWPAN_CONF_ADDR_CONTEXT_2;
    #endif
        }
        else
        {
            addr_contexts[i].used = 0; }
    #else
            addr_contexts[i].used = 0;
    #endif /* SICSLOWPAN_CONF_ADDR_CONTEXT_1 */
                }
        }
    #endif
    /*SICSLOWPAN_CONF_MAX_ADDR_CONTEXTS > 1 */
    #endif /* SICSLOWPAN_COMPRESSION == SICSLOWPAN_COMPRESSION_HC06 */
}
```

(3)下面给出一段适配层接收解析函数的示例：

```
static void input(void)
{
    /* IP 报文的长度 */
    uint16_t frag_size = 0;
    /* IP 报文的结束符*/
    uint8_t frag_offset = 0;
#if SICSLOWPAN_CONF_FRAG
```

```
    /* 分片标签*/
    uint16_t frag_tag = 0;
    uint8_t first_fragment = 0, last_fragment = 0;
#endif /*SICSLOWPAN_CONF_FRAG*/
    /*初始化适配头长度和 rime 缓冲区头部长度 */
    uncomp_hdr_len = 0;
    rime_hdr_len = 0;
    /*MAC 层将 15.4 载荷存入 RIME 缓冲区的数据部分*/
    rime_ptr = packetbuf_dataptr();
#if SICSLOWPAN_CONF_FRAG
    /* 如果重组超时则丢弃 */
    if(timer_expired(&reass_timer))
    {
        sicslowpan_len = 0;
        processed_ip_in_len = 0;
    }
/*由于我们不支持 mesh 和广播头，第一个头部是 frag header */
switch((GET16(RIME_FRAG_PTR, RIME_FRAG_DISPATCH_SIZE) & 0xf800) >> 8)
{
    case SICSLOWPAN_DISPATCH_FRAG1:
        PRINTFI("sicslowpan input: FRAG1 ");
        frag_offset = 0;
        frag_size = GET16(RIME_FRAG_PTR, RIME_FRAG_DISPATCH_SIZE) &
    0x07ff;
        frag_tag = GET16(RIME_FRAG_PTR, RIME_FRAG_TAG);
        rime_hdr_len += SICSLOWPAN_FRAG1_HDR_LEN;
        first_fragment = 1;  //标志位，第一个分片
        break;
case SICSLOWPAN_DISPATCH_FRAGN:
        frag_offset = RIME_FRAG_PTR[RIME_FRAG_OFFSET];
        frag_tag = GET16(RIME_FRAG_PTR, RIME_FRAG_TAG);
        frag_size          =          GET16(RIME_FRAG_PTR          ,
                RIME_FRAG_DISPATCH_SIZE) & 0x07ff;
        rime_hdr_len += SICSLOWPAN_FRAGN_HDR_LEN;
        processed_ip_in_len, packetbuf_datalen() - rime_hdr_len, frag_size);
        if(processed_ip_in_len + packetbuf_datalen() - rime_hdr_len >= frag_size)
        {
            last_fragment = 1;  //标志位，最后一个分片
```

```
            }
            break;
        default:
            break;
    }
    if(processed_ip_in_len > 0)
    {
        /* 重组进行中 */
        if((frag_size > 0 && (frag_size  ! = sicslowpan_len ||reass_tag  ! = frag_tag
          ||!rimeaddr_cmp(&frag_sender, packetbuf_addr(PACKETBUF_ADDR_SENDER)))
          ||frag_size == 0)
        {
        /*判断该分片补数据重组的数据包或者根本都算不上一个分片*/
            return;
        }
    }
    else
    {
    /*停止重组，此时收到的数据包是符合要求的分片*/
        if((frag_size > 0) && (frag_size <= UIP_BUFSIZE))
        {
            sicslowpan_len = frag_size;
            reass_tag = frag_tag;
           timer_set(&reass_timer, SICSLOWPAN_REASS_MAXAGE*CLOCK_SECOND);
           rimeaddr_copy(&frag_sender, packetbuf_addr(PACKETBUF_ADDR_SENDER));
        }
    }
    if(rime_hdr_len == SICSLOWPAN_FRAGN_HDR_LEN)
    {
            /* 跳过 header compression dispatch 域 */
            goto copypayload;
        }
    #endif /* SICSLOWPAN_CONF_FRAG */
    #if SICSLOWPAN_COMPRESSION == SICSLOWPAN_COMPRESSION_HC06
        if((RIME_HC1_PTR[RIME_HC1_DISPATCH] & 0xe0)== SICSLOWPAN_DIS
          PATCH_IPHC)
        {
                uncompress_hdr_hc06(frag_size);
```

```
    } else
#endif /* SICSLOWPAN_COMPRESSION == SICSLOWPAN_COMPRESSION_HC06 */
    switch(RIME_HC1_PTR[RIME_HC1_DISPATCH])
    {
#if SICSLOWPAN_COMPRESSION == SICSLOWPAN_COMPRESSION_HC1
        case SICSLOWPAN_DISPATCH_HC1:
            break;
#endif /* SICSLOWPAN_COMPRESSION == SICSLOWPAN_COMPRESSION_HC1 */
        case SICSLOWPAN_DISPATCH_IPV6:
        PRINTFI("sicslowpan input: IPV6\n");
        rime_hdr_len += SICSLOWPAN_IPV6_HDR_LEN;
        /*将解压缩的 IP 头部放入 sicslowpan_buf. */
        memcpy(SICSLOWPAN_IP_BUF, rime_ptr + rime_hdr_len, UIP_IPH_LEN);
        /*更新 uncomp_hdr_len 和 rime_hdr_len */
        rime_hdr_len += UIP_IPH_LEN;
        uncomp_hdr_len += UIP_IPH_LEN;
        break;
default:
        /* 未知头部*/
        RIME_HC1_PTR[RIME_HC1_DISPATCH]);
        return;
    }
#if SICSLOWPAN_CONF_FRAG
    copypayload:
#endif /*SICSLOWPAN_CONF_FRAG*/
    if(packetbuf_datalen() < rime_hdr_len)
    {
        PRINTF("SICSLOWPAN: packet dropped due to header > total packet\n");
        return;
    }
    rime_payload_len = packetbuf_datalen() - rime_hdr_len;
    memcpy((uint8_t *)SICSLOWPAN_IP_BUF + uncomp_hdr_len +(uint16_t)(frag_
    offset << 3),
            rime_ptr + rime_hdr_len, rime_payload_len);
    /* 如果是一个分片则更新 processed_ip_in_len, 否则更新 sicslowpan_len */
#if SICSLOWPAN_CONF_FRAG
    if(frag_size > 0)
    {
```

```
        /* 第一分片的头部长度 */
        if(first_fragment ！ = 0)
    {
        processed_ip_in_len += uncomp_hdr_len;
    }
    /* 说明：对于最后一个分片，如果有无关联的字节被视作正常情况 */
    if(last_fragment ！ = 0)
    {
        processed_ip_in_len = frag_size;
    }
    else
    {
        processed_ip_in_len += rime_payload_len;
    }
    }
    else
    {
#endif /* SICSLOWPAN_CONF_FRAG */
        sicslowpan_len = rime_payload_len + uncomp_hdr_len;
#if SICSLOWPAN_CONF_FRAG
    }
    /*如果 sicslowpan_buf 里存有一个完整的 IP 报文，此时可以发送了 */
    if(processed_ip_in_len == 0 || (processed_ip_in_len == sicslowpan_len))
    {
        PRINTFI("sicslowpan input: IP packet ready (length %d) \n", sicslowpan_len);
        memcpy((uint8_t *)UIP_IP_BUF, (uint8_t *)SICSLOWPAN_IP_BUF,
                sicslowpan_len);
        uip_len = sicslowpan_len;
        sicslowpan_len = 0;
        processed_ip_in_len = 0;
#endif /* SICSLOWPAN_CONF_FRAG */
#if DEBUG
        {
            uint16_t ndx;
            for(ndx = 0;  ndx < SICSLOWPAN_IP_BUF->len[1] + 40;  ndx++)
            {
                uint8_t data = ((uint8_t *) (SICSLOWPAN_IP_BUF))[ndx];
            }
```

```
            }
#endif
#if SICSLOWPAN_CONF_NEIGHBOR_INFO
            neighbor_info_packet_received();
#endif /* SICSLOWPAN_CONF_NEIGHBOR_INFO */
            /* 如果设置了返回函数，那么需要设置属性然后回调返回函数*/
            if(callback)
            {
                  set_packet_attrs();
                  callback->input_callback();
            }
            tcpip_input();
#if SICSLOWPAN_CONF_FRAG
      }
#endif /* SICSLOWPAN_CONF_FRAG */
}
```

(4)下面给出初始化函数中启动发送数据包功能的 output 函数的示例：

```
static uint8_toutput(uip_lladdr_t *localdest)
{
      int framer_hdrlen;
      int max_payload;
      /* MAC 层的目的地址*/
      rimeaddr_t dest;
      uint16_t processed_ip_out_len;
      /* init */
      uncomp_hdr_len = 0;
      packetbuf_hdr_len = 0;
      /* RIME 缓冲区清 0*/
      packetbuf_clear();
      rime_ptr = packetbuf_dataptr();
      packetbuf_set_attr(PACKETBUF_ATTR_MAX_MAC_TRANSMISSIONS,
      SICSLOWPAN_MAX_MAC_TRANSMISSIONS);
      if(callback)
      {
            /*设置属性*/
            set_packet_attrs();
```

```
    }
#if PACKETBUF_WITH_PACKET_TYPE
#define TCP_FIN 0x01
#define TCP_ACK 0x10
#define TCP_CTL 0x3f
    /* Set stream mode for all TCP packets， except FIN packets. */
    if(UIP_IP_BUF->proto == UIP_PROTO_TCP &&
    (UIP_TCP_BUF->flags & TCP_FIN) == 0 &&
    (UIP_TCP_BUF->flags & TCP_CTL) ! = TCP_ACK)
    {
        packetbuf_set_attr(PACKETBUF_ATTR_PACKET_TYPE,
                           PACKETBUF_ATTR_PACKET_TYPE_STREAM);
    }
    else if(UIP_IP_BUF->proto == UIP_PROTO_TCP &&
        (UIP_TCP_BUF->flags & TCP_FIN)==TCP_FIN)
    {
        packetbuf_set_attr(PACKETBUF_ATTR_PACKET_TYPE,
                          PACKETBUF_ATTR_PACKET_TYPE_STREAM_END);
    }
    #endif
    if(localdest == NULL)
    {
        rimeaddr_copy(&dest, &rimeaddr_null);
    }
    else
    {
        rimeaddr_copy(&dest, (const rimeaddr_t *) localdest);
    }
    if(uip_len >= COMPRESSION_THRESHOLD)
    {
#if SICSLOWPAN_COMPRESSION == SICSLOWPAN_COMPRESSION_HC1
        compress_hdr_hc1(&dest);
#endif /* SICSLOWPAN_COMPRESSION == SICSLOWPAN_COMPRESSION_HC1 */
#if SICSLOWPAN_COMPRESSION == SICSLOWPAN_COMPRESSION_IPV6
        compress_hdr_iPv6(&dest);
#endif /* SICSLOWPAN_COMPRESSION == SICSLOWPAN_COMPRESSION_IPV6 */
#if SICSLOWPAN_COMPRESSION == SICSLOWPAN_COMPRESSION_HC06
        compress_hdr_hc06(&dest);
```

```
#endif /* SICSLOWPAN_COMPRESSION == SICSLOWPAN_COMPRESSION_HC06 */
    }
    else
    {
        compress_hdr_ipv6(&dest);
    }
    if(uip_len - uncomp_hdr_len > MAC_MAX_PAYLOAD - rime_hdr_len)
    {
#if SICSLOWPAN_CONF_FRAG
    struct queuebuf *q;
    int estimated_fragments = ((int) uip_len) / ((int) MAC_MAX_PAYLOAD –
                              SICSLOWPAN_FRAGN_HDR_LEN) + 1;
    int freebuf = queuebuf_numfree() - 1;
    PRINTFO("uip_len: %d, fragments: %d, free bufs: %d\n",
            uip_len, estimated_fragments, freebuf);
    if(freebuf < estimated_fragments)
    {
        PRINTFO("Dropping packet, not enough free bufs\n");
        return 0;
    }
    PRINTFO("Fragmentation sending packet len %d\n", uip_len);
    /* Create 1st Fragment */
    PRINTFO("sicslowpan output: 1rst fragment ");
    /* move HC1/HC06/IPv6 header */
    memmove(rime_ptr + SICSLOWPAN_FRAG1_HDR_LEN , rime_ptr ,
rime_hdr_len);
    SET16(RIME_FRAG_PTR, RIME_FRAG_DISPATCH_SIZE,
        ((SICSLOWPAN_DISPATCH_FRAG1 << 8) | uip_len));
    /*RIME_FRAG_BUF->tag = uip_htons(my_tag);   */
    SET16(RIME_FRAG_PTR, RIME_FRAG_TAG, my_tag);
    my_tag++;
    /* Copy payload and send */
    rime_hdr_len += SICSLOWPAN_FRAG1_HDR_LEN;
    rime_payload_len = (MAC_MAX_PAYLOAD - rime_hdr_len) & 0xf8;
    PRINTFO("(len %d, tag %d)\n", rime_payload_len, my_tag);
    memcpy(rime_ptr + rime_hdr_len, (uint8_t *) UIP_IP_BUF + uncomp_hdr_len,
    rime_payload_len);
    packetbuf_set_datalen(rime_payload_len + rime_hdr_len);
```

```
q = queuebuf_new_from_packetbuf();
if(q == NULL)
{
    return 0;
}
send_packet(&dest);
queuebuf_to_packetbuf(q);
queuebuf_free(q);
q = NULL;
/* Check tx result. */
if((last_tx_status == MAC_TX_COLLISION)||
(last_tx_status == MAC_TX_ERR)||
(last_tx_status == MAC_TX_ERR_FATAL))
{
    PRINTFO("error in fragment tx, dropping subsequent fragments.\n");
    return 0;
}
processed_ip_out_len = packetbuf_payload_len + uncomp_hdr_len;
packetbuf_hdr_len = SICSLOWPAN_FRAGN_HDR_LEN;
SET16(PACKETBUF_FRAG_PTR, PACKETBUF_FRAG_DISPATCH_SIZE,
    ((SICSLOWPAN_DISPATCH_FRAGN << 8)| uip_len));
packetbuf_payload_len =(max_payload - packetbuf_hdr_len) & 0xfffffff8;
while(processed_ip_out_len < uip_len)
{
    PRINTFO("sicslowpan output: fragment ");
    PACKETBUF_FRAG_PTR[PACKETBUF_FRAG_OFFSET]                =
    processed_ip_ out_len >> 3;
    /* Copy payload and send */
    if(uip_len - processed_ip_out_len < rime_payload_len)
    {
    /* last fragment */
    packetbuf_payload_len = uip_len - processed_ip_out_len;
    }
    PRINTFO("(offset %d, len %d, tag %d)\n",
    processed_ip_out_len >> 3, rime_payload_len, my_tag);
    memcpy(rime_ptr + rime_hdr_len,
    (uint8_t *)UIP_IP_BUF + processed_ip_out_len, rime_payload_len);
    packetbuf_set_datalen(rime_payload_len + rime_hdr_len);
```

```
            q = queuebuf_new_from_packetbuf();
            if(q == NULL)
            {
            PRINTFO("could not allocate queuebuf, dropping fragment\n");
            return 0;
            }
            send_packet(&dest);
            queuebuf_to_packetbuf(q);
            queuebuf_free(q);
            q = NULL;
            processed_ip_out_len += packetbuf_payload_len;
            /* Check tx result. */
            if((last_tx_status == MAC_TX_COLLISION) ||
            (last_tx_status == MAC_TX_ERR) ||
            (last_tx_status == MAC_TX_ERR_FATAL))
            {
            PRINTFO("error in fragment tx, dropping subsequent fragments.\n");
            return 0;
            }
        }
        #else /* SICSLOWPAN_CONF_FRAG */
            return 0;
        #endif /* SICSLOWPAN_CONF_FRAG */
            }
            else
            {
                memcpy(packetbuf_ptr + packetbuf_hdr_len, (uint8_t *) UIP_IP_BUF +
                        uncomp_ hdr_len,
                uip_len - uncomp_hdr_len);
                packetbuf_set_datalen(uip_len - uncomp_hdr_len + packetbuf_hdr_len);
                send_packet(&dest);
        }
        return 1;
}
```

5.5.3 实验操作步骤

(1)搭建实验环境。

硬件条件：PC 机一台、J-Link 下载器一个、IoT 设备五个、协议分析工具一个、配线若干。

软件条件：IAR for ARM 5.50.1、J-Link 仿真器驱动程序、Source Insight、Packet Sniffer 协议分析工具。

编译下载时的实物连接方式和实验时的抓包器 Packet Sniffer 实物连接分别如图 5.6 和图 5.8 所示。

(2) 打开“\基于 IPv6 的物联网研发平台\光盘资料\源码包\进阶实验\源码包”目录下的源码包.rar 实验工程。

(3) 编译“不带传感器节点”代码，并下载到 IoT 设备 1、2、3、4 中。

(4) 编译“边界路由器节点”代码并下载到 IoT 设备 5 中。

(5) 将 IoT 设备 5 与装有 Ubuntu 系统的 PC 机相连，打开 Linux 的终端(Ctrl+Alt+T)，并查看 IoT 设备 2 在 Linux 中的连接情况。

(6) 配置守护程序并开启守护程序，在守护程序中可以看到正常的数据传输。

(7) 打开协议分析工具，通过协议分析工具在空中抓包。打开串口调试工具并选择相应端口号。

(8) 能够看到大多数 IPv6 包都不满足 LOWPAN_HC1 压缩的条件，没有采取压缩而直接传输，只有少部分 IPv6 包满足 LOWPAN_HC1 压缩机制的条件，采取了压缩机制传输并能解压缩得到原始数据。

(9) 2.4G 抓包器抓取的压缩包如图 5.25 和图 5.26 所示，LOWPAN_HC1 压缩之后的 IP 包(十六进制表示)：42 FC 40 9B 02 AA 35 1E 40 00 F1 AA AA 00 00 00 00 00 00 64 66 66 66 66 66 66 64 05 12 00 80 AA AA 00 00 00 00 00 00 20 22 22 22 22 22 22 20 06 04 00 00 00 FF。对满足 LOWPAN_HC1 压缩条件的 IP 包进行分析，其压缩前的 IP 包为：60 00 00 00 00 34 3a 40 fe 80 00 00 00 00 00 00 20 22 22 22 22 22 22 20 fe 80 00 00 00 00 00 00 64 66 66 66 66 66 66 9b 02 aa 35 1e 40 00 f1 aa aa 00 00 00 00 00 00 64 66 66 66 66 66 66 64 05 12 00 80 aa aa 00 00 00 00 00 00 20 22 22 22 22 22 22 20 06 04 00 00 00 ff 71 7a。

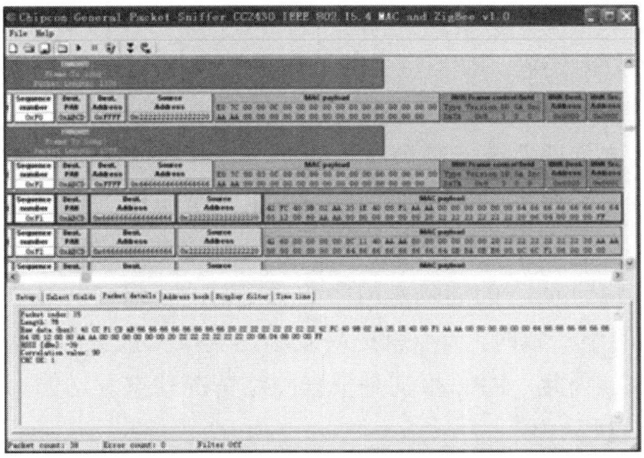

图 5.25　2.4G 抓包器抓到的 HC1 压缩的 IP 包

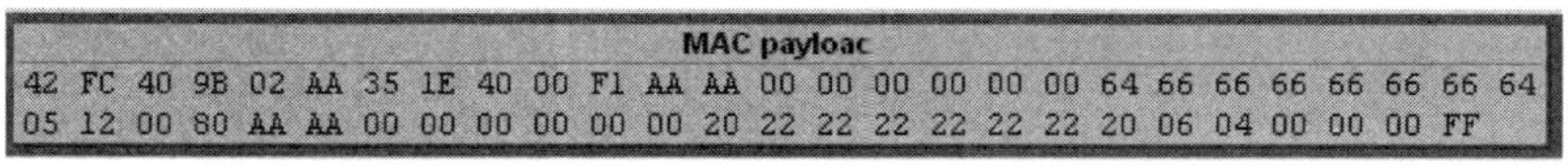

图 5.26 HC1 压缩后 MAC 层载荷

5.6 网络层之 RPL 路由协议

5.6.1 基本原理

1. RPL 路由协议

不同于传统网络路由协议针对低功耗有损网络中的路由问题，IETF 的 ROLL 工作组定义了 RPL 路由协议。考虑到在特定应用的文档中列出的广泛需求，RPL 被设计成高度模块化。RPL 设计的距离矢量路由协议，通过使用目标和度量集合构建具有目的地的有向环图。目标函数利用度量和约束条件的集合计算出最优路径。由于网络部署的目的各不相同，同一个网络可能需要不同的链路质量要求，导致在网络中可能有几个目标函数。

2. RPL 模型

RPL 是由 IETF 中的 ROLL 工作组提出的基于 IPv6 的低功耗有损网络(LLNs)的路由协议。该路由协议通过 ICMP 报文定义了一系列的 RPL 路由控制信息，通过这些信息的交互完成 RPL 网络拓扑建立、更新、路由发现以及维护等功能。相关文档主要有：

RFC 6550(draft-ietf-roll-rpl)

RFC 6206(draft-ietf-roll-trickle)

RFC 6551(draft-ietf-roll-routing-metrics)

RFC 6552(draft-ietf-roll-of0)

为了实现 RPL 一系列的路由发现和网络维护等功能，RPL 协议利用 ICMPv6 报文定义了一系列的控制报文。节点通过交换这些控制报文来构建 RPL 拓扑，获取路由相关的信息，从而进行网络数据传输。RPL 定义的这些报文包括：DIO、DAO、DIS、DAO_ACK 等。

大部分的路由协议周期性维持路径和更新路由表，但是在资源有限的 LLNs 网络中，这种方法消耗太大。为了解决这个问题，RPL 应用一个叫作“Trickle timer”的时间机制来控制报文的发送比率。具体的操作是，RPL 协议通过“Trickle timer”决定什么时候发送控制报文，“Trickle timer”的间隔是网络的稳定时间，这样就减少了 RPL 控制报文的发送。当检测到网络的不一致时，节点就提高发送控制报文报文的频率，如果网络稳定了，RPL 报文发送将减少。因此，RPL 报文是根据网络情况动态发送的。

1)DODAG 建立过程

RPL 路由协议是针对 LLNs 应用的基于距离矢量的 IPv6 路由协议，其通过一个目标函数和一系列指标或者限制，建立 DODAG(以目标为导向的定向非环形图)。在一个

DODAG 中，系统管理者配置了一个或者多个根节点和 LoWPAN 边界节点(LBR)，DODAG 的建立从根节点或者 LBR 开始。RPL 路由协议定义了一系列新的 ICMPv6 控制报文来交换图相关的信息，以建立和维护 DODAG 图。

根节点通过 DIO 报文开始广播信息，邻近根节点的节点处于帧听状态，收到根节点广播的 DIO 报文后进行处理，并根据目标函数、DAG 特性、广播路径消耗以及潜在的本地策略等决定自己是否加入 DODAG。一旦节点加入了这个 DODAG，那么就形成了指向根节点的一条路径，此时，根节点就是父节点。节点将计算在此 DODAG 的“rank”值，在 DODAG 中，“rank”相当于节点在 DODAG 等级制度下的坐标值。如果新加入的节点被网络协调者配置为路由节点，它将向它的邻居节点广播新的 DODAG 信息；如果新加入的节点被网络管理者配置为叶节点，它将只是加入到了本 DODAG 中，不会广播 DIO 报文。

值得一提的是，RPL 也支持 P2P(Point-to-Point)的通信，任意两个节点之间可以进行通信。当一个节点发送报文到另一个位于同一 LLN 网络的节点时，报文首先向上发送到两个节点共同的祖节点，祖节点再将报文向下发送到目的节点。ROLL 工作组提出了文档专门研究 P2P 通信的优化。

RPL 通过 instanceID 提出了实例的概念，依靠在同一物理拓扑中建立和确认多个 DODAG，确保其支持基于多个拓扑的路由选择(multi-topology routing，MTR)。RPL 通过目标函数和路由或者限制指标制定不同的优化目标选择路径。一个节点不仅可以只加入一个拥有 instanceID 标识的图，也可以同时加入几个以 instanceID 标识的图。这种机制有利于在同一个物理 mesh 拓扑中建立多个路由拓扑，并且为不同的数据提供满足其条件的路径，例如不重要的通信应该采用非电池供电的路径(最小能量)，避免造成这些设备电量的多余消耗，而重要的通信应该采用最小延迟的路径，以尽快到达目的节点。

2)帧的交互过程

不管将 IPv6 架构在何种链路层技术上，都不得不考虑是否支持广播域的问题。在广播域内，子网内的接口之间可以通过 IP 数据报文进行通信，如果 A 节点可以发送数据到节点 B，节点 B 可以发送数据到节点 C，那么可以称节点 A 可以发送数据给节点 C。与 6LoWPAN 网络层的广播域类似，链路层也需要进行路由和转发，一般被称为“mesh-under”，因为多跳的 mesh 拓扑位于 IPv6 层之下完整连接的网络；遗憾的是至今为止，IETF 还没有定义任何可用于 6LoWPAN 网络的 mesh-under 路由协议。为了降低复杂性，主机在邻居发现的自举过程中，可以不经过路由发现直接依附于一个子网网络。路由器(6LRs)收到节点(6LNs)发送的 RS 报文后，可以响应 RA 报文，RA 报文包含了节点发现子网和配置地址必要的前缀信息和内容信息。在子网中，邻居信息的维持依靠节点向它的缺省的下一跳路由器登记，这是由一组包含了地址登记选项的单播 NS/NA 报文交互来完成的。上述报文交互过程如图 5.27 所示。

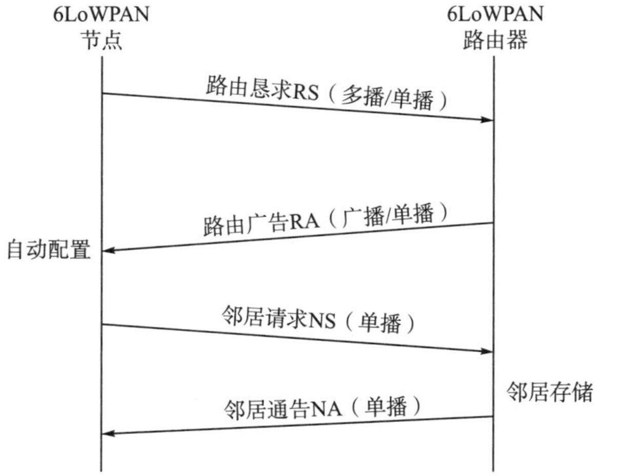

图 5.27 帧交互过程

3）6LoWPAN 子网的 RPL 路由协议

随着 IPv6 与无线个域网技术结合的深入，传统的网络层 IP 路由协议难以满足以 IEEE 802.15.4 标准为代表的无线传感网的路由需求，鉴于此 IETF 路由领域在 2009 年成立了 ROLL 工作组，致力于低功耗有损网络中的 IPv6 路由技术的标准化工作。ROLL 工作组从几个典型的应用场景入手，分析了工业控制、智能城市、家庭自动化和楼宇自动化四个应用方向的路由需求并进行标准化，然后根据低功耗有损网络的路由指标制定出了基于距离矢量的 IPv6 路由协议(RPL)，并于 2012 年 3 月成为正式标准 RFC 6550。

RPL 是网络层的路由协议(routing-over)，其通过一个目标函数和某种指标来建立 DODAG(目的地定向的无环图)。目标函数通过一系列指标计算最优路径。在不同的目标下，LLNs 网络拓扑结构会出现很大区别，所以 RPL 允许在同一个网络上存在多个目标函数，以满足不同的通信链路的需求。在 RPL 中，使用目标函数只需要规定一些形成 DODAG 的规则而并不需要指明具体参数和指标。

RPL 支持三种数据传输方式(RPL 支持多点到点、点到多点、点到点三种节点间的拓扑方式)，并支持根据 ICMP 报文扩展和改进得到的 DIS、DIO 和 DAO 三种控制报文。根据不同的对象函数可以生成不同的网络拓扑。目前 Contiki 系统已经对 RPL 协议有了初步的支持。

DODAG 的根节点即可作为边界路由器，负责节点的登记、前缀分配和路由建立，并通过骨干网与其他 LoWPAN 网络或者 Internet 主机互联。

6LoWPAN 子网接口端运行 RPL 路由协议，与 6LoWPAN 节点实现多跳通信。RPL 路由协议运行流程的实现如图 5.28 所示。

Contiki 嵌入式系统中，各个功能块都是以进程的方式实现。RPL 路由协议属于 IPv6 网络层的路由协议，其初始化在网络层的主进程 tcpip_process() 中完成。RPL 路由协议的初始化包括定时器、路由表和邻居表的清零以及 RPL 节点组播地址的配置。如果是边界路由设备节点，则将其配置为 DAG 的根节点，并更新版本信息、对象函数、DIO 间隔时间、跳数等级以及默认生命周期等 RPL 网络信息。

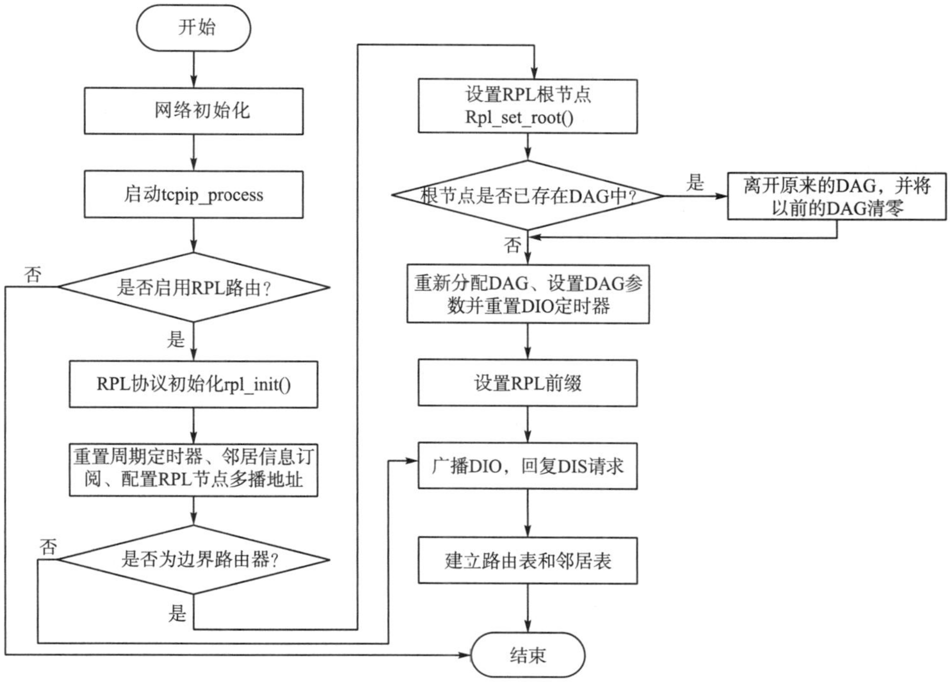

图 5.28　RPL 路由运行流程

3. ICMP 报文协议

ICMP 协议是一种面向连接的协议，用于传输出错报告控制信息。它是一个非常重要的协议，它对于网络安全具有极其重要的意义。

它是 TCP/IP 协议族的一个子协议，属于网络层协议，主要用于在主机与路由器之间传递控制信息，包括报告错误、交换受限控制和状态信息等。当遇到 IP 数据无法访问目标、IP 路由器无法按当前的传输速率转发数据包等情况时，会自动发送 ICMP 报文。

ICMP 允许主机或路由器报告差错情况和提供有关异常情况的报告。发送的出错报文返回到发送原数据的设备，因为只有发送设备才是出错报文的逻辑接受者。发送设备随后可根据 ICMP 报文确定发生错误的类型，并确定如何才能更好地重发失败的数据包。但是 ICMP 唯一的功能是报告问题而不是纠正错误，纠正错误的任务由发送方完成。

我们在网络中经常会使用到 ICMP 协议，比如我们经常使用的用于检查网络通不通的 ping 命令(Linux 和 Windows 中均有)，这个“ping”的过程实际上就是 ICMP 协议工作的过程。还有其他的网络命令，如跟踪路由的 Tracert 命令也是基于 ICMP 协议的。

4. ICMPv6

实现 IPv6 的节点必须完全实现 ICMPv6。ICMPv6 用来报告 IPv6 节点在处理过程中出现的错误，并完成许多 IPv6 功能，例如 MTU 路径发现、邻居发现等都使用 ICMPv6 来实现。

ICMPv6 子模块依据 ICMPv6 报文格式，逐字节地解析 ICMPv6 报文的过程如下：首先，读取 ICMPv6 的头部，得到 Type 字段、Code 字段和检验和。然后，根据 Type 的取值是否小于 128 进行分别处理。若 Type 小于 128，则表明 ICMPv6 报文类型是错误报文，并结合 Code 字段，得到错误报文信息的具体含义。若 Type 大于等于 128，则表明 ICMPv6 报文类型是信息报文，然后读取报文标识和报文序列号，最后读取报文的数据。

ICMP 报文的一般格式如图 5.29 所示。

Type（8bit）	Code（8bit）	Checksum（16bit）
Message body		

图 5.29 ICMP 报文的一般格式

5. ICMP 报文定义的 RPL 路由控制信息

RPL 是由 IETF 中 ROLL 工作组提出的基于 IPv6 的低功耗有损网络(LLNs)的路由协议。该路由协议通过 ICMP 报文定义了一系列的 RPL 路由控制信息，通过这些信息的交互完成 RPL 网络拓扑建立、更新、路由发现以及维护等功能。RPL 控制信息报文结构如图 5.30 所示。

Type(8bit)	Code (8bit)	Checksum (16bit)	Message body

bits:0-2	3	4-7
RPL Type	Security	Reserved

RPL Type	Description
0x00	DODAG Information Solicitation(DIS)
0x01	DODAG Information Object(DIO)
0x02	Destination Advertisement Object(DAO)
0x03	Reserved

图 5.30 RPL 控制信息报文结构

(1) DIS 报文用于请求邻居节点发送 DIO 信息。节点通过广播 DIS 来探测邻居节点并加入 DODAG，其作用类似于邻居发现协议中的路由请求信息。

(2) DIO 报文为网络中的叶节点在建立向上路由的过程中，根节点或父节点向子节点发送的路径信息。该报文是 RPL 协议建立向上路由的重要信息。

(3) DAO 报文为网络中的根节点或父节点在建立向下路由的过程中，子节点向父节点发的送路径信息。该报文是 RPL 协议建立向下路由的重要信息。

(4) 6LoWPAN 网络路由拓扑发生变化时，当修复开始之后，RPL 节点之间会通过一系列的 DIO 和 DAO 重新建立路由，当路由建立完成之后，实现正常通信。

协调器设备在 6LoWPAN 传感网内具有子网路由功能，通过 RPL 路由协议与

6LoWPAN 节点建立路由并实现多跳通信。RPL 协议在子网内通过 DIS、DIO 和 DAO 等报文交换信息，从而建立路由表，将彼此连通的节点信息保存到路由表之中，路由表的结构体设计示例如下：

```
typedef struct rpl_route
{
    uint8_t isused;
    uip_ipaddr_t ipaddr;
    uint8_t length;
    uint8_t metric;
    uip_ipaddr_t nexthop;
#ifdef RPL_ROUTE_STATE_TYPE
    RPL_ROUTE_STATE_TYPE state;
#endif
}rpl_route_t;
```

5.6.2　关键程序清单

设计目标：学习 RPL 路由协议，学习有向无环图 DODAG 等核心概念的含义；学习节点根据 DODAG 度量结果选择父节点的方法；学习 ICMP 报文的一般格式；学习 ICMP 报文定义的 RPL 路由控制原理；学习 ICMP 报文建立向上 RPL 路由信息的方法。

实现功能：实现有 RPL 路由选择功能的拓扑图与无 RPL 路由选择功能的拓扑图，通过抓包器抓取数据帧并进行解析。

(1) 打开 rpl-dag.c (Contiki-3.0\core\net\rpl) 文件，下面给出父节点选择函数的代码示例：

```
rpl_dag_t *rpl_set_root(uint8_t instance_id, uip_ipaddr_t *dag_id)
{
    rpl_dag_t *dag;
    rpl_instance_t *instance;
    uint8_t version;
    version = RPL_LOLLIPOP_INIT;
    dag = get_dag(instance_id, dag_id);
    if(dag != NULL)
    {
    version = dag->version;
    RPL_LOLLIPOP_INCREMENT(version);
```

```
        PRINTF("RPL: Dropping a joined DAG when setting this node as root");
        if(dag == dag->instance->current_dag)
        {
            dag->instance->current_dag = NULL;
        }
        rpl_free_dag(dag);
    }
    dag = rpl_alloc_dag(instance_id, dag_id);
    if(dag == NULL)
    {
        PRINTF("RPL: Failed to allocate a DAG\n");
        return NULL;
    }
    instance = dag->instance;
    dag->version = version;
    dag->joined = 1;
    dag->grounded = RPL_GROUNDED;
    instance->mop = RPL_MOP_DEFAULT;
    instance->of = &RPL_OF;
    dag->preferred_parent = NULL;
    memcpy(&dag->dag_id, dag_id, sizeof(dag->dag_id));
    instance->dio_intdoubl = RPL_DIO_INTERVAL_DOUBLINGS;
    instance->dio_intmin = RPL_DIO_INTERVAL_MIN;
    instance->dio_intcurrent = RPL_DIO_INTERVAL_MIN + RPL_DIO_INTERVAL_
DOUBLINGS;
    instance->dio_redundancy = RPL_DIO_REDUNDANCY;
    instance->max_rankinc = RPL_MAX_RANKINC;
    instance->min_hoprankinc = RPL_MIN_HOPRANKINC;
    instance->default_lifetime = RPL_DEFAULT_LIFETIME;
    instance->lifetime_unit = RPL_DEFAULT_LIFETIME_UNIT;
    dag->rank = ROOT_RANK(instance);
    if(instance->current_dag != dag && instance->current_dag != NULL)
    {
        /* Remove routes installed by DAOs. */
        rpl_remove_routes(instance->current_dag);
        instance->current_dag->joined = 0;
    }
    instance->current_dag = dag;
```

```
    instance->dtsn_out = RPL_LOLLIPOP_INIT;
    instance->of->update_metric_container(instance);
    default_instance = instance;
    PRINTF("RPL: Node set to be a DAG root with DAG ID ");
    PRINT6ADDR(&dag->dag_id);
    PRINTF("\n");
    ANNOTATE("#A root=%u\n", dag->dag_id.u8[sizeof(dag->dag_id) - 1]);
    rpl_reset_dio_timer(instance);
    return dag;
}
```

(2) 打开 rpl-icmp6.c (contiki-3.0\core\net\rpl) 文件，下面给出解析函数代码示例：

```
    static void dio_input(void)
    {
        unsigned char *buffer;
        uint8_t buffer_length;
        rpl_dio_t dio;
        uint8_t subopt_type;
        int i;
        int len;
        uip_ipaddr_t from;
        uip_ds6_nbr_t *nbr;
        memset(&dio, 0, sizeof(dio));
        /* 设置默认值，以防 DIO 配置丢失 */
        dio.dag_intdoubl = RPL_DIO_INTERVAL_DOUBLINGS;
        dio.dag_intmin = RPL_DIO_INTERVAL_MIN;
        dio.dag_redund = RPL_DIO_REDUNDANCY;
        dio.dag_min_hoprankinc = RPL_MIN_HOPRANKINC;
        dio.dag_max_rankinc = RPL_MAX_RANKINC;
        dio.ocp = RPL_OF.ocp;
        dio.default_lifetime = RPL_DEFAULT_LIFETIME;
        dio.lifetime_unit = RPL_DEFAULT_LIFETIME_UNIT;
        uip_ipaddr_copy(&from, &UIP_IP_BUF->srcipaddr);
        /* DAG 信息对象 */
        if((nbr = uip_ds6_nbr_lookup(&from)) == NULL)
        {
            if((nbr = uip_ds6_nbr_add(&from, (uip_lladdr_t*)packetbuf_addr
```

```
        (PACKETBUF_ADDR_SENDER), 0, NBR_REACHABLE)) != NULL)
        {
        /*设置时钟 */
            stimer_set(&nbr->reachable, UIP_ND6_REACHABLE_TIME / 1000);
        }
}
buffer_length = uip_len - uip_l3_icmp_hdr_len;
/* 设置 DIO 的基本选项 */
i = 0;
buffer = UIP_ICMP_PAYLOAD;
dio.instance_id = buffer[i++];
dio.version = buffer[i++];
dio.rank = get16(buffer, i);
i += 2;
dio.grounded = buffer[i] & RPL_DIO_GROUNDED;
dio.mop = (buffer[i]& RPL_DIO_MOP_MASK) >> RPL_DIO_MOP_SHIFT;
dio.preference = buffer[i++] & RPL_DIO_PREFERENCE_MASK;
dio.dtsn = buffer[i++];
i += 2;
memcpy(&dio.dag_id, buffer + i, sizeof(dio.dag_id));
i += sizeof(dio.dag_id);
/* 检查 DIO 的子选项. */
for(; i < buffer_length; i += len)
{
    subopt_type = buffer[i];
    if(subopt_type == RPL_OPTION_PAD1)
    {
    len = 1;
    }
    else
    {
    /*检查到子选项: a two-byte header + payload */
        len = 2 + buffer[i + 1];
    }
    if(len + i > buffer_length)
    {
        RPL_STAT(rpl_stats.malformed_msgs++);
        return;
```

```
}
switch(subopt_type)
{
    case RPL_OPTION_DAG_METRIC_CONTAINER:
        if(len < 6)
        {
            RPL_STAT(rpl_stats.malformed_msgs++);
            return;
        }
        dio.mc.type = buffer[i + 2];
        dio.mc.flags = buffer[i + 3] << 1;
        dio.mc.flags |= buffer[i + 4] >> 7;
        dio.mc.aggr = (buffer[i + 4] >> 4) & 0x3;
        dio.mc.prec = buffer[i + 4] & 0xf;
        dio.mc.length = buffer[i + 5];
        if(dio.mc.type == RPL_DAG_MC_ETX)
        {
        dio.mc.obj.etx = get16(buffer, i + 6);
        }
        else if(dio.mc.type == RPL_DAG_MC_ENERGY)
        {
            dio.mc.obj.energy.flags = buffer[i + 6];
            dio.mc.obj.energy.energy_est = buffer[i + 7];
        }
        else
        {
            return;
        }
        break;
    case RPL_OPTION_ROUTE_INFO:
        if(len < 9)
        {
            RPL_STAT(rpl_stats.malformed_msgs++);
            return;
        }
        dio.destination_prefix.length = buffer[i + 2];
        dio.destination_prefix.flags = buffer[i + 3];
        dio.destination_prefix.lifetime = get32(buffer, i + 4);
```

```
        if(((dio.destination_prefix.length + 7) / 8) + 8 <= len
            && dio.destination_prefix.length <= 128)
        {
            memcpy(&dio.destination_prefix.prefix, &buffer[i + 8],
                   (dio.destination_prefix.length + 7) / 8);
        }
        else
        {
            RPL_STAT(rpl_stats.malformed_msgs++);
            return;
        }
        break;
    case RPL_OPTION_DAG_CONF:
        if(len != 16)
        {
            RPL_STAT(rpl_stats.malformed_msgs++);
            return;
        }
        /* Path control field not yet implemented - at i + 2 */
        dio.dag_intdoubl = buffer[i + 3];
        dio.dag_intmin = buffer[i + 4];
        dio.dag_redund = buffer[i + 5];
        dio.dag_max_rankinc = get16(buffer, i + 6);
        dio.dag_min_hoprankinc = get16(buffer, i + 8);
        dio.ocp = get16(buffer, i + 10);
        /* buffer + 12 is reserved */
        dio.default_lifetime = buffer[i + 13];
        dio.lifetime_unit = get16(buffer, i + 14);
        dio.dag_intdoubl, dio.dag_intmin, dio.dag_redund,
        dio.dag_max_rankinc, dio.dag_min_hoprankinc, dio.ocp,
        dio.default_lifetime, dio.lifetime_unit);
        break;
        case RPL_OPTION_PREFIX_INFO:
        if(len != 32)
        {
            RPL_STAT(rpl_stats.malformed_msgs++);
            return;
        }
```

```
                dio.prefix_info.length = buffer[i + 2];
                dio.prefix_info.flags = buffer[i + 3];
                /* valid lifetime is ingnored for now - at i + 4 */
                /* preferred lifetime stored in lifetime */
                dio.prefix_info.lifetime = get32(buffer, i + 8);
                /* 32-bit reserved at i + 12 */
                memcpy(&dio.prefix_info.prefix, &buffer[i + 16], 16);
                break;
            default:
        }
    }
#ifdef RPL_DEBUG_DIO_INPUT
    RPL_DEBUG_DIO_INPUT(&from, &dio);
#endif
    rpl_process_dio(&from, &dio);
}
```

(3) 下面给出 IoT 设备发送给叶节点 DIO 报文的发送函数代码示例：

```
void dio_output(rpl_instance_t *instance, uip_ipaddr_t *uc_addr)
{
    unsigned char *buffer;
    int pos;
    rpl_dag_t *dag = instance->current_dag;
#if ! RPL_LEAF_ONLY
    uip_ipaddr_t addr;
#endif /* ! RPL_LEAF_ONLY */
#if RPL_LEAF_ONLY
    /* In leaf mode, we send DIO message only as unicasts in response to unicast DIS
    messages. */
    if(uc_addr == NULL)
    {
    return;
    }
#endif /* RPL_LEAF_ONLY */
    /* DAG Information Object */
    pos = 0;
```

```
    buffer = UIP_ICMP_PAYLOAD;
    buffer[pos++] = instance->instance_id;
    buffer[pos++] = dag->version;
#if RPL_LEAF_ONLY
    set16(buffer, pos, INFINITE_RANK);
#else /* RPL_LEAF_ONLY */
    set16(buffer, pos, dag->rank);
#endif /* RPL_LEAF_ONLY */
    pos += 2;
    buffer[pos] = 0;
    if(dag->grounded)
    {
        buffer[pos] |= RPL_DIO_GROUNDED;
    }
    buffer[pos] |= instance->mop << RPL_DIO_MOP_SHIFT;
    buffer[pos] |= dag->preference & RPL_DIO_PREFERENCE_MASK;
    pos++;
    buffer[pos++] = instance->dtsn_out;
    /* always request new DAO to refresh route */
    RPL_LOLLIPOP_INCREMENT(instance->dtsn_out);
    /* reserved 2 bytes */
    buffer[pos++] = 0;    /* flags */
    buffer[pos++] = 0;    /* reserved */
    memcpy(buffer + pos, &dag->dag_id, sizeof(dag->dag_id));
    pos += 16;
#if ! RPL_LEAF_ONLY
    if(instance->mc.type ! = RPL_DAG_MC_NONE)
    {
        instance->of->update_metric_container(instance);
        buffer[pos++] = RPL_OPTION_DAG_METRIC_CONTAINER;
        buffer[pos++] = 6;
        buffer[pos++] = instance->mc.type;
        buffer[pos++] = instance->mc.flags >> 1;
        buffer[pos] = (instance->mc.flags & 1) << 7;
        buffer[pos++] |= (instance->mc.aggr << 4) | instance->mc.prec;
        if(instance->mc.type == RPL_DAG_MC_ETX)
        {
            buffer[pos++] = 2;
```

```
            set16(buffer, pos, instance->mc.obj.etx);
            pos += 2;
        }
    else if(instance->mc.type == RPL_DAG_MC_ENERGY)
    {
            buffer[pos++] = 2;
            buffer[pos++] = instance->mc.obj.energy.flags;
            buffer[pos++] = instance->mc.obj.energy.energy_est;
    }
    else
    {
        PRINTF("RPL: Unable to send DIO because of unhandled DAG MC type %u\n",
        (unsigned) instance->mc.type);
        return;
    }
}
#endif /* ! RPL_LEAF_ONLY */
    /*  DAG 属性选项必须每次都添加 */
    buffer[pos++] = RPL_OPTION_DAG_CONF;
    buffer[pos++] = 14;
    buffer[pos++] = 0;   /* No Auth, PCS = 0 */
    buffer[pos++] = instance->dio_intdoubl;
    buffer[pos++] = instance->dio_intmin;
    buffer[pos++] = instance->dio_redundancy;
    set16(buffer, pos, instance->max_rankinc);
    pos += 2;
    set16(buffer, pos, instance->min_hoprankinc);
    pos += 2;
    /* OCP is in the DAG_CONF option */
    set16(buffer, pos, instance->of->ocp);
    pos += 2;
    buffer[pos++] = 0;   /* reserved */
    buffer[pos++] = instance->default_lifetime;
    set16(buffer, pos, instance->lifetime_unit);
    pos += 2;
      /* 检查未发送的 prefix */
    if(dag->prefix_info.length > 0)
    {
```

```
            buffer[pos++] = RPL_OPTION_PREFIX_INFO;
            buffer[pos++] = 30;
            /* always 30 bytes + 2 long */
            buffer[pos++] = dag->prefix_info.length;
            buffer[pos++] = dag->prefix_info.flags;
            set32(buffer, pos, dag->prefix_info.lifetime);
            pos += 4;
            set32(buffer, pos, dag->prefix_info.lifetime);
            pos += 4;
            memset(&buffer[pos], 0, 4);
            pos += 4;
            memcpy(&buffer[pos], &dag->prefix_info.prefix, 16);
            pos += 16;
        }
        else
        {
            dag->prefix_info.length);
        }
#if RPL_LEAF_ONLY
        PRINTF("RPL: Sending unicast-DIO with rank %u to ",
(unsigned) dag->rank);
        PRINT6ADDR(uc_addr);
        PRINTF("\n");
        uip_icmp6_send(uc_addr, ICMP6_RPL, RPL_CODE_DIO, pos);
#else /* RPL_LEAF_ONLY */
        /* Unicast requests get unicast replies! */
        if(uc_addr == NULL)
        {
            PRINTF("RPL: Sending a multicast-DIO with rank %u\n",
                    (unsigned) instance->current_dag->rank);
            uip_create_linklocal_rplnodes_mcast(&addr);
            uip_icmp6_send(&addr, ICMP6_RPL, RPL_CODE_DIO, pos);
        }
        else
        {
            PRINTF("RPL: Sending unicast-DIO with rank %u to ",
                    (unsigned) instance->current_dag->rank);
```

```
            PRINT6ADDR(uc_addr);
            PRINTF("\n");
            uip_icmp6_send(uc_addr, ICMP6_RPL, RPL_CODE_DIO, pos);
        }
    #endif /* RPL_LEAF_ONLY */
}
```

5.6.3　实例操作步骤

(1)搭建实验环境。

硬件条件：PC 机一台、J-Link 下载器一个、IoT 设备五个、配线若干。

软件条件：IAR for ARM 5.50.1、J-Link 仿真器驱动程序、Source Insight、Ubuntu 操作系统、完成 RPL 路由实验的源代码。

编译下载时的实物连接方式和实验时的实物连接分别如图 5.31 和图 5.32 所示。

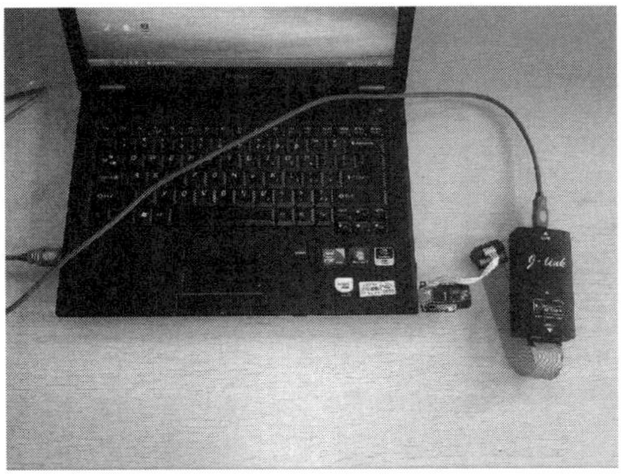

图 5.31　实验时的 IoT 设备连接方式

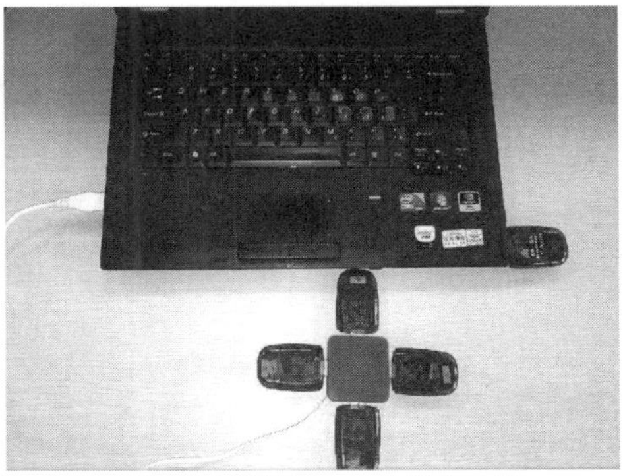

图 5.32　编译时的实物连接方式

(2)打开并解压“\基于 IPv6 的物联网研发平台\光盘资料\源码包\进阶实验\RPL 路由实验”目录下的 RPL 路由实验.rar 实验工程压缩包。

(3)编译“不带传感器节点”代码，并下载到 IoT 设备 1、2、3、4 中。

(4)编译“协调器”代码并下载到 IoT 设备 5 中。

(5)将 IoT 设备 5 与装有 Ubuntu 系统的 PC 机相连，打开 Linux 的终端(Ctrl+Alt+T)，并查看 IoT 设备 5 在 Linux 中的连接情况。

(6)配置守护程序并开启守护程序，在守护程序中可以看到正常的数据传输。

(7)配置 GUI 人机交互界面，登录并在 data 页面观察拓扑信息，节点根据建立的有向环图选择父节点再连接到协调器设备上，如图 5.33 所示。

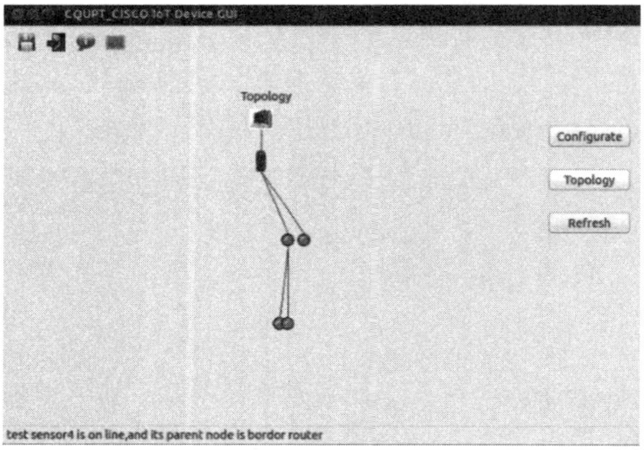

图 5.33 有 RPL 路由选择功能的拓扑图

(8)打开平台配套的光盘源码文件夹，找到本节实验所对应的源码目录下的 rpl.rar 实验工程压缩包(例程代码对网络层做了简化，去除了 RPL 优化路由路径的代码，只保留基本网络层的功能)。

(9)重复操作实验步骤 1～5，此时观察到 GUI 人机交互界面的 data 页面中，全部节点的父节点都是协调器设备，节点之间不再形成树形网络，如图 5.34 示。

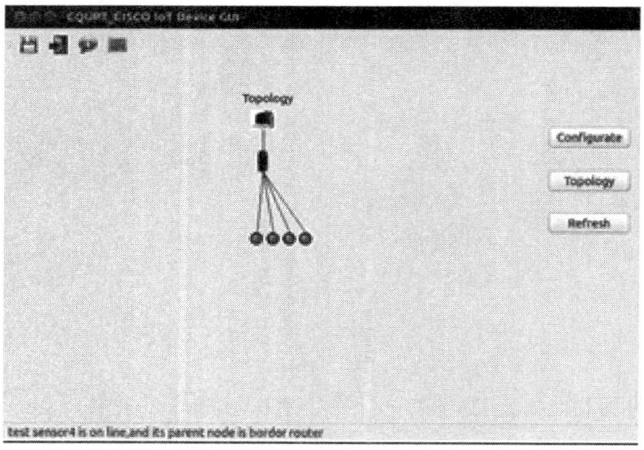

图 5.34 无 RPL 路由功能的拓扑结构

(10)打开协议分析工具，通过协议分析工具在空中抓包。打开串口调试工具并选择相应端口号。

(11)由于 RPL 协议中的 DIO 报文超过 128 字节，因此将其分片成 2 部分，分片 1 中红色标注部分说明抓包器抓到的数据帧的目的地址为组播地址；黑色标注部分为 0x9B01，9B 部分说明数据帧为 RPL 协议，01 部分说明数据帧为 DIO 报文。分片 1、分片 2 分别如图 5.35、图 5.36 所示。

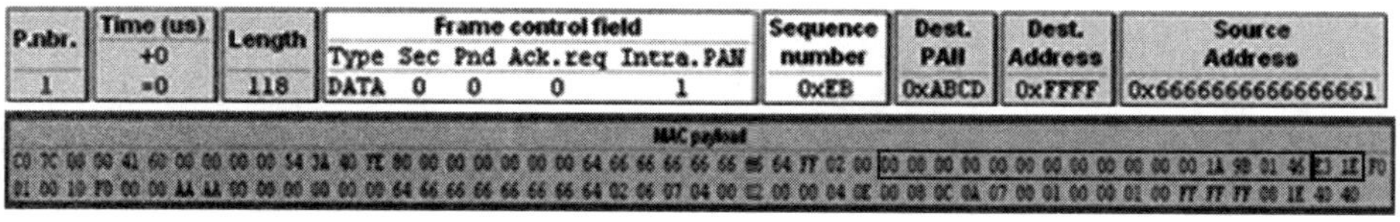

图 5.35 DIO 报文分片 1

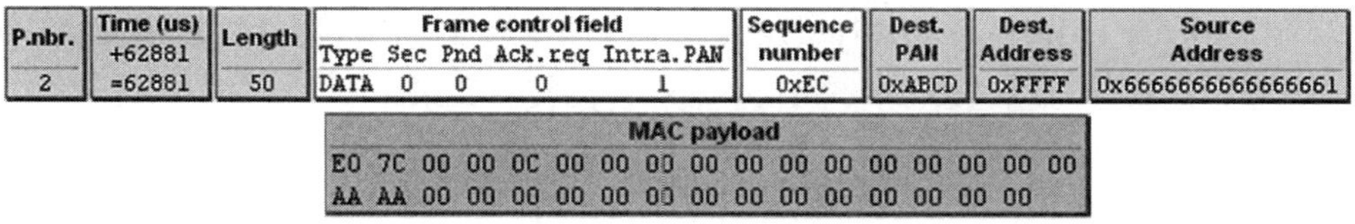

图 5.36　DIO 报文分片 2

5.7　传输层之 UDP 通信

5.7.1　基本原理

1. 用户数据报协议——UDP

用户数据报协议(UDP)提供的是一种不可靠的、无连接的协议服务，它提供 UDP 协议服务端口，在网络中它与 TCP 协议一样用于处理数据包，可以保证应用程序进程间的通信。在 OSI 模型中，其位于第四层即传输层。

UDP 没有 TCP 的握手、确认、窗口、重传、拥塞控制等机制，且头部开销小，只有八字节。UDP 是一个无状态的传输协议，所以它在传递数据时是非常高效的。由于没有 TCP 的这些机制，因此 UDP 被攻击者利用的漏洞就要少一些。但是，UDP 通信不需要建立连接，且有不提供数据包分组、组装和不能对数据包进行排序的缺点，所以，当报文发送之后，无法得知其是否安全完整到达目的地，具有不可靠性。当对网络通信质量要求不高的时候，要求网络通信速度能尽量的快，这时就可以使用 UDP。所以 UDP 协议服务软件适用于无须应答、要求时效，并且通常一次只传送少量数据的网络应用。比如，日常生活中，常见使用 UDP 协议的应用有 QQ 语音、QQ 视频、TFTP 等。

1) UDP 帧结构

UDP 数据包的格式很简单，源端口和目标端口字段指定了两个 16 位的端口号，其中源端口字段是可选的。如果指定了该字段的值，它就表示相应的数据包应发往的端口号，如果不使用，应将其设为 0。长度字段表示 UDP 数据包占 16 位，包含 UDP 头部和数据部分。校验和该字段占据 16 位，可以检验数据在传输过程中是否被损坏。因此，该 UDP 数据包字段的值最小为 8 字节，如图 5.37 所示。

源端口	目的端口
长度	Checksum
负载	

图 5.37　UDP 帧格式

UDP 校验和(Checksum)字段是用来保证 UDP 数据包的完整性的。但该字段是可选的，即 UDP 协议可以计算校验和，也可以不计算，没计算校验和的 UDP 数据包应该将校验和字段设为 0，因为 UDP 协议的设计者考虑到在有的可靠性很高的网络中，传输的数据几乎不会出错，这样就可以通过不计算 UDP 数据包的校验和来减少主机的计算工作量。

2) 传输层协议 TCP

传输控制协议 TCP(transmission control protocol)是基于连接的协议，所谓“面向连接”就是在正式通信前必须要与对方建立起连接。比如给别人打电话，必须等线路接通了、对方拿起话筒才能相互通话。也就是说，在正式收发数据前，必须和对方建立可靠的连接。一个 TCP 连接必须要经过三次“握手”才能建立起来，这三个简单过程包括主要：主机 A 向主机 B 发出连接请求数据包：“我想给你发数据，可以吗？”，这是第一次对话；主机 B 向主机 A 发送同意连接和要求同步(同步就是两台主机一个在发送，一个在接收，协调工作)的数据包：“可以，你什么时候发？”，这是第二次对话；主机 A 再发出一个数据包确认主机 B 的要求同步：“我现在就发，你接着吧！”，这是第三次对话。三次“对话”的目的是使数据包的发送和接收同步，经过三次“对话”之后，主机 A 才向主机 B 正式发送数据。

TCP 协议能为应用程序提供可靠的通信连接，使一台计算机发出的字节流无差错地发往网络上的其他计算机，对可靠性要求高的数据通信系统往往使用 TCP 协议传输数据。

TCP 将它的信息送到更高层的应用程序，例如 Telnet 的服务程序和客户程序。应用程序轮流将信息送回 TCP 层，TCP 层便将它们向下传送到 IP 层、设备驱动程序和物理介质，最后到接收方。

3) 传输层 TCP 协议与 UDP 协议特点的比较

首先，TCP 是一种面向连接的协议，而 UDP 是无连接的。这其中的区别在于：第一，TCP 协议是以连接作为协议数据的最终目标的。UDP 协议则是以目标端口作为协议数据的最终目标。因此，TCP 的协议端口是可以复用的，UDP 协议的端口在同一时间只能为一个应用程序所用。第二，一个连接是由两个端点构成的。要使用 TCP 进行通信必须先在通信双方之间建立连接，连接的两端必须就连接的一些问题进行协商(如最大数据段长度、窗口大小、初始序列号等)，并为该连接分配一定的资源(缓冲区)。UDP 协议则不需要这个过程，可以直接发送和接收数据。

其次，TCP 提供的是可靠的传输服务，而 UDP 协议提供的是不可靠的服务。使用不可靠的服务进行传输时，数据可能会丢失、失序、重复等。而可靠的服务能保证发送方发送的数据能原样到达接收方。

最后，TCP 提供的是面向字节流的服务。应用程序只需将要传输的数据以字节流的形式提交给 TCP 协议，在连接的另一段，数据以同样的字节流顺序出现在接收程序中。而 UDP 协议的传输单位是数据块，一个数据块只能封装在一个 UDP 数据包中。

2. UDP 数据包的封装

UDP 协议位于网络层协议之上，这就说明 UDP 数据包是封装在网络层数据包中进行传输的，如图 5.38 所示，即整个 UDP 数据包是作为网络层数据包的数据部分被封装在网络层数据包中的。封装关系如图 5.39 所示。

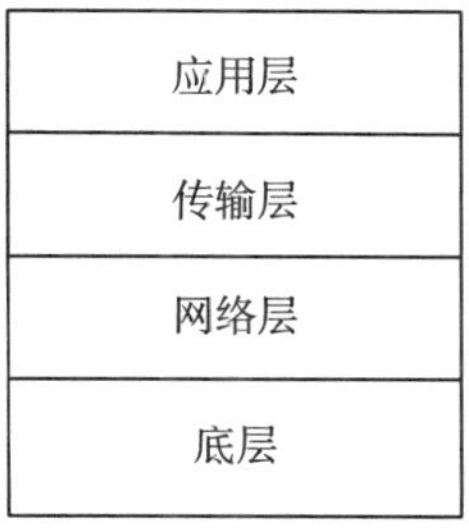

图 5.38　协议栈结构

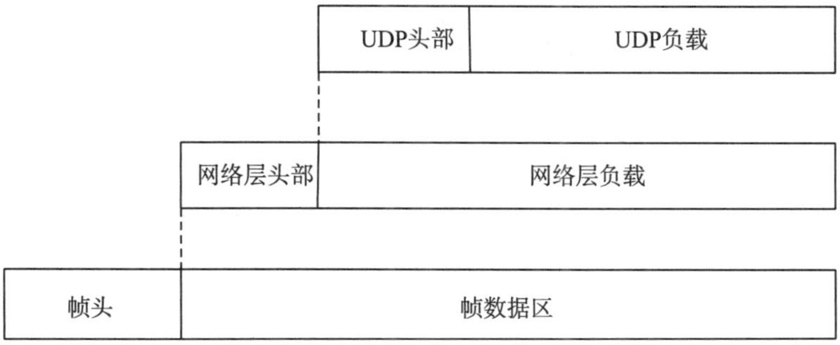

图 5.39　封装关系

3. 使用 UDP 协议的应用层程序传输过程

网络层数据包的头部有一个协议字段，该字段表明数据包封装的是上层哪一种协议的数据包。对于 UDP 数据包，该字段的默认值为 17。下面介绍当使用 UDP 协议的应用层程序时，如何将数据传输到目的主机 A 的特定应用程序。

接收数据的应用程序要申请一个 UDP 端口号，设为 P。发送方的应用程序准备数据后，将其交给 UDP 协议，让其将数据发送给主机 A 的端口 P。UDP 协议将应用程序的数据作为 UDP 数据包的数据部分封装在一个 UDP 数据包中，并将数据包的目标端口字段设置为 P。UDP 协议再将包交给网络层 IPv6 协议处理，让其将该数据包发送到主机 A。IPv6 协议将 UDP 数据包作为 IP 数据包的数据封装在一个 IPv6 数据包中，并将目的地址设置为 A，将协议字段设置为 17，然后将其交给网络层处理并发送出去，该 IP 数据包可能会经过数个路由器，并最终到达主机 A 的 IPv6 协议层。

主机 A 的 IPv6 协议发现字段为 17，就将 IP 数据包的数据区交给 UDP 协议处理；UDP 协议发现端口号为 P，就将 UDP 数据包的数据区放置在端口 P 的队列中。A 的应用程序从该队列中将数据取出进行处理。

4. 周期性汇报机制

UDP_client_process 启动以后首先设置自己的本地链路地址和全局 IPv6 地址，然后创建一个 UDP 套接字，并绑定目的地址和目标端口，再初始化 etimer 定时器，设置定时间隔。当 etimer 超时以后，会产生一个超时事件，触发该事件所关联的任务，从而调用相应的超时处理函数 timeout_handler()，在超时处理函数中完成传感器数据的读取、应用层载荷的填充。最后，调用 API 接口函数 uip_udp_packet_send()发送出去。

周期性汇报机制应用程序设计流程如图 5.40 所示。

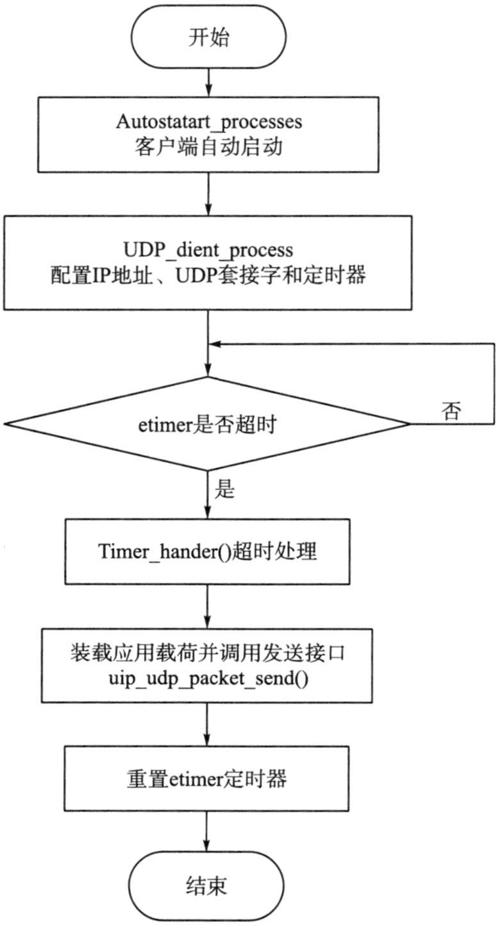

图 5.40 期性汇报机制应用程序设计流程

在 uip_udp_packet_send()中，先将应用层载荷放入“uip_buf”发送到缓冲区，然后调用进程 uip_process()。在进程 uip_process()中，进入“UDP_send”UDP 准备发送状态，并装载传输层 UDP 头部域以及 IPv6 头部的部分信息。然后调用 tcpip_ipv6_output()函数，在此函数中完成网络层头部的装载以及路由选择的功能。此后，调用 tcpip_output()函数，该函数的指针形参在 sicslowpan.c 文件中的 sicslowpan_init()函数中初始化为 output()，在这个函数中完成 6LoWPAN 协议栈的报头压缩和报文分片功能。完成之后调用 MAC 层的 send_packet()函数服务，封装 MAC 层帧头。最后调用 NETSTACK_RADIO.send()无线射频接口函数将数据包发送出去。

5.7.2 关键程序清单

设计目标：学习传输层协议标准，按照标准描述帧格式解析收到的数据包，以及按照标准描述构造帧头，封装发送。

实现功能：利用 6LoWPAN 协议实现数据的收取解析，以及数据的打包发送。

(1)UDP 客户端进程执行主体代码示例：

```
PROCESS_THREAD(UDP_client_process, ev, data)
{
    static struct etimer periodic;
    static struct ctimer backoff_timer;
    static int print = 0;
    PROCESS_BEGIN();
    PROCESS_PAUSE();
    set_global_address();      //获取全局地址
    PRINTF("UDP client process started\n");
    print_local_addresses();
    /*与远程主机连接 */
    client_conn = UDP_new(NULL,UIP_HTONS(UDP_SERVER_PORT),NULL);
    if(client_conn == NULL)
    {
        PRINTF("No UDP connection available, exiting the process! \n");
        PROCESS_EXIT();
    }
    UDP_bind(client_conn, UIP_HTONS(UDP_CLIENT_PORT));
    UIP_HTONS(client_conn->lport), UIP_HTONS(client_conn->rport));
#if WITH_COMPOWER
    powertrace_sniff(POWERTRACE_ON);
#endif
    etimer_set(&periodic, SEND_INTERVAL);
    while(1)
    {
        PROCESS_YIELD();
        if(ev == tcpip_event)
        {
            tcpip_handler();
        }
        if(etimer_expired(&periodic))
        {
            etimer_reset(&periodic);
            ctimer_set(&backoff_timer, SEND_TIME, send_packet, NULL);
```

```
#if WITH_COMPOWER
            if(print == 0)
            {
                powertrace_print("#P");
            }
            if(++print == 3)
            {
                print = 0;
            }
#endif
        }
    }
    PROCESS_END();
}
```

(2)UDP 服务器端进程执行主体代码示例：

```
PROCESS_THREAD(UDP_server_process, ev, data)
{
    uip_ipaddr_t ipaddr;
    struct uip_ds6_addr *root_if;
    PROCESS_BEGIN();
    PROCESS_PAUSE();
    SENSORS_ACTIVATE(button_sensor);
    /* ACTIVE =>   1 -> turn on ， 节点使能*/
    uip_ds6_addr_add(&ipaddr, 0, ADDR_MANUAL);
    root_if = uip_ds6_addr_lookup(&ipaddr);
    if(root_if != NULL)
    {
        rpl_dag_t *dag;
        dag = rpl_set_root(RPL_DEFAULT_INSTANCE, (uip_ip6addr_t *) &ipaddr);
        uip_ip6addr(&ipaddr, 0xaaaa, 0, 0, 0, 0, 0, 0, 0);
        rpl_set_prefix(dag, &ipaddr, 64);
        PRINTF("created a new RPL dag\n");
    }
    else
    {
```

```
        }
    #endif /* UIP_CONF_ROUTER */
        print_local_addresses();
        /*这个数据接收器运行以 100%的工作周期*/
        NETSTACK_MAC.off(1);
        server_conn = UDP_new(NULL, UIP_HTONS(UDP_CLIENT_PORT), NULL);
        if(server_conn == NULL)
        {
            PRINTF("No UDP connection available, exiting the process! \n");
            PROCESS_EXIT();
        }
        UDP_bind(server_conn, UIP_HTONS(UDP_SERVER_PORT));
        UIP_HTONS(server_conn->rport));
        while(1)
        {
            PROCESS_YIELD();
            if(ev == tcpip_event)
            {
                tcpip_handler();
            }
            else if(ev == sensors_event && data == &button_sensor)
            {
                PRINTF("Initiaing global repair\n");
                rpl_repair_root(RPL_DEFAULT_INSTANCE);
            }
        }
        PROCESS_END();
}
```

(3)进程传递给网络层部分参数的函数的代码示例：

```
    static voidtcpip_handler(void)
    {
        char *appdata;
        if(uip_newdata())
        {
            appdata = (char *)uip_appdata;
            appdata[uip_datalen()] = 0;
```

```
            PRINTF("DATA recv '%s' from ', appdata);
           PRINTF("%d", UIP_IP_BUF->srcipaddr.u8[sizeof(UIP_IP_BUF->srcipaddr.u8) - 1]);
            PRINTF("\n");
#if SERVER_REPLY
            PRINTF("DATA sending reply\n");
            uip_ipaddr_copy(&server_conn->ripaddr, &UIP_IP_BUF->srcipaddr);
            uip_UDP_packet_send(server_conn, "Reply", sizeof("Reply"));
            uip_create_unspecified(&server_conn->ripaddr);
#endif
      }
}
```

5.7.3 实例操作步骤

(1)搭建实验环境。

硬件条件：PC 机一台、J-Link 下载器一个、IoT 设备两个、配线若干。

软件条件：IAR for ARM 5.50.1、J-Link 仿真器驱动程序、Source Insight、Packet Sniffer 协议分析工具。

编译下载时的实物连接方式、实验时的实物连接、实验时的抓包器 Packet Sniffer 实物连接如图 5.6、图 5.7、图 5.8 所示。

(2)打开并解压“\基于 IPv6 的物联网研发平台\光盘资料\源码包\进阶实验\源码包”目录下的源码包.rar 实验工程压缩包。

(3)将不带传感器节点的代码进行编译，并将下载到 IoT 设备 1 中，退出调试。

(4)将协调器的代码进行编译，并下载到 IoT 设备 2 中，退出调试。

(5)将 IoT 设备 2 与装有 Ubuntu 系统的 PC 机相连，打开 Linux 的终端(Ctrl+Alt+T)，并查看 IoT 设备 2 在 Linux 中的连接情况。

(6)开启守护程序并配置，在守护程序中可以看到正常的数据传输。

(7)连接协议分析工具(或称空中抓包器)到 PC 机，打开协议分析工具。通过抓包器在空中抓包，不带传感器的节点收到协调器发来的建立通信路径的单跳信息，用 2.4G 抓包器抓到的数据帧(十六进制显示)如图 5.41 所示。

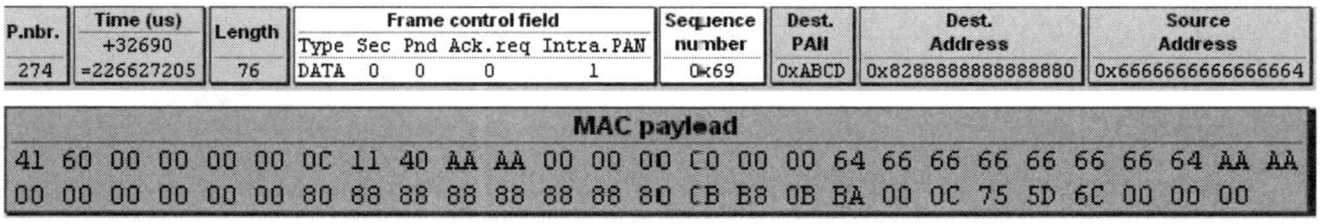

图 5.41 不带传感器的节点收到的数据帧

说明：MAC 层负载第一个字节的“41”表示数据帧是完整的，并未压缩。

60 00 00 00 00 0C 11 40 表示 IP 报头。

AA AA 00 00 00 00 00 00 64 66 66 66 66 66 66 64 表示数据帧的源地址。

AA AA 00 00 00 00 00 00 80 88 88 88 88 88 88 80 表示数据帧目的地址。

0B B8 0B BA 00 0C 75 5D 表示 UDP 的传输头。

6C 00 00 00 表示数据帧携带的数据内容。

5.8 应用层之 CoAP 协议

5.8.1 基本原理

1. CoAP 协议简介

CoAP 协议是 IETF 的 CoRE 工作组专门针对底层资源受限网络通信而提出的一款协议，其具有通信交互模式简单、数据报头简短精炼和服务器占用资源较少等优点，非常适合解决资源受限设备通信产生的能耗大、安全性低以及延迟高等问题。同时，CoAP 协议基于 REST 架构的特性亦能使底层设备无缝访问多种互联网服务接口。凭借上述特点，CoAP 协议逐渐成为工业物联网的主流选择之一。

作为 IETF 的众多 RFC（request for comments，请求评议）标准之一，CoAP 协议的内容随着研究者的不断研究而变得越来越丰富。CoRE 工作组根据 CoAP 协议的应用场景及使用时遇到的问题，推出了一系列相关标准，旨在解决 CoAP 存在的数据状态无法观测、数据包传输大小受限、多群组通信选择复杂和无法访问部分资源的问题。2018 年 2 月，CoRE 工作组在原有的基础上提出了一个新的标准，实现了 CoAP 使用 TCP、TLS（transport layer security，传输层安全协议）和网络套接字的传输，该标准让 CoAP 协议的安全性和适用性进一步提升。2019 年 1 月，CoRE 工作组提出了解决 CoAP 服务器处理超负荷请求报文问题的标准，进一步完善了 CoAP 协议的通信机制。

在开发套件方面，CoAP 协议存在着众多基于不同开发语言的开源项目，比较出名的有基于 Python 的 aiocoap 的开源实现、基于 Java 的 Cailfornium 开源实现和基于 C 语言的 libcoap 开源实现。其中 libcoap 开源项目实现了目前 CoAP 的绝大部分功能且代码基于模块化编写，能够方便开发人员进行相应的修改和创新。

2. CoAP 协议通用帧结构

CoAP 协议帧结构如图 5.42 所示。

CoAP 协议的报文由长度为 4 字节的头部、0～8 字节长度可变的令牌域、可选的选项域和长度可变的负载域四个部分组成。CoAP 报文的头部由版本域、报文类型域、令牌长度域、报文代号域和报文 ID 域组成，具体描述如下：

（1）版本域用来描述 CoAP 协议当前的版本，其长度为 2 比特。

（2）报文类型域用来描述当前报文的适用范围以及是否要求返回响应，填充的数值根据操作任务而定，其长度为 2 比特。

（3）令牌长度域用来描述令牌域的长度，允许填充从 0 到 8 的数值，以字节为单位，其长度为 4 比特。

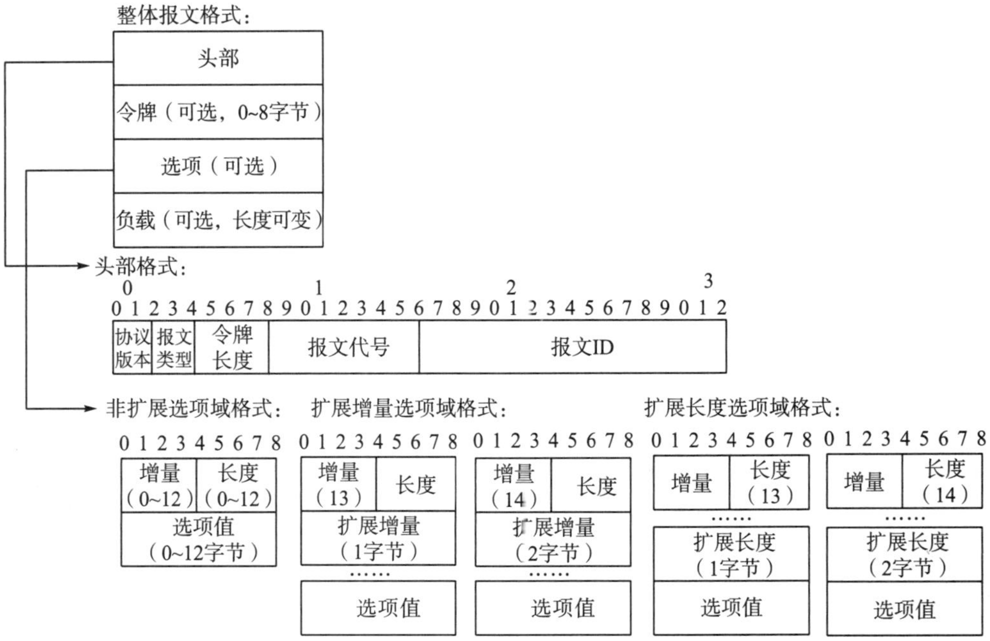

图 5.42 CoAP 协议通用帧结构

(4)报文代号域用来描述请求报文的操作方法，或者响应报文的操作结果，填充的数值根据报文类型、操作任务和操作结果而定，其长度为 1 字节。

(5)报文 ID 域从报文收发时间先后的角度对请求报文和响应报文进行匹配性检验，其长度为 2 字节。

CoAP 报文令牌域从资源数据内容的角度对请求报文与响应报文进行匹配性检验，其长度等于头部令牌长度域内填充的数值。

CoAP 报文的选项域是可选域，由选项增量域、选项长度域和选项值域组成，为其提供丰富的功能，具体描述如下：

(1)选项 2 字节作为选项增量的扩展域。增量域以累加选项增量域填充数值的方法计算得到选项编号，支持填充从 1 到 14 的数值，其长度为 4 比特。如果填充的数值为 13 则扩展 1 字节作为选项增量的扩展域，如果填充的数值为 14 则扩展则扩展 2 字节作为选项增量的扩展域。

(2)选项长度域以累加选项长度域填充数值的方法计算选项值域的长度，以字节为单位，支持填充从 1 到 14 的数值，其长度为 4 比特。如果填充的数值为 13 则扩展 1 字节作为选项长度的扩展域，如果填充的数值为 14 则扩展 2 字节作为选项增量的扩展域。

(3)选项值域填充的内容根据具体选项和资源而定，其长度等于选项长度域的累加结果。

CoAP 报文的负载包括负载内容开始标识符和负载内容，具体描述如下：

(1)负载内容开始标识符的十进制表示为 15，其长度为 1 字节，用于标识选项域结束，负载内容非空。

(2)负载内容通常填充的是用户定制化信息，其长度可变。

3. 服务及 URI

CoAP 的标准 URI 格式如下：

CoAPs-URI = "CoAP(s)： " "//" host ["： " port] path-abempty["？ " query]

URL 源于 CS 模式下上位机 SLIP 给应用层的负载，是一个符合标准 URI 格式的绝对路径。它的功能是协调器通过解析 URL 获取目的 IP 地址，并填充选项信息，发送请求获取节点的温度值等。URI 有两种模式，其中普通模式是在已知节点 IP 地址和节点的类型时使用的，查询模式用于已知节点的 IP 地址但不知道节点类型。两种模式的 URL 格式实例如下：

(1) 普通模式：CoAP：//[0x401]：5683/temp

(2) 查询模式：CoAP：//[0x401]：5683/?

值得一提的是，如果想键入通过域名服务器查询到的 host 名，则需要将 uri 识别机制改为“CoAPs：//”。

HTTP 的请求/响应机制是假设事务都是由客户端发起的，CoAP 使用类似于 HTTP 的请求/响应模型：CoAP 终端节点作为客户端向服务器发送一个或多个请求，服务器端回复客户端的 CoAP 请求。不同于 HTTP，CoAP 的请求和响应在发送之前不需要事先建立连接，而是通过 CoAP 信息来进行异步信息交换。CoAP 协议使用 UDP 进行传输。这是通过信息层选项的可靠性来实现的。CoAP 定义了四种类型的信息：可证实 CON(confirmable)信息、不可证实的 NON(non-confirmable)信息、可确认的 ACK(acknowledgement)信息和重置信息 RST(reset)。方法代码和响应代码包含在这些信息中，实现请求和响应功能。这四种类型信息对于请求/响应的交互来说是透明的。

4. 功能介绍

1) GET 功能

GET 方法用于资源发现、资源读取和资源观察。当请求报文的 uri-Path 选项对应到可读取资源时，GET 方法用于资源读取。当请求报文的 uri-Path 选项值为“/.well-known”时，GET 方法用于资源发现。二者基于普通请求/响应交互模型。当请求报文配合 Observe 选项使用时，GET 方法用于资源观察。图 5.43 给出了 GET 功能操作的示例。

CoAP 协议规定的资源观察包括关系注册、资源汇报和关系解除三个阶段。关系注册阶段中客户端向服务器发送注册请求。资源汇报阶段中服务器周期性地向客户端发送资源信息。关系解除阶段中根据关系解除的发起方将关系解除方式分为主动解除和被动解除两种方式。被动解除方式是由客户端向服务器发送关系解除请求。主动解除方式由服务器自行判断用户是否还在关注资源数据的变化，并根据判断结果决定是否发送不携带 Observe 选项的响应，以解除观察关系。该交互过程符合的交互模型被称为“观察模式下的请求/响应交互模型”。

2) POST 功能

POST 方法用于资源创建与资源更新。当请求报文配合 Location-path 选项使用时，POST 方法用于创建资源。当请求报文不携带 Location-path 选项且负载非空时，POST 方法用于更新资源。图 5.44 给出了 POST 功能操作的示例。

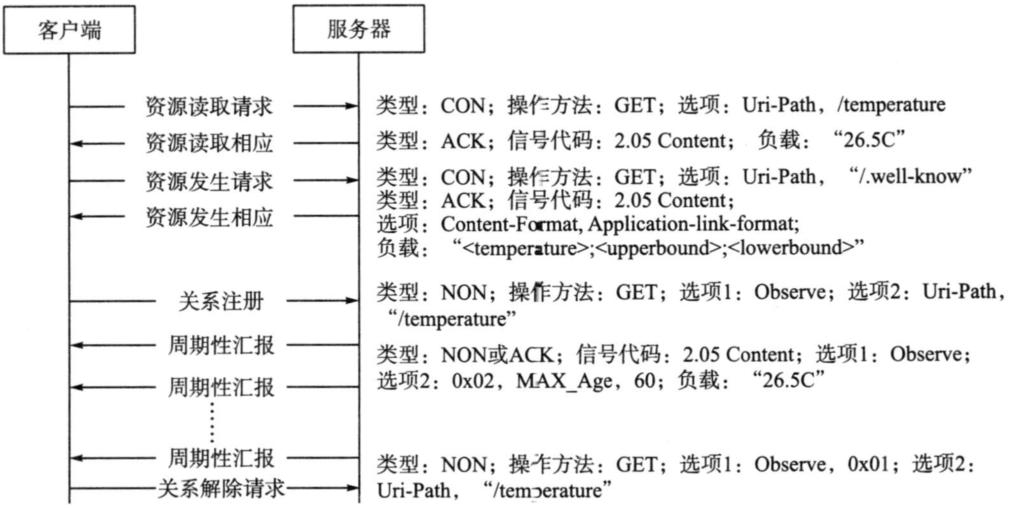

图 5.43 GET 操作的报文交互

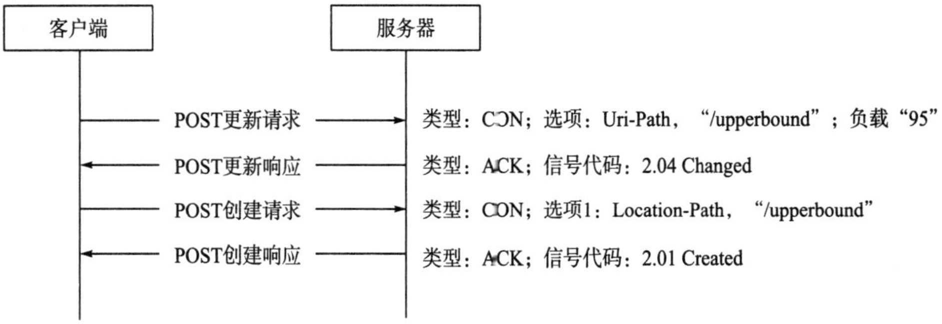

图 5.44 POST 操作的报文交互

3) PUT 功能

PUT 方法用于资源创建或资源更新。当请求报文配合 If-none-match 选项使用时，PUT 方法用于创建资源。当请求报文配合 If-match 选项使用时，PUT 方法用于更新资源。图 5.45 给出了 PUT 功能操作的示例。

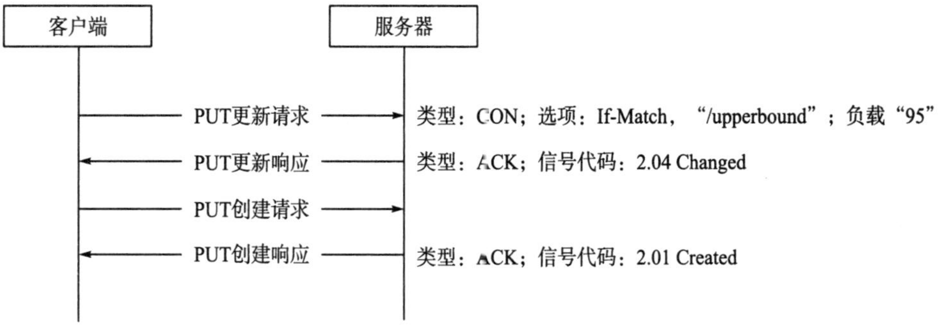

图 5.45 PUT 操作的报文交互

4) DELETE 功能

DELETE 方法用于资源删除，图 5.46 给出了 DELETE 功能操作的示例。

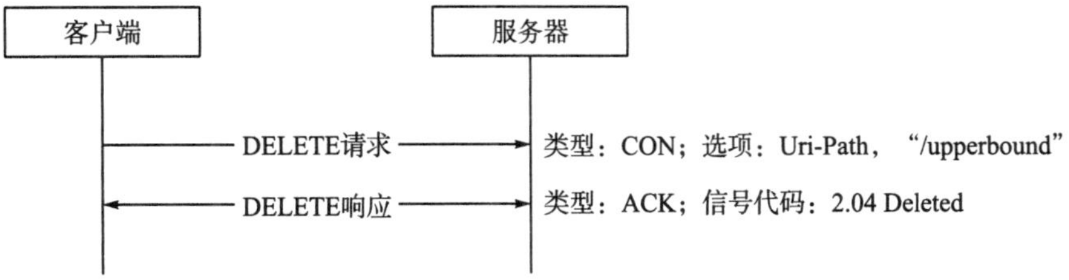

图 5.46　DELETE 操作的报文交互

5. 代理机制

CoAP 协议规定了正向代理和反向代理两种代理机制。正向代理机制描述了代理服务器作为客户端的代理，对资源服务器(节点)完成操作的方法。反向代理机制描述了代理服务器作为资源服务器(节点)的代理，响应客户端请求的方法。这部分代码在 Contiki 协议栈中有待完善。用户浏览器(客户端)访问并操作服务器资源的示意图如图 5.47 所示。

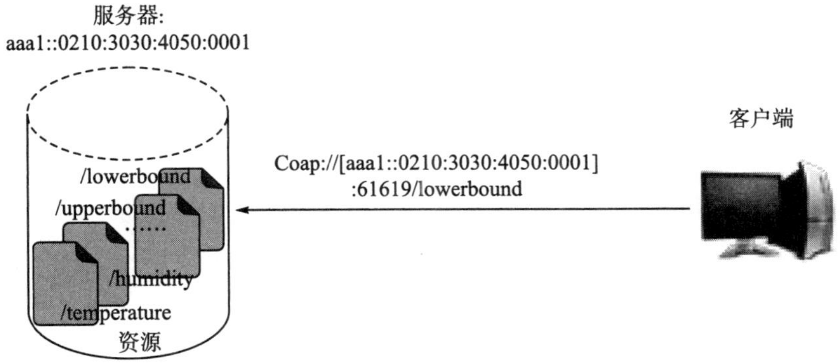

图 5.47　客户端访问并操作服务器资源的示意图

1) 正向代理机制

代理服务器转交由客户端发送的请求报文到目标资源服务器。如果在代理服务器规定的等待时间内能够收到来自目标资源服务器的响应，则向客户端转交该响应。如果在代理服务器规定的等待时间内不能收到资源服务器的响应(如资源服务器一直处于休眠状态)，则由代理服务器向客户端返回响应，并描述无应答的情况。正向代理机制中的报文的交互过程如图 5.48 所示。

2) 反向代理机制

资源服务器向代理服务器发送代理关系建立请求，并周期性汇报更新的数据信息。客户端在向资源服务器发送操作请求前，要先从代理服务器中获取资源服务器当前的状态。如果资源服务器处于休眠状态，则用户继续等待；如果资源服务器处于工作状态，则用户发送请求。当用户向资源服务器发送的请求为资源读取请求时，用户无须访问资源服务器，代理服务器会查询缓存并响应客户端。反向代理机制中的报文交互过程如图 5.49 所示。

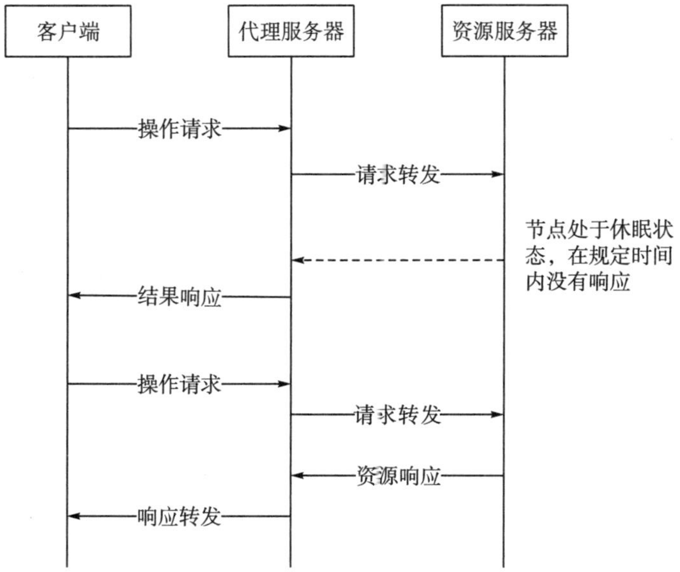

图 5.48　正向代理机制的报文交互

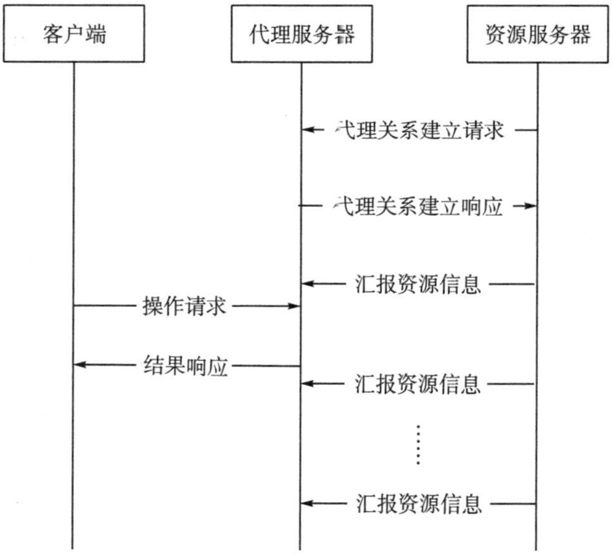

图 5.49　反向代理机制的报文交互

3) 过期检验模型

CoAP 协议的过期检验模型用于判断缓存的数据是否可靠。该模型规定缓存数据的可靠性由数据的新鲜度决定。新鲜度由数据更新以后在缓存内存储的时间长短来衡量。如果数据存储的时间不超过数据的最大生存周期，则认定数据新鲜，判断为可靠信息；如果数据存储的时间超过了数据的最大生存周期，则认定数据信息不新鲜，判断为不可靠信息。过期检验模型的判断公式如式(5.1)所示。如果等式左边的值为非负数，则当前数据能够生成可靠信息；否则，当前数据不可靠。

$$Proxy\_max\_age=Original\_max\_age-Cache\_age \tag{5.1}$$

式中，Proxy_max_age 表示数据的新鲜度；Original_max_age 表示更新报文携带的保守的数据有效时间；Cache_age 表示代理服务器的数据存储时间。

5.8.2　关键程序清单

设计目标：学习应用层 CoAP 协议标准、CoAP 协议标准描述的数据帧格式以及如何按照标准描述的构造帧头，并封装发送。

实现功能：利用 CoAP 协议标准，获取湿度、温度以及烟雾传感器的数据。

(1) 由客户端发起一段请求的帧构造函数，以获取服务器的“hello world”数据资源，下面给出该函数的代码示例：

```
RESOURCE(helloworld, METHOD_GET, "helloworld");
void helloworld_handler(REQUEST* request, RESPONSE* response)
{
    sprintf(temp, "Hello World! \n");
    rest_set_header_content_type(response, TEXT_PLAIN);
    rest_set_response_payload(response, (uint8_t*)temp, strlen(temp));
}

其中，定义了 rest_set_header_content_type()，如下所示：

int rest_set_header_content_type(RESPONSE* response, content_type_t content_type)
{
#ifdef WITH_COAP
    return CoAP_set_header_content_type(response, content_type);
#else
    return http_set_res_header(response, HTTP_HEADER_NAME_CONTENT_TYPE,
                          http_get_content_type_string(content_type), 1);
#endif /*WITH_COAP*/
```

(2) 设置头部消息类型：

```
int CoAP_set_header_content_type(CoAP_packet_t* packet, content_type_t content_
type)
{
    uint16_t len = 1;
    return CoAP_set_option(packet, Option_Type_Content_Type, len, (uint8_t*)
```

```
        &content _type);
}
```

(3)设置头部消息选项：

```
int CoAP_set_option(CoAP_packet_t* packet, option_type option_type, uint16_t len,
uint8_t* value)
{
    header_option_t* option = allocate_header_option(len);
    if(option)
    {
        option->next = NULL;
        option->len = len;
        option->option = option_type;
        memcpy(option->value, value, len);
        header_option_t* option_current = packet->options;
        header_option_t* prev = NULL;
        while(option_current)
        {
            if(option_current->option > option->option)
            {
                break;
            }
            prev = option_current;
            option_current = option_current->next;
        }
        if(! prev)
        {
            if(option_current)
            {
                option->next = option_current;
            }
                packet->options = option;
        }
        else
        {
            option->next = option_current;
```

```
            prev->next = option;
        }
        packet->option_count++;
        PRINTF("option->len %u option->option %u option->value %x next %x\n",
                option->len,
        option->option, (unsigned int) option->value, (unsigned int) option->next);
        int i = 0;
        for( ;  i < option->len ;  i++ )
        {
            PRINTF(" (%u) ", option->value[i]);
        }
        PRINTF("\n");
        return 1;
    }
    return 0;
}
```

(4)控制函数的代码示例：

```
PROCESS(CoAP_server, "CoAP Server");
PROCESS_THREAD(CoAP_server, ev, data)
{
    PROCESS_BEGIN();
    PRINTF("COAP SERVER\n");
    /*考虑到 CoAP C/S 模式的信息量，选用静态路由而不再是 RPL 路由 */
#if ! UIP_CONF_IPV6_RPL && ! defined(CONTIKI_TARGET_MINIMAL_NET)
    set_global_address();
    configure_routing();
#endif
    current_tid = random_rand();
    resource_changed_event = process_alloc_event();
    /* 与 host 建立连接 */
    server_conn = UDP_new(NULL, uip_htons(0), NULL);
    UDP_bind(server_conn, uip_htons(MOTE_SERVER_LISTEN_PORT));
    while(1)
    {
        PROCESS_YIELD();
        if(ev == tcpip_event)
```

```
            {
                handle_incoming_data();
            }
            else if(ev == resource_changed_event)
            {
                periodic_resource_t* resource =(periodic_resource_t*)data;
                PRINTF("resource_changed_event \n");
                if(init_buffer(COAP_DATA_BUFF_SIZE))
                {
                    CoAP_packet_t* request =(CoAP_packet_t*)allocate_buffer(sizeof
                    (CoAP_packet_t));
                    init_packet(request);
                    CoAP_set_code(request, COAP_GET);
                    request->tid = current_tid++;
                    CoAP_set_header_subscription_lifetime(request, resource->lifetime);
                    CoAP_set_header_uri(request, (char *)resource->resource->url);
                    if(resource->periodic_request_generator)
                    {
                        resource->periodic_request_generator(request);
                    }
                    if(! resource->client_conn)
                    {
                        /*FIXME send port is fixed for now to 61616*/
                        resource->client_conn = UDP_new(&resource->addr, uip_htons
                        (61616), NULL);
                        UDP_bind(resource->client_conn,uip_htons(MOTE_CLIENT
                        _LISTEN_PORT));
                    }
                    if(resource->client_conn)
                    {
                        send_request(request, resource->client_conn);
                    }
                    delete_buffer();
                }
            }
        }
        PROCESS_END();
}
```

(5)消息解析函数的代码示例：

```
static void handle_incoming_data()
{
    PRINTF("Incoming packet size: %u \n", (uint16_t)uip_datalen());
    if(init_buffer(COAP_DATA_BUFF_SIZE))
    {
        if(uip_newdata())
        {
            CoAP_packet_t*  response  =(CoAP_packet_t*)allocate_buffer(sizeof
            (CoAP_packet_t));
            if(response)
            {
                parse_message(response, uip_appdata, uip_datalen());
                response_handler(response);
            }
        }
        delete_buffer();
    }
}
```

5.8.3　实例操作步骤

(1)搭建实验环境。

硬件条件：PC 机一台、J-Link 下载器一个、IoT 设备两个、协议分析工具一个、配线若干。

软件条件：IAR for ARM 5.50.1、J-Link 仿真器驱动程序、Source Insight、Ubuntu 操作系统。

编译下载时的实物连接方式如图 5.6 所示。

(2)打开并解压“\基于 IPv6 的物联网研发平台\光盘资料\源码包\进阶实验\源码包”目录下的源码包.rar 实验工程。

(3)在 Firefox 浏览器的应用插件中安装 Copper(Cu)插件，安装教程详见链接“https://github.com/mkovatsc/Copper”。安装完成后，在插件列表下可以找到 Copper(Cu)插件，在地址栏输入“coap：：//[节点服务器 IP]：61616/资源名”，就能出现一个用户界面并可以与服务器上的 CoAP 资源进行交互。

(4)CoAP 是资源受限网络中的应用层协议，使用这种协议能够验证不同网络在边界路由设备作用下的应用层的连通性。外部网络 IPv6 主机通过 CoAP 协议与 6LoWPAN 子网内节点进行通信。IoT 设备作为 6LoWPAN 网络的边界路由器，在 6LoWPAN 子网内存在一节点作为 CoAP 协议的 Server 端。外网中的 Test PC 作为 CoAP 协议的 Client 端。在 Test PC 上采用 Firefox 浏览器加 Copper(Cu)插件进行测试。在网页栏输入传感器的地址、端口号和资源名，点击 GET 按钮，在 incoming 中显示出当前传感器的湿度值为 61.46%，如图 5.50 所示。

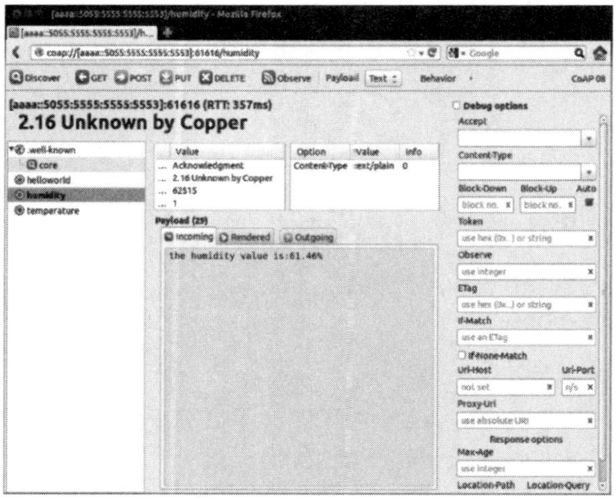

图 5.50　CoAP 协议获取湿度传感器数据

(5)在网页栏输入传感器的地址、端口号和资源名，点击 GET 按钮，在 incoming 中显示出当前传感器的温度值为 13.09℃，如图 5.51 所示。

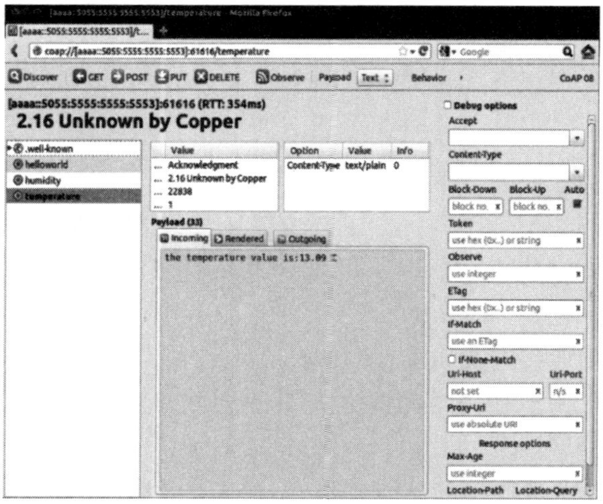

图 5.51　CoAP 协议获取温度传感器数据

(6)在网页栏输入传感器的地址、端口号和资源名，点击 GET 按钮，在 incoming 中显示出当前传感器的甲烷浓度值为 47ppm[①]，如图 5.52 所示。

① ppm 即 mg/L。

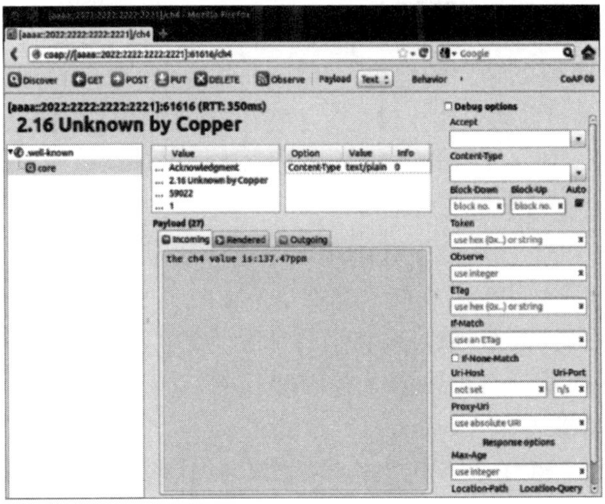

图 5.52　CoAP 协议获取甲烷传感器数据

(7) 在网页栏输入传感器的地址、端口号和资源名，点击 GET 按钮，在 incoming 中显示出当前传感器的烟雾值为 126.42ppm，如图 5.53 示。

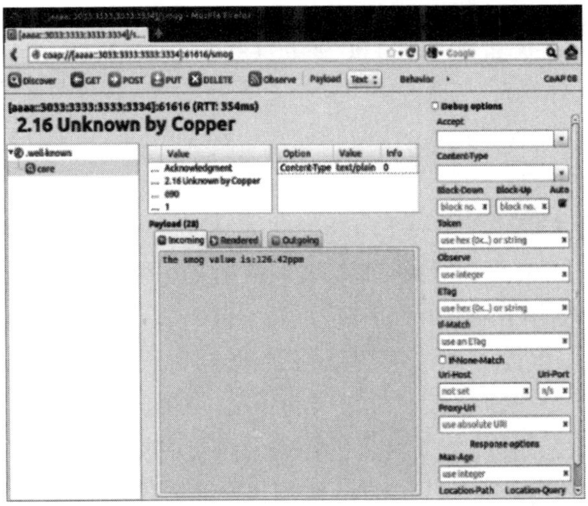

图 5.53　CoAP 协议获取烟雾传感器数据

5.9　数据链路层之 SLIP 协议

5.9.1　基本原理

1. SLIP 协议

1) SLIP 简介

SLIP (serial line internet protocol，串行线路网际协议) 用于运行 TCP/IP 的点对点串行连接。SLIP 通常专门用于串行连接，有时候也用于拨号，使用的线路速率一般介于

1200bps～19.2kbps。SLIP 允许主机和路由器混合连接通信(主机-主机、主机-路由器、路由器-路由器都是 SLIP 网络通用的配置)，因而非常有用。

SLIP 只是一个包组帧协议，仅仅定义了在串行线路上将数据包封装成帧的一系列字符。它没有提供寻址、包类型标识、错误检查/修正或者压缩机制。

SLIP 定义了两个特殊字符：END 和 ESC。END 是八进制 300(十进制 192)，ESC 是八进制 333(十进制 219)。发送分组时，SLIP 主机只是简单地发送分组数据。如果数据中有一个字节与 END 字符的编码相同，就连续传输两个字节 ESC 和八进制 334(十进制 220)。如果与 ESC 字符相同，就连续传输两个字节 ESC 和八进制 335(十进制 221)。当分组的最后一个字节发出后，再传送一个 END 字符。

2) SLIP 协议的帧格式

下面的规则描述了 SLIP 协议定义的帧格式(详细请参考“基于 IPv6 的物联网研发平台\光盘资料”中私有命令集.txt)：

(1) 向上位机发送的请求：C0 3F(？)50(P) C0

(2) 获取前缀 SLIP 包：

地址配置：C0 21 41 中间八个字节自己手动输入 C0

回复：C0 3F 41 C0

(3) 前缀：C0 21 50 aa aa 00 00 00 00 00 00 C0

回复：C0 3F 51 C0

(4) 信道：C0 21 33 1A C0

回复：C0 3F 33 C0

(5) 获取节点信息 C0 21 35 01 01 FE 80 00 00 00 00 00 00 80 88 88 88 88 88 88 80 C0

回复：C0 3F 11 01 传感器标志 2 字节数据 2 字节 C0

IP 数据报以一个称作 END(0xC0)的特殊字符结束。同时，为了防止数据报到来之前的线路噪声被当成数据报内容，大多数实现在数据报的开始处也传一个 END 字符(如果有线路噪声，那么 END 字符将结束这份错误的报文。这样当前的报文得以正确地传输，而前一个错误报文交给上层后，会发现其内容毫无意义而被丢弃)。

(1) 如果 IP 报文中某个字符为 END，那么就要连续传输两个字节 0xDB 和 0xDC 来取代它。

(2) 0xdb 这个特殊字符被称作 SLIP 的 ESC 字符，但是它的值与 ASCII 码的 ESC 字符(0x1b)不同。

(3) 如果 IP 报文中某个字符为 SLIP 的 ESC 字符，那么就要连续传输两个字节 0xdb 和 0xdd 来取代它。

(4) 在构造 SLIP 帧的时候需要注意以下几点：

a.每一端必须知道对方的 IP 地址。没有办法把本端的 IP 地址通知给另一端。

b. 数据帧中没有类型字段。如果一条串行线路用于 SLIP，那么它不能同时使用其他协议。

c. SLIP 没有在数据帧中加上检验和。如果 SLIP 传输的报文被线路噪声影响而发生错误，只能通过上层协议来发现。

3) 子网接口程序设计

USB(通用串行总线)是广泛使用在计算机等电子设备上的一种串口总线标准协议，其最大的特点是支持热插拔和即插即用。当设备插入主机时，主机自动枚举此设备并加载驱动程序。USB 设备大都小巧轻便，使用非常方便。USB 协议规定了控制传输、同步传输、中断传输和批量传输四种传输模式。

虽然 USB 协议是通用的标准，但是，随着 USB 的广泛使用，各种嵌入式设备也逐渐携带 USB 接口。USB 设备之间虽然都会表现出一些基本特点，但是根据不同需求和应用场合又可以分为多个不同类型，相同类型的设备具有更多的共通行为和特征，这也简化了设备驱动的设计。因此，USB 协议也将具有特定属性与服务同一种类型的设备归为一个类，提供相似格式的数据传输方式的设备属于同类的设备。所以，USB 协议也划分为 Video Class、HID Class、Audio Class 以及 Communication Device Class(CDC)四个大类。其中，基于 CDC 技术的实现包括:虚拟串口、虚拟网口、ATM 和 ISDN。目前主流的操作系统(如:Windows、Linux)都已经支持 CDC 类协议中的虚拟串口与虚拟网口功能，这样只要按照 CDC 类的描述，在下位机上配置 USB 即可。虚拟串口结构如图 5.54 所示。

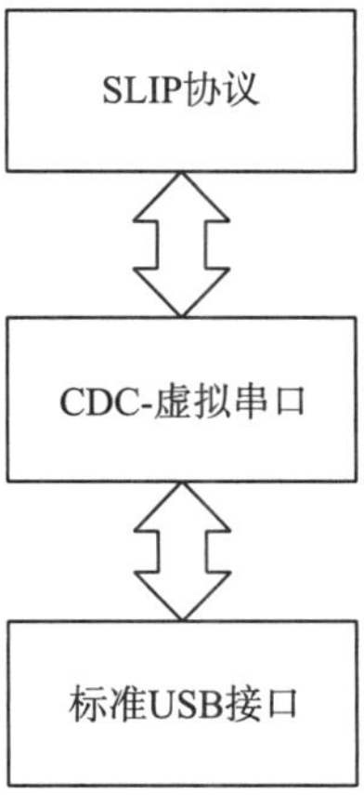

图 5.54　虚拟串口结构

为了方便 6LoWPAN 传感器网络汇聚网关与 Linux 主机之间的数据传输，本书使用 SLIP 协议来传输数据。SLIP 是串行线路 IP 的缩写，是一个包组帧协议，定义了在串行线路上将数据包封装成帧的一系列字符，用于在两点之间的线路上传输 TCP/IP 协议数据。它作为一个通用的格式，很早就被 Windows、Linux 等操作系统支持。因此，在本书中，边界路由设备与主机之间选用 SLIP 协议进行数据传输。底层的 USB 接口使用虚拟串口模式，为 SLIP 协议提供支持。USB 虚拟串口数据服务流程如图 5.55 所示。

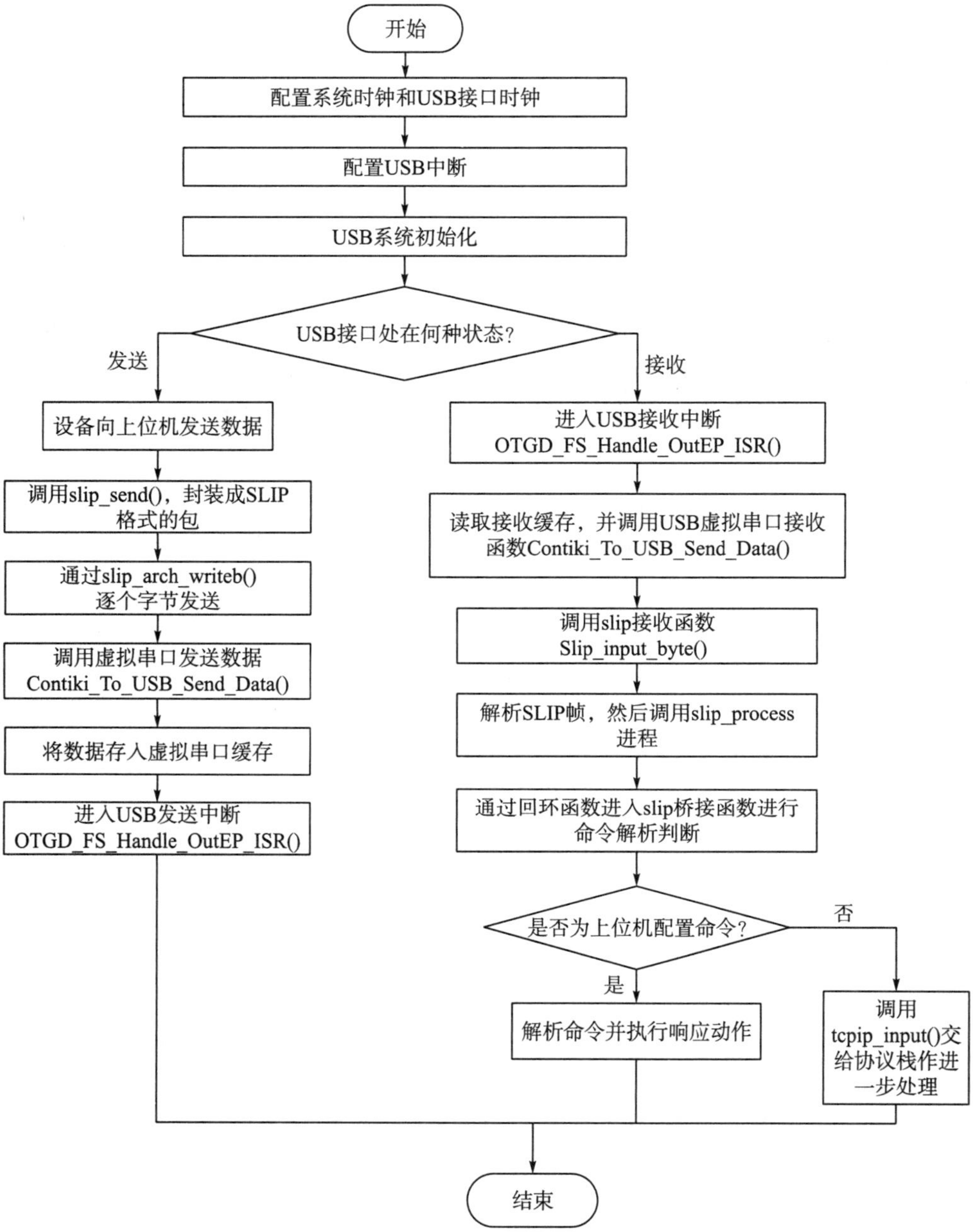

图 5.55 USB 虚拟串口数据服务流程

2. 上位机获取信道信息

在代码中找到 SLIP_input_callback(void)函数，这个函数当中定义了很多上位机发送的命令。uip_buf[]所有的命令都存放在这个 buf 当中。对每一位进行判定即可将命令对应的功能实现。“if(uip_buf[0] == '！')”判定 buf 的第一个字节是否为感叹号，对应的 ASCII 代码为十进制的 33，由于命令都是 16 进制的，则转换 16 进制为 21。若命令的第一个字节为 21，则进行下一个 buf 的判定。通过观察第二个 buf 的判定可以得出，其命令已经到了 41。则获取设备的信道信息应该将其设为 42。通信协议采用 SLIP 协议，所以命令格式前后都应该加上一个字节的 C0。

返回信道信息函数，里面的 channelid 为 IoT 设备的信道信息。由于这个函数是在 uz2400.c 工程文件当中宏定义的，要使用此变量必须在所使用工程文件前面进行声明。

声明之后才可以对变量进行操作和使用。函数直接是返回一个 uip_buf[]，buf 的第一字节定义为一个‘？’，ASCII 码 16 进制下为 3F。第二字节赋值为所需要的变量信息，并通过 SLIP_send 函数发送给上位机。

3. 上位机获取传感器信息

1) 构造命令

获取节点信道信息将采用 43。判定输入命令的 buf 第二字节为 43 后，对节点的地址变量 node_ipaddr 先初始化再进行赋值。赋值的范围从第四个字节开始到后面的 16 个字节。

通过 UDP 将 01 03 这个私有命令发出去，首先申请新的源端口，再与节点的端口号进行绑定，再将所有的私有命令发送出去即可。发送成功之后，应该释放 UDP 连接，避免占用端口，造成端口堵塞。

通过 Packet Sniffer 协议分析工具对 2.4G 信道在空中抓包进行分析可得如图 5.56 所示的数据包(十六进制表示)。

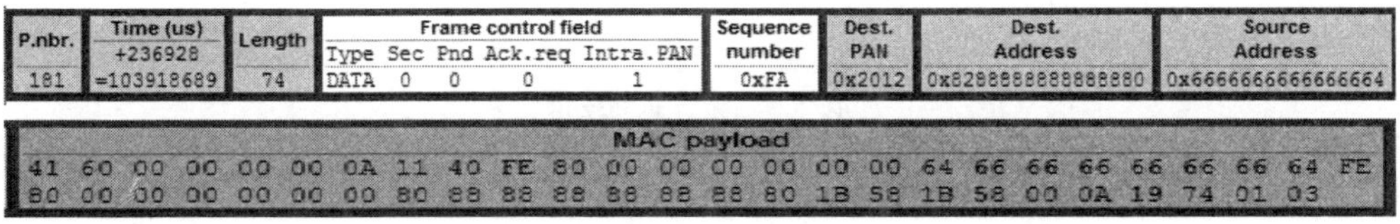

图 5.56　UDP 发送出去的命令报文

说明：IPv6 报文如图 5.56 MAC payload 中所示：60 00 00 00 00 0A 11 40 为 IP 报头；FE 80 00 00 00 00 00 00 64 66 66 66 66 66 66 64 为 IoT 设备的地址，即 IP 报文的源地址；FE 80 00 00 00 00 00 00 80 88 88 88 88 88 88 80 为不带传感器的节点的地址，即 IP 报文的目的地址；1B 58 1B 58 00 0A 19 74 为 UDP 头部，包括源端口号和目的端口号，还有 2 个字节的长度，剩余 2 个字节为的校验和；01 03 为命令让 IoT 发送的载荷。

通过对空抓包分析可以得出，命令控制 IoT 设备向指定不带传感器的节点发送 01 03 的载荷信息成功。

2) 节点构造响应报文

函数中若收到报文则对报文的应用层载荷每个字节进行判定：由于我们统一的第一字节都为 01，所以将 buf 中的第二个字节进行判定。有三种情况，可以采用 switch 判定。

(1) 01：获取节点信息。当 IoT 设备发送 01 01 的载荷，节点收到信息后，将节点的类型和编号进行封装，再放回给 IoT 设备。

(2) 02：获取节点的拓扑信息，节点收到 01 02 的载荷，将其父节点信息和本身节点信息返回给 IoT 设备。

(3) 03：不带传感器的节点收到 01 03 载荷返回节点的信道信息。

边界路由设备通过 USB 接口与后台 Linux 主机连接，USB 以虚拟串口形式运行，Linux 主机与边界路由设备之间的数据封装在 SLIP 帧中传输。边界路由设备位于 6LoWPAN 网络的边缘，具有比较丰富的资源，能够对 6LoWPAN 网络进行一定程度的管理和配置。其配置命令来自 GUI 人机交互界面或者后台守护程序，封装在 SLIP 帧之中，其格式如图 5.57 所示。

SLIP头	请求/响应	命令类型	命令长度	命令内容	SLIP尾
CO	1字节	1字节	1字节	不定	CO

图 5.57　SLIP 配置命令格式

(1) SLIP 协议规定帧的开头和结尾都必须是“CO”；

(2) 紧随 SLIP 头的域用一个字节表示该命令为请求命令还是响应命令，如“0x21”表示请求命令，“0x3F”表示响应命令；

(3) 命令类型标识了命令的功能，具体如表 5.4 所示；

(4) 命令长度标识了命令内容的具体长度，便于处理；

(5) 命令内容包含具体的命令实体。

表 5.4　命令描述列表

命令类型	命令描述	内容长度
0x41	MAC 地址配置	8 字节
0x50	IPv6 地址前缀配置	8 字节
0x31	IEEE802.15.4PANID 标识符	2 字节
0x32	RPL InstanceID 配置	1 字节
0x33	IEEE 802.15.4 网络信道配置	1 字节
0x34	分段时间配置	1 字节
0x35	获取节点信息	16 字节
0x36	6LoPWAN 压缩方式配置	1 字节
0x37	RPL 路由策略配置	1 字节
0x39	射频发送功率配置	1 字节
0x40	获取节点拓扑信息	16 字节

5.9.2　关键程序清单

设计目标：学习 SLIP 协议帧格式以及上位机获取协调器和节点信息的控制命令构造。

实现功能：构造配置前缀、获取协调器和节点的信道信息指令。

(1) SLIP 构造请求指令的代码示例：

```
/*--获取 IoT 设备的信道信息-*/
if(uip_buf[1] == 0x42)
{
    PRINTF("Got configuration message of type %c\n", uip_buf[1]);
    PRINTF(" getting channel_info: ");
    PRINTF("\n");
    ack_channel_info();             //返回信道信息
 }
/*-获取节点设备的信道信息-*/
else if(uip_buf[1] == 0x43)
{
    memset(&node_ipaddr, 0, 16);
    memcpy(&node_ipaddr, &uip_buf[4], 16);
    PRINTF(" Setting node_ipaddr: ");
    PRINT6ADDR(&node_ipaddr);
    PRINTF("\n");
    get_node_channel_info(node_ipaddr);
}
```

(2) 以返回协调器信道信息和返回节点信道信息的函数为例的代码示例：

```
void ack_channel_info(void)
{
    uip_buf[0] = '?';
    uip_buf[1] = channelid;
    uip_len = 2;
    SLIP_send();
    uip_len = 0;
}
/*---------------------------*/
void get_node_channel_info(uip_ipaddr_t ipaddr)
{
    uip_ipaddr_t destipaddr;
    uint8_t get_node_channel_info[2] ={0x01, 0x03};
    server_conn = UDP_new(NULL, uip_htons(0), NULL);
    for(int i=0; i<8; i++) ipaddr.u16[i]=(ipaddr.u16[i]<<8)|(ipaddr.u16[i]>>8);
```

```
        uip_ip6addr(&destipaddr, (uint16_t)ipaddr.u16[0], (uint16_t)ipaddr.u16[1],
        (uint16_t)ipaddr.u16[2], (uint16_t)ipaddr.u16[3], (uint16_t)ipaddr.u16[4],
        (uint16_t)ipaddr.u16[5], (uint16_t)ipaddr.u16[6], (uint16_t)ipaddr.u16[7]);
        uip_ipaddr_copy(&server_conn->ripaddr, &destipaddr);
        server_conn->rport = UIP_HTONS(7000);
        if(server_conn == NULL)
        {
            PRINTF("No UDP connection available, exiting the process! \n");
        }
        UDP_bind(server_conn, UIP_HTONS(7000));
        uip_UDP_packet_send(server_conn, get_node_channel_info, 2);
        //释放 UDP 连接
        server_conn->lport = uip_htons(0);
        server_conn->rport = uip_htons(0);
        server_conn->ttl = 0;
        uip_ip6addr(&server_conn->ripaddr, 0, 0, 0, 0, 0, 0, 0, 0);
}
```

(3) 响应报文的函数示例：

```
    if(((char *)uip_appdata)[1]==0x03)
    {
        ans_sensor_info[0] = 0x11;
        ans_sensor_info[1] = 0x03;
        ans_sensor_info[2] = buf[1];
        ans_sensor_info[3] = buf[2];
        ans_sensor_info[4] = channelid;
        uip_UDP_packet_send(cmd_conn_port, ans_sensor_info, 5);
}
```

5.9.3 实例操作步骤

(1) 搭建实验环境。

硬件条件：PC 机一台、J-Link 下载器一个、IoT 设备两个、配线若干。

软件条件：IAR for ARM 5.50.1、J-Link 仿真器驱动程序、Source Insight、Packet Sniffer 协议分析工具、Commix 串口调试工具。

编译下载时的实物连接方式和实验时的实物连接分别如图 5.6、图 5.7 所示。

(2) 打开并解压“\基于 IPv6 的物联网研发平台\光盘资料\源码包\进阶实验\源码包”

目录下的源码包.rar 实验工程压缩包。

(3) 将“不带传感器的节点”代码进行编译，并下载到 IoT 设备 1 中。

(4) 将“边界路由器节点”的代码进行编译，并下载到 IoT 设备 2 中。

(5) 打开平台配套光盘目录下的工具和软件\串口调试中的 Commix.exe，将命令输入到如图 5.58 所示的发送框格中。

图 5.58　编辑发送

(6) 点击发送，发送成功后在 Commix.exe 软件中可以看到 IoT 设备的前缀配置成功，如图 5.59 所示。

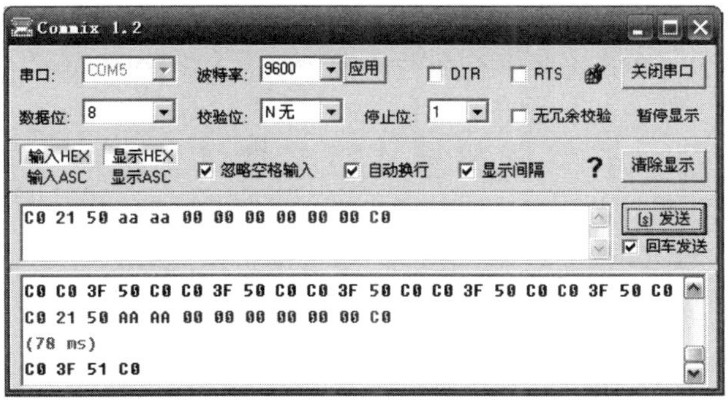

图 5.59　前缀配置成功

(7) 发送的命令在下面的显示窗口是以绿色字符显示，发送成功后，可以看到 IoT 设备返回了一个 C0 3F 51 C0 的命令，与私有命令集.txt 文件当中后缀后面回复的信息相同，表示给 IoT 设备的前缀配置成功了。

(8) IoT 设备配置成功后，在 Commix.exe 软件中输入刚刚定义的 C0 21 42 C0 命令并发送，如图 5.60 示。

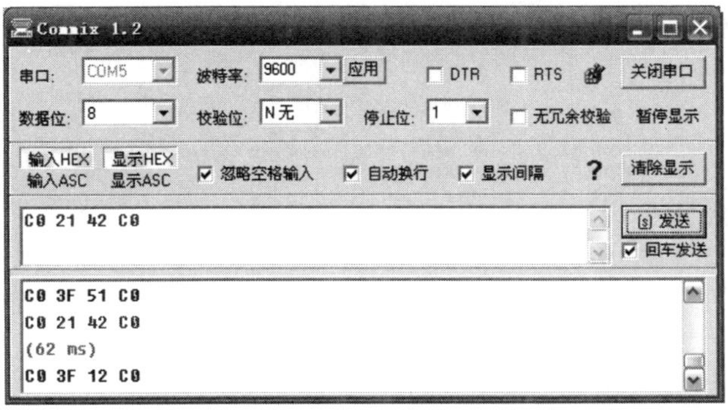

图 5.60　返回信道信息

(9) 命令发送成功之后返回了一个 C0 3F 12 C0 的信息，与编写代码返回的 buf 信息对应，表示上位机获取 IoT 设备信道信息命令成功，12 表示信道信息。

(10) 通过 UDP 将 01 03 这个私有命令发出去，首先申请新的源端口，再与节点的端口号进行绑定，再将所有的私有命令发送出去即可。发送成功之后，应该释放 UDP 连接，避免占用端口，造成端口堵塞。打开协议分析仪 Packet Sniffer 收到协调器向不带传感器的节点发送请求的数据包，如图 5.61 所示。

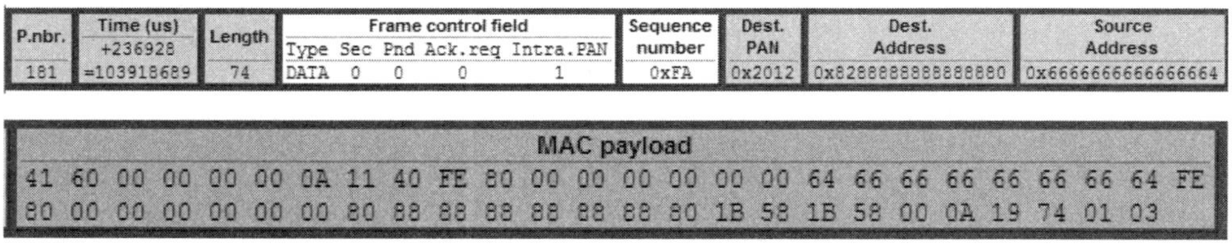

图 5.61　协调器发送请求

(11) 在软件 Commix.exe 中发送之前构造好的命令，如图 5.62 所示。

图 5.62　构造请求节点信道信息的命令

(12) 命令发送完毕后，可以在下面窗口看到对应不带传感器的节点返回的信息 C0 3F 11 03 88 01 12 C0。由于采用的是 SLIP 通信协议。前后的 C0 只是 SLIP 协议的封装。IoT 设备通过守护程序向上位机发送数据时，有两种数据：一种是发送给 GUI 人机交互界面的数据，还一种是发送给 sniffer 分析软件的数据。为了以示区别，在发往 GUI 人机交互界面的数据前面加上个 3F，而在 sniffer 分析软件的数据前面加上 66 ab。剩余的 11 03 88 01 12 与我们在 client.c 工程文件中构造的载荷完全相同，12 就是节点的信道信息。如图 5.63 所示。

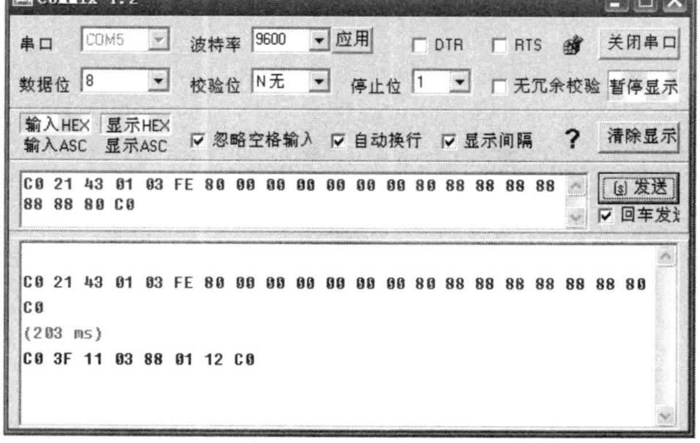

图 5.63　不带传感器的节点返回信道信息

第 6 章　综合开发实践

本章主要介绍协议栈整体开发、传感器节点开发、6LoWPAN 子网路由开发和网关开发实验等内容。基于 IPv6 的物联网研发平台协议栈软件的设计以 Contiki 操作系统为基础，6LoWPAN 协议栈软件层次结构基于传统 5 层的参考模型。协议栈结构以及各层的主要协议与功能如图 6.1 所示。

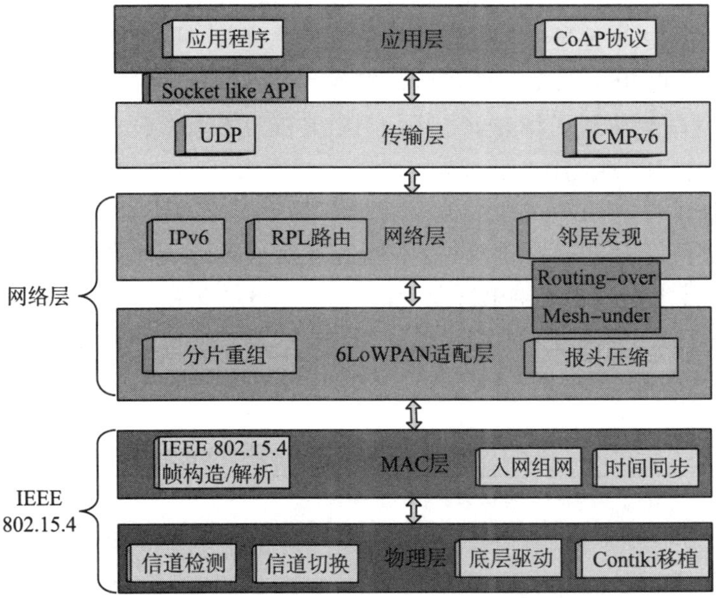

图 6.1　6LoWPAN 协议栈结构以及各层的主要协议与功能

为了实现 IPv6 协议运行在以 IEEE 802.15.4 为底层的传感器网络上，适配层主要完成 IP 报文的分片重组、报头压缩以及 Mesh 路由等功能，为 IPv6 网络层提供服务支持，并为 MAC 层提供服务接口，从而屏蔽 IPv6 与 IEEE 802.15.4 协议之间的差异。6LoWPAN 协议栈的应用层运行 CoAP 协议或者私有自定义协议，通过 UDP 套接字程序接口进行应用层数据的封装与解析；传输层运行 UDP 协议，为上层提供类似于套接字的接口；网络层运行轻量级的 IPv6 协议栈，包括精简的邻居发现协议，同时实现了 RFC 6550 定义的 RPL 路由协议主体框架，为网络层的 route-over 路由转发提供支持；适配层以下的 MAC 层实现 IEEE 802.15.4 帧的封装与解析并为上下层提供服务接口；物理层实现信道切换、Contiki 系统移植以及各种驱动程序设计，包括 STM32 的 USB 接口驱动、串口驱动、UZ2400 射频芯片驱动程序设计以及多种传感器驱动等。

6.1 6LoWPAN 协议栈开发

6.1.1 问道 6LoWPAN 协议栈

1. 6LoWPAN 协议标准化情况

IEEE 802.15.4 目前已经广泛应用于工业控制、农业检测、智能家居和智能电网等领域，展现出巨大的应用潜力。工业无线领域的国际三大标准 WirelessHART、ISA100.11a 和 WIA 都采用 IEEE 802.15.4 作为物理层标准。以 IEEE 802.15.4 为基础的无线传感网节点密度高、人工管理难度大，而且迫切需要接入互联网，因而与 IP 技术的结合成了必然需求。然而传统的 IPv4 地址资源已经枯竭，难以满足传感网节点的巨大数量需求，作为下一代互联网协议的 IPv6 以其巨大的地址空间和高效的头部设计能够很好地满足无线传感器网络需求，这样就出现了将 IPv6 运用于 IEEE 802.15.4 的 6LoWPAN 技术。与此同时，6LoWPAN 技术的出现和应用，反过来推动了互联网由 IPv4 向 IPv6 的过渡。

由于 IPv6 技术与 IEEE 802.15.4 技术结合所展现出来的巨大优势，IETF（互联网工程任务组）于 2004 年 11 月专门成立了 6LoWPAN 工作组，致力于在全世界范围内开放性研究 6LoWPAN 的技术问题并制定出行业标准，并于 2012 年在完成了 6LoWPAN 的适配层后关闭了该工作组。在当时已经标准化了六个 RFC 文档。6LoWPAN 工作组标准化情况如表 6.1 所示。

表 6.1 6LoWPAN 工作组标准化情况

标准类型	RFC 编号（草案名）	标准内容
RFC 标准	RFC 4919（draft-ietf-6lowpan-problem）	6LoWPAN 综述、假设和问题陈述
	RFC 4944（draft-ietf-6lowpan-format）	6LoWPAN 协议主要内容
	RFC 6282（draft-ietf-6lowpan-hc）	6LoWPAN 压缩格式
	RFC 6568（draft-ietf-6lowpan-usecases）	6LoWPAN 设计和应用领域
	RFC 6606（draft-ietf-6lowpan-routing-requirements）	6LoWPAN 路由需求和问题陈述
	RFC 6775（draft-ietf-6lowpan-nd）	6LoWPAN 邻居发现协议

在此之后，有关于支持 IPv6 扩展到新一代无线和有线通信技术的标准工作都交由 IETF 于 2013 年成立的 6Lo 工作组进行拟定。迄今为止 6Lo 工作组已经针对 IPv6 与多种多样的通信技术进行了结合并对它们进行了标准化，其中包括蓝牙 LE（RFC 7668）、ITU-T G.9959（RFC 7428）、MS/TP（RFC 8163）等。并且 6Lo 工作组还延续了 6LoWPAN 工作组之前的一些工作，包括 6LoWPAN 托管对象定义（RFC 7388）、6LoWPAN 通用报头压缩（RFC 7400）等。已标准化了 11 个 RFC 文档，并有多个活跃草案持续更新。6LoWPAN 工作组具体标准化情况如表 6.2 所示。

表 6.2　6LoWPAN 工作组标准化情况

标准类型	RFC 编号(草案名)	标准内容
RFC 标准	RFC 7388(was draft-ietf-6lo-lowpan-mib)	6LoWPAN 托管对象定义
	RFC 7400(was draft-ietf-6lo-ghc)	6LoWPAN 通用报头压缩
	RFC 7428(was draft-ietf-6lo-lowpanz)	通过 ITU-T G.9959 网络传输 IPv6 数据包
	RFC 7668(was draft-ietf-6lo-btle)	低功耗蓝牙(R)上的 IPv6
	RFC 7973(was draft-ietf-6lo-ethertype-request)	采用 LoWPAN 封装为 IPv6 分配一个以太网类型
	RFC 8025(was draft-ietf-6lo-paging-dispatch)	6LoWPAN 寻呼调度
	RFC 8065(was draft-ietf-6lo-privacy-considerations)	IPv6 适配层机制的隐私考虑
	RFC 8066(was draft-ietf-6lo-dispatch-iana-registry)	6LoWPAN 的 ESC 调度代码点和指南
	RFC 8105(was draft-ietf-6lo-dect-ule)	通过 DECT ULE 传输 IPv6 数据包
	RFC 8163(was draft-ietf-6lo-6lobac)	采用主从/令牌传递(MS/TP)网络来进行 IPv6 的传输
	RFC 8505(was draft-ietf-6lo-rfc6775-update)	6LoWPAN 邻居发现的注册扩展
活跃草案(2019 年)	draft-ietf-6lo-ap-nd-12	针对低功率有损网络的地址受保护邻居发现
	draft-ietf-6lo-backbone-router-13	IPv6 骨干路由器
	draft-ietf-6lo-blemesh-06	IPv6 网格通过蓝牙(R)低能耗使用 IPSP
	draft-ietf-6lo-deadline-time-05	6LoWPAN 路由报头中的包交付截止时间
	draft-ietf-6lo-fragment-recovery-08	6LoWPAN 的选择性片段复苏
	draft-ietf-6lo-minimal-fragment-07	6LoWPAN 片段在多跳 IPv6 网络上进行转发
	draft-ietf-6lo-nfc-15	使用 NFC 传输 IPv6 数据包
	draft-ietf-6lo-plc-01	在 PLC 网络下传输 IPv6 数据包
	draft-ietf-6lo-use-cases-08	6Lo 的适用性和用例

2. 6LoWPAN 协议栈的总体设计架构

6LoWPAN 协议栈的设计以 Contiki 节点操作系统为基础，6LoWPAN 协议栈软件层次结构基于传统的五层协议体系，为了实现 IPv6 协议运行在以 IEEE 802.15.4 为底层的传感器网络上，在 OSI 模型基础上增加了 6LoWPAN 适配层，适配层主要完成 IP 报文的分片重组、报头压缩以及 Mesh 路由等功能，为 IPv6 网络层提供服务支持，并为 MAC 层提供服务接口，从而屏蔽 IPv6 与 IEEE 802.15.4 协议之间的差异。

IPv6 边界路由器基于 Contiki 平台实现，边界路由器节点与 6LoWPAN 子网节点有不同的功能，因此在 Contiki 协议栈中需要设计不同功能的进程来完成相应的功能。根据 Contiki 的事件驱动内核的进程调度机制，以及各层次功能逻辑关系表述了边界路由器各层的报文处理、数据通信以及具体功能的实现，其协议栈架构如图 6.2 所示。

由协议栈架构可知，基于 IPv6 的物联网研发平台协议栈的应用层运行 CoAP 协议或者传感器应用程序，通过 UDP 套接字程序接口进行应用层数据的封装与解析；传输层运行 UDP 协议，为上层提供类似于套接字的接口；网络层运行轻量级的 IPv6 协议栈，包括精简的邻居发现协议，同时实现了 RFC6550 定义的 RPL 路由协议主体框架，为网络层的 route-over 路由转发提供支持；适配层以下的 MAC 层实现 IEEE 802.15.4 帧的封装与解析并为上下层提供服务接口；物理层实现信道切换、Contiki 系统移植以及各种驱动程序设计，包括 STM32 的 USB 接口驱动、串口驱动、UZ2400 射频芯片驱动程序设计以及多种传感器驱动等。

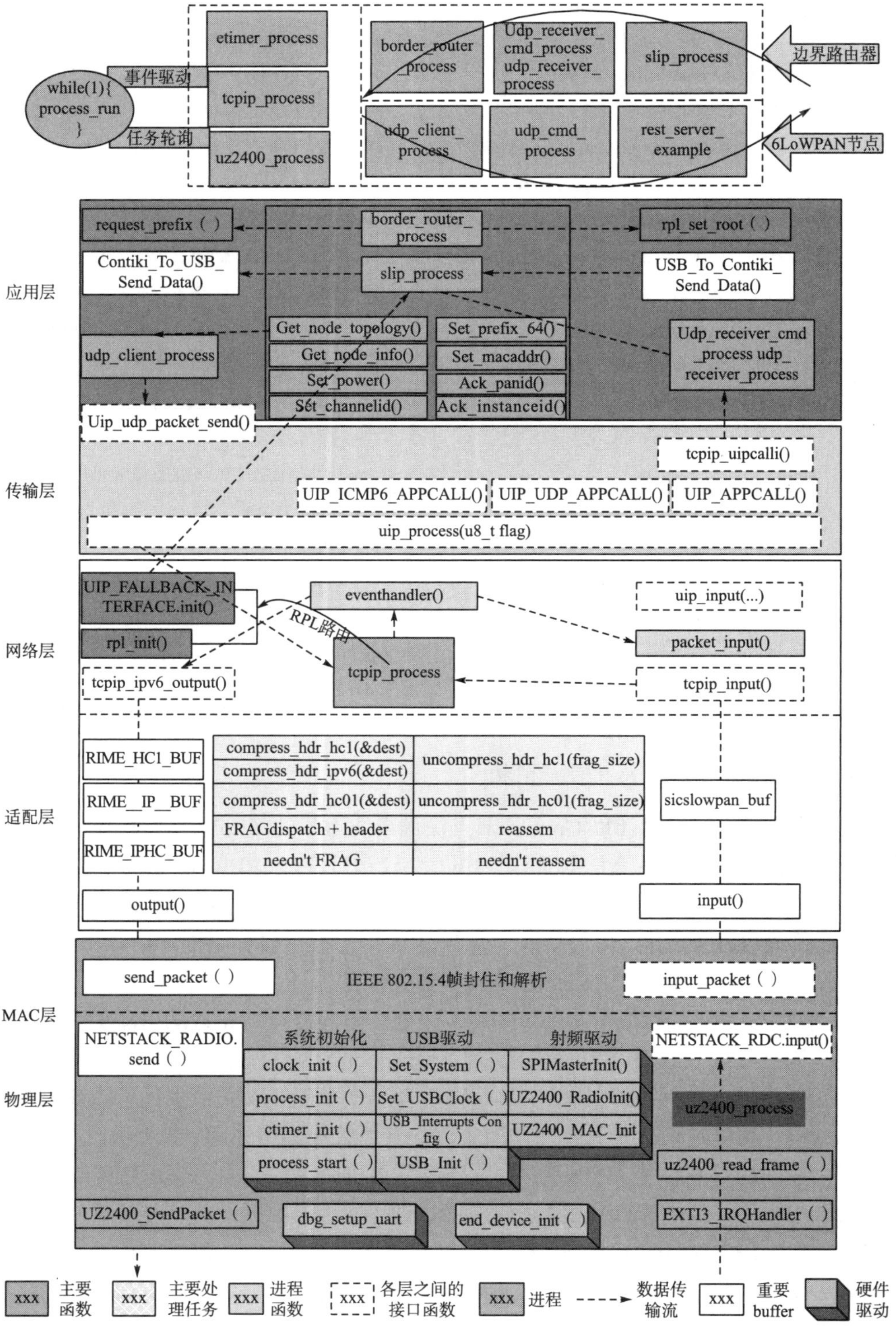

图 6.2 协议栈架构

3. IoT 设备协议栈软件设计

IoT 设备的软件开发基于 Contiki 3.0 源代码，在 IoT 设备的开发中，Contiki 源代码中部分功能可以直接使用，以减少工作量，在此基础上主要还需做以下工作：

(1) 移植 Contiki 3.0 到 STM32F103 硬件平台；

(2) Contiki 中 UZ2400 芯片的驱动程序的设计；

(3) Contiki 中 STM32F103 芯片的 USB 驱动程序的移植与功能调试；

(4) Contiki 中 MAC 层协议的完善；

(5) Contiki 中 6LoWPAN 适配层协议的完善；

(6) Contiki 中 RPL 路由协议的移植和改进；

(7) Contiki 中传感器节点应用程序的设计与实现。

4. 协议栈模块化设计

协议栈的功能实现主要由以下几个模块共同协作完成，各个模块所实现的功能描述如下：

1) 射频芯片驱动与移植模块

IoT 设备使用重庆邮电大学和达盛电子股份有限公司共同研发的 UZ2400 射频芯片，而 Contiki 目前并不支持这种芯片，因此，需要在 Contiki 上移植该芯片的驱动程序，并利用 STM32F103 芯片的 SPI 接口来对其进行控制。

2) USB 功能模块

IoT 设备必须简单易用，且具有通用接口，需要支持标准 USB 接口，即插即用，因此需要在 Contiki 中移植并调试 STM32F103 的 USB 驱动程序。而且上位机也需要开发相应的软件来处理 IoT 设备的数据。USB 协议比较复杂，标准的 USB 接口包含四种基本的数据传输类型：控制数据传送、批量数据传送、中断数据传送和同步数据传送。在 IoT 设备的开发中，必须考虑物联网数据传输特点，选择一种有效的传输方式，实现 IoT 设备与上位机的即插即用。

3) 6LoWPAN 数据通信模块

在 6LoWPAN 子网节点数据处理的过程中，重点是网络层报文头部的解析以及数据包的接收、转发和路由等功能，并考虑适配层协议的特定功能。数据服务主要包括：数据帧的装载/解析、发送/接收、适配层分片/重组、报头压缩/解压缩等。

4) 路由转发模块

6LoWPAN 边界路由器能够实现 IPv6 传感网与外部 IPv6 网络之间的数据转发和路由，使得异构网络之间能够互联互通。核心在于网络层 IPv6 报文的处理和转发，因此协议栈中网络层必须支持标准的 IPv6 协议。

5) 管理/配置模块

边界路由器位于 6LoWPAN 网络的边缘，具有比较丰富的资源和较为强大的处理能力，能够对 6LoWPAN 网络进行一定程度的管理和配置，将命令封装在 SLIP 帧之中。

Contiki 目前已经支持 RPL 协议，为了更好地应用于工业物联网，考虑到可靠性和确定性的需求，必须对其进行改进，使之能够更好地适应于工业应用，并有效地使用在 IoT 设备上。经过调研，Contiki 3.0 已经实现了部分 RPL 的功能，因此，可以充分利用已有资源，进一步改进和完善功能，来提高开发效率，如表 6.3 所示。下面将详细介绍如何实现各个子模块的功能，以及对应协议栈相应各层需要做出的改进与完善。

表 6.3 RPL 协议在 Contiki 协议栈中的支持功能的情况

协议	Contiki 协议栈已有功能	待实现的功能
RPL	DODAG trick timer 的实现 RPL 控制报文：DIS、DIO、DAO、DAO ACK 的实现 本地修复和全局修复	向下路由，存储模式和非存储模式 目标函数功能实现和完善 多种路由指标和限制的支持 通过 DODAG 检测和避免路由环路 “点对点”通信模式 RPL 安全机制 一致性校验

5. 射频模块的设计及实现

前端无线收发模块使用达盛电子股份有限公司的 2.4GHz 频段的 UZ2400 射频模块来实现无线数据的接收和发送。但在 Contiki 平台中不支持这块射频芯片，所以射频驱动程序的设计是实现边界路由器各种功能的基础。

UZ2400 是一款支持 IEEE 802.15.4 协议的无线收发器，主控芯片通过 SPI 通信接口对射频芯片的寄存器进行配置和数据读写。通过对射频芯片相关寄存器的配置，可以设置 IEEE 802.15.4 网络的工作信道、PANID、跳信道选择、MAC 层地址过滤机制等属性。从而在硬件上实现 IEEE 802.15.4 网络的部分功能。

该部分主要包括 SPI 通信接口的初始化以及无线射频接收功能的初始化，从而实现整个射频接收模块与主控制器之间的通信功能。其次就是射频 MAC 层部分参数的配置，程序流程如图 6.3 所示。

主控芯片 STM32F103 与射频芯片 UZ2400 之间通过 SPI 接口连接。为了保证射频通信的稳定性，每次利用 SPI 接口操作射频的时候必须关闭射频芯片的接收/发送中断，等到 SPI 操作完成才打开。UZ2400 正常工作的前提条件是：主控芯片的 SPI 接口驱动正常以及外部中断使能。通过 SPI 接口来配置 UZ2400 相关寄存器控制器的值，然后配置 IEEE 802.15.4 网络信道和 PANID。设置成功以后 UZ2400 就能够正常收发数据。

UZ2400 通过接收中断通知主控芯片已接收到无线数据，然后进入中断服务子程序。其中 Sniffer 模式直接将射频接收到的数据封装固定包头以后传给上位机，而其他模式将数据先放入缓冲队列然后传递给协议栈进一步处理。这主要包括 SPI 的读写操作以及射频收发中对缓存的访问。

1) SPI 读写操作

主控芯片通过 SPI 接口对 UZ2400 的相关寄存器进行读写操作和射频模块初始化配置。因此，主控制器作为 SPI 主机，射频芯片为 SPI 从机。为了保证主机通过 SPI 与从机通信的正确性，每次读写的时候必须关闭外部中断，读写完毕之后再重新开启，以防止外部中断干扰。

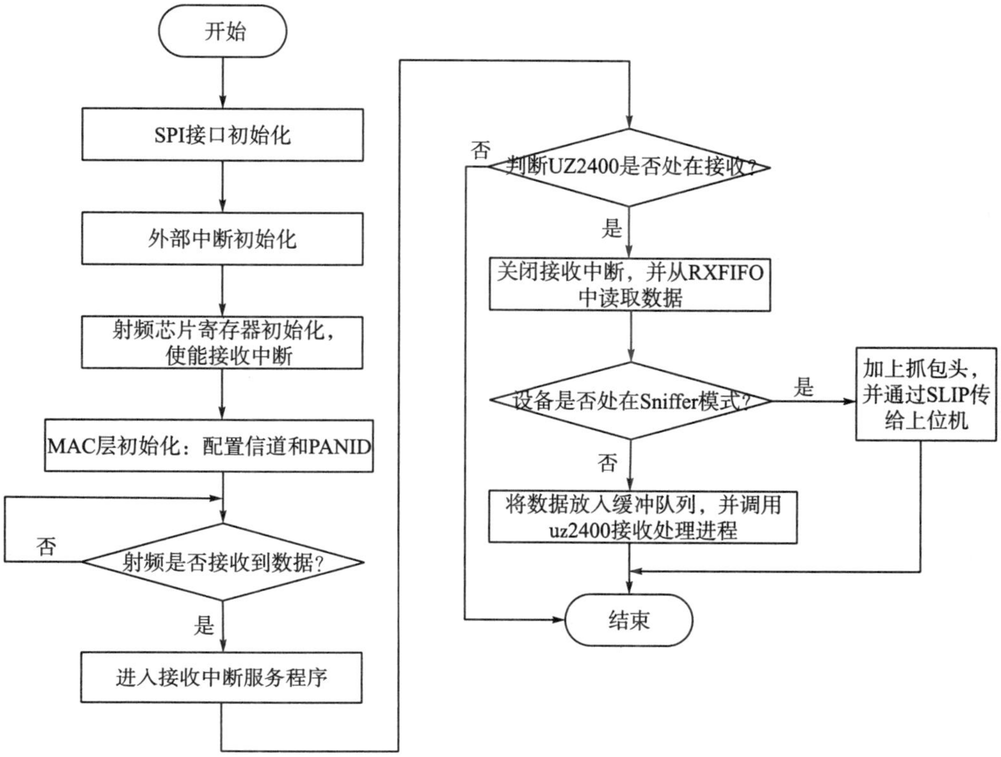

图 6.3 射频驱动程序设计

在任何一个拓扑网络上，所有设备都有一个唯一的 64 位长地址码，该地址可以在 PAN 中用于直接通信，或者当设备之间已经存在连接时，可以将其转变为 16 位短地址码分配给设备。每个独立的 PAN 都有一个唯一的标识符，利用 PAN 标识符，可以使用短位地址进行网络设备间的通信，并且可激活 PAN 网络设备之间的通信。选择标识符的机制不属于 6LoWPAN 标准的范围。IEEE 802.15.4 MAC 层协议分配 16bit 短地址或 64bit 长地址，它的结构体源代码如下：

```
static int is_broadcast_addr(uint8_t mode, uint8_t *addr)
{
    int i = mode == FRAME802154_SHORTADDRMODE ? 2 : 8;
    /*mac 层支持两种地址模式，2 字节或者 8 字节的长短地址*/
    while(i-- > 0)
    {
        if(addr[i] ! = 0xff)
        {
            return 0;
        }
    }
```

```
        return 1;
}
```

整个UZ2400射频芯片的寄存器分为两种，即短地址寄存器和长地址寄存器。短地址寄存器是八位的，而长地址寄存器是通过拆分为高八位和低八位分别进行操作。对两种寄存器的读写操作分别通过以下函数来完成。

```
    uint8_t SPI_READ16(uint16_t addr)
    uint8_t SPI_WRITE16(uint16_t addr, uint8_t value)
    uint8_t SPI_READ8(uint8_t addr)
    uint8_t SPI_WRITE8(uint8_t addr, uint8_t value)
```

其中，SPI_READ16()函数的功能是实现长地址寄存器的读操作，参数为寄存器地址；SPI_WRITE16()函数的功能是实现长地址寄存器的写操作，参数包括寄存器的地址以及要写入的值；SPI_READ8()函数实现短地址寄存器的读操作，参数为寄存器地址；SPI_WRITE16()实现短地址寄存器的写操作，参数为寄存器地址和数值。

短地址模式的八位读写相对比较简单，下面给出长地址模式下十六位读写操作函数的示例：

```
    uint8_t SPI_READ16(uint16_t addr) //16位寄存器读操作
    {
        uint8_t val=0;
        addr =(addr<<5)| 0x8000;
        rf_int_off();                              //关闭外部中断
        SPI_CS_ON;                                 //使能SPI
        SPISendByte(HIBYTE(addr));
        SPISendByte(LOBYTE(addr));       //由高到低发送16位寄存器地址
        val = SPISendByte(0x00);           //获取寄存器的值
        SPI_CS_OFF;                              //关闭SPI
        rf_int_on();                              //开启外部中断
        return val;
    }
    void SPI_WRITE16(uint16_t addr, uint8_t value)//16位寄存器写操作
    {
        addr =(addr<<5)| 0x8010;
        rf_int_off();                                   //关闭外部中断
        SPI_CS_ON;                                       //使能SPI
        SPISendByte(HIBYTE(addr));
```

```
        SPISendByte(LOBYTE(addr));          //由高到低发送 16 位寄存器地址
        SPISendByte(value);                 //发送要写入的值
        SPI_CS_OFF;                         //关闭 SPI
        rf_int_on();                        //开启外部中断
}
```

2)射频发送和接收缓存访问

射频 UZ2400 的接收缓存按照图 6.4 所示的格式进行存放。通过 SPI 读取“0x300”寄存器的数据，就能够访问接收缓存。

图 6.4　接收缓存数据存放格式

UZ2400 发送数据或者接收数据的时候，先将数据存放到缓存里，然后调用相应的发送或接收函数。数据缓存分为发送缓存 TXFIFO 和接收缓存 RXFIFO。对缓存的访问也分为读取和写入。

接收缓存访问控制流程如图 6.5 所示。刷新接收缓存的项包括 addr、len、BUFF_SIZE；关闭外部中断 rf_int_off()；SPI 发送 RXFIFO 地址时，首先需要使能 SPI，然后调用 SPISendByte()函数先后发送地址的高八位和低八位，并对 len 赋值；为了杜绝无效的报文，len 限制最大长度为 127，超过最大长度的帧将被视为错误帧丢弃；LQI 和 RSSI 的值分别

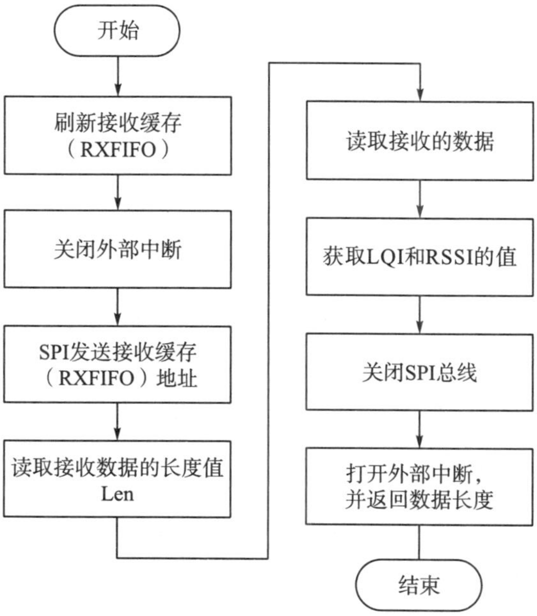

图 6.5　接收缓存访问

被存在 len+1 和 len+2 的数组中，调用 SPISendByte()函数对 frame[len+1]和 frame[len+2]赋值；最后禁止 SPI；返回数据长度；打开外部中断即整个过程完毕，详细请参考第 4 章 4.5 小节“Contiki 点对点收发”。

发送缓存访问控制流程如图 6.6 所示。计算负载的长度 len = payload[1]+2，payload[1]中存放的是原 RXFIFO 中的帧长度，2 字节是后来添加的 LQI 和 RSSI；设置 addr = 0x8010；使能 SPI；调用 SPISendByte()一次发送高八位和低八位的地址；随着 len--，按字节发送载荷 SPISendByte(*payload++)；关闭 SPI 并且打开外部中断；返回数据长度；打开外部中断即整个过程完毕。

发送缓存填充之后，只需要执行一条发送命令，UZ2400 就会按顺序将发送缓存之中的数据通过无线链路发送出去。

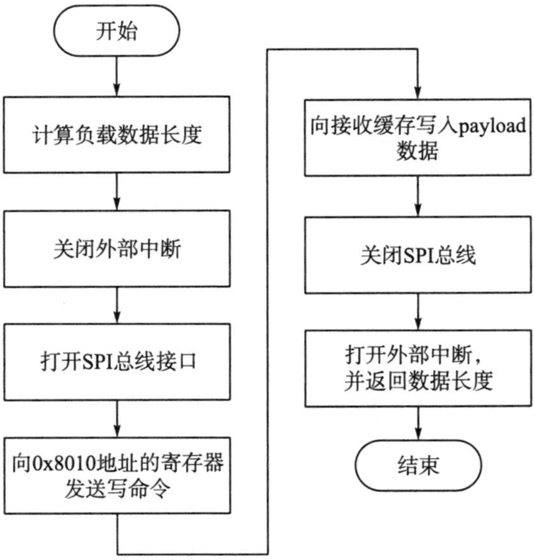

图 6.6　发送缓存访问

6. 射频初始化配置

在实现了对 UZ2400 寄存器的读写操作以及发送/接收缓存的访问之后就可以对射频芯片进行初始化配置。UZ2400 是一款不带有任何控制器的无线射频芯片，整个射频部分包括 35 个寄存器，初始化的时候必须先清除缓存中的数据并复位所有寄存器。然后通过 SPI 逐个配置 UZ2400 的寄存器。

详细的寄存器初始化和 SPI 初始化方法请参考第 4 章的 4.5 节“Contiki 点对点收发”。

7. IEEE 802.15.4 参数初始化

UZ2400 芯片在硬件上支持 IEEE 802.15.4，因此初始化配置完成以后还需要配置 MAC 层的一些参数，如 PANID、信道和 MAC 地址等信息。配置完毕之后必须清除接收缓存(RXFIFO)。

```
void UZ2400_MAC_Init(uint8_t channel)
{
    SPI_WRITE8(PANIDL，LOBYTE(MAC_SRC_PANID))；    //初始化 PANID 第八位的值
    SPI_WRITE8(PANIDH，HIBYTE(MAC_SRC_PANID))；    //初始化 PANID 高八位的值
    SPI_WRITE8(SADRL，LOBYTE(MAC_SRC_SADDR))；    //初始化原地址低八位的值
    SPI_WRITE8(SADRH，HIBYTE(MAC_SRC_SADDR))；    //初始化原地址高八位的值
    if(channel >= 0x0B && channel <= 0x1A)
    {
        SPI_WRITE16(RFCTRL0，((channel - 11)<<4)+0x03)；
    }
    SPI_WRITE8(RXFLUSH，SPI_READ8(RXFLUSH)|0x01)；  //复位 RX FIFO
    SPI_WRITE8(RFCTL，0x04)；
    SPI_WRITE8(RFCTL，0x00)；
}
```

8. USB 模块设计与实现

USB(通用串行总线)是广泛使用在计算机等电子设备上的一种串口总线标准协议，其最大的特点是支持热插拔和即插即用。当设备插入主机时，主机自动枚举此设备并加载驱动程序，而且大部分的 USB 设备小巧轻便，使用非常方便。USB 协议规定了控制传输、同步传输、中断传输和批量传输四种传输模式。

虽然 USB 协议是通用的标准，但是随着 USB 的广泛使用，各种嵌入式设备也逐渐携带了 USB 接口。USB 设备根据不同需求和应用场合可以分为多个不同类型，处于同一类的设备具有更集中的行为和特征，这种分类方式简化了 USB 设备驱动的设计。因此，USB 协议也将具有特定属性与服务同一种类型的设备归为一个类，提供相似格式的数据传输模式的设备属于同一类设备，主要可划分为：Video Class、HID Class、Audio Class 以及通信设备类(CDC)四个大类。其中，基于 CDC 技术的实现包括：虚拟串口、虚拟网口、ATM 和 ISDN。目前主流的操作系统(如：Windows、Linux)都已经支持 USB 驱动中的 CDC 类的虚拟串口。这样只要按照 CDC 类的描述方式在下位机上配置 USB 接口就能实现。

如图 6.7 所示，基于 IPv6 的物联网研发平台所设计的边界路由设备使用虚拟串口模式与上位机对接，然后在虚拟串口之上的数据传输使用 SLIP 协议。这样有效地统一了数据传输的格式。

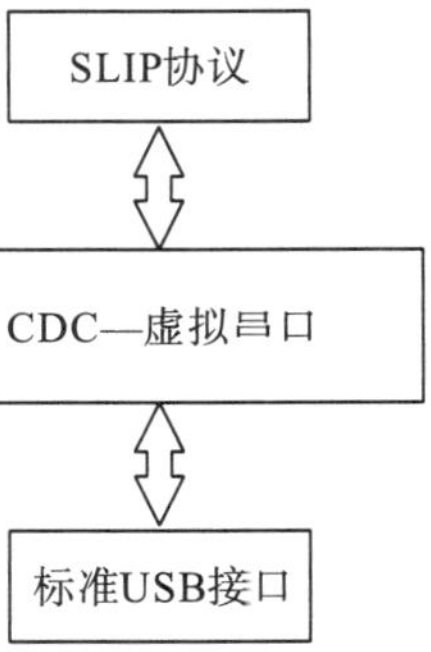

图 6.7 USB 虚拟串口结构

在 Contiki 中实现 STM32 主控芯片的 USB 虚拟串口工作模式的数据结构为：

```
DEVICE_PROP Device_Property =
{
    Virtual_Com_Port_init,
    Virtual_Com_Port_Reset,
    Virtual_Com_Port_Status_In,
    Virtual_Com_Port_Status_Out,
    Virtual_Com_Port_Data_Setup,
    Virtual_Com_Port_NoData_Setup,
    Virtual_Com_Port_Get_Interface_Setting,
    Virtual_Com_Port_GetDeviceDescriptor,
    Virtual_Com_Port_GetConfigDescriptor,
    Virtual_Com_Port_GetStringDescriptor,
    0,
}
```

Device_Property 定义了 USB 设备虚拟串口的属性。其中包括：虚拟串口的初始化、复位、状态、串口状态设置、控制信息、设备描述符以及最大的数据包长度(64 字节)等信息。

当 IPv6 边界路由器工作为 IEEE 802.15.4 网关的时候，为了提供通用的网关与 Linux 主机之间的数据传输方式，本书将使用 SLIP 协议来封装数据。SLIP 协议定义了在串行线路上将数据包封装成帧的一系列字符，用于在两点之间的线路上传输 TCP/IP 协议数据。作为一个通用的格式，很早就被 Linux、Windows 等操作系统支持。因此在本书中，Linux 后台程序可以直接调用 SLIP 模块来接收数据，而不必设计其他的数据传输格式。USB 通信模块的程序设计流程如图 6.8 所示。

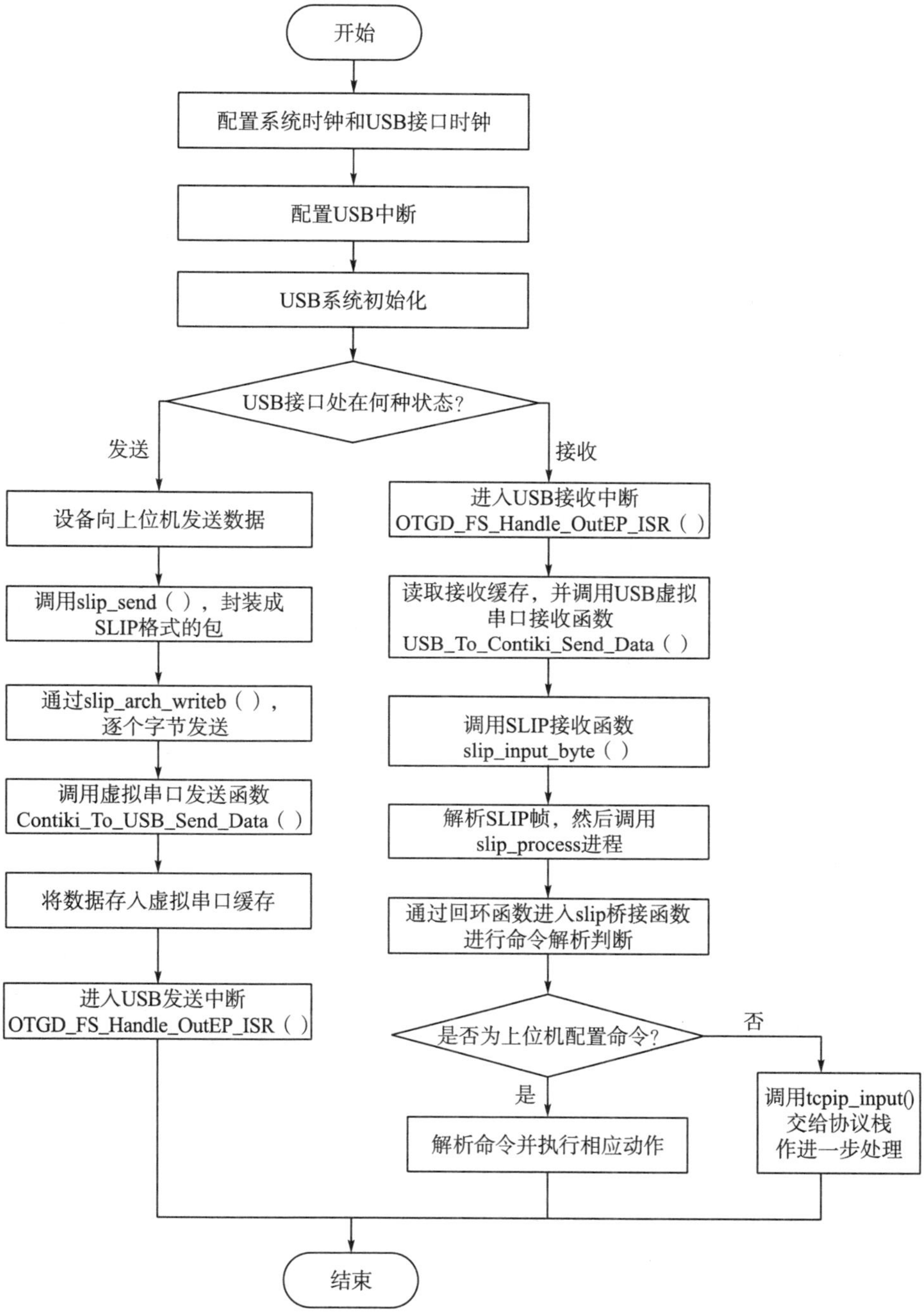

图 6.8　USB 模块流程图

设备通电以后 USB 模块设置时钟和 USB 中断，然后初始化 USB 系统，当 USB 设备需要向上位机发送数据时，先将缓存中的数据封装成 SLIP 格式的包，然后调用 Contiki 系统的 SLIP 发送模块，SLIP 实际上是构建在虚拟串口上的报文格式。然后通过 USB 发送中断将数据发送出去。当需要上位机向 USB 设备传输数据的时候，会产生 USB 接收中断，在中断服务函数中调用上层的 SLIP 接收函数，并通过 SLIP 桥接函数解析接收到的命令的类型，并执行相应的命令或者传递给上层协议处理。

9. 6LoWPAN 数据通信模块的设计与实现

1) MAC 层

通用的 IEEE 802.15.4 MAC 层帧结构由 MAC 层帧头、MAC 层载荷和 MAC 层帧尾组成。MAC 层帧头的子字段顺序是固定的，其中 6LoWPAN 报文包含在数据帧载荷中。

IEEE 802.15.4 MAC 层报文格式如表 6.4 所示。

表 6.4 IEEE 802.15.4 MAC 层报文格式

2 字节	1 字节	0/2 字节	0/2/8 字节	0/2 字节	0/2/8 字节	0/5/6/10/14 字节	可变	2 字节
帧控制域	序列号	目的 PAN 标识符	目的地址	源 PAN 标识符	源地址	辅助安全头	帧载荷	帧校验序列
		地址子字段						
MAC 层帧头							MAC 层载荷	MAC 帧尾

当 MAC 层子模块被调用时，则将所传递来的数据按照 IEEE 802.15.4 标准所规定的帧格式进行逐比特位地解码。首先，读取出物理层帧头，即 1 字节的帧长度(实际上，只由低 7 比特位表示物理层的负载长度)。然后，依次读取 MAC 层的帧控制域 2 字节和 1 字节的序列号，根据 IEEE 802.15.4 帧格式，解析帧控制域的各子字段，得到帧类型、安全使能标志、源和目的地址的寻址模式、协议版本号等信息；根据这些子字段所代表的含义，解析 MAC 层地址子字段，得到源、目的的 PANID 和地址(该地址即 LoWPAN 网络中的本地链路地址)，并根据安全使能标志确定是否需要解析辅助安全头。接着，根据帧类型，解析 MAC 层的负载，若是 MAC 命令帧或信标帧或 ACK 确认帧，则解析出具体含义；若是数据帧，则将 MAC 层的负载传递给适配层子模块进行处理。最后，根据物理层的帧长度和 MAC 层的帧头的长度，计算得出 MAC 层的帧尾，得出 16 比特位的帧校验序列。封装过程与解析过程相似，封装过程是倒叙封装，解析过程是正序解析。MAC 层 send_packet() 函数和 input_packet() 函数分别完成封装与解析的功能。下面给出 IEEE802.15.4 标准规定的帧控制域定义：

```
#define FRAME802154_BEACONFRAME       (0x00)
#define FRAME802154_DATAFRAME         (0x01)
#define FRAME802154_ACKFRAME          (0x02)
#define FRAME802154_CMDFRAME          (0x03)
#define FRAME802154_BEACONREQ         (0x07)
#define FRAME802154_IEEERESERVED      (0x00)
#define FRAME802154_NOADDR            (0x00)
#define FRAME802154_SHORTADDRMODE     (0x02)
#define FRAME802154_LONGADDRMODE      (0x03)
#define FRAME802154_NOBEACONS         (0x0F)
```

```
#define FRAME802154_BROADCASTADDR      (0xFFFF)
#define FRAME802154_BROADCASTPANDID (0xFFFF)
#define FRAME802154_IEEE802154_2003 (0x00)
#define FRAME802154_IEEE802154_2006 (0x01)
#define FRAME802154_SECURITY_LEVEL_NONE (0)
#define FRAME802154_SECURITY_LEVEL_128 (3)
```

具体的封装与解析代码请参考 sicslowmac.c 代码，对应到 5.2 小节的相关内容。

2) 6LoWPAN 数据服务

在 6LoWPAN 子网节点数据处理的过程中，重点是网络层报文头部的解析以及数据包的接收、转发和路由等功能，并考虑适配层协议的特定功能以及 RPL 路由协议的实施。数据服务主要包括：数据帧的装载/解析、发送/接收、适配层分片/重组、报头压缩/解压缩、基于 IPv6 的无线传感器网络路由选择等。RFC4944 定义了 6LoWPAN 适配层，以屏蔽 IPv6 与 IEEE 802.15.4 两种协议之间的差异性。

6LoWPAN 传感器节点通过 etimer 定时器控制数据的发送，并在网络层进行路由选择，如果能够找到有效的下一跳地址，则正常发送，否则丢弃；无线数据的接收通过射频中断来判断，然后调用上层的网络接口进行协议处理，如果是发送给自己的数据包则进一步解析，否则进行路由转发或者丢弃。6LoWPAN 数据发送与接收服务流程如图 6.9 所示。

在 6LoWPAN 数据发送和接收的通信过程中，各层的协议数据单元是分层封装的，上下层之间通过接口函数传递参数和缓存数据。在本平台中，每一层的接口函数都使用同样的初始化方式，各层接口初始化函数如下：

```
void netstack_init (void)
{
    NETSTACK_RADIO.init ();
    NETSTACK_MAC.init ();
    NETSTACK_NETWORK.init ();
}
```

其中，“NETSTACK_RADIO.init”是底层射频驱动的接口初始化函数，“NETSTACK_MAC.init”和“NETSTACK_NETWORK.init”分别是数据链路层和网络层的初始化接口函数。将每一层的接口都设计为相似的数据结构，有利于降低程序设计的复杂度。

NETSTACK_RADIO：底层射频驱动接口的数据结构，定义了射频的初始化、发送和接收等操作都通过该结构体指定的函数指针成员来完成，如 (* init) (void)、(* send) (void) 和 (* receive) (void)；驱动接口的初始化函数代码编写模板如下所示：

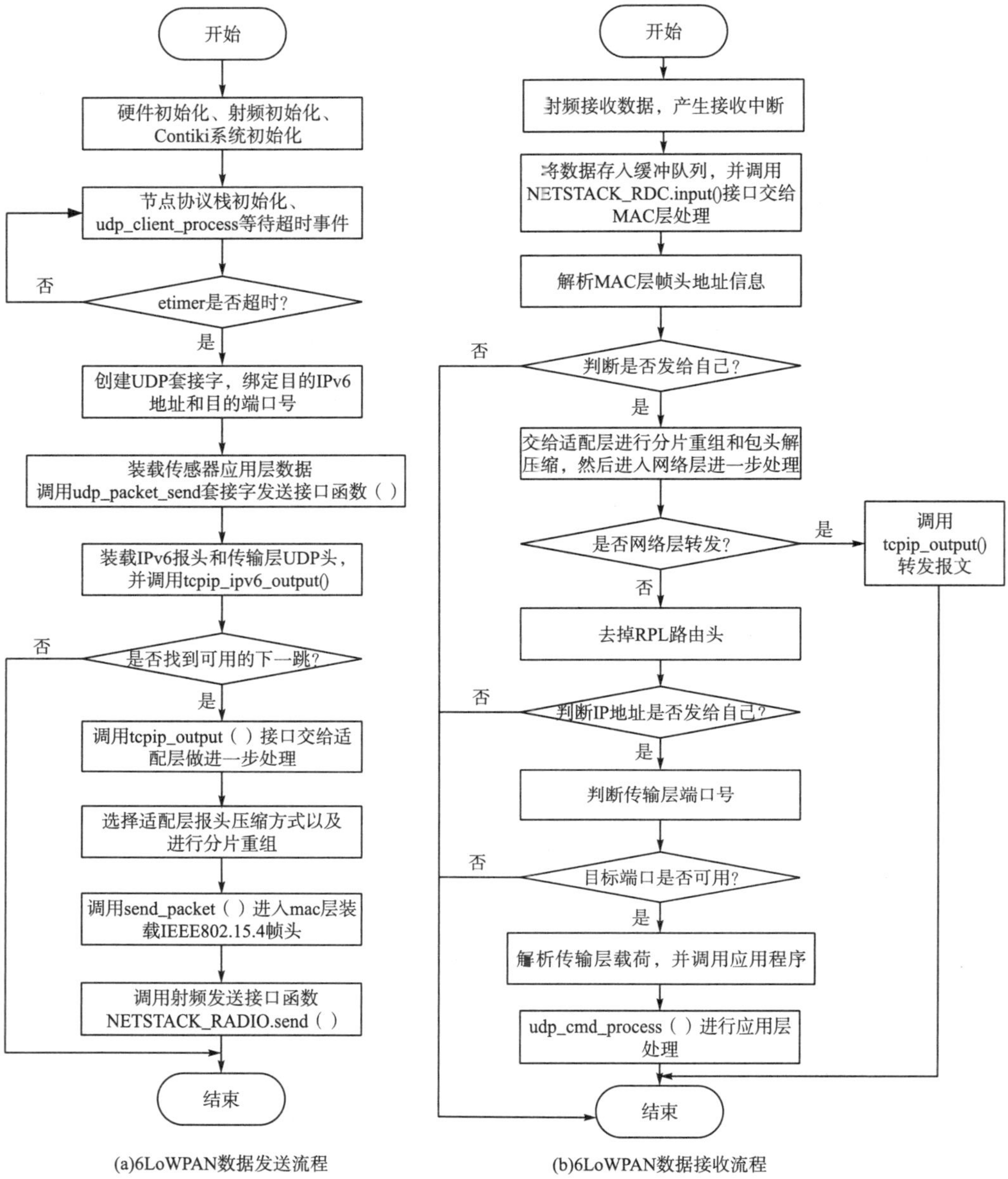

图 6.9 6LoWPAN 数据服务流程

```
struct radio_driver
{
    int (* init) (void);
    /** 准备要发送的数据 */
    int (* prepare) (const void *payload, unsigned short payload_len);
    /** 发送 */
    int (* transmit) (unsigned short transmit_len);
    /**准备并投递 */
```

```
        int(* send) (const void *payload, unsigned short payload_len);
        /** 解析收到的包并存入相应的 buffer */
        int(* read) (void *buf, unsigned short buf_len);
        /**信道是否空闲*/
        int(* channel_clear) (void);
        /** 检查是否正在接收数据*/
        int(* receiving_packet) (void);
        /** 检查是否已经收到数据 */
        int(* pending_packet) (void);
        /**打开监听 */
        int(* on) (void);
        /** 关闭监听 */
        int(* off) (void);
}
```

NETSTACK_MAC：该数据结构指定了 MAC 层接口数据结构，包括 MAC 层的初始化、接收函数、发送函数以及射频关闭、打开等 MAC 层的具体操作；驱动接口的初始化函数代码编写模板如下所示：

```
    struct rdc_driver
    {
        /*名称 */
        char *name;
        /** 初始化 RDC 驱动 */
        void(* init) (void);
        /**从 RIME 缓冲区中发送数据包 */
        void(* send) (mac_callback_t sent_callback, void *ptr);
        /**回到函数接收数据包*/
        void(* input) (void);
        /** 使能 MAC 层. */
        int(* on) (void);
        /** 关闭 MAC 层 */
        int(* off) (int keep_radio_on);
        /**返回通道检查间隔，以 clock_time_t ticks 为时间单位. */
        unsigned short(* channel_check_interval) (void);
}
```

NETSTACK_NETWORK：该数据结构指定了 6LoWPAN 适配层的接口，主要包括适配层初始化和发送接收数据。驱动接口的初始化函数代码编写模板如下所示：

```
struct network_driver
{
    /*名称*/
    char *name;
    /*初始化网络层*/
    void (* init) (void);
    /*回调函数接收数据包*/
    void (* input) (void);
}
```

10. 6LoWPAN 数据发送流程

数据发送流程中，应用层与传输层之间的数据传递不是直接通过通用接口函数实现，应用层发送数据通过 UDP 套接字来传递给下层，而下层通过事件驱动，调用应用层相应的进程来接收数据。根据网络层子模块传递来的压缩标识位，按照 UDP 报文头部格式，逐字段进行解码，得到源端口号、目的端口号、净载荷长度和校验和。获取 UDP 的检验和后，依据 UDP 端口号，确定应用层协议类型，调用应用层子模块对 UDP 载荷进行处理。

UDP 数据包的格式很简单，源端口和目标端口字段指定了两个 16 位的端口号，其中源端口字段是可选的。如果指定了该字段的值，它就表示相应的数据包应发往的端口号，如果不使用，应将其设为 0。长度字段表示 UDP 数据包占 16 位，包含 UDP 头部和数据部分。校验和该字段占据 16 位，可以检验数据在传输过程中是否被损坏。因此，该 UDP 数据包字段的值最小为 8 字节，如图 6.10 所示。

<table>
<tr><td>源端口号</td><td>目的端口号</td></tr>
<tr><td>净载荷长度</td><td>校验和</td></tr>
<tr><td colspan="2">负载</td></tr>
</table>

图 6.10 UDP 帧格式(图有修改)

将装载好的传感器应用层数据通过套接字接口函数 uip_udp_packet_send()发送；将应用层传感器数据填充到 uip_buf[]缓冲区中，这样装载 IPv6 报头和传输层 UDP 头完成后在 uip_process()函数的控制下封装并调用 tcpip_iPv6_output()函数进行发送。在判断可以找到下一跳之后，调用 tcpip_output()接口函数递交给适配层。

```
memcpy (&uip_buf[UIP_LLH_LEN + UIP_IPUDPH_LEN], data,
len > UIP_BUFSIZE?  UIP_BUFSIZE: len);
```

```
    uip_process(UIP_UDP_SEND_CONN);
    if(uip_len > 0)
    {
        tcpip_output();
}
```

适配层在接到未压缩的报文后判断压缩条件，若满足则选择适配层报头压缩方式并进行分片处理。条件判断的方法如下：

```
    if(UIP_IP_BUF->vtc ! =0x60 ||UIP_IP_BUF->tcflow ! =0 ||UIP_IP_BUF->flow ! =0
    ||! uip_is_addr_link_local(&UIP_IP_BUF->srcipaddr)
    ||! uip_is_addr_mac_addr_based(&UIP_IP_BUF->srcipaddr, &uip_lladdr)
    ||! uip_is_addr_link_local(&UIP_IP_BUF->destipaddr)
    ||! uip_is_addr_mac_addr_based(&UIP_IP_BUF->destipaddr, (uip_lladdr_t *)rime_
     destaddr)
||(UIP_IP_BUF->proto!=UIP_PROTO_ICMP6    &&UIP_IP_BUF->proto!=UIP_PROTO_
UDP &&UIP_IP_BUF->proto!=UIP_PROTO_TCP))
```

6LoWPAN 的报头压缩主要是针对 IPv6 报头和 UDP 头的。HC1 头部压缩只占用一个字节，而且是针对 IPv6 报文头部的压缩方式。由于 IPv6 地址能够通过前缀和子网标识符自动生成，因此如果在上下文或者特定网络环境中通过其他层次的信息就能够知道 IPv6 源地址和目的地址，那么就可以在 IPv6 报文头部中将其省略或部分省略，从而节省大量的地址域所占用的帧长度。其他区域如版本号、流标签和流量类型等如果能够通过上下文推出来则省略，否则携带在未压缩字段中，这样至少可以将 40 个字节的 IPv6 报文头部压缩为一个字节。详细的 LoWPAN_HC1 帧头格式见表 5.3。

LoWPAN_HC1 帧头压缩方式如下所示：

```
    RIME_HC1_PTR[RIME_HC1_DISPATCH] = SICSLOWPAN_DISPATCH_HC1;
    uncomp_hdr_len += UIP_IPH_LEN;
    switch(UIP_IP_BUF->proto)
    {
        case UIP_PROTO_ICMP6:
            /* HC1 encoding and ttl */
            RIME_HC1_PTR[RIME_HC1_ENCODING] = 0xFC;
            RIME_HC1_PTR[RIME_HC1_TTL] = UIP_IP_BUF->ttl;
            rime_hdr_len += SICSLOWPAN_HC1_HDR_LEN;
            break;
    #if UIP_CONF_TCP
```

```
        case UIP_PROTO_TCP:
            /* HC1 encoding and ttl */
            RIME_HC1_PTR[RIME_HC1_ENCODING] = 0xFE;
            RIME_HC1_PTR[RIME_HC1_TTL] = UIP_IP_BUF->ttl;
            rime_hdr_len += SICSLOWPAN_HC1_HDR_LEN;
            break;
    #endif /* UIP_CONF_TCP */
}
```

适配层处理完成之后，调用 send_packet(rimeaddr_t *dest)函数，进入 MAC 层装载标准 IEEE 802.15.4 帧头，并调用 NETSTACK_RADIO.send()射频发送接口函数进行发送。

```
    static void send_packet(rimeaddr_t *dest)
    {
        /*设置层接口的目的地址，MAC 层可以通过调用 packetbuf_addr()接入目的地址*/
        packetbuf_set_addr(PACKETBUF_ADDR_RECEIVER, dest);    /*返回 ACK */
    #if SICSLOWPAN_CONF_ACK_ALL
        packetbuf_set_attr(PACKETBUF_ATTR_RELIABLE, 1);
    #endif   /*提供回调函数接收一个包传输的结果*/
        NETSTACK_MAC.send(&packet_sent, NULL);
        /*如果发送多个数据包，需要让 watchdog 获知 */
        watchdog_periodic();
}
```

至此，6LoWPAN 数据发送过程结束。

11. 6LoWPAN 数据接收流程

数据接收流程中，首先射频接收数据，产生接收终端，这部分的实现方法请参考本实验中“射频模块的设计及实现”。紧接着将数据存入缓冲队列并准备发送给 MAC 层处理。在 MAC 层，首先通过驱动模型 NETSTACK_MAC.init() 驱动，并调用 NETSTACK_RDC.input()接口交给 MAC 层解析。当 MAC 层子模块被调用时，则将所传递来的数据按照 IEEE 802.15.4 标准所规定的帧格式进行逐比特位地解码。首先，读取出物理层帧头，即 1 字节的帧长度(实际上，只由低 7 比特位表示物理层的负载长度)。然后，依次读取 MAC 层的帧控制域 2 字节和 1 字节的序列号，根据 IEEE 802.15.4 帧格式，解析帧控制域的各子字段，得到帧类型、安全使能标志、源和目的地址的寻址模式、协议版本号等信息；根据这些子字段所代表的含义，解析 MAC 层地址子字段，得到源、目的的 PANID 和地址(该地址即是 LoWPAN 网络中的本地链路地址)，并根据安全使能标志确定是否需要解析辅助安全头。接着，根据帧类型，解析 MAC 层的负载，若是 MAC 命令帧或信标帧或 ACK 确认帧，则解析出具体含义；若是数据帧，则将 MAC 层的负载传递给适配层子模块进行处理。最后，根据物理层的帧长度和 MAC 层的帧头的长度，计算得出 MAC 层的帧尾，得出 16 比特位的帧校验序列。

MAC 层处理完毕之后，紧接着判断并完成适配层解析功能。适配层子模块根据 6LoWPAN 协议规范中所定义的适配层帧格式进行解码。详细的分片重组机制请参考第 5 章的 5.5 小节相关内容。

首先，rime_ptr = packetbuf_dataptr()，将 MAC 的负载存入 Rime 协议栈的缓冲区，然后读取 Dispatch 字段并解析得出 Dispatch 类型。然后，根据适配层的 Dispatch 类型，确定适配层的帧头类型是非压缩 IPv6 报文头、根据 LOWPAN_HC1 规则进行压缩的 IPv6 报文头、LOWPAN_BCO 广播帧头、Mesh 头、第一分片头、后续分片头或者各个分片头的组合，然后解析各类型分片头的数据信息，本实验平台不支持 Mesh 和广播头第一个头部，我们直接从第一分片头部或者是后续分片头部来解析，解析方法如下。

首先通过语句判断是哪种分片情形：

```
switch((GET16(RIME_FRAG_PTR，RIME_FRAG_DISPATCH_SIZE)& 0xf800)>> 8)
```

然后分别对两种情形进行解析。第一分片头部的情形：

```
    case SICSLOWPAN_DISPATCH_FRAG1:
        PRINTFI("sicslowpan input: FRAG1 ");
        frag_offset = 0;
        frag_size = GET16(RIME_FRAG_PTR，RIME_FRAG_DISPATCH_SIZE)& 0x07ff;
        frag_tag = GET16(RIME_FRAG_PTR，RIME_FRAG_TAG);
        rime_hdr_len += SICSLOWPAN_FRAG1_HDR_LEN;
        first_fragment = 1;
break;
```

第二种情形，后续分片头部的情形：

```
    case SICSLOWPAN_DISPATCH_FRAGN:
        frag_offset = RIME_FRAG_PTR[RIME_FRAG_OFFSET];
        frag_tag = GET16(RIME_FRAG_PTR，RIME_FRAG_TAG);
        frag_size = GET16(RIME_FRAG_PTR，RIME_FRAG_DISPATCH_SIZE)& 0x07ff;
rime_hdr_len += SICSLOWPAN_FRAGN_HDR_LEN;
```

需要说明的是，在后续分片头部的情形下，还必须判断是否为最后一个分片。通过判断报文长度置位标志位 last_fragment 从而判断是否为最后一个分片：

```
if(processed_ip_in_len + packetbuf_datalen() - rime_hdr_len >= frag_size)
{
    last_fragment = 1;
}
```

完成适配层处理后进入网络层，如果需要在网络层转发则调用 tcpip_output()转发报文，同时去掉 RPL 路由头部。应用层与传输层之间的数据传递不是直接通过通用接口函数实现，应用层发送数据通过 UDP 套接字来传递给下层，而下层通过事件驱动，调用应用层相应的进程来接收数据。根据网络层子模块传递来的压缩标识位，按照 UDP 报文头部格式，逐字段进行解码，得到源端口号、目的端口号、净载荷长度和校验和。然后，获取 UDP 的检验和。最后，依据 UDP 端口号，确实应用层协议类型，调用应用层子模块对 UDP 载荷进行处理。解析传输层头部后，即可调用应用控制程序开始处理。处理完毕后则 6LoWPAN 数据发送流程完毕。

```
PROCESS_THREAD(UDP_cmd_process, ev, data)
{
    uip_ipaddr_t ipaddr;
    PROCESS_BEGIN();
    /*绑定全球地址的话，不能正确处理本地链路多播地址*/
    uip_ip6addr(&ipaddr, 0xfe80, 0, 0, 0, 0x6466, 0x6666, 0x6666, 0x6664);
    /* #define CMD_CONN_PORT 7000 为命令端口*/
    cmd_conn_port = UDP_new(&ipaddr, uip_htons(7000), NULL);
    /*建立 UDP 绑定，将命令端口与控制端口相绑定建立通信关系*/
    UDP_bind(cmd_conn_port, uip_htons(CMD_CONN_PORT));
    while(1)
    {
        PROCESS_YIELD();
        if(ev == tcpip_event)
        {
            tcpip_handler();
        }
    }
    PROCESS_END();
}
```

12. 路由转发模块的设计与实现

RPL 路由协议是针对 LLNs 应用的基于距离矢量的 IPv6 路由协议，其通过一个目标函数和一系列指标或者限制，来建立 DODAG(以目标为导向的定向非环形图)。在一个DODAG中，系统管理者配置了一个或者多个根节点和LoWPAN边界节点(LBR)，DODAG的建立从根节点或者 LBR 开始。RPL 路由协议定义了一系列新的 ICMPv6 控制报文来交换图相关的信息，以建立和维护 DODAG 图。

边界路由器在 6LoWPAN 传感网内具有子网路由功能，通过 RPL 路由协议与6LoWPAN 节点建立路由并实现多跳通信。RPL 协议在子网内通过 DIS、DIO 和 DAO 等报文交换信息，从而建立路由表，将彼此连通的节点信息保存到路由表之中，路由表的结构体设计如下：

```
typedef struct rpl_route
{
    uint8_t isused;
    uip_ipaddr_t ipaddr;
    uint8_t length;
    uint8_t metric;
    uip_ipaddr_t nexthop;
#ifdef RPL_ROUTE_STATE_TYPE
    RPL_ROUTE_STATE_TYPE state;
#endif
}rpl_route_t
```

路由表包括生命周期、路由指标、长度、路由状态以及下一跳地址等。在 Contiki 系统中，各个功能模块都是以进程的方式实现。RPL 属于 IPv6 网络层的路由协议，其初始化在网络层的主进程 tcpip_process()中完成。图 6.11 为 RPL 协议工作流程。

RPL 的初始化包括定时器、路由表和邻居表的清零，以及 RPL 节点的组播地址的配置。如果是边界路由器节点，则将其配置为 DAG 的根节点，并更新版本信息、对象函数、DIO 间隔时间、跳数限制以及默认生命周期等。下面给出初始化程序示例：

```
void rpl_init(void)
{
    uip_ipaddr_t rplmaddr;
    default_instance = NULL;
    rpl_reset_periodic_timer();
    neighbor_info_subscribe(rpl_link_neighbor_callback);
    /* 添加 RPL 路由的多个目的地址*/
    uip_create_linklocal_rplnodes_mcast(&rplmaddr);
    uip_ds6_maddr_add(&rplmaddr);
#if RPL_CONF_STATS
```

```
        memset(&rpl_stats, 0, sizeof(rpl_stats));
    #endif
}
```

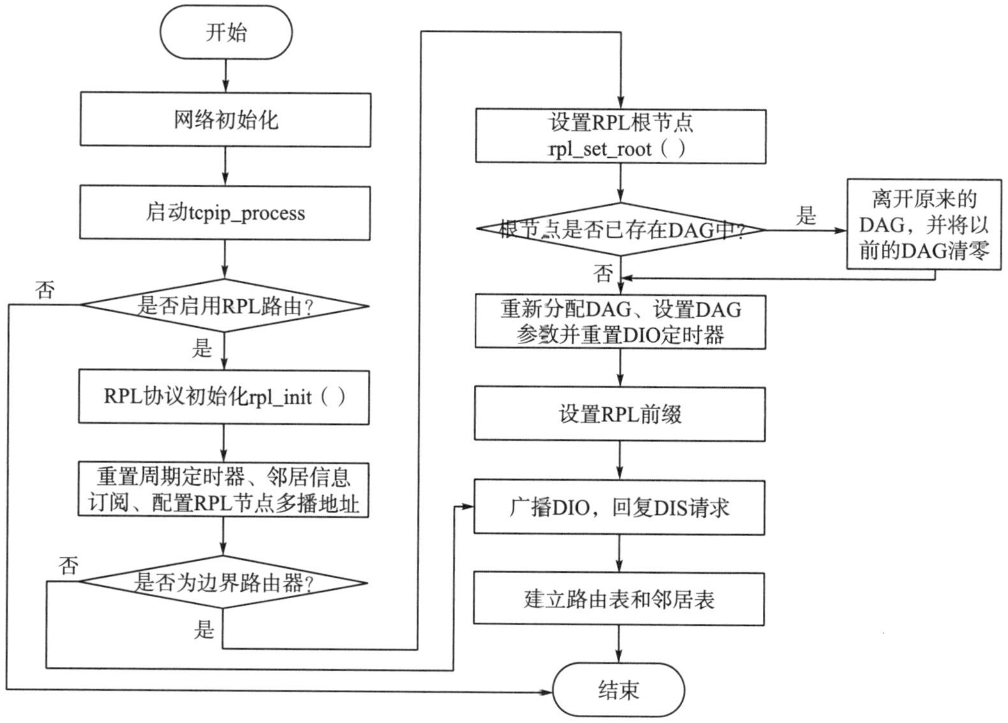

图 6.11 RPL 路由工作流程

大部分的路由协议周期性的维持路径和更新路由表，但是在资源有限的LLNs网络中，这种方法消耗太大。为了解决上述问题，RPL 应用一个叫作“trickle timer”的时间机制来控制报文的发送比率。具体的操作是，RPL 协议通过“trickle timer”决定什么时候发送控制报文；“trickle timer”的间隔是网络的稳定时间，这样就减少了 RPL 控制报文的发送。当检测到网络的不一致时，节点就提高发送控制报文的频率，如果网络稳定了，RPL 报文发送将减少。因此，RPL 报文是根据网络情况动态发送的。

```
    static struct ctimer periodic_timer;
    static void handle_periodic_timer(void *ptr);
    static void new_dio_interval(rpl_instance_t *instance);
    static void handle_dio_timer(void *ptr);
    static uint16_t next_dis;
static uint8_t dio_send_ok;
```

此时，根据设备是协调器还是不带传感器的节点分别建立上行和下行通信。在 LLNs

网络中，涉及信息交互或者网络管理的时候通常会出现下行流量，因此下行通信是必要的。RPL 协议中通过发送 DAO 信息建立下行通信路径，该消息由子节点发送，父节点监听到 DAO 信息之后，存储相关信息，从而构建下行通信路径。其中下行通信包括存储模式和非存储模式。根据节点的存储能力，可以选择不同的下行通信模式。在 LLNs 网络中，大多数的通信流量是从叶节点向根节点汇聚的，RPL 协议中通过发送 DIO 信息建立上行通信路径。其中 DIO 信息包含了前缀信息、路由信息、路由指标等一系列信息，用于路径发现和维护。

判断根节点是否在 DAG 中，如果不在，则需要重新分配 DAG，设置相应参数并重置 DIO 定时器，重新配置 prefix。如果是不带传感器的节点则不需要这样，而只需要广播 DIO 消息，告知自己的 IP 地址并等待 DIS，然后响应即可。下面给出协调器控制建立 RPL 根节点并配置 DAG 信息的主控函数：

```
PROCESS_THREAD(border_router_process, ev, data)
{
    static struct etimer et;
    rpl_dag_t *dag;
    PROCESS_BEGIN();
    prefix_set = 0;
    NETSTACK_MAC.off(0);   // MAC 使能控制
    PROCESS_PAUSE();
    NETSTACK_MAC.off(1);
#endif
    /* Request prefix 前缀  and panid until it has been received */
    while(! prefix_set)
    {
        etimer_set(&et, CLOCK_SECOND);
        request_prefix();
        PROCESS_WAIT_EVENT_UNTIL(etimer_expired(&et));
    }
    dag = rpl_set_root(RPL_DEFAULT_INSTANCE, (uip_ip6addr_t *)dag_id);
    /*在有向环图把根节点设置为协调器的地址*/
    if(dag ! =NULL)
    {
        rpl_set_prefix(dag, &prefix, 64);
    }
    NETSTACK_MAC.off(1);   //MAC 使能控制
    while(1)
    {
```

```
            PROCESS_YIELD();
            if(ev == sensors_event /*&& data == &button_sensor*/)
            {
                rpl_repair_root(RPL_DEFAULT_INSTANCE);
            }
        }
        PROCESS_END();
}
```

RPL 协议通过“trickle timer”决定什么时候发送控制报文。“trickle timer”的间隔是网络的稳定时间，这样就减少了 RPL 控制报文的发送，从而更新路由表，即一个分组可能被发送到路由器的列表。路由器列表条目指向 Neighbor Cache 中的条目；比起其可达性受到怀疑的路由器，选择默认路由器的算法偏向于已知为可达的路由器。每个条目也具有与之相关联的失效计时器值(从收到的通告中获取)，该计时器用于删除不再被通告的条目。一种实现方法是对上述所有数据结构使用单个最长匹配路由表。下面给出路由表的结构体定义：

```
    typedef struct uip_ds6_route
    {
        uint8_t isused;
        uip_ipaddr_t ipaddr;
        uint8_t length;
        uint8_t metric;
        uip_ipaddr_t nexthop;
    #ifdef UIP_DS6_ROUTE_STATE_TYPE
        UIP_DS6_ROUTE_STATE_TYPE state;
    #endif
} uip_ds6_route_t;
```

6LoWPAN 边界路由器能够实现 IPv6 传感网与外部 IPv6 网络之间的数据转发和路由，使得异构网络之间能够互联互通。核心在于网络层 IPv6 报文的处理和转发，因此协议栈中网络层必须支持标准的 IPv6 协议，具体实现的结构体如下：

```
    struct uip_ip_hdr
    {
        uint8_t vtc;
        uint8_t tcflow;
        uint16_t flow;
```

```
        uint8_t len[2];
        uint8_t proto, ttl;
        uip_ip6addr_t    srcipaddr,    destipaddr;
}
```

其中，vtc 为协议版本号，如 IPv6 就是 0x60，长度为 1 字节；tcflow 表示流类型，长度为 1 字节；flow 表示流标签，长度为 2 字节；len[2]表示净荷长度，长度为 2 字节；ttl 表示跳数限制，长度为 1 字节；srcipaddr、destipaddr 分别代表源 IPv6 地址和目的 IPv6 地址，均为 16 字节。

IPv6 报头长度为固定的 40 字节，其中流类别和流标签为 QoS 服务质量提供支持，净荷长度不包括头部，下一个头规定了传输层的后续报文类型，如 UDP、TCP 和 ICMP 等。在 IPv6 报头中增加跳数限制有利于减小路由表的体积，增强路由的可靠性和稳定性，最大限制为 64 跳。源地址和目的地址携带了收发双方的地址信息。协议栈软件通过对各层报文头部的解析，决定报文的处理方式。

IPv6 边界路由器由 6LoWPAN 根节点与一台 Linux 主机共同构成，根节点通过 USB 接口与 Linux 主机连接，根节点如果接收到的数据包目的地不是自己，则进行路由转发，封装成 SLIP 包传输给 Linux 主机做进一步的路由。Linux 主机调用系统内核中的网络层 IP 路由规则寻找报文的下一跳地址，如果能够找到则通过外部 IPv6 网络转发出去，否则丢弃。边界路由器数据处理如图 6.12 所示。

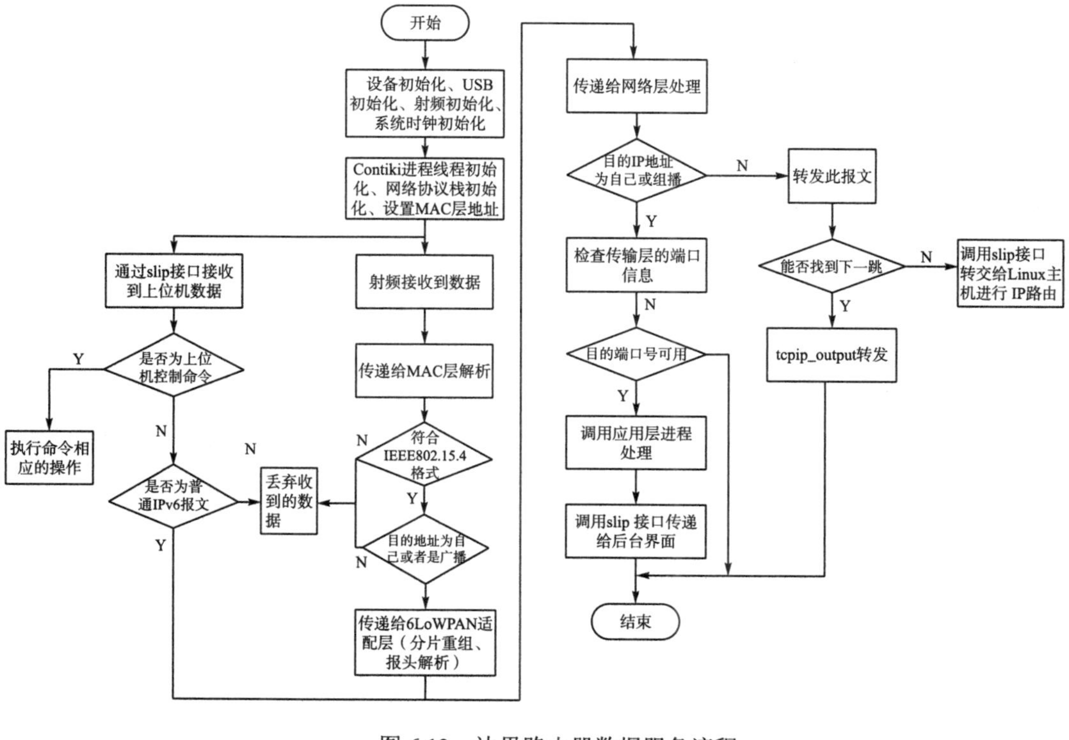

图 6.12　边界路由器数据服务流程

13. 管理/配置模块设计与实现

边界路由器位于 6LoWPAN 网络的边缘，具有比较丰富的资源和较为强大的处理能力，能够对 6LoWPAN 网络进行一定程度的管理和配置。将命令封装在 SLIP 帧之中，并设计了请求/响应、类型、长度和命令内容四个域来具体描述，其格式如图 6.13 所示。命令类型标识了命令的功能，具体命令类型如表 6.5 所示。

SLP头	请求/相应	命令类型	命令长度	命令内容	SLIP尾
CO	1字节	1字节	1字节	不定	CO

图 6.13　SLIP 配置命令格式

表 6.5　命令类型列表

命令类型	命令描述	内容长度
0x2F	MAC 地址配置	8 字节
0x30	IPv6 地址前缀配置	8 字节
0x31	IEEE802.15.4PANID 标识符	2 字节
0x32	RPL InstanceID 配置	1 字节
0x33	IEEE 802.15.4 网络信道配置	1 字节
0x34	分段时间配置	1 字节
0x35	获取节点信息	16 字节
0x36	6LoWPAN 压缩方式配置	1 字节
0x37	RPL 路由策略配置	1 字节
0x38	射频发送功率配置	1 字节
0x39	获取节点拓扑信息	16 字节

管理/配置命令根据内容的不同，目的地也不尽相同。部分配置相关的命令只配到边界路由器，不会到达终端节点；另一些需要终端节点交互的命令才会通过边界路由器重新封装，构造 IEEE 802.15.4 无线数据包，并发送给目标节点。

边界路由器接收上位机发出的命令之后对其进行解析，如果是发给自己的则直接执行命令的动作；如果是对其他子网节点发出的指令，则将命令转发给对应的节点。命令处理流程如图 6.14 所示。

IPv6 地址自动配置机制通过前缀和全网标识符组成，是网络层运行的基础。因此在所有的配置命令中前缀的请求与获取命令是初始化之后必须执行的，其他命令根据网络的应用场景可以选择配置。

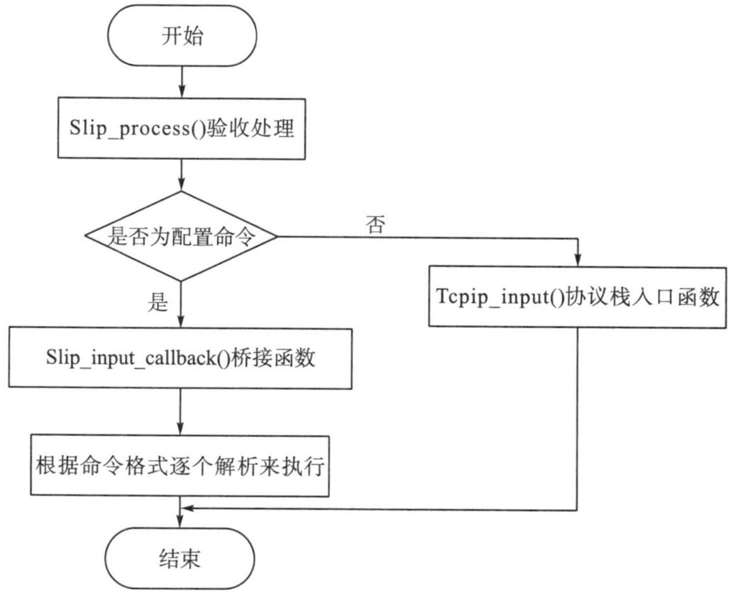

图 6.14　命令处理流程

6.1.2　关键程序设计

设计目标：学习 6LoWPAN 协议栈的相关知识；学习基于 IPv6 的物联网研发平台 6LoWPAN 协议栈的设计与实现。

实现功能：设备能够发送 IEEE 802.15.4 数据帧；通过分析工具 Packet Sniffer（或称空中抓包器）实现空中抓包；可采用压缩机制进行 IPv6 数据包传输并能解压缩得到原始数据；可配置相应的 IoT 设备及 GUI 人机交互界面进行数据显示分析。

（1）打开搜索到的 Sicslowmac.c（Contiki-3.0\core\net\mac）文件，并编写 MAC 层数据包发送函数。下面给出 FCF 域控信息的初始化定义：

```
  params.fcf.frame_type = FRAME802154_DATAFRAME;   /* Build the FCF. */
  params.fcf.security_enabled = 0;
  params.fcf.frame_pending = 0;
#if NETSTACK_CONF_WITH_RIME
  params.fcf.ack_required = packetbuf_attr(PACKETBUF_ATTR_RELIABLE);
#endif
  params.fcf.panid_compression = 0;
  params.fcf.frame_version = FRAME802154_IEEE802154_2003; /* Insert IEEE 802.15.4 (2003) version bit. */
  params.seq = mac_dsn++;  /* Increment and set the data sequence number. */
  params.fcf.src_addr_mode = FRAME802154_LONGADDRMODE; /* Complete the addressing fields. */
```

```
params.dest_pid = mac_dst_pan_id;
```

(2)打开搜索到的 Rime.c(contiki-3.0\core\net\rime)文件，并编写 Rime 路由协议启动函数。下面给出一段启动函数示例：

```
    const struct network_driver rime_driver =
    {
        "Rime",
        init,
        input
};
```

(3) 在 Border-router.c(Contiki-3.0\example\iPv6\rpl-border-router)中编写设置节点的 MAC 层地址函数。下面给出一段函数的示例：

```
    void set_macaddr(uint8_t *macaddr)
    {
        rimeaddr_t addr;
        static struct etimer et;
        static uint8_t ft_buffer[8];
        ft_buffer[0] = macaddr[7];
        ft_buffer[1] = macaddr[6];
        ft_buffer[2] = macaddr[5];
        ft_buffer[3] = macaddr[4];
        ft_buffer[4] = macaddr[3];
        ft_buffer[5] = macaddr[2];
        ft_buffer[6] = macaddr[1];
        ft_buffer[7] = macaddr[0];
        for(int i = 0;  i < RIMEADDR_SIZE;  ++i)
        {
            addr.u8[i] = ft_buffer[RIMEADDR_SIZE - 1 - i];
            uip_lladdr.addr[i] = ft_buffer[RIMEADDR_SIZE - 1 - i];
        }
        rimeaddr_set_node_addr(&addr);         //设置节点的 MAC 地址
}
```

(4)打开搜索到的 SLIP-bridge.c(Contiki-3.0\examples\iPv6\rpl-border-router)文件，并在 SLIP_input_callback()函数中编写 SLIP 协议的请求帧。下面给出一段 SLIP 构造请求指

令的代码示例：

```
/*--获取 IoT 设备的信道信息-*/
else if(uip_buf[1] == 0x42)
{
    PRINTF("Got configuration message of type %c\n", uip_buf[1]);
    PRINTF(" getting channel_info: ");
    PRINTF("\n");
    ack_channel_info();           //返回信道信息
}
/*-获取节点设备的信道信息-*/
else if(uip_buf[1] == 0x43)
{
    memset(&node_ipaddr, 0, 16);
    memcpy(&node_ipaddr, &uip_buf[4], 16);
    PRINTF(" Setting node_ipaddr: ");
    PRINT6ADDR(&node_ipaddr);
    PRINTF("\n");
    get_node_channel_info(node_ipaddr);
}
```

(5)打开搜索到的 Client.c(Contiki-3.0\examples)，找到 tcpip_handler()函数，并添加节点收到请求命令后构造响应报文的函数。下面给出一段响应报文的函数示例：

```
case 0x03:
if(((char *)uip_appdata)[1]==0x03)
{
    ans_sensor_info[0] = 0x11;
    ans_sensor_info[1] = 0x03;
    ans_sensor_info[2] = buf[1];
    ans_sensor_info[3] = buf[2];
    ans_sensor_info[4] = channelid;
    uip_UDP_packet_send(cmd_conn_port, ans_sensor_info, 5);
}
```

6.1.3 实例操作步骤

(1)准备实验的软、硬件环境。

硬件环境：PC 机一台、J-Link 仿真器、IoT 设备（五个）、ZigBee CC2530 USB Dongle（协议分析仪）、配线若干。

软件环境：IAR for ARM 5.50.1、J-Link 仿真器驱动程序、Source Insight、Ubuntu 操作系统、sscom32 串口调试工具、Packet Sniffer 协议分析工具、完成协议栈开发实验的源代码。

(2) 打开平台配套的光盘源码文件夹，找到本节实验所对应的源码，双击文件夹中的 contiki.eww，弹出 IAR 的工程页面。

(3) 下载“不带传感器的节点”代码到 IoT 设备 1、2、3、4 中。

(4) 下载“边界路由器”代码到 IoT 设备 5 中。

(5) 守护程序的配置成功后，开启守护程序，直到守护程序中收到配置成功后返回确认信息。

(6) 连接协议分析工具 Packet Sniffer（或称空中抓包器）到 PC 机，打开协议分析工具。通过抓包器在空中抓包，能够看到设备发出的数据帧符合 IEEE 802.15.4 MAC 层协议标准，则说明设备能够成功发送 IEEE 802.15.4 数据帧抓包器抓到的数据帧，如图 6.15 所示。

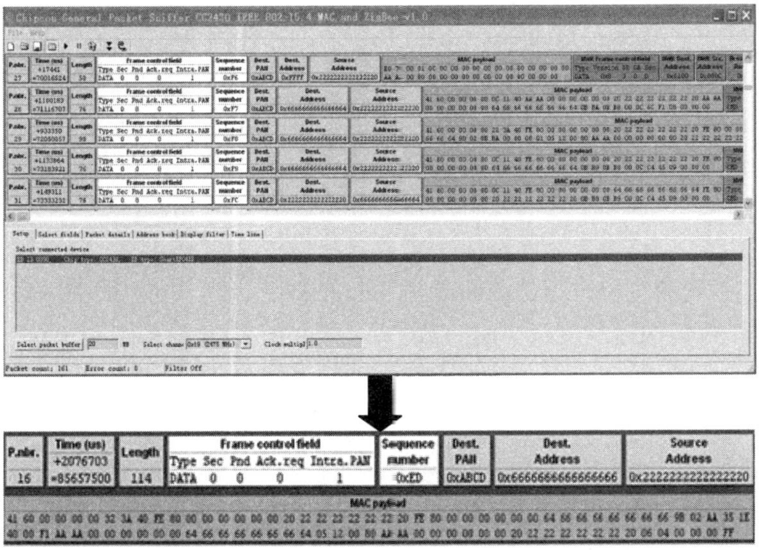

图 6.15　抓包器抓到的数据帧

(7) 将 IoT 设备 5 与装有 Ubuntu 系统的 PC 机相连，打开 Linux 的终端（Ctrl+Alt+T），并查看 IoT 设备 5 在 Linux 中的连接情况。

(8) 配置守护程序并开启守护程序，在守护程序中可以看到正常的数据传输。

(9) 打开协议分析工具，通过协议分析工具在空中抓包。打开串口调试工具并选择相应端口号。

(10) 能够看到大多数 IPv6 包都不满足 LOWPAN_HC1 压缩的条件，没有采取压缩而直接传输；只有少部分 IPv6 包满足 LOWPAN_HC1 压缩机制的条件，采取了压缩机制传输并能解压缩得到原始数据。

(11) 2.4G 抓包器抓取到的 LOWPAN_HC1 压缩之后的 IP 包(十六进制表示)如图 6.16 所示。对满足 LOWPAN_HC1 压缩条件的 IP 包(十六进制表示)进行分析，其压缩前的 IP 包(十六进制表示)为：60 00 00 00 00 34 3a 40 fe 80 00 00 00 00 00 00 20 22 22 22 22 22 22 20 fe 80 00 00 00 00 00 00 64 66 66 66 66 66 66 66 9b 02 aa 35 1e 40 00 f1 aa aa 00 00 00 00 00 00 64 66 66 66 66 66 66 64 05 12 00 80 aa aa 00 00 00 00 00 00 20 22 22 22 22 22 22 20 06 04 00 00 00 ff 71 7a。

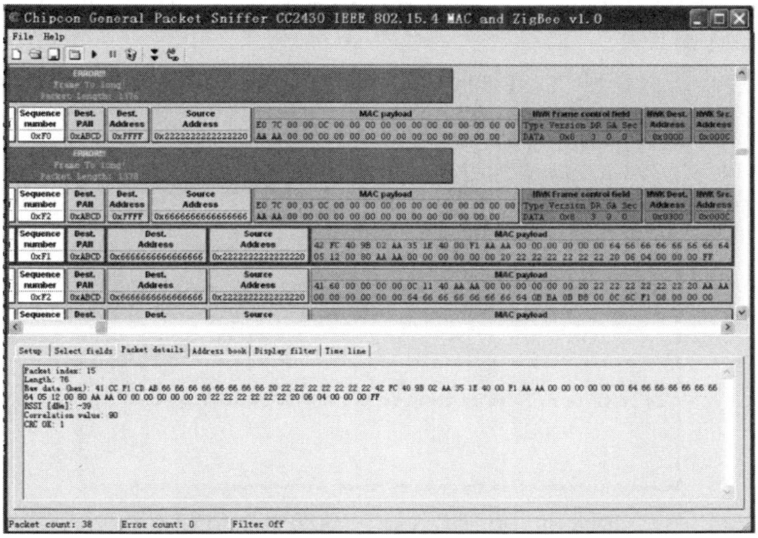

图 6.16　2.4G 抓包器抓到的 HC1 压缩的 IP 包

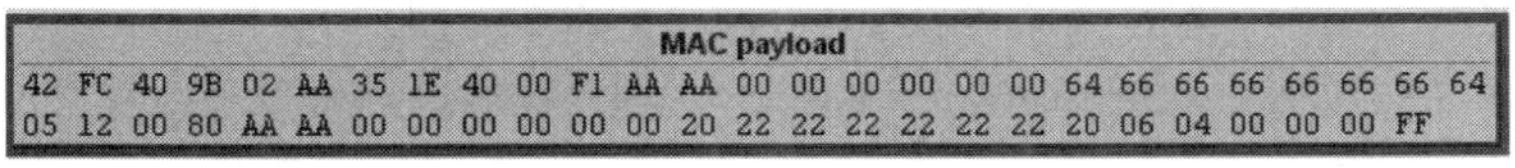

图 6.17 HC1 压缩后 MAC 层载荷

(12) 将 IoT 设备 2 与装有 Ubuntu 系统的 PC 机相连，打开 Linux 的终端(Ctrl+Alt+T)，并查看 IoT 设备 2 在 Linux 中的连接情况。

(13) 配置守护程序并开启守护程序，在守护程序中可以看到正常的数据传输。

(14) 连接协议分析工具(或称空中抓包器)到 PC 机，打开协议分析工具。通过抓包器在空中抓包，不带传感器的节点收到协调器发来的建立通信路径的单跳信息，用 2.4G 抓包器抓到的数据帧如图 6.18 所示。

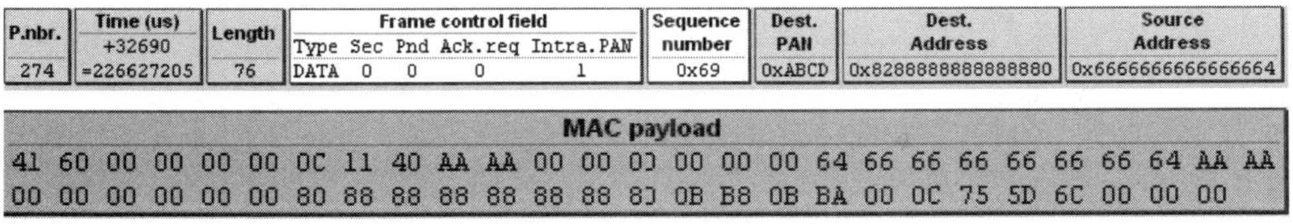

图 6.18　不带传感器的节点收到的数据帧

图 6-18 中，MAC 层负载的第一个字节“0x41”表示数据帧是完整的，并未压缩；60 00 00 00 00 0C 11 40 表示 IP 报头；AA AA 00 00 00 00 00 00 64 66 66 66 66 66 66 64 表示数据帧的源地址；AA AA 00 00 00 00 00 00 80 88 88 88 88 88 88 80 表示数据帧的目的地址；0B B8 0B BA 00 0C 75 5D 表示 UDP 的传输头；6C 00 00 00 表示数据帧携带的数据内容。

(15) 将节点的代码下载到 IoT 设备 2 中，退出调试，这样 IoT 设备 2 中边界路由器的代码就下载进去了。

(16) 打开平台配套光盘目录下的工具和软件\串口调试中的 Commix.exe，在“我的电脑”中查看 COM 端口号。

(17) 打开成功后会看到 CO 3F 50 CO，表示 IoT 设备在向上位机发送前缀请求的命令，如图 6.19 所示。

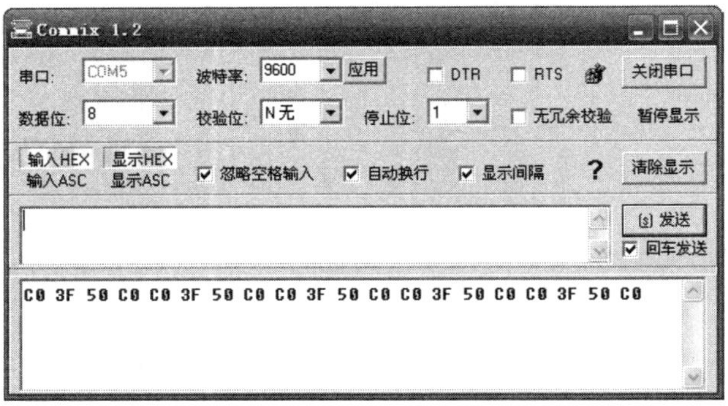

图 6.19　IoT 设备在向上位机发送前缀请求的命令

(18) 打开平台配套光盘目录下的“私有命令集.txt”文件，可以看到前缀：C0 21 50 aa aa 00 00 00 00 00 00 C0。将前缀命令输入到如图 6.20 所示的发送框格中。

图 6.20　编辑发送

(19) 发送的命令在下面的显示窗口是以绿色字符显示，发送成功后，可以看到 IoT 设备返回了一个 C0 3F 51 C0 的命令，与私有命令集.txt 文件当中后缀后面回复的信息相同，表示给 IoT 设备的前缀配置成功了，如图 6.21 所示。

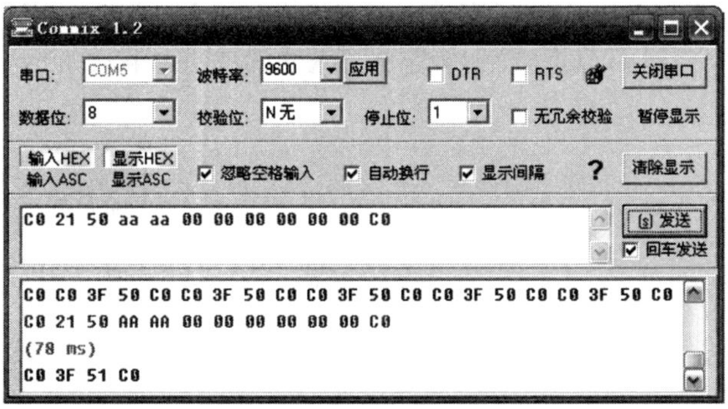

图 6.21　前缀配置成功

(20) IoT 设备配置成功后，在 Commix.exe 软件中输入刚刚定义的 C0 21 42 C0 命令并发送，如图 6.22 所示。

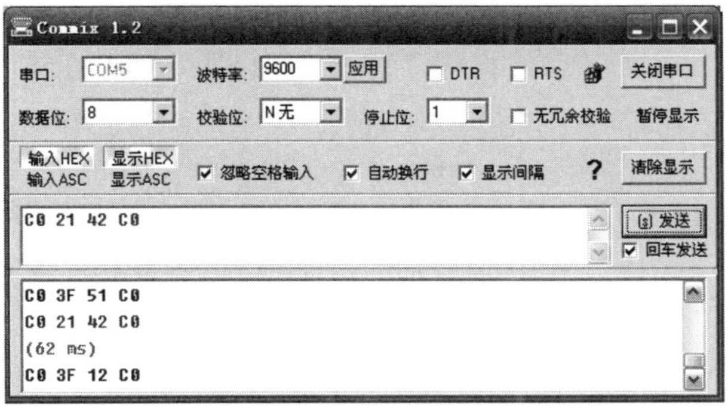

图 6.22　返回信道信息

(21) 命令发送成功之后返回了一个 C0 3F 12 C0 的信息，与编写代码返回的 buf 信息对应，表示上位机获取 IoT 设备信道信息命令成功，“12”表示信道信息。

(22) 通过 UDP 将 01 03 这个私有命令发出去。首先申请新的源端口，再与节点的端口号进行绑定，再将所有的私有命令发送出去即可。发送成功之后，应该释放 UDP 连接，避免占用端口，造成端口堵塞。打开协议分析仪 Packet Sniffer 收到协调器向不带传感器的节点发送请求的数据包，如图 6.23 所示。

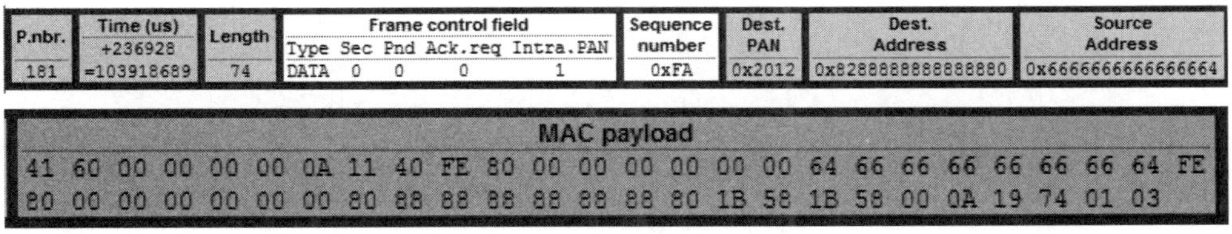

图 6.23　协调器发送请求

(23) 在软件 Commix.exe 中发送之前构造好的命令，如图 6.24 所示。

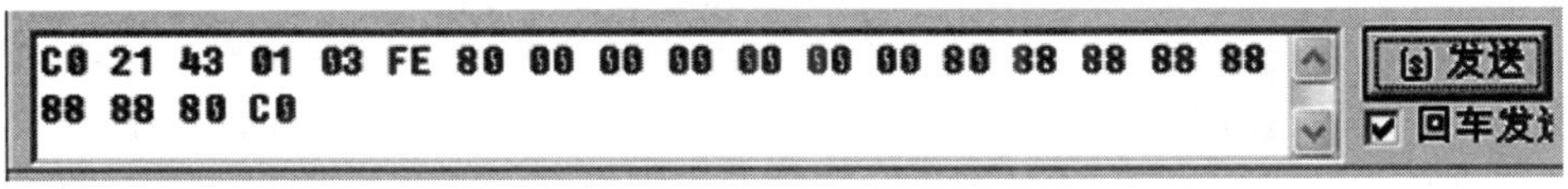

图 6.24　构造请求节点信道信息的命令

(24) 命令（均采用十六进制表示）发送完毕后，可以在下面窗口看到对应不带传感器的节点返回的信息“C0 3F 11 03 88 01 12 C0”。由于采用的是 SLIP 通信协议。前后的 C0 只是 SLIP 协议的封装。由于 IoT 设备通过守护程序向上位机发送数据时，有两种数据：一种是发送给 GUI 人机交互界面的数据，另一种是发送给 sniffer 分析软件的数据。为了以示区别，在发往 GUI 人机交互界面的数据前面加上“3F”，而在 sniffer 分析软件的数据前面加上“66 ab”。剩余的“11 03 88 01 12”与我们在 client.c 工程文件中构造的载荷完全相同。其中，“12”就是节点的十六进制信道信息。如图 6.25 所示。

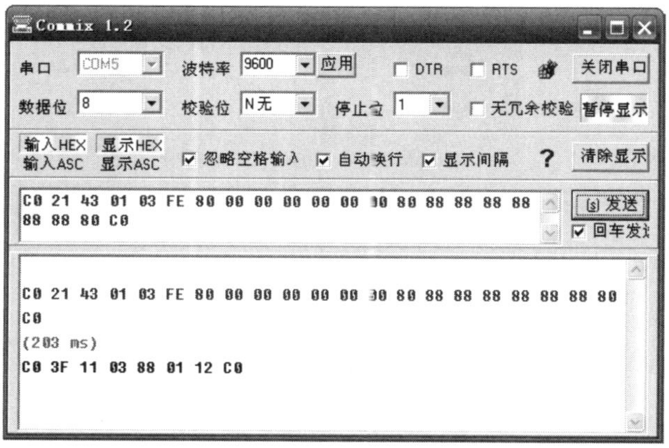

图 6.25 不带传感器的节点返回信道信息

(25)配置 GUI 人机交互界面，登录并在 Data 页面观察拓扑信息，节点根据建立的有向环图选择父节点再连接到协调器设备上，如图 6.26 所示。

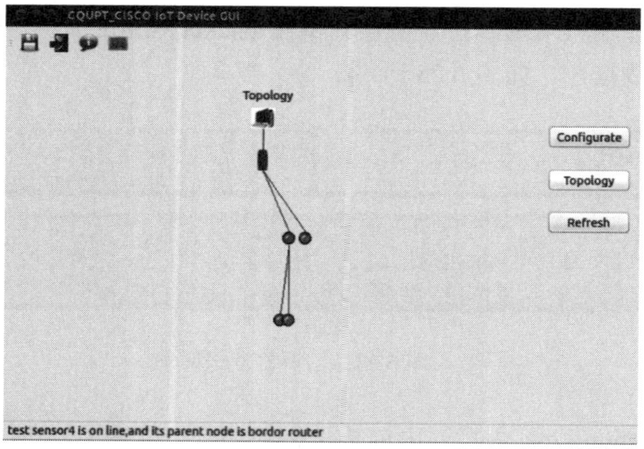

图 6.26 有 RPL 路由选择功能的拓扑图

(26)IoT 将收到的节点数据第一个字节前面加上 3F 后，发送给守护程序，当守护程序判定收到第一个字节为 3F 的数据后，转给上层界面进行处理。守护程序收到的节点数据如图 6.27 所示。

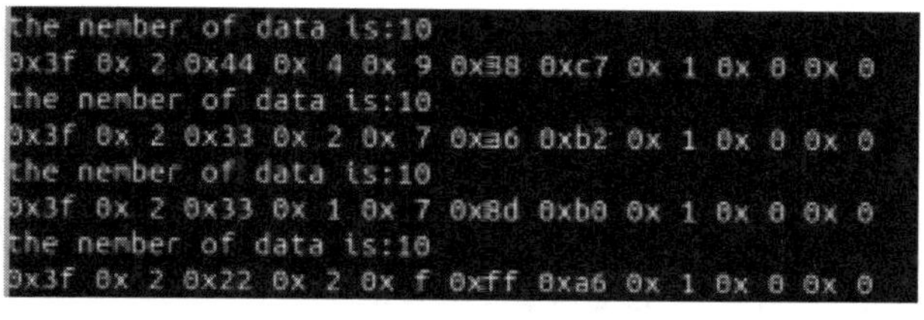

图 6.27 守护程序接收到数据

(27) 当节点与 IoT 设备组成网络时，守护程序将收到的 3F 数据发送给上层界面解析，并在 Data 栏目中显示出来，如图 6.28 所示。

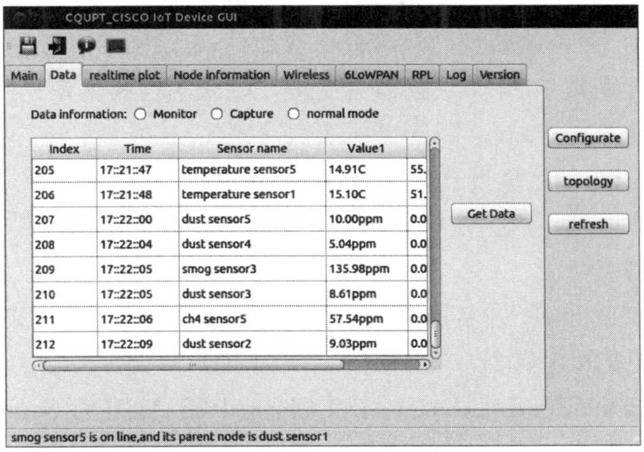

图 6.28　数据显示页面显示汇集的数据

6.2　传感器节点开发

6.2.1　传感器节点基本原理

1. 传感器硬件电路原理

STM32、UZ2400、温湿度传感器、甲烷传感器、烟雾传感器、粉尘传感器的 PCB 板图、PCB 元件位置图、硬件原理图，以及元器件清单请参考“基于 IPv6 的物联网研发平台\光盘资料\电路原理图”目录下的“IoT 硬件资料”文件夹。每个文件夹中各个文件的含义及其打开方式请参考对应子文件夹中的 txt 说明文件。

2. 传感器驱动

在使用传感器驱动之前应该在 main.c 文件中对传感器进行初始化。主要需要初始化的内容有 ADC、GPIO 的配置，以及中断的配置。

1) ADC 初始化

甲烷和烟雾的驱动中都需要进行 ADC 转换，采集到的数据都存放在 ADC_VALUE 数组当中。对于 STM32，在使用 ADC 的时候需要配置几个参数。

(1) ADC_Mode，这里设置为独立模式：

ADC_InitStructure.ADC_Mode = ADC_Mode_Independent;

在这个模式下，双 ADC 不能同步，每个 ADC 接口独立工作。所以如果不需要 ADC 同步或者只是用了一个 ADC 的时候，就应该设成独立模式了。

(2) ADC_ScanConvMode，这里设置为 DISABLE：

ADC_InitStructure.ADC_ScanConvMode = DISABLE;

如果只是用了一个通道的话，设置为 DISABLE 即可；如果使用了多个通道的话，则必须将其设置为 ENABLE。

(3) ADC_ContinuousConvMode，这里设置为 ENABLE，即连续转换。

如果设置为 DISABLE，则是单次转换。两者的区别在于连续转换直到所有的数据转换完成后才停止转换，而单次转换则只转换一次数据就停止，要再次触发转换才可以启动。所以如果需要一次性采集 1024 个数据或者更多，则采用连续转换。

(4) ADC_ExternalTrigConv，即选择外部触发模式。

(5) ADC_DataAlign，这里设置为 ADC_DataAlign_Right 右对齐方式。

建议采用右对齐方式，因为这样处理数据会比较方便。如果要从高位开始传输数据，左对齐就具有明显的优势。

(6) ADC_NbrOfChannel，顾名思义：通道的数量。当多个通道采集数据时需设置参数。此外，在规则通道组的配置函数中也得将各个通道的顺序定义一下，如：

ADC_RegularChannelConfig(ADC1，ADC_Channel_13，1，ADC_SampleTime_13Cycles5)；

ADC_RegularChannelConfig(ADC1，ADC_Channel_14，2，ADC_SampleTime_13Cycles5)；

多通道数据传输时还需注意：假设一个数组为 ADC_ValueTab[4]，且设置了两个通道，分别为通道 1 和通道 2。转换结束后，ADC_ValueTab[0]和 ADC_ValueTab[2]存储的是通道 1 的数据，ADC_ValueTab[1]和 ADC_ValueTab[3]存储的是通道 2 的数据。如果数组容量大则依次类推。

在使用 DMA 传输数据的时候，需要设置外设地址和存储器地址，外设地址当然就是 ADC 的地址了，而存储器的地址如果使用 8 位数据的话，存储器必须定义为 8 位缓冲区；如果使用 16 位数据格式的话，存储器则定义为 16 位缓冲器，不可定义为 32 位或更多，否则，数据将出错。

2) GPIO 口初始化

GPIO 口初始化配置中，通用 I/O 口的初始化结构体中规定了三个量：I/O 口号(本次试验用到的是 GPIO_Pin_1)、翻转速度、工作模式。其中要说明的是翻转速度，即程序中往输出寄存器写 0，然后再写入 1，信号传输到引脚上，在 GPIO 引脚检测从 0 变为 1 所经历的时间。STM32F103 提供的翻转速度有 2M、10M、50M 三种。

```
    typedef struct
    {
        uint16_t GPIO_Pin;
        GPIOSpeed_TypeDef GPIO_Speed;
        GPIOMode_TypeDef GPIO_Mode;
}GPIO_InitTypeDef;
```

本实验对 I/O 口号、翻转速度以及工作模式的配置如下所示：

```
    GPIO_InitTypeDef    GPIO_InitStructure;
    RCC_APB2PeriphClockCmd(RCC_APB2Periph_GPIOA, ENABLE); //开启 GPIOA 端口
```

```
    GPIO_InitStructure.GPIO_Pin = GPIO_Pin_1;
    //PA1 配置为输入
    GPIO_InitStructure.GPIO_Mode = GPIO_Mode_IPU;    //上拉输入
    GPIO_InitStructure.GPIO_Speed = GPIO_Speed_50MHz;        //50M 时钟速度
GPIO_Init(GPIOA, &GPIO_InitStructure);
```

详细请参考第 4 章 4.1 小节“Contiki 通用 I/O 口操作”以及 4.6 小节体验“传感器驱动实例”。

3) 中断初始化

STM32 的每个 I/O 口都可以作为中断输入。若把 I/O 口作为外部中断输入，需完成以下几个步骤：

(1) 初始化 I/O 口为输入；

(2) 开启 I/O 口复用时钟，设置 I/O 口与中断线的映射关系；STM32 的 I/O 口与中断线的对应关系需要配置外部中断配置寄存器 EXTICR，这样需要先开启复用时钟，然后配置 I/O 口与中断线的对应关系，才能把外部中断与中断线连接起来。

(3) 开启与该 I/O 口相对的线上中断/事件，设置触发条件；

(4) 配置中断分组(NVIC)，并使能中断，编写中断服务函数。

GPIO 的中断初始化设置主要包括：开启 GPIOA~GPIOD 端口、配置输出(SPI、LED 等)、配置输入。外部中断初始化设置主要包括：连接 I/O 口到中断、设置为上升/下降沿触发、外部中断 NVIC 配置。本实验设置使能的端口是 AFIO，连接到 GPIO 口的中断线设置为 PA1，设置中断为下降沿触发，并且采取中断请求而不是时间请求发方式触发中断，抢占式中断采用通道 0，响应式中断优先级设置为 0。请分别第 4 章 4.1 小节“Contiki 通用 I/O 口操作”以及 4.6 小节“体验传感器驱动实例”。

3. 传感器数据存储

初始化任务完毕之后，需要对数据进行采集，并将采集到的数据进行必要处理后存储在缓冲区响应的数组中。将对应的.c 文件添加到 IAR 新建的工程文件当中(包括头对应.h 文件)。甲烷和烟雾的驱动中都需要进行 ADC 转换。采集到的数据都存放在 ADC_VALUE 数组当中。粉尘传感器和温湿度传感器则不需要 ADC 转换，它们根据设置的间隔 interval_count，定时采样并且存储在数组中。粉尘传感器采集数据存放在载荷 buf 的第三位和第四位上，如下所示：

```
void usrReadFenchenData(void)
{
    static struct etimer et;
    etimer_set(&et, 0.5*CLOCK_CONF_SECOND);
    //Contiki 事件驱动定时器设置
    if(etimer_expired(&et))
```

```
        {
            interval_count = newt_count - last_count;
            /*interval_count 间隔设置，并再一次计数后将 last_count 传递给 newt_count*/
            last_count = newt_count;
            etimer_restart(&et);
        }
        buf[3] =(interval_count >> 8);
        buf[4] = interval_count;
}
```

由于温湿度采集的是温度和湿度两个值，与其他三种传感器不同，所以在获取温度值和湿度值的时候定义指针 ptr，依次移动一个字节分别读取温度值和湿度值。

```
    *ptr = shtReadByte();
    *(ptr+1)= shtReadByte();
    crc = shtReadByte();
```

控制读取温度和湿度的两个情形如下所示，详细请参考 4.4 节“Contiki 读取传感器”。

```
    case SHT_MODE_TEMP: //温度
        do
        {
            error = 0;
            shtTransstart();
            error += shtWriteByte(SHT_MEASURE_TEMP);
        } while(error);
        break;
    case SHT_MODE_HUMI: //湿度
        do
        {
            error = 0;
            shtTransstart();
            error += shtWriteByte(SHT_MEASURE_HUMI);
        } while(error);
break;
```

4. 获取传感器节点的两种机制

工业现场常用的几种传感器搭建基于 6LoWPAN 的无线传感器网络，如：瓦斯、温湿度、烟雾、粉尘、一氧化碳和二氧化硫等传感器。传感器节点同样使用 STM32F103 为主控芯片，UZ2400 作为无线射频模块，采用充电电池供电，并连接传感器。传感器大都使用常用的微控制器外围接口与单片机进行连接，如串口、I2C 总线、AD 转换器以及 I/O 口等，传感器驱动程序设计主要就是接口的初始化配置、中断操作以及数据读写操作。由于 STM32 官方提供了功能强大的库函数，几乎所有对硬件的操作都能通过库函数完成，因此，使用库函数能有效降低工作量。

6LoWPAN 协议栈设计了两种传感器数据获取机制：周期性汇报机制、查询机制。

周期性汇报机制：传感器节点通过定时器定期向网关汇报所采集的传感器数据。

查询机制：通过上位机发送信息获取指令，传感器节点收到指令之后被动返回传感器数据。

1) 周期性汇报机制

在 Contiki 系统中，通过类似于 UDP 套接字的 API 函数来实现应用层数据收发。传感器节点的两种数据获取机制通过两个进程来实现：UDP_client_process 和 UDP_cmd_process。这两个进程都设置为自启动方式运行，如图 6.29 所示。

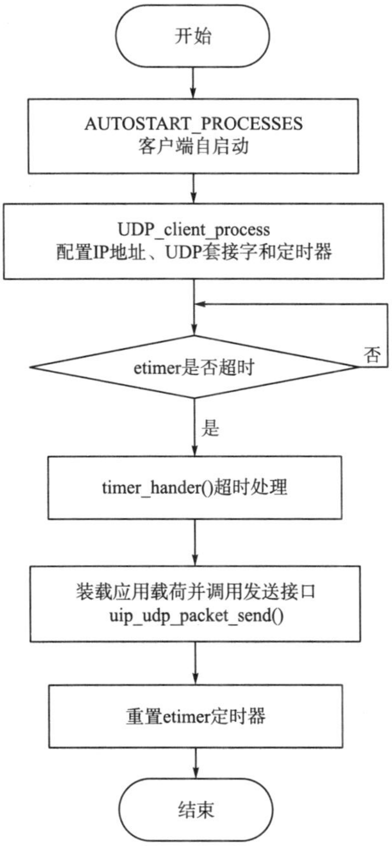

图 6.29　周期性汇报应用程序设计

UDP_client_process 启动以后首先设置自己的本地链路和全局 IPv6 地址，然后创建一个 UDP 套接字并绑定目的地址和目标端口，然后初始化 etimer 定时器，设置定时间隔。当 etimer 超时以后会产生一个超时事件，触发该事件所关联的任务，从而调用相应的超时处理函数 timeout_handler()，在超时处理函数中完成传感器数据读取、应用层载荷填充，最后调用 API 接口函数 uip_udp_packet_send()发送出去。

在 uip_udp_packet_send()中，先将应用层载荷装入 uip_buf 发送缓冲区，然后调用进程 uip_process()。在 uip_process()中进入"UDP_send"状态，并装载传输层 UDP 头部域，以及 IPv6 头部的部分信息。然后调用 tcpip_iPv6_output()函数，在此函数中完成网络层头部的装载以及路由选择。之后调用 tcpip_output()函数，该函数的指针形参"a"在 sicslowpan.c 文件中的 sicslowpan_init()函数中初始化为 output()的函数指针，在这个函数中完成 6LoWPAN 协议栈的报头压缩和报文分片功能。完成之后调用 sicslowmac 层的 send_packet()函数，封装 MAC 层帧头。最后调用无线射频接口函数 NETSTACK_RADIO.send()将数据包发送出去。

2)查询机制

获取传感器节点采集到的环境参数信息的另一种方式为查询机制获取方式，查询命令处理流程如图 6.30 所示。

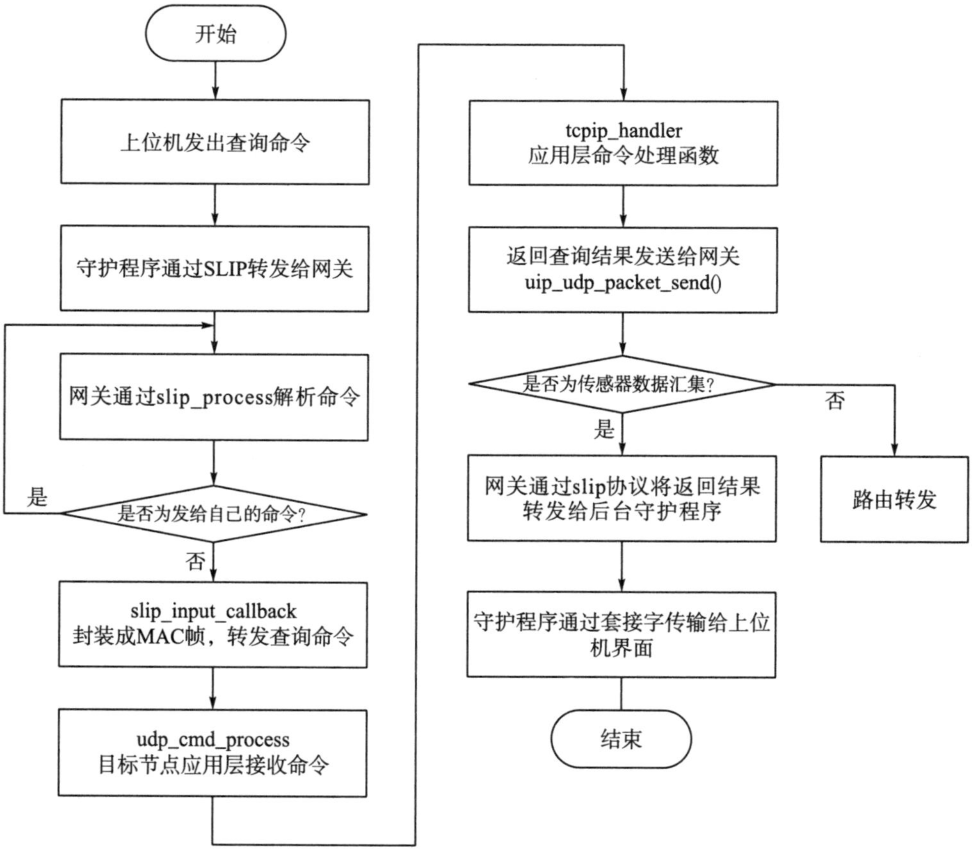

图 6.30　查询机制应用程序设计

上位机发出数据查询指令，封装成SLIP帧发给IEEE 802.15.4网关，网关的slip_process进程按照 SLIP 协议接收并解析命令，然后调用 SLIP 桥接文件中的命令处理函数slip_input_callback来执行命令。由于查询命令的目标并不是网关，因此网关提取出目标节点的 IP 地址，并重新构造节点查询命令，再发送给目标节点的应用层命令处理进程udp_cmd_process，该进程负责处理发到终端节点的命令，如信息查询命令、拓扑获取命令等。当终端节点收到查询命令之后，Contiki 系统产生一个“tcpip_event”事件，触发应用层的命令处理进程，然后在进程中调用节点应用层时间处理函数，读取传感器数据，并调用 API 接口函数 uip_udp_packet_send0 发送给上位机。

3) 构造命令

获取节点信道信息将采用 0x43。判定输入命令的 buf 第二字节为 0x43 后，对节点的地址变量 node_ipaddr 先初始化再进行赋值。赋值的范围从第三个字节开始到后面的 16 个字节。通过 UDP 将“01 03”这个私有命令发出去，首先申请新的源端口，再与节点的端口号进行绑定，再将所有的私有命令发送出去即可。发送成功之后，应该释放 UDP 连接，避免占用端口，造成端口堵塞。

通过 Packet Sniffer 协议分析工具对 2.4G 信道空中抓包进行分析(十六进制表示)，可得如图 6.31 所示的数据包。

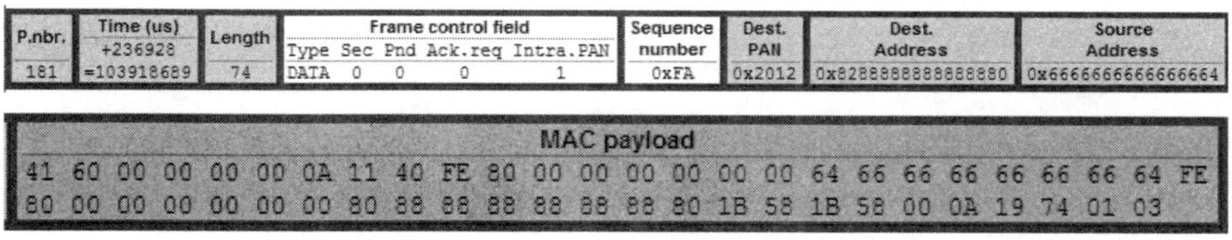

图 6.31　UDP 发送出去的命令报文

IPv6 报文如图 6.31MAC 负载中所示：

(1) 60 00 00 00 00 0A 11 40 为 IP 报头；

(2) FE 80 00 00 00 00 00 00 64 66 66 66 66 66 66 64 为 IoT 设备的地址，即 IP 报文的源地址；

(3) FE 80 00 00 00 00 00 00 80 88 88 88 88 88 88 80 为不带传感器的节点的地址，即 IP 报文的目的地址；

(4) 1B 58 1B 58 00 0A 19 74 为 UDP 头部，包括源端口号和目的端口号，还有 2 个字节的长度，剩余 2 个字节为校验和；

(5) 01 03 为命令让 IoT 发送的载荷。

通过对空抓包分析可以得出，命令控制 IoT 设备向指定不带传感器的节点发送 01 03 的载荷信息成功。

4) 节点构造响应报文

函数中若收到报文则对报文的应用层载荷每个字节进行判定：由于统一的第一字节都为“0x01”，所以将“buf”中的第二个字节进行判定。共计如下三种情况，可以采用 switch 进行判定。

01：获取节点信息。当 IoT 设备发送 01 01 的载荷，节点收到信息后，将节点的类型和编号进行封装，再返回给 IoT 设备。

02：获取节点的拓扑信息，节点收到 01 02 的载荷，将其父节点信息和本身节点信息返回给 IoT 设备。

03：不带传感器的节点收到 01 03 载荷返回节点的信道信息。

6.2.2 关键程序设计

设计目标：进一步学习传感器节点的驱动设计原理；学习基于 IPv6 的物联网研发平台传感器节点的应用程序设计与实现。

实现功能：实现温湿度、甲烷、烟雾、粉尘传感器节点的数据在 GUI 界面显示和周期性汇报；实现协调器与不带传感器的节点间的数据包传输。

下面打开搜索到的 client.c（contiki-3.0\examples）文件。

(1)编写传感器周期性汇报数据函数，主要完成设置 IP 地址、UDP 套接字和定时器的功能。下面给出一段传感器周期性汇报数据函数的示例：

```
PROCESS_THREAD(UDP_client_process, ev, data)
{
    static struct etimer et;
    uip_ipaddr_t ipaddr;
    PROCESS_BEGIN();
#if UIP_CONF_ROUTER
    set_global_address();
#endif
    print_local_addresses();
    uip_ip6addr(&ipaddr, 0xfe80, 0, 0, 0, 0x6466, 0x6666, 0x6666, 0x6664);
    /* 建立 UDP 连接*/
    l_conn = UDP_new(&ipaddr, uip_htons(3000), NULL);
    UDP_bind(l_conn, uip_htons(LOCAL_CONN_PORT));
    uip_htons(l_conn->rport));
#if UIP_CONF_ROUTER
    uip_ip6addr(&ipaddr, 0xaaaa, 0, 0, 0, 0x6466, 0x6666, 0x6666, 0x6664);
    g_conn = UDP_new(&ipaddr, uip_htons(3000), NULL);
    UDP_bind(g_conn, uip_htons(GLOBAL_CONN_PORT));
    uip_ip6addr(&ipaddr, 0xaaaa, 0, 0, 0, 0x6466, 0x6666, 0x6666, 0x6664);
#endif
    etimer_set(&et, SEND_INTERVAL);
    while(1)
```

```
        {
            PROCESS_YIELD();
            if(etimer_expired(&et))
            {
                timeout_handler();
                etimer_restart(&et);
            }
            else if(ev == tcpip_event)
            {
                tcpip_handler();
            }
        }
        PROCESS_END();
    }
```

(2)编写超时处理函数函数，通过判断 etimer 是否超时来驱动事件达到周期性汇报的效果。下面给出一段超时处理函数的示例：

```
static void timeout_handler(void)
{
    static int seq_id;
    struct uip_UDP_conn * this_conn;
    static uint8_t topo_is_send;
    unsigned char topo_send_buf[40]; //拓扑信息
    memset(topo_send_buf, 0, 40);
    uip_ipaddr_t source_ipaddr;
    memset(buf, 0, MAX_PAYLOAD_LEN);
    seq_id++;
#if UIP_CONF_ROUTER
    /* 添加事件 */
    if(seq_id & 0x01)
    {
    this_conn = l_conn;
    }
    else
    {
    this_conn = g_conn;
    }
```

```
#else
    this_conn = l_conn;
#endif
    topo_is_send ++ ;
    if(topo_is_send == 0x06)
    {
        //上线之后主动发一次拓扑包
        topo_is_send =0;
        topo_send_buf[0] = 0x11;
        topo_send_buf[1] = 0x02;
        uip_ip6addr(&source_ipaddr, 0xfe80, 0, 0, 0, 0, 0, 0, 0);
        uip_ds6_set_addr_iid(&source_ipaddr, &uip_lladdr);
        for(int i = 0; i < UIP_DS6_NBR_NB; i++)
        {
            if(uip_ds6_nbr_cache[i].isused)
            {
                for(int j = 0; j < 16; j++)
                    topo_send_buf[2+j] = uip_ds6_nbr_cache[i].ipaddr.u8[j];
            }
        }
        for(int k=0; k<16; k++)
            topo_send_buf[18+k] =source_ipaddr.u8[k];
        uip_UDP_packet_send(cmd_conn_port, topo_send_buf, 34);
        topo_is_send = 1;
        Delay(2000);
    }
#ifdef SIXLOWPAN_ENDDEVICE_SMOG
    buf[0] = data_com;
    buf[1] = ans_smog;
    buf[2] = sensor_count;
    usrStartAdcData();
    Delay(100);
    usrReadAdcData();
    memcpy((buf+5), &seq_id, sizeof(seq_id));    //计数器，放在传感器数据之
    后，四个字节
    uip_UDP_packet_send(this_conn, buf, 9);
#endif
#ifdef SIXLOWPAN_ENDDEVICE_CH4
```

```
        buf[0] = data_com;
        buf[1] = ans_ch4;
        buf[2] = sensor_count;
        usrStartAdcData();
        Delay(100);
        usrReadAdcData();
        memcpy((buf+5), &seq_id, sizeof(seq_id));  //计数器，放在传感器数据之
        后，四个字节
        uip_UDP_packet_send(this_conn, buf, 9);
    #endif
    #ifdef SIXLOWPAN_ENDDEVICE_DUST
        buf[0] = data_com;
        buf[1] = ans_dust;
        buf[2] = sensor_count;
        usrReadFenchenData();
        memcpy((buf+5), &seq_id, sizeof(seq_id));  //计数器，放在传感器数据之
        后，四个字节
        uip_UDP_packet_send(this_conn, buf, 9);
    #endif
    #ifdef SIXLOWPAN_ENDDEVICE_HUMTEMP
        buf[0] = data_com;
        buf[1] = ans_tem_hum;
        buf[2] = sensor_count;
        Delay(300);
        shtMeasure(&buf[3], SHT_MODE_TEMP);  //转换公式温度= -39.66+0.01*x
        shtMeasure(&buf[5], SHT_MODE_HUMI);  //转换公式适度 = -4 + 0.0405*x -
        2.8*10^(-6) * x^2
        Delay(50);
        memcpy((buf+7), &seq_id, sizeof(seq_id));
        //计数器，放在传感器数据之后，四个字节
        uip_UDP_packet_send(this_conn, buf, 11);
    #endif
    #ifdef SIXLOWPAN_ENDDEVICE_NODE       //用于测试使用的节点，不带传感器
的节点
        buf[0] = data_com;
        buf[1] = 0x88;
        buf[2] = sensor_count;
        buf[3] = 0x03;
```

```
        buf[4] = 0x04;
        memcpy((buf+5), &seq_id, sizeof(seq_id));
        uip_UDP_packet_send(this_conn, buf, 9);
    #endif
}
```

(3)编写传感器接收命令函数。下面给出一段传感器接收命令函数的示例：

```
    PROCESS_THREAD(UDP_cmd_process, ev, data)
    {
        uip_ipaddr_t ipaddr; PROCESS_BEGIN();
        /*如果绑定全球地址，不能正确处理本地链路多播地址*/
        uip_ip6addr(&ipaddr, 0xfe80, 0, 0, 0, 0x6466, 0x6666, 0x6666, 0x6664);
        cmd_conn_port = UDP_new(&ipaddr, uip_htons(7000), NULL);
        UDP_bind(cmd_conn_port, uip_htons(CMD_CONN_PORT));
        while(1)
        {
            PROCESS_YIELD();
            if(ev == tcpip_event)
            {
                tcpip_handler();
            }
        }
        PROCESS_END();
}
```

(4)编写应用层处理命令函数，即应用层将传感器采集到的数据连同描述信息一起存入应用层缓存并发送给网关响应上位机的操作。下面给出一段应用层处理命令函数的示例：

```
    static void tcpip_handler(void)
    {
        rimeaddr_t addr;
        unsigned char ans_sensor_info[40];
        uip_ipaddr_t source_ipaddr;
        uip_ip6addr(&source_ipaddr, 0xfe80, 0, 0, 0, 0, 0, 0, 0);
        uip_ds6_set_addr_iid(&source_ipaddr, &uip_lladdr);
        if(uip_newdata())
```

```
    {
    switch(((char *)uip_appdata)[0])
    {
        case 0x01:
            if(((char *)uip_appdata)[1]==0x01)
            {
#ifdef SIXLOWPAN_ENDDEVICE_HUMTEMP
                ans_sensor_info[0] = 0x11;
                ans_sensor_info[1] = 0x01;
                ans_sensor_info[2] = buf[1];
                ans_sensor_info[3] = buf[2];
                ans_sensor_info[4] = buf[3];
                ans_sensor_info[5] = buf[4];
                ans_sensor_info[6] = buf[5];
                ans_sensor_info[7] = buf[6];
                uip_UDP_packet_send(cmd_conn_port, ans_sensor_info, 8);
#else SIXLOWPAN_ENDDEVICE_HUMTEMP
                ans_sensor_info[0] = 0x11;
                ans_sensor_info[1] = 0x01;
                ans_sensor_info[2] = buf[1];
                ans_sensor_info[3] = buf[2];
                ans_sensor_info[4] = buf[3];
                ans_sensor_info[5] = buf[4];
                uip_UDP_packet_send(cmd_conn_port, ans_sensor_info, 6);
#endif
            }
        case 0x02:
            if(((char *)uip_appdata)[1]==0x02)
            {
                ans_sensor_info[0] = 0x11;
                ans_sensor_info[1] = 0x02;
                for(int i = 0; i < UIP_DS6_NBR_NB; i++)
                {
                    if(uip_ds6_nbr_cache[i].isused)
                    {
                        for(int j = 0; j < 16; j++)
                         ans_sensor_info[2+j] = uip_ds6_nbr_cache[i].ipaddr.u8[j];
                    }
```

```
                }
                for(int k=0; k<16; k++)
                        ans_sensor_info[18+k] =source_ipaddr.u8[k];
                uip_UDP_packet_send(cmd_conn_port, ans_sensor_info, 34);
            }
        case 0x03:
            if(((char *)uip_appdata)[1]==0x03)
            {
                ans_sensor_info[0] = 0x11;
                ans_sensor_info[1] = 0x03;
                ans_sensor_info[2] = buf[1];
                ans_sensor_info[3] = buf[2];
                ans_sensor_info[4] = channelid;
                uip_UDP_packet_send(cmd_conn_port, ans_sensor_info, 5);
            }
            break;
        }
        return;
    }
}
```

(5)找到 tcpip_handler()函数，以获取 IoT 设备的信道信息和获取节点设备的信道信息指令为例，并添加节点收到请求命令后构造响应报文的函数，函数示例如下：

```
    case 0x03:
    if(((char *)uip_appdata)[1]==0x03)
    {
        ans_sensor_info[0] = 0x11;
        ans_sensor_info[1] = 0x03;
        ans_sensor_info[2] = buf[1];
        ans_sensor_info[3] = buf[2];
        ans_sensor_info[4] = channelid;
        uip_UDP_packet_send(cmd_conn_port, ans_sensor_info, 5);
}
```

6.2.3　实例操作步骤

1. 准备实验的软、硬件环境

硬件环境：PC 机一台、J-Link 仿真器、IoT 设备(五个)、温湿度传感器一个、甲烷传感器一个、烟雾传感器一个、粉尘传感器一个、协议分析工具一个、配线若干。

软件环境：IAR for ARM 5.50.1、J-Link 仿真器驱动程序、Source Insight、Packet Sniffer 协议分析工具、Ubuntu 操作系统、sscom32 串口调试工具、完成前端节点开发实验的源代码。

硬件连接如图 6.32 所示。

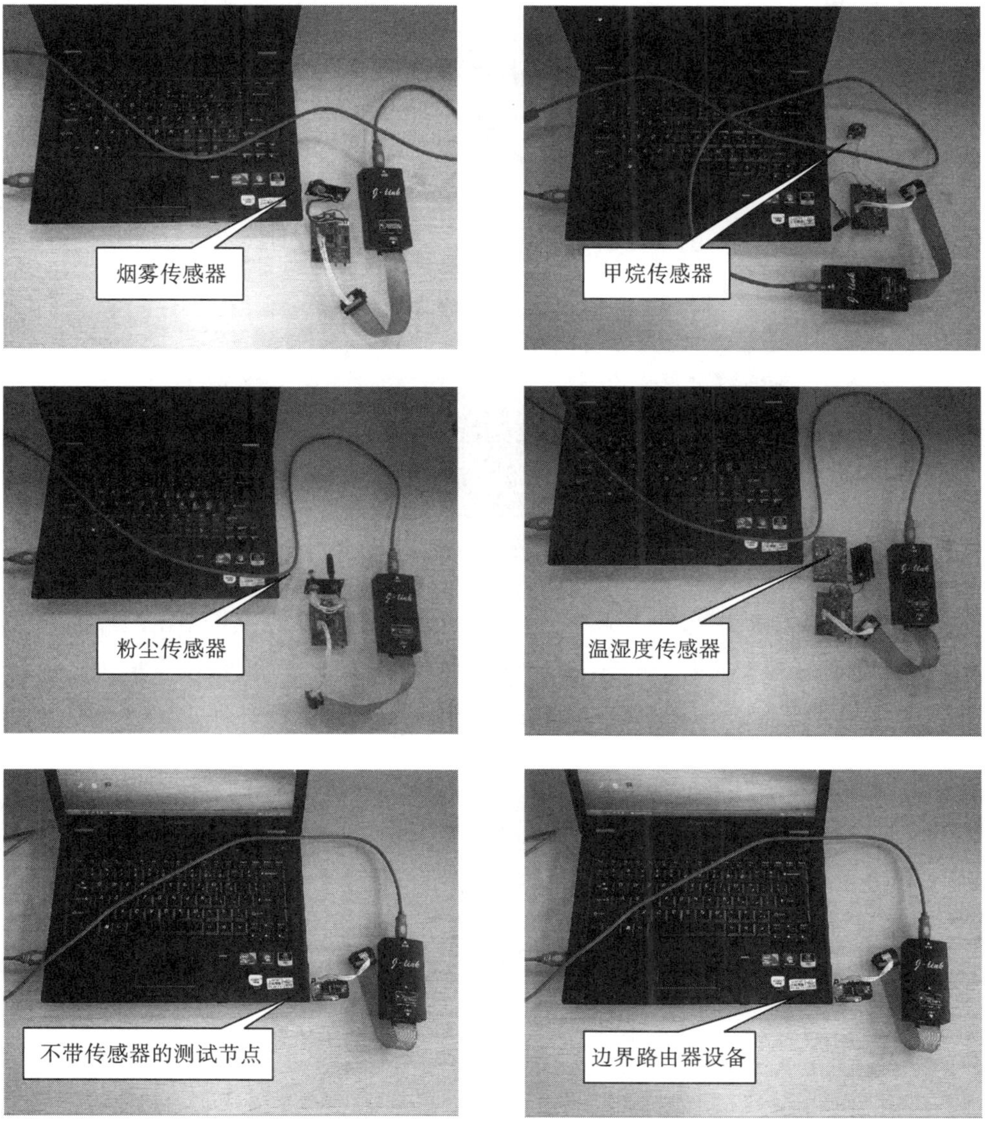

图 6.32　实物连接方式

实验时 IoT 设备连接如图 6.33 所示，抓包器 Packet Sniffer 硬件连接如图 6.34 所示。

图 6.33 IoT 设备连接

图 6.34 Packet Sniffer 硬件连接及抓包器显示

(2)分别编译并下载温湿度、甲烷、烟雾、粉尘传感器节点的代码到对应的传感器节点中(编译下载的连接方法请参考“体验传感器驱动”实验)。

(3)编译并下载边界路由器的代码到 IoT 设备 1 中。

(4)当 IoT 收到首字节为 3f 的数据后，发送给守护程序，此时守护程序对收到数据的首字节进行判断。若为 3f 的数据后，则转给上层界面进行处理。守护程序收到的传感器节点数据如图 6.35 所示。

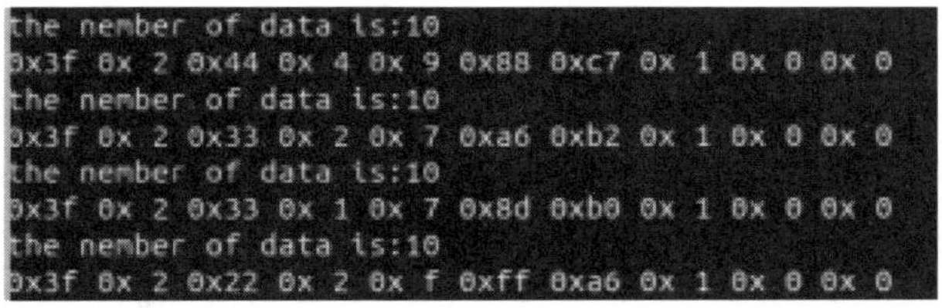

图 6.35 守护程序接收到数据

(5)IoT 设备与节点组网成功后，守护程序将收到的 3f 数据发送给上层界面解析，并在 Data 栏目中显示出来，此时传感器节点完成周期性的汇报，如图 6.36 所示。

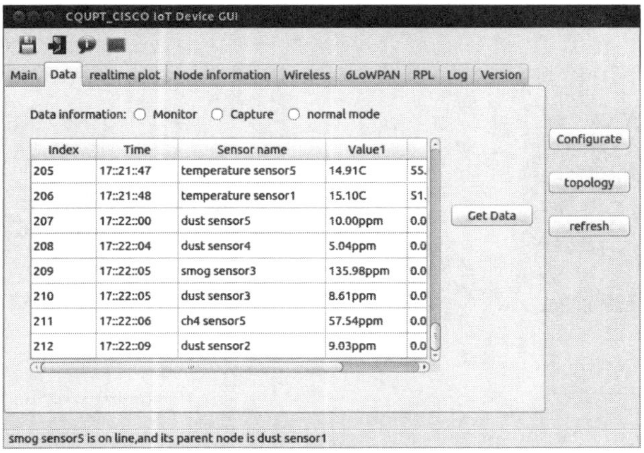

图 6.36 数据显示页面显示汇集的数据

(6) 将“不带传感器的节点”代码进行编译，并下载到 IoT 设备 2 中。

(7) 将“边界路由器”代码进行编译，并下载到 IoT 设备 3 中。

(8) 打开串口调试助手 Commix，在“我的电脑”中查看 COM 端口号。

(9) 打开成功后会看到 CO 3F 50 CO，表示 IoT 设备在向上位机发送前缀请求的命令，如图 6.37 所示。

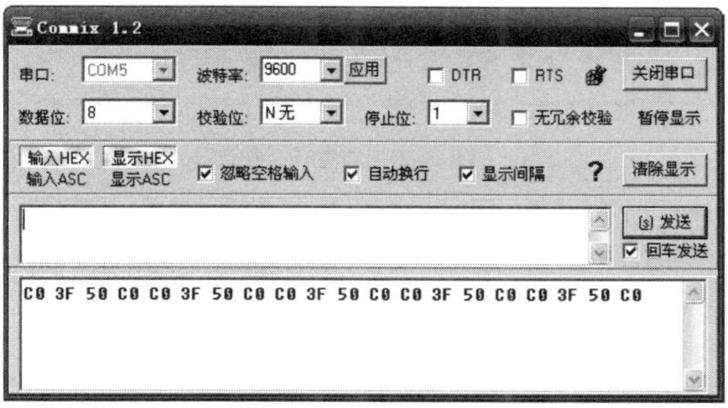

图 6.37　IoT 设备在向上位机发送前缀请求的命令

(10) 将 C0 21 50 aa aa 00 00 00 00 00 00 C0 输入到如图 6.38 所示的发送框格中。

图 6.38　编辑发送

(11) 点击发送，发送成功后可以看到 IoT 设备的前缀配置成功，如图 6.39 所示。

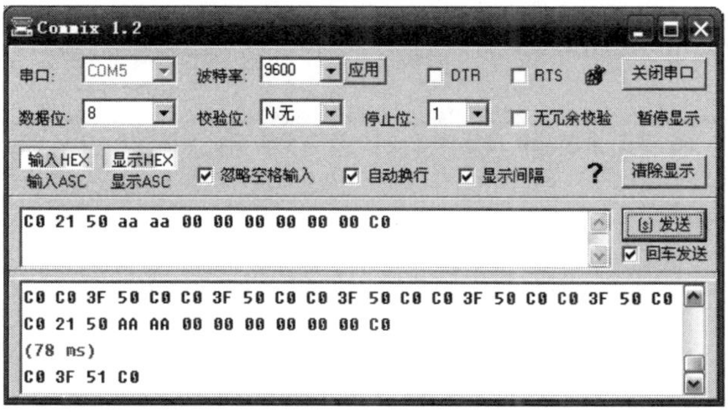

图 6.39　前缀配置成功

(12) 发送的命令在下面的显示窗口是以绿色字符显示，发送成功后，可以看到 IoT 设备返回了一个 C0 3F 51 C0 的命令，表示 IoT 设备的前缀配置成功了。

(13) IoT 设备配置成功后，在 Commix 软件中输入刚刚定义的 C0 21 42 C0 命令并发送，如图 6.40 示。

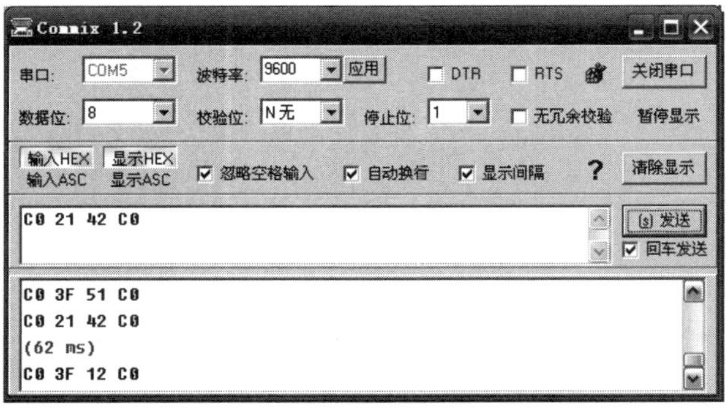

图 6.40　返回信道信息

(14) 命令发送成功之后返回了一个 C0 3F 12 C0 的信息，表示上位机获取 IoT 设备信道信息命令成功，12 表示信道信息。

(15) 通过 UDP 将 01 03 这个私有命令发出去，首先申请新的源端口，再与节点的端口号进行绑定。随后将所有的私有命令发送出去即可。发送成功之后，应该释放 UDP 连接，避免占用端口，造成端口堵塞。打开协议分析仪 Packet Sniffer 收到协调器向不带传感器的节点发送请求的数据包，如图 6.41 所示。

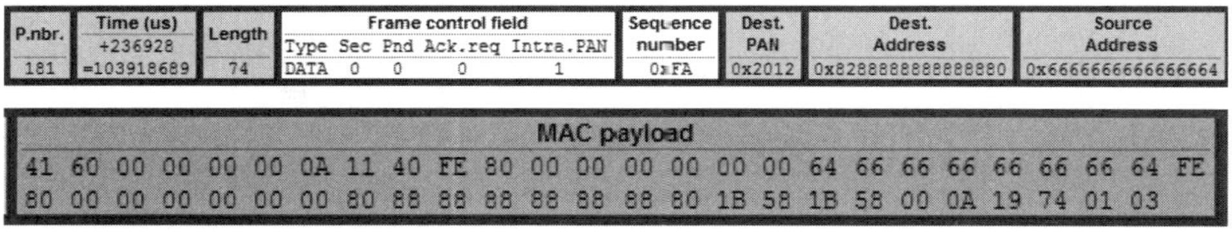

图 6.41　协调器发送请求

(16) 在软件 Commix 中发送之前构造好的命令，如图 6.42 所示。

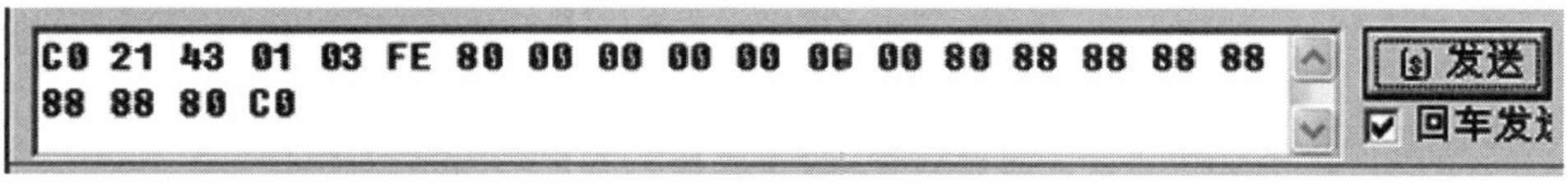

图 6.42　构造请求节点信道信息的命令

(17) 命令发送完毕后，下方窗口可显示对应不带传感器节点返回的信息——C0 3F 11 03 88 01 12 C0 。返回信息中前后的 C0 是 SLIP 协议的封装。IoT 设备通过守护程序向上位机发送数据时，会产生两种数据：一种是发送给 GUI 人机交互界面的数据，另一种是发送给 sniffer 分析软件的数据。为了以示区别，在发往 GUI 人机交互界面的数据前面加上 3F，而在 sniffer 分析软件的数据前面加上 66 ab。剩余的 11 03 88 01 12 与在 client.c 工程文件中构造的载荷完全相同。12 就是节点的信道信息。如图 6.43 所示。

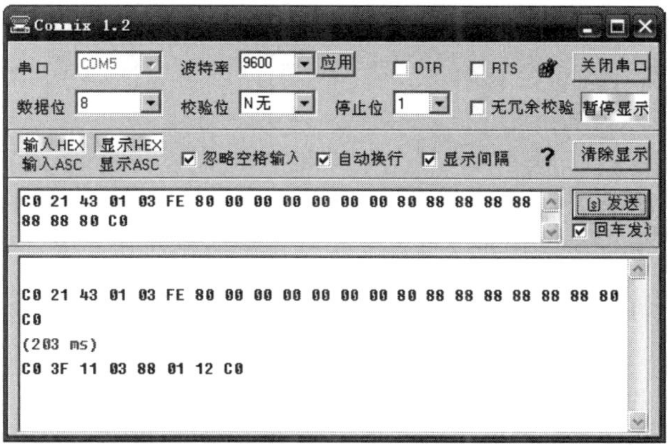

图 6.43　不带传感器的节点返回信道信息

6.3　子网路由开发

6.3.1　子网路由协议基本原理

1. 子网路由协议概述

无线传感器网络路由协议负责在传感节点和汇聚节点间可靠地传输数据。无线传感器网络与应用高度相关，单一的路由协议不能满足各种应用需求。针对不同应用的特点，研究不同的路由协议，大致可分为 5 类：泛洪式路由协议、层次式路由协议、以数据为中心的路由协议、基于位置信息的路由协议、基于 QoS 的路由协议。

(1) 泛洪式路由协议：这是一种古老的路由协议，它不需要维护网络的拓扑结构和路由计算，接收到消息的点直接将数据包转发给相邻节点。对于自组织的传感器网络，泛洪式路由是一种较直接的实现方法，但容易带来消息的内爆和重叠，而且它没有考虑能源方面的限制，存在资源盲点的缺陷。

(2) 层次式路由协议：这种协议的基本思想是将传感节点分簇，簇内通信由簇头节点来完成。簇头节点进行数据聚集和融合以减少传输的信息量，最后簇头节点把融合的数据传送给汇聚节点。这种方式能满足传感器网络的可扩展性，有效地维持传感节点的能量消耗，从而延长网络生命周期。

(3) 以数据为中心的路由协议：这种协议对传感器网络中的数据用特定的描述方式命名，数据传送基于数据请求并依赖数据命名，所有的数据通信都限制在局部范围内。这种方式的通信不再依赖特定的节点，而是依赖于网络中的数据，从而减少了网络中大量传送的重复冗余数据，降低了不必要的开销，从而延长网络生命周期。

(4) 基于位置信息的路由协议：它利用节点的位置信息，把请求或数据转发给需要的区域，从而缩减数据的传送范围。实际上，许多传感器网络的路由协议都假设节点的位置信息是已知的，所以可以方便地利用节点的位置信息将节点分为不同的域(region)。基于域进行数据传送能缩减传送范围，减少中间节点的通信量，从而延长网络生命周期。

(5)基于QoS的路由协议：能量感知的QoS路由需要保证整个连接时间内的带宽(或延时)和对能量高效路径的有效利用。基于QoS的路由协议适用于军事目标实时追踪以及紧急事件监视等实时性强的应用。

2. RPL路由协议

IETF针对基于IP的智能对象网络定义了开放的路由协议，并成立工作组ROLL，为基于IP的智能对象网络制定基于IPv6的路由解决方案。

随着IPv6与无线个域网技术结合的深入，传统的网络层IP路由协议难以满足以IEEE 802.15.4标准为代表的无线传感网的路由需求，鉴于此IETF路由领域在2009年成立了ROLL工作组，致力于低功耗有损网络中的IPv6路由技术的标准化工作。ROLL工作组从几个典型的应用场景入手，分析了工业控制、智能城市、家庭自动化和楼宇自动化四个应用方向的路由需求，并进行标准化，然后根据低功耗有损网络的路由指标制定出了基于距离矢量的IPv6路由协议(RPL)，并于2012年3月使其成为正式标准RFC 6550。

(1)RPL是网络层的路由协议(routing-over)，其通过一个目标函数和某种指标来建立DODAG(目的地定向的无环图)。目标函数通过一系列指标计算最优路径。在不同的目标下，LLNs网络拓扑结构会出现很大区别，所以RPL允许在同一个网络上存在多个目标函数，以满足不同的通信链路的需求。在RPL中，使用目标函数只需要规定一些形成DODAG的规则而并不需要指明具体参数和指标。RPL支持三种数据传输方式(根节点到不带传感器的节点、不带传感器的节点到根节点以及不带传感器的节点到不带传感器的节点)，并支持根据ICMP报文扩展和改进得到的DIS、DIO和DAO三种控制报文。根据不同的对象函数可以生成不同的网络拓扑。DODAG的根节点即可作为边界路由器，负责节点的登记、前缀分配和路由建立，并通过骨干网与其他6LoWPAN网络或者Internet主机互联。

(2)DODAG拓扑图建立，运行RPL路由协议的节点之间通过交换DIO、DIS和DAO这三种ICMPv6控制消息来建立拓扑和路由，主要分为两个过程：第一，建立拓扑结构和向上路由；第二，建立向下路由。其中，建立向下路由的时候存在两种模式：记忆存储模式和非记忆存储模式。DODAG拓扑图建立的步骤如图6.44所示。

详细的DODAG拓扑建立原理与过程见5.6.3小节。

(3)基于多个拓扑的DODAG路由选，RPL其中一个用来识别和维持拓扑结构的标识符是RPLInstanceID，即RPL实例ID。RPLInstanceID标识了一组由单个或多个DODAG组成的DAG。一个网络中会包含有多个RPLInstance，一个RPLInstance中含有一个或者多个DODAG，它们可针对不同的目标函数(OF)或应用进行优化。此外，各个DODOAG含有自己的DODAGID。由一个RPLInstanceID标识的一组DODAG被称为RPL实例。同一个RPLInstance里的所有DODAG共享同一种OF。这样，RPL就可以依靠在同一物理拓扑中建立和确认多个DODAG，确保其支持基于多个拓扑的路由选择。

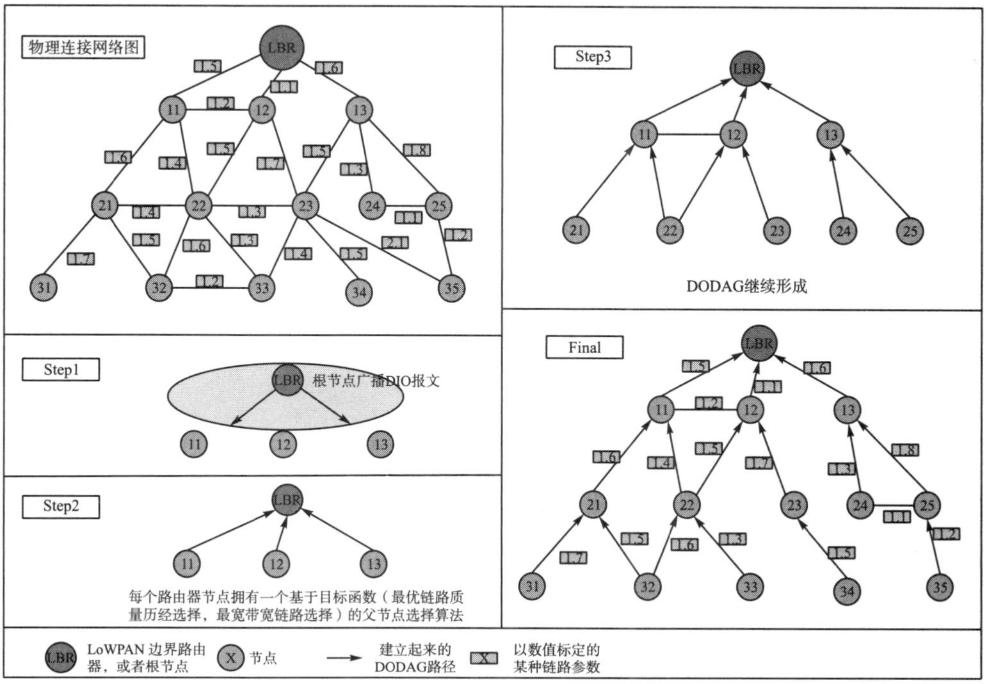

图 6.44　DODAG 拓扑图建立的步骤图

基于多个拓扑的路由选择如图 6.45 所示。

(4) 路由转发模块的设计与实现。此小节关于路由表结构体的设计、RPL 路由工作流程、RPL 初始化程序等内容可参照 6.1 节相关内容。

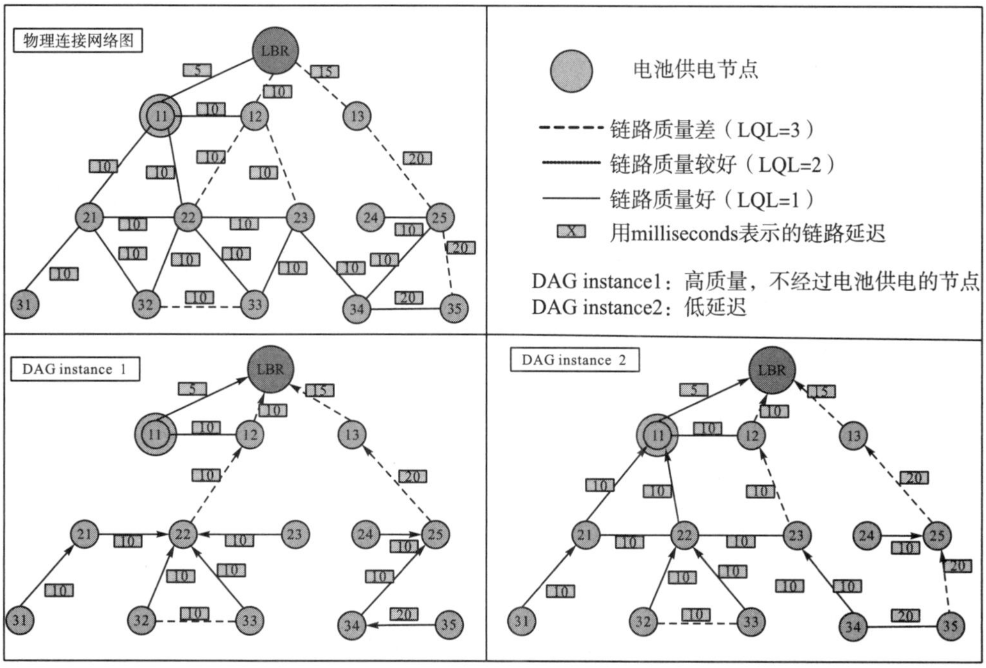

图 6.45　基于多个拓扑的 DODAG 路由选择

6.3.2 关键程序设计

设计目标：学习子网路由协议的相关知识；学习基于 IPv6 的物联网研发平台子网路由的设计与实现。

实现功能：节点可通过 RPL 路由协议；根据建立的有向环图选择父节点，连接到协调器设备上；实现在 GUI 人机交互界面中查看 RPL 子网路由拓扑信息。

(1) 网络层初始化，启动 TCP/IP 控制进程 tcpip_process，同时启用 RPL 路由，规定初始化函数。

```
/* initialize RPL if configured for using RPL */
#if UIP_CONF_IPV6_RPL
    rpl_init();
#endif /* UIP_CONF_IPV6_RPL */
```

(2) 编写定义有向环图的结构体，代码示例如下：

```
struct rpl_dag
{
    uip_ipaddr_t dag_id;
    /*每次组成 DAG 都需要重置，用来描述 DAG 的新鲜度 */
    rpl_rank_t min_rank;
    uint8_t version;
    uint8_t grounded;
    uint8_t preference;
    uint8_t used;
    uint8_t joined;
    rpl_parent_t *preferred_parent;
    rpl_rank_t rank;
    struct rpl_instance *instance;
    LIST_STRUCT(parents);
    rpl_prefix_t prefix_info;
};
```

(3) 一个由 DODAG 选择父节点的函数代码示例：

```
rpl_dag_t *rpl_set_root(uint8_t instance_id, uip_ipaddr_t *dag_id)
{
```

```
rpl_dag_t *dag;
rpl_instance_t *instance;
uint8_t version;
version = RPL_LOLLIPOP_INIT;
dag = get_dag(instance_id, dag_id);
if(dag != NULL)
{
    version = dag->version;
    RPL_LOLLIPOP_INCREMENT(version);
    PRINTF("RPL: Dropping a joined DAG when setting this node as root");
    if(dag == dag->instance->current_dag)
    {
        dag->instance->current_dag = NULL;
    }
    rpl_free_dag(dag);
}
dag = rpl_alloc_dag(instance_id, dag_id);
if(dag == NULL)
{
    return NULL;
}
instance = dag->instance;
dag->version = version;
dag->joined = 1;
dag->grounded = RPL_GROUNDED;
instance->mop = RPL_MOP_DEFAULT;
instance->of = &RPL_OF;
dag->preferred_parent = NULL;
memcpy(&dag->dag_id, dag_id, sizeof(dag->dag_id));
instance->dio_intdoubl = RPL_DIO_INTERVAL_DOUBLINGS;
instance->dio_intmin = RPL_DIO_INTERVAL_MIN;
/*当前时间间隔必须不同于最小间隔，这是为了触发一个 DIO 定时器重置。*/
instance->dio_intcurrent = RPL_DIO_INTERVAL_MIN
+RPL_DIO_INTERVAL_ DOUBLINGS;
instance->dio_redundancy = RPL_DIO_REDUNDANCY;
instance->max_rankinc = RPL_MAX_RANKINC;
instance->min_hoprankinc = RPL_MIN_HOPRANKINC;
instance->default_lifetime = RPL_DEFAULT_LIFETIME;
```

```
        instance->lifetime_unit = RPL_DEFAULT_LIFETIME_UNIT;
        dag->rank = ROOT_RANK(instance);
        if(instance->current_dag != dag && instance->current_dag != NULL)
    {
            /* 移除父节点 */
            rpl_remove_routes(instance->current_dag);
            instance->current_dag->joined = 0;
        }
        instance->current_dag = dag;
        instance->dtsn_out = RPL_LOLLIPOP_INIT;
        instance->of->update_metric_container(instance);
        default_instance = instance;
        ANNOTATE("#A root=%u\n", dag->dag_id.u8[sizeof(dag->dag_id) - 1]);
        rpl_reset_dio_timer(instance);
        return dag;
}
```

(4)DAO 消息发送函数，建立下行通信。在 LLNs 网络中，涉及信息交互或者网络管理时通常会出现下行流量，因此下行通信是必要的。RPL 协议中通过子节点发送 DAO 信息建立下行通信路径。父节点监听到 DAO 信息之后，存储相关信息，从而构建下行通信路径。其中下行通信模式包括存储模式和非存储模式。根据节点的存储能力，可以选择不同的下行通信模式。

```
    static int should_send_dao(rpl_instance_t *instance, rpl_dio_t *dio, rpl_parent_t *p)
    {
        if(instance->mop == RPL_MOP_NO_DOWNWARD_ROUTES)
        {
            return 0;
        }
        return p == instance->current_dag->preferred_parent && (lollipop_greater_than
        (dio->dtsn, p->dtsn));
}
```

(5)DIO 消息发送函数，建立上行通信。在 LLNs 网络中，通信流量大多是从叶节点向根节点汇聚的。RPL 协议中通过发送 DIO 信息建立上行通信路径。其中 DIO 信息包含了前缀信息、路由信息、路由指标等一系列信息，用于路径发现和维护。

```
void rpl_process_dio(uip_ipaddr_t *from, rpl_dio_t *dio)
{
    rpl_instance_t *instance;
    rpl_dag_t *dag, *previous_dag;
    rpl_parent_t *p;
    if(dio->mop ! = RPL_MOP_DEFAULT)
    return;
    if(dio->rank == INFINITE_RANK);
    return;
    instance = rpl_get_instance(dio->instance_id);
    //获取 DIO 消息的事件 ID
    if(instance == NULL)
    {
        rpl_join_instance(from, dio);  //RPL 路由加入事件
        return;
    }
    dag = get_dag(dio->instance_id, &dio->dag_id);
    if(dag == NULL)
    {
        rpl_add_dag(from, dio); //添加 RPL 路由 DAG 图
        return;
    }
    if(lollipop_greater_than(dio->version, dag->version))
    {
        if(dag->rank == ROOT_RANK(instance))
        {
            dag->version = dio->version;
            RPL_LOLLIPOP_INCREMENT(dag->version);
            rpl_reset_dio_timer(instance);
        }
        else
        {
            global_repair(from, dag, dio);
        }
        return;
    }
    if(lollipop_greater_than(dag->version, dio->version))
    {
```

```
        if(dag->joined)
        {
            rpl_reset_dio_timer(instance);
            //设置 RPL DIO 消息发送定时器
            return;
        }
    }
    if(dio->rank < ROOT_RANK(instance))
        return;
    else if(dio->rank == INFINITE_RANK && dag->joined)
    {
        rpl_reset_dio_timer(instance);
        //设置 RPL DIO 消息发送定时器
    }
    if(dag->rank == ROOT_RANK(instance))
    {
        if(dio->rank ! = INFINITE_RANK)
        {
            instance->dio_counter++;
            //DIO 消息计数器定义的事件 ID
        }
        return;
    }
    p = rpl_find_parent(dag, from);
    if(p == NULL)
    {
        previous_dag = find_parent_dag(instance, from);
        if(previous_dag == NULL)
        {
            if(RPL_PARENT_COUNT(dag)==RPL_MAX_PARENTS_PER_DAG)
            {
                remove_worst_parent(dag, dio->rank);
            }
            p = rpl_add_parent(dag, dio, from);  //添加父节点
            if(p == NULL)
                return;
        }
        else
```

```
            {
                p = rpl_find_parent(previous_dag, from);
                //搜索父节点
                if(p ! = NULL)
                {
                    rpl_move_parent(previous_dag, dag, p);  //删除父节点
                }
            }
        }
    else
    {
        if(p->rank == dio->rank)
        {
            if(dag->joined)
            {
                instance->dio_counter++;
                //DIO 消息计数器定义的事件 ID
            }
        }
        else
        {
            p->rank=dio->rank;
        }
    }
    instance->current_dag->rank, instance->current_dag->min_rank);
    memcpy(&p->mc, &dio->mc, sizeof(p->mc));
    if(rpl_process_parent_event(instance, p) == 0)
        return;
    if(dag->joined && p == dag->preferred_parent)
    {
        if(should_send_dao(instance, dio, p))
        {
            RPL_LOLLIPOP_INCREMENT(instance->dtsn_out);
            rpl_schedule_dao(instance);
        }
      }
      p->dtsn = dio->dtsn;
}
```

(6) DIO 消息获取事件 ID 的函数，帮助建立上行通信。源代码如下：

```
rpl_instance_t *rpl_get_instance(uint8_t instance_id)
{
    int i;
    for(i = 0;  i < RPL_MAX_INSTANCES;  ++i)
    {
        if(instance_table[i].used && instance_table[i].instance_id == instance_id)
        {
            return &instance_table[i];
        }
    }
    return NULL;
}
```

通过 DIO 消息加入 DAG 的函数。需要赋值的 RPL DAG 结构体成员变量如下：

```
if(dio->prefix_info.flags & UIP_ND6_RA_FLAG_AUTONOMOUS)
{
    check_prefix(NULL, &dio->prefix_info);
}
dag->joined = 1;
dag->preference = dio->preference;
dag->grounded = dio->grounded;
dag->version = dio->version;
instance->of = of;
instance->mop = dio->mop;
instance->current_dag = dag;
instance->dtsn_out = RPL_LOLLIPOP_INIT;
instance->max_rankinc = dio->dag_max_rankinc;
instance->min_hoprankinc = dio->dag_min_hoprankinc;
instance->dio_intdoubl = dio->dag_intdoubl;
instance->dio_intmin = dio->dag_intmin;
instance->dio_intcurrent = instance->dio_intmin + instance->dio_intdoubl;
instance->dio_redundancy = dio->dag_redund;
instance->default_lifetime = dio->default_lifetime;
instance->lifetime_unit = dio->lifetime_unit;
memcpy(&dag->dag_id, &dio->dag_id, sizeof(dio->dag_id));
```

(7)通过 DIO 消息获取 DAG 的函数示例代码：

```
static rpl_dag_t * get_dag(uint8_t instance_id, uip_ipaddr_t *dag_id)
{
    rpl_instance_t *instance;
    rpl_dag_t *dag;
    int i;
    instance = rpl_get_instance(instance_id);
    if(instance == NULL)
    {
        return NULL;
    }
    for(i = 0;  i < RPL_MAX_DAG_PER_INSTANCE;  ++i)
    {
        dag = &instance->dag_table[i];
        if(dag->used && uip_ipaddr_cmp(&dag->dag_id, dag_id))
        {
            return dag;
        }
    }
    return NULL;
}
```

(8)根据已知事件 ID 添加有向环图 DAG 的函数，下面给出函数主要需要赋值的结构体成员变量：

```
previous_dag = find_parent_dag(instance, from);
if(previous_dag == NULL)
{
    p = rpl_add_parent(dag, dio, from);
    if(p == NULL)
    {
        dag->used = 0;
        return;
    }
    else
    {
        p = rpl_find_parent(previous_dag, from);
```

```
            if(p != NULL)
            {
                rpl_move_parent(previous_dag, dag, p);
            }
        }
        of = rpl_find_of(dio->ocp);
        if(of != instance->of ||instance->mop != dio->mop ||instance->max_rankinc
          != dio->dag_max_rankinc ||instance->min_hoprankinc != dio->dag_min_
hoprankinc
          ||instance->dio_intdoubl != dio->dag_intdoubl ||instance->dio_intmin != dio->
dag_ intmin
        ||instance->dio_redundancy != dio->dag_redund ||instance->default_lifetime !=
dio->default_lifetime
        ||instance->lifetime_unit != dio->lifetime_unit)
        {
            rpl_remove_parent(dag, p);
            dag->used = 0;
            return;
        }
        dag->used = 1;
        dag->grounded = dio->grounded;
        dag->preference = dio->preference;
        dag->version = dio->version;
        memcpy(&dag->dag_id, &dio->dag_id, sizeof(dio->dag_id));
        memcpy(&dag->prefix_info, &dio->prefix_info, sizeof(rpl_prefix_t));
        dag->preferred_parent = p;
        dag->rank = instance->of->calculate_rank(p, 0);
        dag->min_rank = dag->rank;
}
```

6.3.3 实例操作步骤

(1)准备实验的软、硬件环境。

硬件环境：PC机一台、J-Link下载器一个、IoT设备一个，温湿度传感器、甲烷传感器、烟雾传感器、粉尘传感器各若干，协议分析工具一个、配线若干。

软件环境：IAR for ARM 5.50.1、J-Link仿真器驱动程序、Source Insight程序Ubuntu操作系统、sscom32串口调试工具、Packet Sniffer协议分析工具。

编译下载时的硬件连接方式如图 6.46 所示。

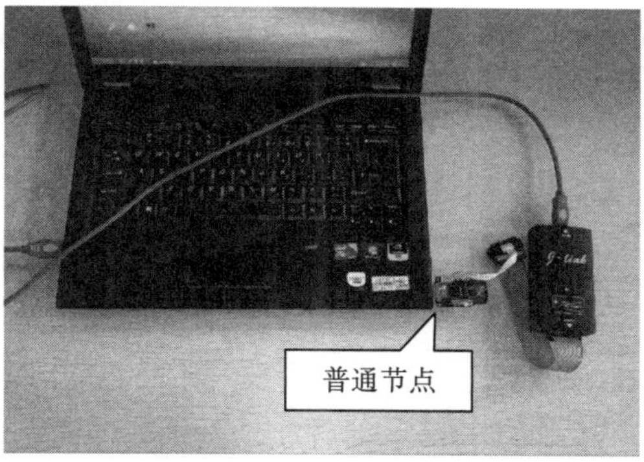

图 6.46　硬件连接方式

实验时 IoT 设备连接如图 6.47 所示。

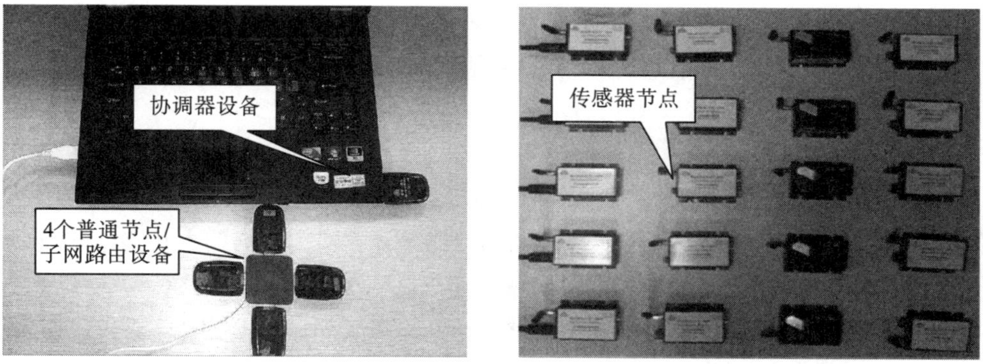

图 6.47　IoT 设备连接

(2) 打开并解压“\基于 IPv6 的物联网研发平台\光盘资料\源码包\进阶实验\源码包”目录下的源码包.rar 实验工程压缩包。

(3) 将节点的代码进行编译，并下载到 IoT 设备 1、2、3、4 中，退出调试。

(4) 将传感器的代码进行编译，并分别下载温湿度、甲烷、烟雾、粉尘的代码到对应的传感器(本实验采用的传感器节点总数为 17 个)中，退出调试。

(5) 将节点的代码进行编译，并下载到 IoT 设备 5 中，退出调试。

(6) 将 IoT 设备 5 与装有 Ubuntu 系统的 PC 机相连，打开 Linux 的终端(Ctrl+Alt+T)，并查看 IoT 设备 5 在 Linux 中的连接情况。

(7) 配置守护程序并开启守护程序后，可以在守护程序中可以看到正常的数据传输。

(8) 配置 GUI 人机交互界面，登录并在 data 页面观察 RPL 路由拓扑信息，节点通过 RPL 路由协议，根据建立的有向无环图选择父节点，再连接到协调器设备上，如图 6.48 所示。

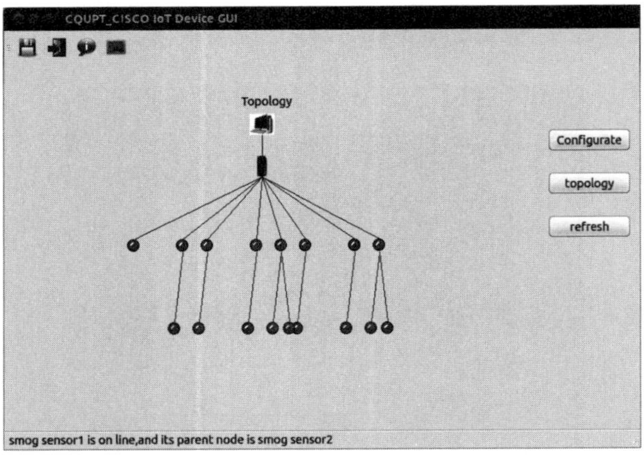

图 6.48 RPL 子网路由选择的拓扑图

6.4 网关开发

6.4.1 网关开发基本原理

1. 网关

网关(gateway)又称网间连接器、协议转换器。默认网关在网络层上以实现网络互连，是网络互连设备，仅用于两个高层协议不同的网络互连。网关的结构也和路由器类似。网关既可以用于广域网互连，也可以用于局域网互连。

无线传感器网络的实体部分主要由传感器节点、网关和服务器构成。其中，作为无线传感器网络关键设备的网关，担负着整个网络的数据汇集、处理和转发的工作，一定程度上决定了整个无线传感器网络的使用范围。因此，传感器网关接入技术是整个传感器网络技术中非常重要的一环，研究便捷可靠、使用范围广范的无线传感器网关接入技术十分重要。随着无线传感器网络应用系统对网关技术要求的不断提高，选择适用于无线传感器网关无线通信的技术方案，对于拓展无线传感器网络应用范围、加速无线传感器网络技术的发展具有很重要的现实意义。

网关作为 IEEE 802.15.4 网关(协调器)时，通过 IEEE 802.15.4 标准对网络进行组织和管理，同时扮演网络协调器的角色，将无线传感器子网的数据转发给上位机，实现异构网络的互联互通。此时，网关是无线传感器网络的关键设备。在网关接入技术方面，早期的网关接入方式大多为有线接入的方式，即用网线或电缆连接服务器和网关。有线接入的方式性能可靠，但是其传输距离有限，而且布网难度很大，这就限制了有线传感器网络的适用范围。因此，用无线的方式解决网关至服务器最后一个环节的数据传输问题也就成了传感器网络领域研究的热点。

基于 IPv6 的物联网研发平台所设计的无线传感器网络网关，使用无线接入技术方案，解除了电缆、网线对于传感器网络应用范围的束缚，很大程度扩展了传感器网络的使用场景。其低成本、灵活性高等特点将使得传感器网络更好地服务于社会生产和经济建设。

2. 网关模式下的数据汇集

IEEE 802.15.4 网关功能：负责 802.15.4 网络的形成和管理，维护网络内设备间的通信、数据的汇集以及与上位机监控软件之间的通信。6LoWPAN 子网中每个节点都具有一个 IPv6 地址，网关接收到传感器数据之后判断报文的目的地址，如果不是子网内部的报文就在网络层将数据包转交给 Linux 主机。

网关设备主要负责网络的组建和部分参数配置(如设置网络 PANID、信道号等)，以及读取节点设备信息等，还能够本地或通过互联网进行远程管理和监控，系统结构如图 6.49 所示。

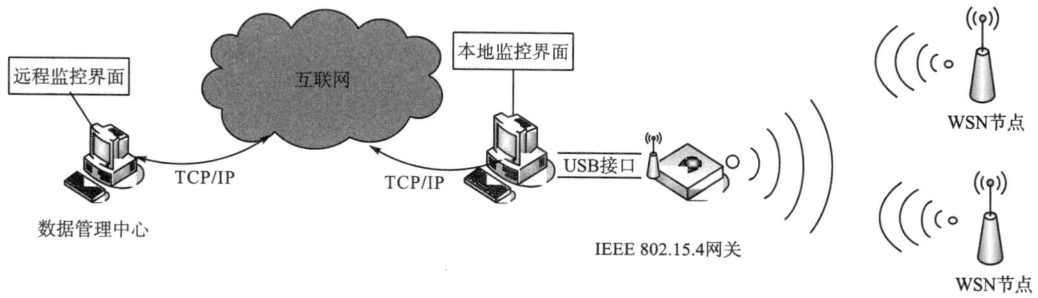

图 6.49　IoT 系统 IEEE 802.15.4 的网关功能

传感器节点将周期性采集到的数据发送给 IEEE 802.15.4 网关进行汇集，网关通过 USB 接口将数据转交给与之相连的上位机，并通过监控界面实时显示传感器网络的数据。上位机监控界面既能在本地主机上运行，也可运行在远程的互联网主机中，实现远程监测和管理，扩展了 IPv6 无线传感网的使用范围。

1) 传感器数据存储

初始化任务完毕之后，需要对数据进行采集，并将采集到的数据进行必要处理后存储在缓冲区响应的数组中。将对应的 c 文件添加到 IAR 新建的工程文件当中(包括头对应 h 文件)。甲烷和烟雾的驱动中都需要进行 ADC 转换，采集到的数据都存放在 ADC_VALUE 数组当中。粉尘传感器和温湿度传感器则不需要 ADC 转换，它们根据设置的间隔(interval_count)，定时采样并且存储在数组中。粉尘传感器采集数据存放在载荷 buf 的第三位和第四位上，如下所示：

```
void usrReadFenchenData(void)
{
    static struct etimer et;
    etimer_set(&et, 0.5*CLOCK_CONF_SECOND);   //Contiki 事件驱动定时器设置
    if(etimer_expired(&et))
    {
        interval_count = newt_count - last_count;
```

```
            /*interval_count 间隔设置，并再一次计数后将 last_count 传递给 newt_count*/
            last_count = newt_count;
            etimer_restart(&et);
        }
        buf[3] =(interval_count >> 8);
        buf[4] = interval_count;
}
```

由于温湿度采集的是温度和湿度两个值，与其他三种传感器不同，所以在获取温度值和湿度值的时候定义指针 ptr，依次移动一个字节分别读取温度值和湿度值，如下所示：

```
    *ptr = shtReadByte();
    *(ptr+1)= shtReadByte();
    crc = shtReadByte();
```

控制读取温度和湿度的两个情形如下所示，详细请参考“传感器驱动实验”。

```
    case SHT_MODE_TEMP: //温度
        do
        {
            error = 0;
            shtTransstart();
            error += shtWriteByte(SHT_MEASURE_TEMP);
        } while(error);
        break;
    case SHT_MODE_HUMI: //湿度
        do
        {
            error = 0;
            shtTransstart();
            error += shtWriteByte(SHT_MEASURE_HUMI);
        } while(error);
break;
```

2）获取传感器节点的数据上发

6LoWPAN 协议栈设计了两种传感器数据获取机制：周期性汇报机制、查询机制。其中，周期性汇报机制指传感器节点通过定时器定期向网关汇报所采集的传感器数据；查询机制指通过上位机发送信息获取指令，传感器节点收到指令之后被动返回传感器数据。

在 Contiki 系统中，通过类似于 UDP 套接字的 API 函数来实现应用层数据的收发。传感器节点的两种数据获取机制通过两个进程来实现：UDP_client_process 和 UDP_cmd_process。这两个进程都设置为自启动方式运行。

UDP_client_process 启动以后首先设置自己的本地链路和全局 IPv6 地址，然后创建一个 UDP 套接字并绑定目的地址和目标端口，然后初始化 etimer 定时器，设置定时间隔。当 etimer 超时以后会产生一个超时事件，触发该事件所关联的任务，从而调用相应的超时处理函数 timeout_handler()，在超时处理函数中完成传感器数据读取、应用层载荷填充，最后调用 API 接口函数 uip_udp_packet_send() 发送出去。

在 uip_udp_packet_send() 中，先将应用层载荷装入 uip_buf 发送缓冲区，然后调用进程 uip_process()。在 uip_process() 中进入“UDP_send”状态，并装载传输层 UDP 头部域，以及 IPv6 头部的部分信息。然后调用 tcpip_iPv6_output() 函数，在此函数中完成网络层头部的装载以及路由选择。之后调用 tcpip_output() 函数，该函数的指针形参在 sicslowpan.c 文件中的 sicslowpan_init() 函数中初始化为 output() 的函数指针，在这个函数中完成 6LoWPAN 协议栈的报头压缩和报文分片功能。完成之后调用 sicslowmac 层的 send_packet() 函数，封装 MAC 层帧头。最后调用无线射频接口函数 NETSTACK_RADIO.send() 将数据包发送出去，如图 6.50 所示。

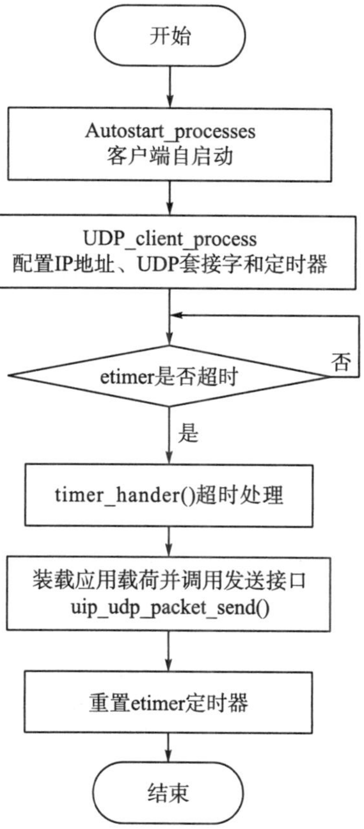

图 6.50　周期性汇报应用程序设计

3)汇聚网关与 Linux 主机交互

当 IPv6 边界路由器为 IEEE 802.15.4 网关工作的时候，为了提供通用的网关与 Linux 主机之间的数据传输方式，使用 SLIP 协议来封装数据。SLIP 协议定义了在串行线路上将数据包封装成帧的一系列字符，用于在两点之间的线路上传输 TCP/IP 协议数据，并且支持 Linux、Windows 等操作系统。因此，Linux 后台程序可以直接调用 SLIP 模块来接收数据，而不必设计其他的数据传输格式。USB 通信模块的程序设计流程如图 6.51 所示。

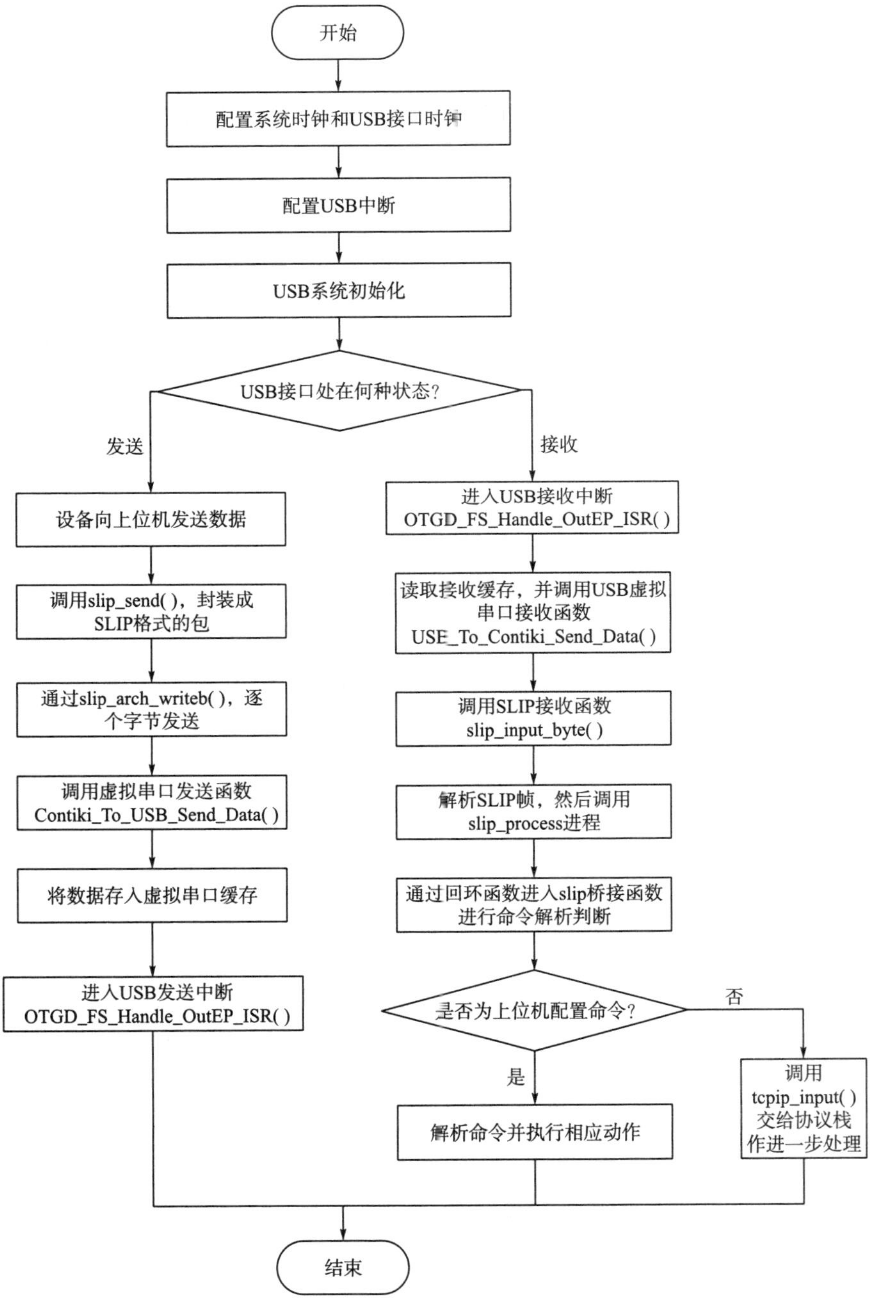

图 6.51 USB 模块流程图

设备通电以后 USB 模块设置时钟和 USB 中断，然后初始化 USB 系统，当 USB 设备需要向上位机发送数据时，先将缓存中的数据封装成 SLIP 格式的包，然后调用 Contiki 系统的 SLIP 发送模块，SLIP 实际上是构建在虚拟串口上的报文格式。然后通过 USB 发送中断将数据发送出去。当需要上位机向 USB 设备传输数据的时候，会产生 USB 接收中断，在中断服务函数中调用上层的 SLIP 接收函数，并通过 SLIP 桥接函数解析接收到的命令的类型，并执行相应的命令或者传递给上层协议处理。

SLIP(serial line internet protocol，串行线路网际协议)，用于运行 TCP/IP 点对点的串行连接。SLIP 通常专门用于串行连接，有时候也用于拨号，使用的线路速率一般介于 1200bps～19.2kbps。SLIP 允许主机和路由器混合连接通信(主机-主机、主机-路由器、路由器-路由器都是 SLIP 网络通用的配置)，因而非常有用。

SLIP 只是一个包组帧协议，仅仅定义了在串行线路上将数据包封装成帧的一系列字符。它没有提供寻址、包类型标识、错误检查/修正或者压缩机制。SLIP 定义了两个特殊字符："END"和"ESC"。

END 是八进制 300(十进制 192)；

ESC 是八进制 333(十进制 219)。

发送分组时，SLIP 主机只是简单地发送分组数据。操作如下：如果数据中有一个字节与 END 字符的编码相同，就连续传输两个字节 ESC 和八进制 334(十进制 220)；如果与 ESC 字符相同，就连续传输两个字节 ESC 和八进制 335(十进制 221。

当分组的最后一个字节发出后，再传送一个 END 字符。

上位机发出数据查询指令，封装成 SLIP 帧发给 IEEE 802.15.4 网关，网关的 SLIP_process 进程按照 SLIP 协议接收并解析命令，然后调用 SLIP 桥接文件中的命令处理函数 SLIP_input_callback 来执行命令。由于查询命令的目标并不是网关，因此网关提取出目标节点的 IP 地址，并重新构造节点查询命令，再发送给目标节点的应用层命令处理进程 UDP_cmd_process，该进程负责处理发到终端节点的命令，如信息查询命令、拓扑获取命令等。当终端节点收到查询命令之后，Contiki 系统产生一个"tcpip_event"事件，触发应用层的命令处理进程，然后在进程中调用节点应用层时间处理函数，读取传感器数据，并调用 API 接口函数 uip_UDP_packet_send 发送给上位机。查询命令处理流程如图 6.52 所示。

管理/配置命令根据内容的不同，目的地也不尽相同。配置相关的命令只配置到边界路由器/汇聚网关，大多数情况下不会到达终端节点。此时需要借助边界路由器发送请求给终端节点并由节点返回响应，节点返回的响应数据会汇聚到网关，最终传递并显示在后台管理程序中。管理/配置命令帧的交互如图 6.53 所示。

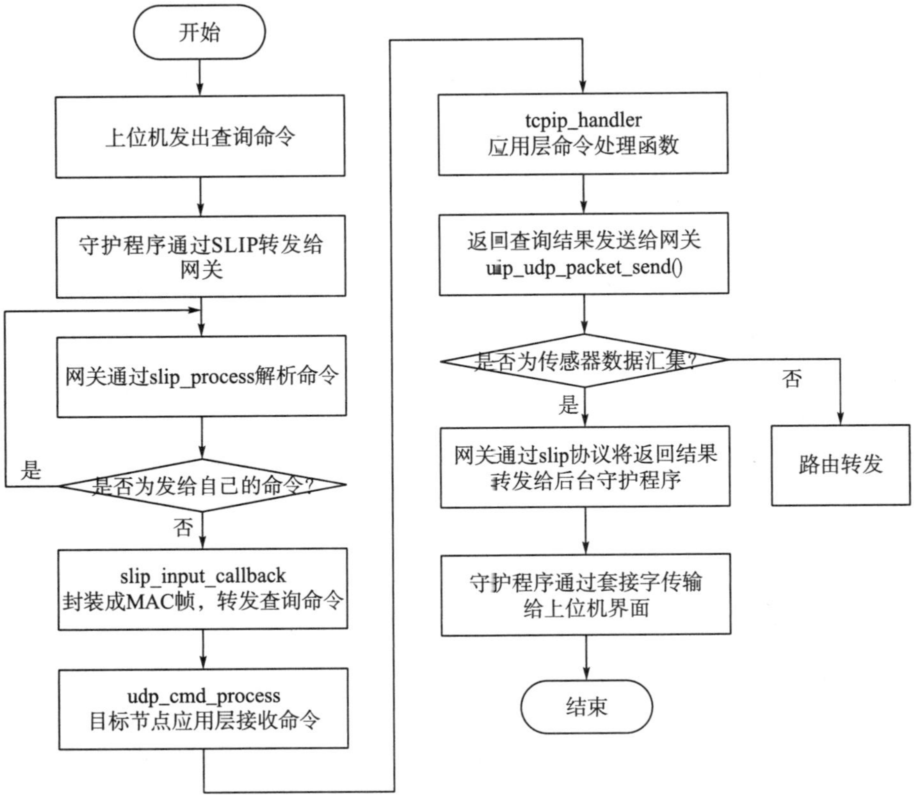

图 6.52　查询机制应用程序设计

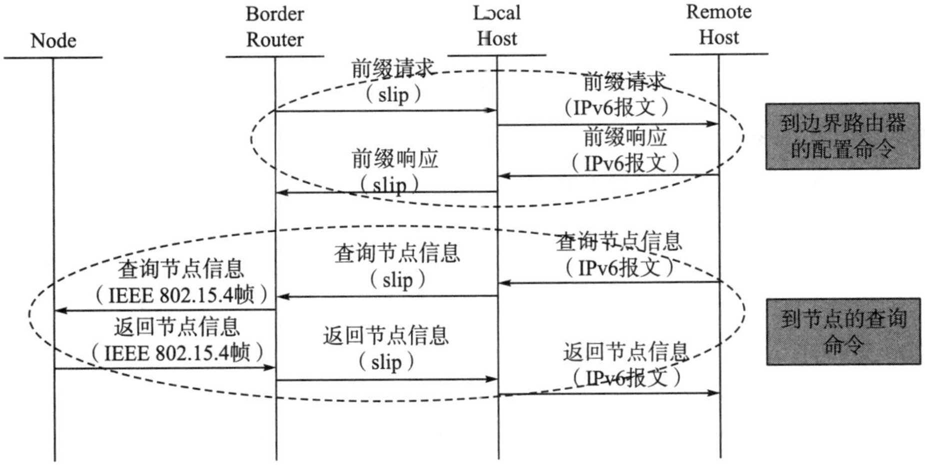

图 6.53　命令交互过程

6.4.2　实例操作步骤

(1)准备实验的软、硬件环境。

硬件环境：PC 机一台、J-Link 仿真器一个、IoT 设备五个，温湿度传感器、甲烷传感器、烟雾传感器、粉尘传感器各若干，协议分析工具一个、配线若干。

软件环境：IAR for ARM 5.50.1、J-Link 仿真器驱动程序、Source Insight、Ubuntu 操作系统、sscom32 串口调试工具、Packet Sniffer 协议分析工具、完成网关开发实验的源代码。

实验时的 IoT 设备连接如图 6.54 所示。

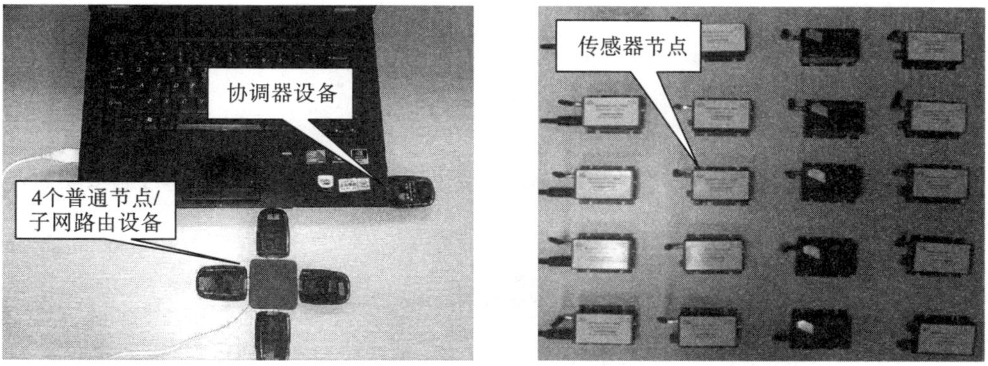

图 6.54　IoT 设备连接

(2) 打开本实验源码包，修改 Contiki-conf.h 文件，对相应文件或文件夹进行屏蔽操作，编译并下载温湿度、甲烷、烟雾、粉尘传感器节点的代码到对应的四种传感器节点中，编译下载的连接方法请参考 4.6 节“体验传感器驱动实例”；

(3) 编译并下载边界路由器的代码到 IoT 设备 1 中。

(4) 将 IoT 设备 1 与装有 Ubuntu 系统的 PC 机相连，守护程序的配置成功后，开启守护程序，在守护程序中可以看到配置成功后返回确认信息。边界路由设备通过 USB 接口与后台 Linux 主机连接，USB 以虚拟串口形式运行，Linux 主机与边界路由设备之间的数据封装在 SLIP 帧中传输。边界路由设备位于 6LoWPAN 网络的边缘，具有比较丰富的资源，能够对 6LoWPAN 网络进行一定程度的管理和配置。其配置命令来自 GUI 人机交互界面或者后台守护程序，封装在 SLIP 帧之中。

(5) 打开平台配套光盘目录下的工具和软件\串口调试中的 Commix.exe，在“我的电脑”中查看 COM 端口号。

(6) 打开成功后会看到 CO 3F 50 CO，表示 IoT 设备在向上位机发送前缀请求的命令，如图 6.55 所示。

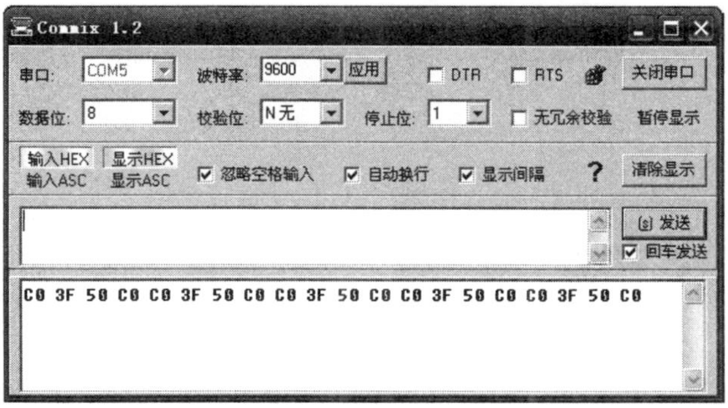

图 6.55　IoT 设备在向上位机发送前缀请求的命令

(7) 平台配套光盘目录下的工具和软件\私有命令集.txt 文件，最大化可以看到前缀：C0 21 50 aa aa 00 00 00 00 00 00 C0。将后面的命令输入到如图 6.56 所示的发送框格中。

图 6.56 编辑发送

(8) 点击发送，发送成功后在 Commix.exe 软件中可以看到 IoT 设备的前缀配置成功，如图 6.57 所示。

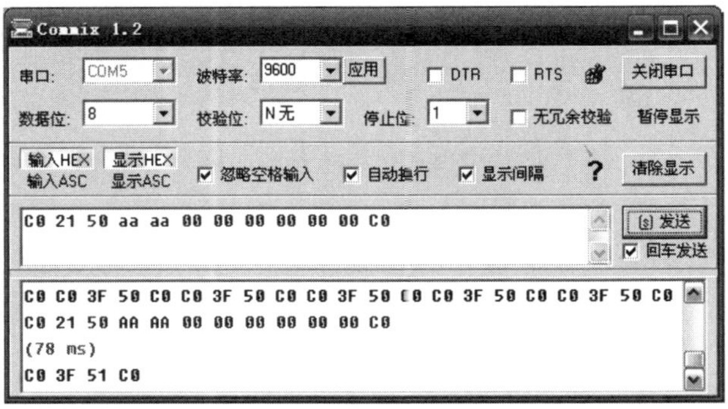

图 6.57 前缀配置成功

(9) 发送的命令在下面的显示窗口是以绿色字符显示，发送成功后，可以看到 IoT 设备返回了一个 C0 3F 51 C0 的命令，与私有命令集.txt 文件当中后缀后面回复的信息相同，表示给 IoT 设备的前缀配置成功了。

(10) IoT 设备配置成功后，在 Commix.exe 软件中输入刚刚定义的 C0 21 42 C0 命令并发送，如图 6.58 所示。

图 6.58 返回信道信息

(11) 命令发送成功之后返回了一个 C0 3F 12 C0 的信息，与编写代码返回的 buf 信息对应，表示上位机获取 IoT 设备信道信息命令成功。12 表示信道信息。

(12)通过 UDP 将 01 03 这个私有命令发出去，首先申请新的源端口，再与节点的端口号进行绑定。随后将所有的私有命令发送出去即可。发送成功之后，应该释放 UDP 连接，避免占用端口，造成端口堵塞。打开协议分析仪 Packet Sniffer 收到协调器向不带传感器的节点发送请求的数据包，如图 6.59 所示。

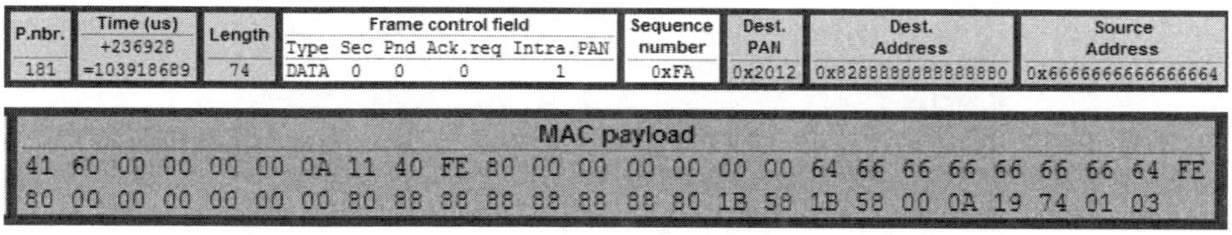

图 6.59　协调器发送请求

(13)在软件 Commix.exe 中发送之前构造好的命令，如图 6.60 所示。

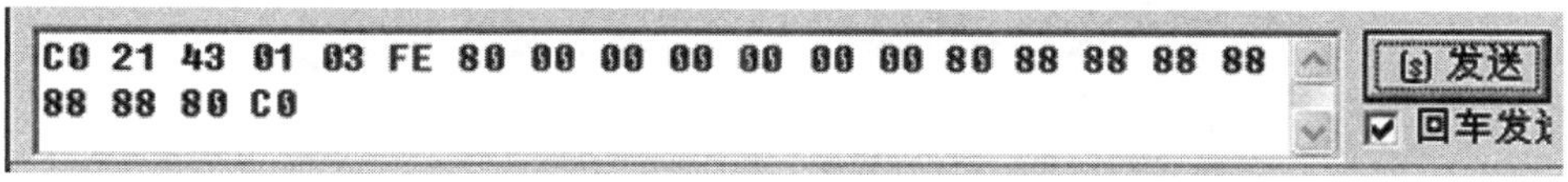

图 6.60　构造请求节点信道信息的命令

(14)命令发送完毕后，下方窗口可显示对应不带传感器节点返回的信息——C0 3F 11 03 88 01 12 C0。返回信息中前后的 C0 是 SLIP 协议的封装。IoT 设备通过守护程序向上位机发送数据时，会产生两种数据：一种是发送给 GUI 人机交互界面的数据，另一种是发送给 sniffer 分析软件的数据。为了以示区别，在发往 GUI 人机交互界面的数据前面加上 3F，而在 sniffer 分析软件的数据前面加上 66 ab。剩余的 11 03 88 01 12 与在 client.c 工程文件中构造的载荷完全相同。12 就是节点的信道信息。如图 6.61 所示。

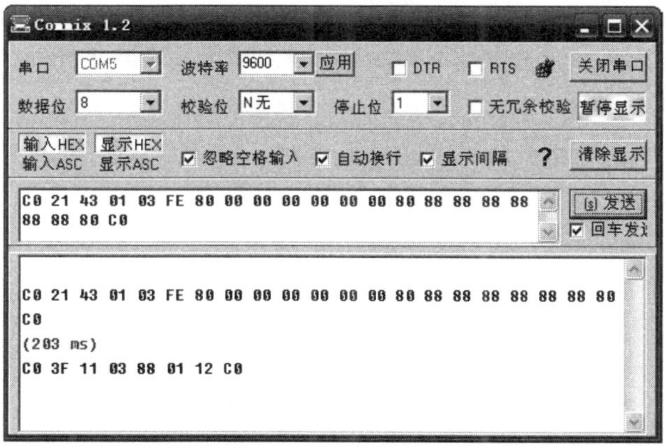

图 6.61　不带传感器的节点返回信道信息

(15)将 IoT 设备 5 与装有 Ubuntu 系统的 PC 机相连，打开 Linux 的终端(Ctrl+Alt+T)，并查看 IoT 设备 5 在 Linux 中的连接情况，依次输入 ls、ls /dev/，如图 6.62 所示。

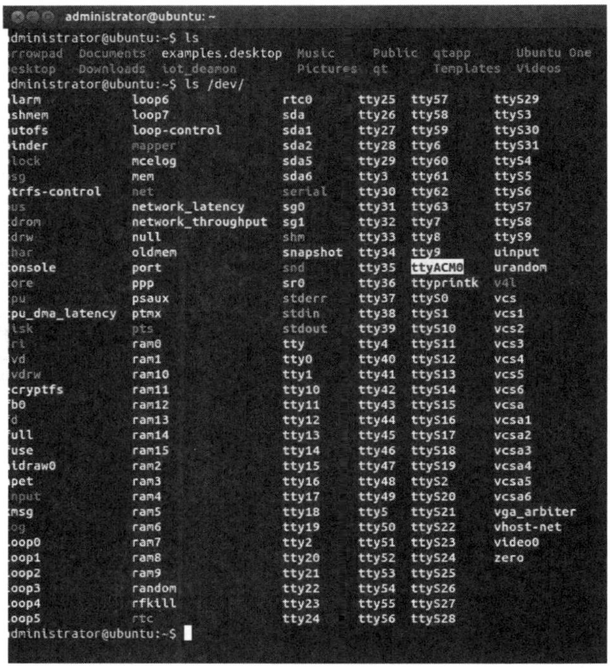

图 6.62 IoT 设备与 Linux 主机连接成功

(16)配置守护程序并开启守护程序，请参考 2.2 节“软件开发工具”相关内容。

(17)登录 GUI 界面，在 server IP 中配置服务器的地址(127.0.0.1)，并在 Port 中输入端口号(5222)，点 Connect 按钮连接守护程序，当与守护程序连接成功后会在守护程序中出现，表明服务器与守护程序成功连接，如图 6.63 所示。

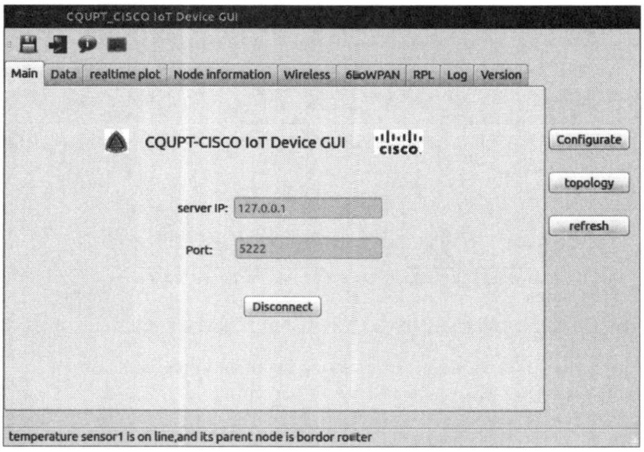

图 6.63 服务器与守护程序连接成功

(18)当 IoT 收到首字节为 3f 的数据后，发送给守护程序，此时守护程序对收到数据的首字节进行判断，若为 3f 的数据后，则转给上层界面进行处理。守护程序收到的传感器节点数据如图 6.64 所示。

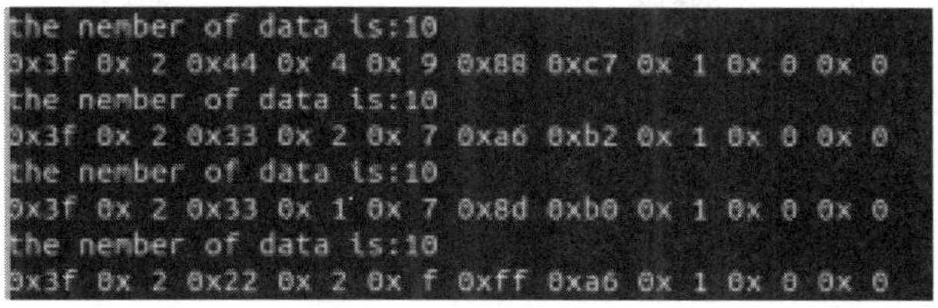

图 6.64　守护程序接收到数据

(19) IoT 设备与节点组网成功后，守护程序将收到的 3f 数据发送给上层界面解析，并在 Data 栏目中显示出来，此时传感器节点完成周期性的汇报。如图 6.65 所示。

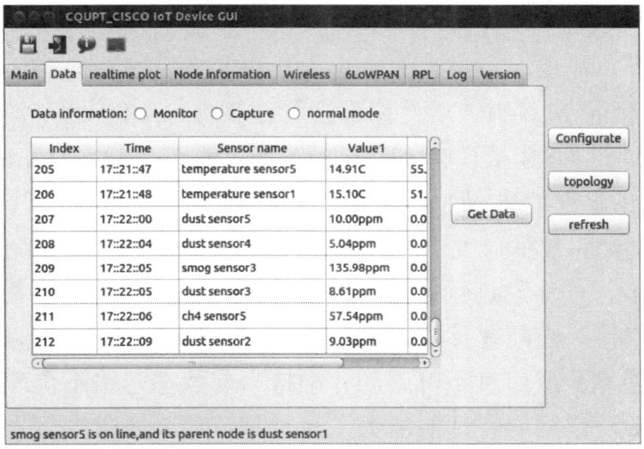

图 6.65　数据显示页面显示汇集的数据

第 7 章　网间通信应用设计

本章主要详细介绍基于此前软件知识和硬件平台的一款多功能物联网设备以及配套 IoT 设备的驱动程序和人机交互界面软件。IoT 设备具有标准的 USB 接口，能够与任意 Linux 主机配合，针对传感器网络的特点对其进行扩展，使得 IoT 设备能够同时充当多种功能角色。

1. IoT 设备承担网关角色

在此应用场景下，需要一台运行 Linux 系统的主机，在 Linux 主机上配有 IoT 设备的 USB 驱动程序和配套的 6LoWPAN 网络配置管理软件。IoT 设备与 Linux 主机通过标准 USB 接口连接，并通过 USB 接口为 IoT 设备供电。在 IoT 设备从 Linux 主机上的配置管理软件获得到正确的配置信息(如 PANID、信道等基本参数)后开始组建网络，并将从 6LoWPAN 网络内收到的数据通过 USB 接口发送给 Linux 主机。IoT 设备需对配置管理软件发送的配置参数和管理信息进行合理性验证，只有确认相应的参数和信息合理时，IoT 设备才做出相应的动作。当配置参数或管理信息不合理时，IoT 设备向配置软件发送错误提醒，通知用户配置参数或信息不可用，并维持当前状态忽略不合理的配置和管理信息。同时上位机界面具备一定网络管理的能力，显示和管理系统数据信息。

2. IoT 设备承担边界路由器角色

在此应用场景下，需要一台运行 Linux 系统的主机和一个 IoT 设备共同实现 IPv6 边界路由器的功能。IoT 设备收到 6LoWPAN 网络发往外部的 IPv6 数据时，在网络层识别其目的地址，并通过 SLIP 接口交给 Linux 主机，Linux 主机通过标准的 IP 路由对此包做进一步的路由处理，从而实现 6LoWPAN 边界路由器功能。

3. IoT 设备承担 sniffer 角色

在此应用场景下，需要一台运行 Windows 系统的主机和一个 IoT 设备共同实现 sniffer 的功能。在 Windows 主机上配有 IoT 设备的 USB 驱动程序和配套的协议分析软件，IoT 设备同样通过 USB 接口与主机连接。IoT 设备启动并成功获得配置信息(如信道号)后，开始抓取相应信道中的网络数据包，并将完整的数据包通过 USB 接口发送给 Windows 主机上的协议分析软件进行分析。

7.1　后台守护程序设计

7.1.1　设计目标与实验结果

设计目标：了解 IoT 设备的驱动设计原理和守护程序数据处理流程的设计原理；能够

操作后台守护程序。

实验结果：将守护程序配置成功后可以看到设备的前缀请求以及返回的确认信息。

7.1.2　设计原理

1. Linux 系统分层结构

IoT 边界路由设备需要与一台 Linux 主机配合以完成路由转发和远程数据服务功能，因此需要设计一个在 Linux 系统上运行的后台守护程序以完成 USB 设备驱动、数据中转、路由以及命令下发和上传等工作。此守护程序既可以直接在 Linux 系统中以命令行的形式运行，也可以与上位机人机交互界面配合，最终完成本地或远程的数据服务远程、本地监控和网络参数配置等功能。

操作系统的出现使上层应用程序开发摆脱了硬件的束缚，对硬件设备的操作都集中在系统内核底层，由设备驱动来完成。因此，设备驱动就是夹在应用程序与底层硬件之间的中间软件层，通常为操作系统内核提供统一的接口，并且方便了系统对不同种类的硬件设备采用统一的管理和操作方式。

在 Linux 操作系统中，文件的含义十分广泛，不仅包含磁盘中的数据、目录，而且还有各种各样的硬件设备也被映射为文件，比如说网卡、串口、标准输出等，这样就可以像操作普通文件一样对硬件设备进行读写与管理。在 Linux 中的每个设备文件都有相应的设备名、设备类型、主设备号和从设备号四个属性。其中，主设备号用来表示同一个驱动程序控制的所有设备的标识，从设备号表示同一主设备号下面的不同设备的标识。

Linux 系统中，对所有硬件设备的操作都是通过接口来实现的，不同类型的硬件设备抽象出来的接口函数相同，即对不同硬件的操作可以通过同样的方式实现。设备驱动为操作系统内核提供统一的接口，操作系统为应用程序提供统一的函数调用，图 7.1 是设备驱动与函数调用接口的关系。

2. 守护程序

守护程序是运行在后台的一种特殊进程。它独立于控制终端并且周期性地执行某种任务或等待处理某些发生的事件。守护进程是一种很有用的进程，Linux 的大多数服务器就是用守护进程实现的。比如，Internet 服务器 inetd、Web 服务器 httpd 等。守护进程可以处理许多系统任务，比如，作业规划进程 crond、打印进程 lpd 等。

守护进程的编程本身并不复杂，复杂的是各种版本的 Unix 的实现机制不尽相同，造成不同 Unix 环境下守护进程的编程规则并不一致。读者需要注意，直接照搬某些书上的规则(特别是 BSD4.3 和低版本的 System V) 到 Linux 中是会出现错误的。

1) 守护进程及其特性

守护进程最重要的特性是后台运行。在这一点上，此程序与 DOS 下的常驻内存程序 TSR 相似。守护进程必须与其运行前的环境隔离开来，这些环境包括未关闭的文件描述符、控制终端、会话和进程组、工作目录以及文件创建掩模等。这些环境通常是守护进程从执行它的父进程(特别是 shell) 中继承下来的。

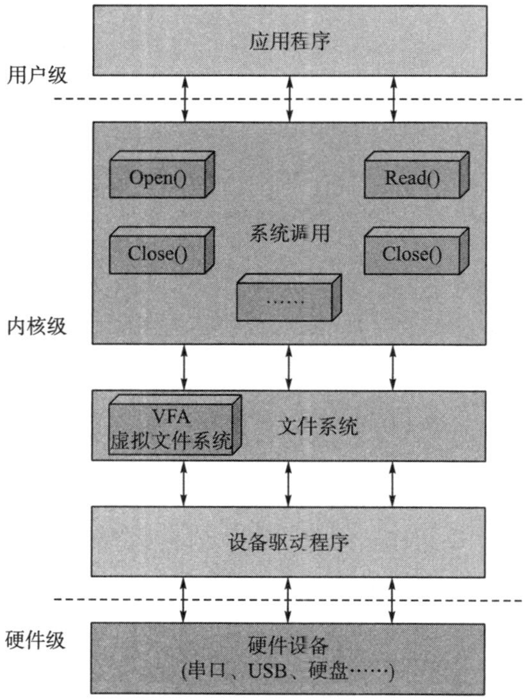

图 7.1　设备驱动与函数调用接口关系

守护进程的启动方式有其特殊之处。它可以在 Linux 系统启动时从启动脚本/etc/rc.d 中启动，也可以由作业规划进程 crond 启动，还可以由用户终端(通常是 shell)执行。

总之，除开这些特殊性以外，守护进程与普通进程基本上没有什么区别。因此，编写守护进程实际上是把一个普通进程按照上述的守护进程的特性改造。如果读者对进程有比较深入地认识就更容易理解和编程了。

2) 守护程序设计

IoT 设备的守护程序运行在 Linux 主机端，完成 IoT 设备的驱动、工作模式的设定、数据转发等功能。守护程序将 IoT 设备在 Linux 中虚拟为一个网络接口，因此在 Linux 端的设计不必关心 IoT 设备的具体实现方式，对 IoT 设备的数据路由及处理可以采用 Linux 系统中的通用方式。守护程序的设计框图如图 7.2 所示。

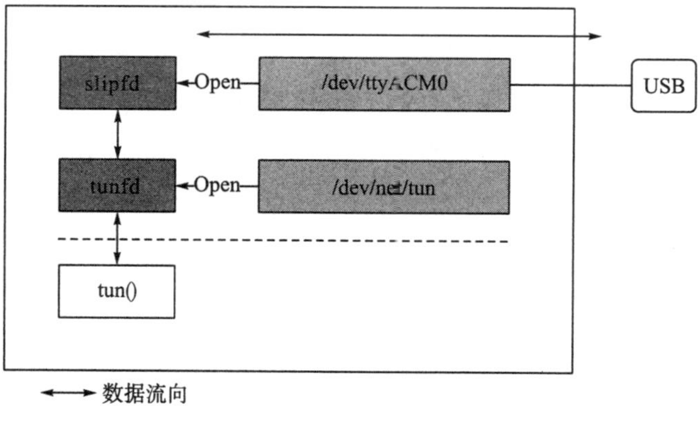

图 7.2　IoT 守护程序的设计框图

IoT 设备在 Linux 内体现为虚拟串口(e.g. /dev/ttyACM0)，并通过 Linux 内的 tun 内核模块将与 IoT 设备关联的 USB 接口虚拟为一个网络接口(e.g. tun0)。利用 tun0 网络接口和 USB 虚拟的串行接口实现 Linux 与 IoT 之间网络数据的传输。除此之外，在 IoT 设备的守护程序中，还添加了一些控制管理 IoT 设备的功能。

3. 守护程序数据处理流程

在程序启动后开始处理程序收到的参数、初始化相应的接口及网络套接字。在守护程序中要同时监听多个接口(文件描述符)，在该守护程序中通过调用 Linux 系统提供的 select()系统实现守护程序对多个网络接口的监听。当有数据可读时，通过判断收到数据的接口和数据类型采取不同的处理方式。守护程序的程序流程图如图 7.3 所示。

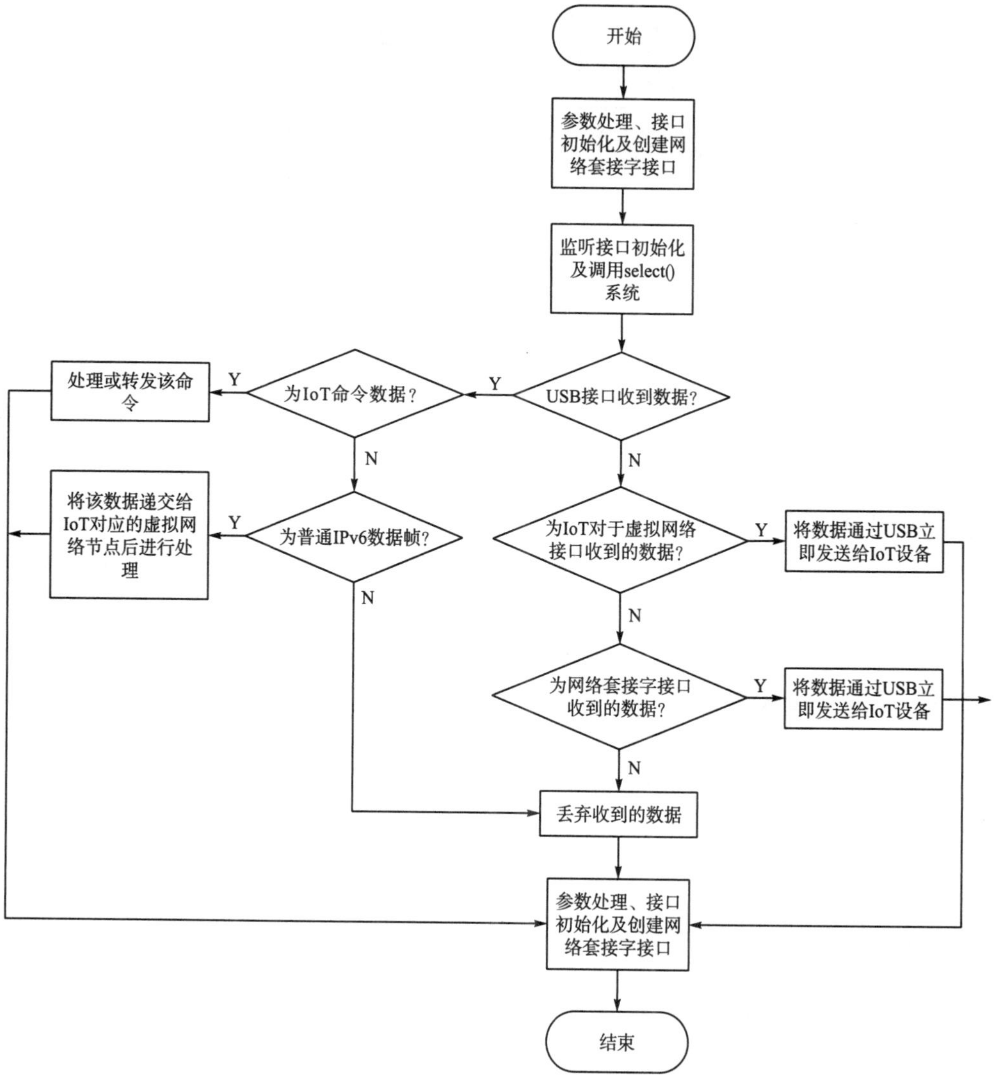

图 7.3　IoT 守护程序流程图

7.1.3　操作步骤

(1) 搭建实验环境。

硬件条件：PC 机一台、J-Link 下载器一个、IoT 设备一个、配线若干。

软件条件：IAR for ARM 5.50.1、J-Link 仿真器驱动程序、Ubuntu 操作系统、后台守护程序 Src、Packet Sniffer。

搭建时的实物连接如图 7.4 所示。

图 7.4　IoT 设备的实物连接

(2) 打开并解压“\基于 IPv6 的物联网研发平台\光盘资料\源码包\进阶实验\源码包”目录下的源码包.rar 实验工程压缩包。

(3) 将节点的代码进行编译，并下载到 IoT 设备 1 中，退出调试，完成 IoT 中协调器代码的下载。

(4) 将 IoT 设备 1 与装有 Ubuntu 系统的 PC 机相连，打开 Linux 的终端(Ctrl+Alt+T)，输入 cd/dev 进入 dev 文件夹，并使用 ls 命令查看 IoT 设备 1 在 Linux 中的连接情况。

(5) 按照 2.2.3 节相关内容完成对守护程序的配置过程。

7.2　人机交互界面设计

7.2.1　设计目标与实验结果

设计目标：学习 Qt、SQLite 基础知识和人机交互界面的设计原理，并学会通过后台管理系统查看、读取、配置 IoT 设备的相关信息。

实验结果：登录 GUI 人机交互界面后，配置服务器的 IP 地址与端口号能够成功连接到守护程序；在后台管理系统中可以查看到当前网络的拓扑结构、传感器数据的发送时间和类型以及传感器的当前值；能够对 MAC 层无线网络、6LoWPAN、RPL 路由等相关信息进行配置。

7.2.2　设计原理

1. 认识 Qt

Qt 是一个跨平台的 C++图形用户界面应用程序的开发框架，它为应用程序开发者建立艺术级的图形用户界面提供所需的所有功能，而且为桌面、嵌入式、手机平台创建原生应用和优秀的 UI 界面提供完备的工具。

Qt 框架和工具的跨平台特性支持 Qt 开发者仅开发一次就可以将开发的源代码应用在桌面、嵌入式、手机和实时操作系统。Qt 为开发者节约了开发时间，提高了开发效率，缩短了产品上市周期。信号和槽机制是 Qt 编程的基础，它可以让应用程序编程人员把这些互不了解的对象绑定在一起。信号与插槽机制并不要求类之间互相知道细节，因此可以开发出有高重用性的代码。

Qt 的优势主要体现在以下方面：

(1) 优良的跨平台特性；

(2) 面向对象；

(3) Qt 的良好封装机制使得 Qt 的模块化程度非常高，可重用性较好，对于用户开发来说是非常方便的；

(4) Qt 提供了一种称为 signals/slots 的安全类型来替代 callback，这使得各个元件之间的协同工作变得十分简单；

(5) 丰富的 API；

(6) Qt 包括超过 250 个 C++类，还提供基于模板的 collections、serialization、file、I/O device、directory management、date/time 类，甚至还包括正则表达式的处理功能；

(7) 支持 2D/3D 图形渲染，支持 OpenGL；

(8) 大量的开发文档；

(9) XML 支持；

(10) SQL 支持。

Qt Creator 是一个跨平台的、完整的 Qt 集成开发环境，其中包括了高级 C++代码编辑器、项目和生成管理工具、集成的上下文相关的帮助系统、图形化调试器、代码管理和浏览工具等。它主要用于程序的设计、编译和运行。

2. 感受轻型数据库——SQLite

SQLite 是一款轻型数据库，它的设计目标是嵌入式的，目前已经在很多嵌入式产品中使用，它占用资源非常低，只利用很少的内存就有很好的性能。它能够支持 Windows/Linux 等主流操作系统，同时能够跟很多程序语言相结合，并且它还是开源的，任何人都可以使用它。

但是 SQLite 不支持一些标准的 SQL 功能，特别是外键约束（FOREIGN KEY

CONSTRAINS)、嵌套 TRANSCATION、RIGHT OUTER JOIN 和 FULL OUTER JOIN，以及一些 ALTER TABLE 功能。除了无法使用上述功能外，SQLite 是一个完整的 SQL 系统，拥有完整的触发器，交易，等等。

在 Qt 的开发中使用数据库 SQLite 的主要原因是，Qt 中自带 SQLite 的数据库模块，不需要另外安装数据库，而且不进行大数据量的存储，所以使用这种轻型数据库更加便捷。

使用如下的代码可以创建一个 SQLite 的数据库：

```
    QSqlDatabase db=QSqlDatabase：：addDatabase("QSQLITE")；
    db.setDatabaseName("database.db")；
    if(! db.open())
    {
        QMessageBox::critical(0,qApp->tr("Cannot open database"),qApp->tr("Unable
                    to establish a database connection！"), QMessageBox：：Cancel)；
        return false；
}
```

3. 进行后台管理系统的开发

1)后台管理系统的外观设计

新建一个 Qt GUI Program 的工程，双击 ui 文件，在 Qt Design 中通过添加控件的方式完成系统程序外观界面的设计，如图 7.5 所示。

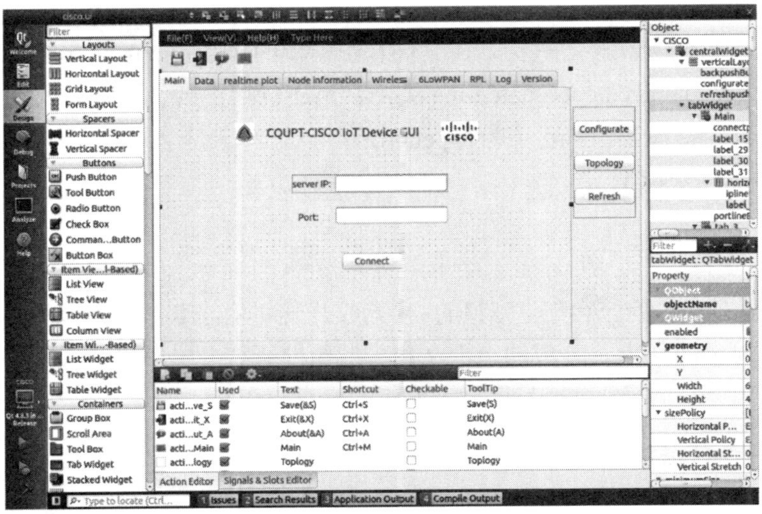

图 7.5 系统程序外观界面的设计

2)后台管理系统的代码编写

采用 TCP 的通信方式和服务端进行连接，用到 IP 地址和端口号。在 Qt 中主要用到 QTcpSocket 类，当接收到数据时，通过信号和槽的连接，执行读取数据的函数，并且对数据的相关信息进行解析，获取内容。

IoT 设备有两种工作模式，分别为 Gateway 模式和 Bordor router 模式。当设备工作在 Gateway 模式下时，用户可以跳转到数据包实时显示页面、实时数据曲线页面、节点信息页面、拓扑显示页面，对网络内设备的数据、拓扑进行监控；当设备工作在 Bordor router 模式下时，用户可以跳转到 MAC 层无线网络配置页面、6LoWPAN 配置页面、RPL 路由配置页面对 IoT 设备进行配置。

在程序运行的任意时刻，用户均可跳转到日志页面、版本信息页面来查看软件的操作日志以及软件的版本信息等。GUI 软件设计流程如图 7.6 所示。

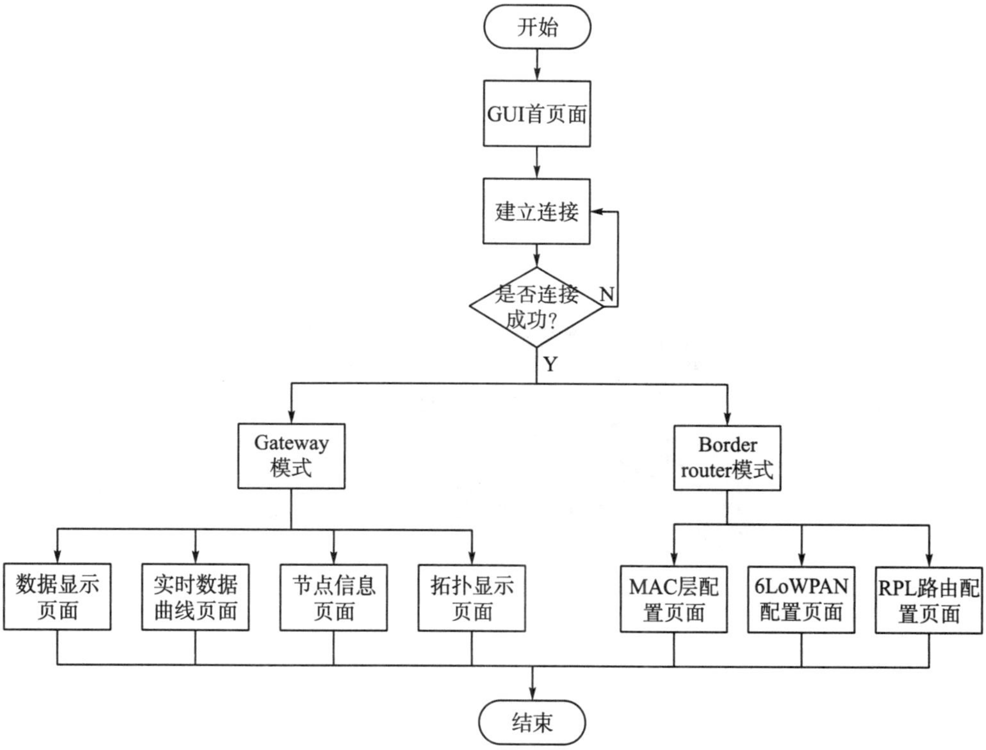

图 7.6　GUI 软件设计流程图

4. 设计 GUI 界面

1) 首页面

首页面为软件启动后用户进入的第一个页面，首页面中的主要功能是 GUI 程序和守护程序的连接，输入守护程序所在 PC 机的 IP 地址和端口号，也就是在“server IP”中配置服务器的地址，并在“Port”中输入端口号，点击“Connect”按钮，如果守护程序存在并且输入正确，在守护程序和 GUI 之间就建立起连接，此时 IoT 设备、守护程序和 GUI 之间存在一条完整的数据通路，即可进行后续的数据处理。如果连接成功，则“Connect”按钮变为“Disconnect”按钮，此时点击按钮，就会断开守护程序和 GUI 之间的连接，连接信息在状态栏显示。如图 7.7 所示。

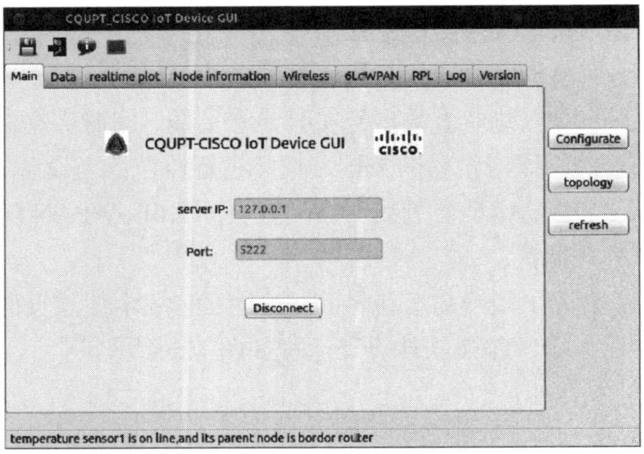

图 7.7　首页面

当与守护程序连接成功后，“server IP”和“Port”输入窗口会变灰，表明服务器与守护程序成功连接。当 IoT 收到节点的数据，会在第一个字节前面加上 3F，然后发送给守护程序，当守护程序判定收到第一个字节为 3F 的数据后，会转给上层界面由上层界面处理，如图 7.8 所示。

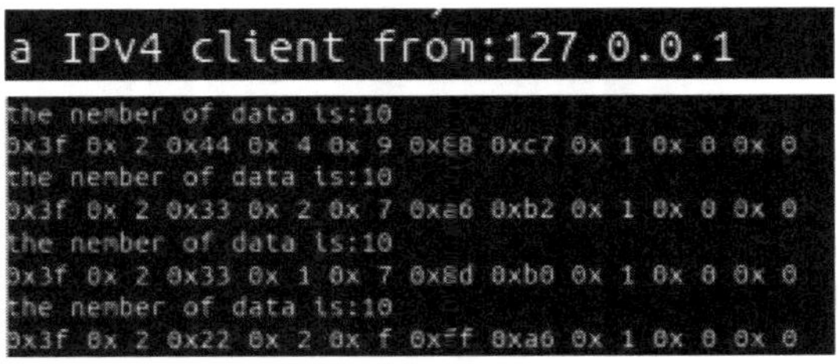

图 7.8　守护程序接收到数据

2) 数据显示页面

在该页面中实时监控显示 GUI 软件收到的所有数据包，用户可通过直接点击该子页面的标签进入。数据显示页面(图 7.9)中的功能包括：

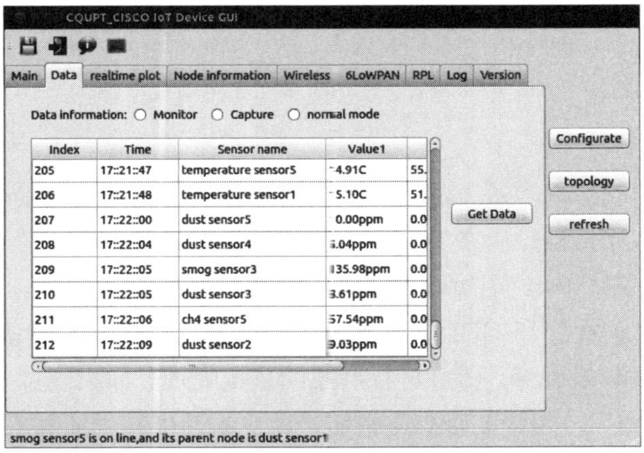

图 7.9　数据显示页面

(1) 有一个可供实时显示数据的窗体。

(2) 以列表的形式在窗体中显示收到的数据包，列表项包括收到数据包的索引号、时间、设备名称、设备数值等。

在 Data 栏目中，可以查看传感器数据的发送时间和类型，以及传感器的当前值。

3) 实时数据曲线页面

在该模块中要求实时显示不同种类设备的数据曲线，便于用户直观地监测设备的历史数据和当前数据，对设备的运行情况有一个全局的了解。用户可通过直接点击该子页面的标签进入。实时数据曲线页面的功能如图 7.10 所示，其中横轴表示数据的个数，纵轴表示数据的单位。图 7.10 中包括：

(1) 不同种类的传感器在不同的曲线中显示。

(2) 显示传感器的名称、数值、单位等信息，并实时刷新。

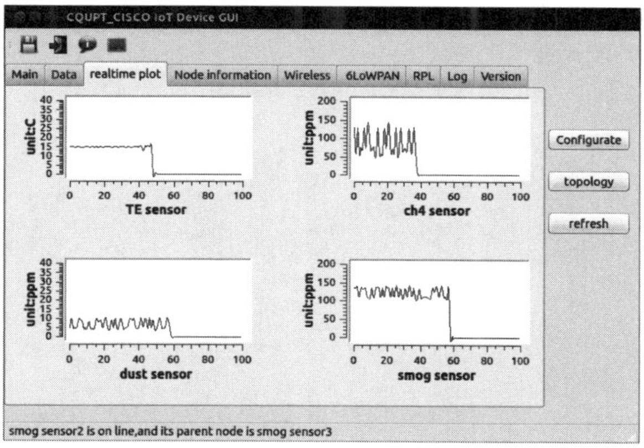

图 7.10　实时曲线页面

4) 节点信息页面

在该模块中要求实现点对点的控制与监测，如可以获取目前在网的任一设备的数据值和属性值、实现对网络内设备的点对点控制，用户可通过直接点击该子页面的标签进入。节点信息页面(图 7.11)的功能包括：

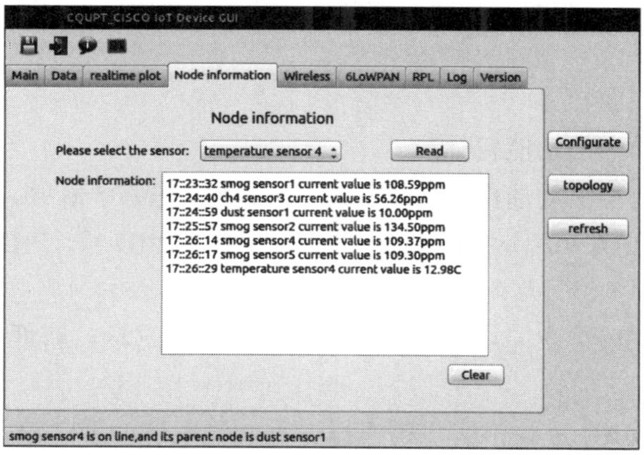

图 7.11　节点信息页面

(1) 可以获取任意在网节点的信息。

(2) 节点回复信息后，显示节点详细信息，包括接收的时间、设备的名称、设备当前数值等。

(3) 可以对接收的信息进行清空。

(4) 在日志信息中记录每一次获取节点信息的动作。

可以选择的传感器有 4 种，每种 5 个，可以任意的读取所选定的传感器的当前数值。“Node information” 中可以显示读取的传感器数值和读取的时间。

5) 拓扑显示页面

在该模块中要求实时、动态的显示在网设备的连接情况，使得用户可以直观地监测到网络的连接情况，用户可通过直接点击该子页面的标签进入。拓扑显示页面(图 7.12)的功能包括：

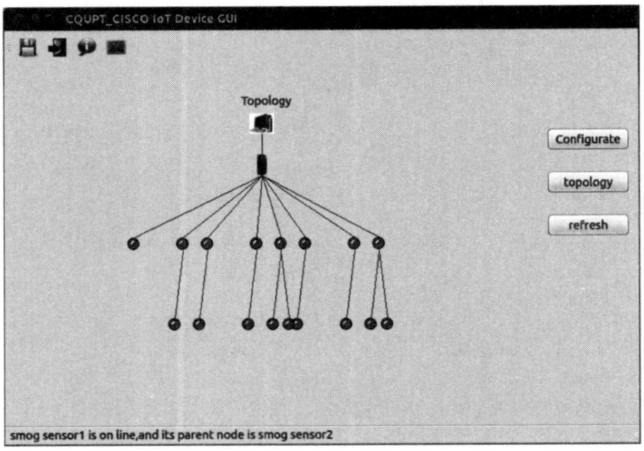

图 7.12　拓扑结构界面

(1) 实时、动态的显示网络内设备的连接情况。

(2) 在状态栏显示当前接收的拓扑包的子节点名称、父节点名称。

(3) 点击“refresh”按钮，可以使设备重新发送拓扑包，即刷新拓扑显示。

(4) 点击“topology”按钮，跳转到拓扑显示页面，点击“configurate”按钮，跳转到其他页面。

6) MAC 层配置页面

MAC 层配置页面中的功能包括：

(1) 设置信道号：可手动选择设备工作在 2.4G 频段的哪个信道。

(2) 设置网络的 PID：可手动输入网络运行时所需的 PID 号，PID 号可在 0～65535 进行选择。

(3) 设备功率：在该页中向用户提供设置设备功率的选项，有低、中、高三个选项可供选择。

(4) 设置设备的 MAC 地址：用户可根据提供的输入框，手动输入设备的 MAC 地址。

(5) 设置最大重传次数：用户可根据页面中提供的输入框或选择项，设置 MAC 层数据最大重传次数。MAC 无线配置页面如图 7.13 所示。

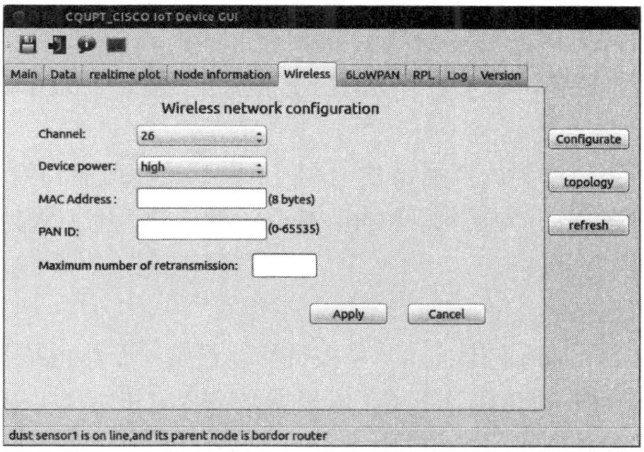

图 7.13　MAC 无线配置页面

信道选择有 16 个，为 10～26，对应的信道号为 0B～1A，默认信道为 14 信道。

设备功耗的选择分为高功耗、中功耗、低功耗，默认的为高功耗。

MAC 地址的配置可以手动配置，长度为 8 个字节，每个字节必须用空格分开，默认的 MAC 地址为 66 66 66 66 66 66 66 64。

PANID 可以配置为两个字节，每个字节同样必须由空格分开，默认的为 2012。

最大重传次数的配置可以为任意值，其默认的为 4 次。

7) 6LoWPAN 配置页面

该页面(图 7.14)中的功能包括：

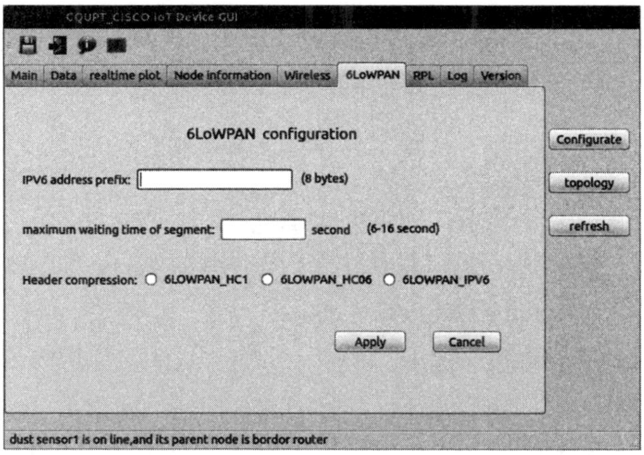

图 7.14　6LoWPAN 配置页面

(1) 设置网络前缀：可以手动设置整个 6LoWPAN 网络的 IPv6 地址前缀。

(2) 设置子网支持的报文压缩方式：用户可在本页面中勾选 IoT 设备支持的报文压缩方式，可供选择的压缩方式有 LOWPAN_HC1、LOWPAN_HC2、LOWPAN_IPCH 三种。

(3) 设置报文重组超时时间：在对分片数据报进行重组时，如果在一定的时间内重组失败，则接收方将丢弃已经收到的报文分片。该功能可使用户根据实际网络情况，设置分片报文重组的超时时限。

前缀的配置：八个字节，每个字节中间由空格隔开，默认的为守护程序当中配置的前缀为“aaaa::1/64”。

分段时间的配置可以配置的范围为 6～16 秒，默认的分段时间为 8 秒。

压缩方式有三种选择，即 HC1、HC06、IPv6。默认的压缩方式为 IPv6 的压缩方式。

8) RPL 路由配置页面

该页面中的功能包括：

(1) 设定 RPL 协议 Instance ID：用户可根据需要设定一个路由拓扑实体的 ID 号。

(2) 设定 RPL 协议路由策略：用户可以根据网络情况和协议实现的情况来选择 RPL 协议所要采用的路由策略，可供选择的路由策略有最短路径、节点能量。

(3) 设定 RPL 协议路由维护时间：根据网络的用途设定运行路由维护的时间间隔，具体如图 7.15 所示。

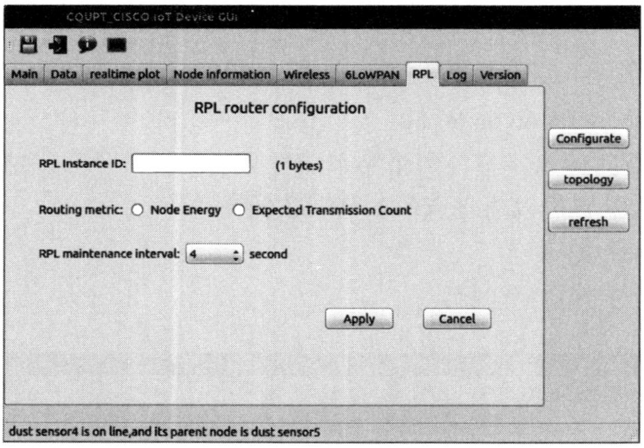

图 7.15 RPL 配置页面

Instance ID 的配置：一个字节，默认的为 1e。

路由策略的配置：有两种方式可以供选择，即 Node energy 或 Expected transmission count，默认的方式为 Expected transmission count。

维护时间的配置：可以配置为 2 秒、4 秒、8 秒，默认的维护时间为 4 秒。

9) 日志页面

该页面中记录了软件自己的活动。这些消息可能指示错误、警告或是与系统状态有关的一般信息，例如，GUI 软件向外发送请求，获取外界响应等关于 GUI 软件本身动作的信息。该页面方便需要时进行查看，如图 7.16 所示。

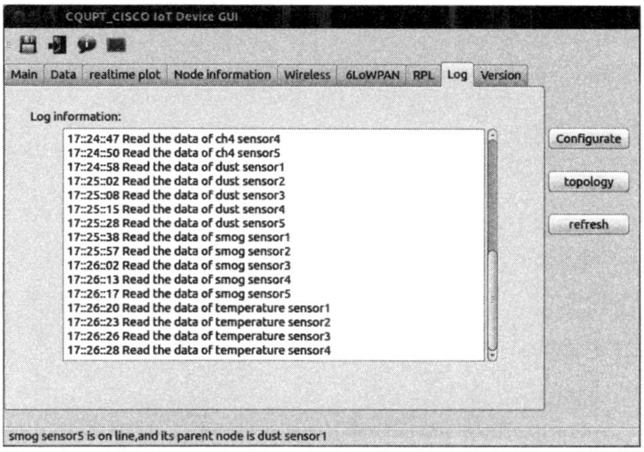

图 7.16　GUI 日志页面

10) 版本信息页面

用户可从该模块中获取使用软件的名称，以及软件历史版本号、更新信息等。

7.2.3　关键程序设计

(1) 在新建的 Qt GUI Program 工程中编写代码使后台管理界面通过 TCP 的通信方式与服务端建立连接，建立连接的代码示例如下：

```
tcpSocket=new QTcpSocket(this);
connect(tcpSocket, SIGNAL(readyRead()), this, SLOT(readMessage()));
connect(tcpSocket, SIGNAL(error(QAbstractSocket::SocketError)),
this, SLOT(displayError(QAbstractSocket::SocketError)));
```

(2) 在对数据进行解析时，需要定义一个 QByteArray 类型的 data 变量用于接收数据。data 是一个数组，每一个 data[i]都存有接收到的一个字节的十六进制数，通过不同位置的十六进制数解析出不同的信息，获取内容，接收数据的主要代码如下：

```
data.resize(tcpSocket->readBufferSize());
data=tcpSocket->readAll();
```

(3) 在发送数据时，需要将所发送的信息以字符串的形式存放到 QString 类型的变量中，通过编码转换成 QByteArray 类型的数据，再通过 QTcpSocket 类发送出去。发送数据的代码示例如下：

```
int len=instanceidstr.size();
int len1=len/2;
```

```
    instanceid.resize(len1);
    for(int j=0; j<len; j=j+2)
    {
        char ch1, ch2;
        ch1=instanceidstr.at(j).unicode();
        ch2=instanceidstr.at(j+1).unicode();
        int ch3, ch4, com;
        ch3=convertHexChar(ch1);
        ch4=convertHexChar(ch2);
        com=ch3*16+ch4;
        instanceid[j/2]=com;
}
```

7.2.4 操作步骤

(1)搭建实验环境。

硬件条件：PC 机一台、J-Link 下载器一个、IoT 设备 5 个、配线若干。

软件条件：IAR for ARM 5.50.1、J-Link 仿真器驱动程序、Ubuntu 操作系统、Qt 用户图形界面开发工具(建议从 Qt 的官方网站 http：//qt.nokia.com/downloads-cn 下载最新的 Qt SDK 安装包，并完成 Qt SDK 在 Windows 和 Linux/32 位平台上的安装)、GUI 人机交互界面、Qt 生成文件。

实物连接图如图 7.4 所示。

(2)打开并解压“\基于 IPv6 的物联网研发平台\光盘资料\源码包\进阶实验\源码包”目录下的源码包.rar 实验工程压缩包。

(3)打开工程中的 contiki-conf.h 文件，在 sensortype 宏定义选项中取消掉 #defineSIXLOWPAN_ENDDEVICE_NODE 的注释，并注释掉其他所有传感器类型，把编译的代码选择为编译不带传感器节点的代码，然后编译代码，依次下载到 IoT 设备 1、2、3、4 中，退出调试，这样就有了四个不带传感器的节点。

(4)打开工程中的 contiki-conf.h 文件，在 sensor type 宏定义选项中取消掉#define RPL_BORDER_ROUTER 的注释，并注释掉其他所有传感器类型，把编译的代码选择为编译协调器的代码，然后编译代码，并下载到 IoT 设备 5 中，退出调试，这样就有了一个 IoT 协调器。

(5)将 IoT 设备 5 与 PC 机连接，守护程序的配置成功后开启守护程序，在守护程序中可以看到正常的数据传输(守护程序的配置与成功启动请参考“后台守护程序设计实验”)。

(6)登录 GUI 界面，在 server IP 中配置服务器的地址，并在 Port 中输入端口号，点 Connect 按钮连接守护程序，当与守护程序连接成功后，“server IP”和“Port”输入窗口会变灰，表明服务器与守护程序成功连接。如图 7.17 所示。

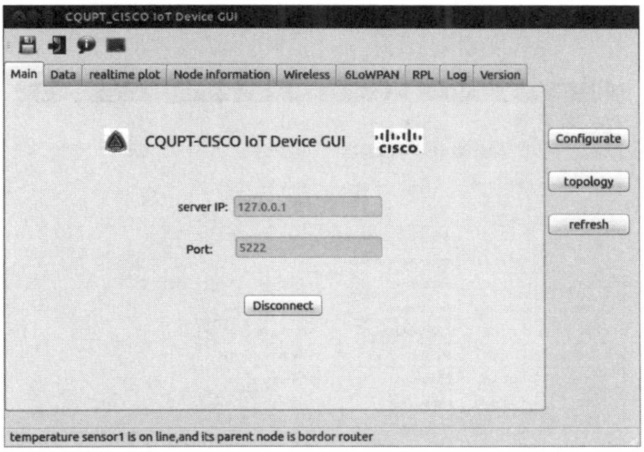

图 7.17　登录界面

(7) 点击 topology 按钮，可以显示当前网络的拓扑结构。当节点收到 IoT 设备的拓扑包时，会将节点本身的地址和父节点地址返回给 IoT 设备，交给上层界面分析并制作成拓扑结构。拓扑结构界面显示出拓扑结构时，说明节点已经上线。拓扑结构界面如图 7.18 所示。

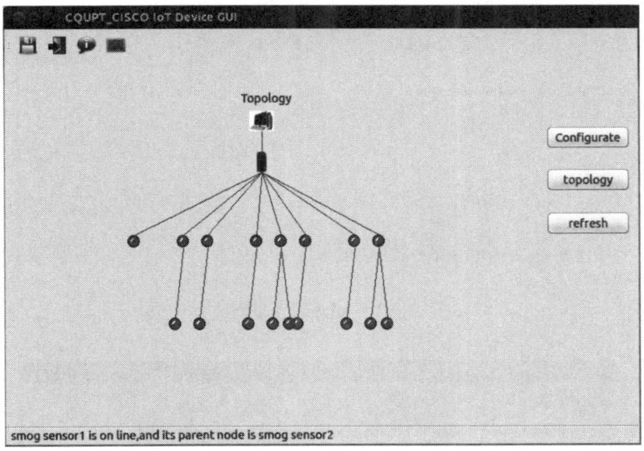

图 7.18　拓扑结构界面

(8) 打开 Data 栏目，当节点与 IoT 设备组成网络时，守护程序将收到的数据发送给上层界面解析，并在 Data 栏目中显示出传感器数据的发送时间和类型，以及传感器的当前值。在 Data 栏目中有数据显示时，说明已经正常接收并解析出信息，数据显示界面如图 7.19 所示。

(9) 在其他的栏目中查看和读取相关的信息，并且下发指令对 IoT 设备的 MAC 层无线网络(如图 7.20 所示)、6LoWPAN(如图 7.21 所示)、RPL 路由(如图 7.22 所示)等相关信息进行配置。

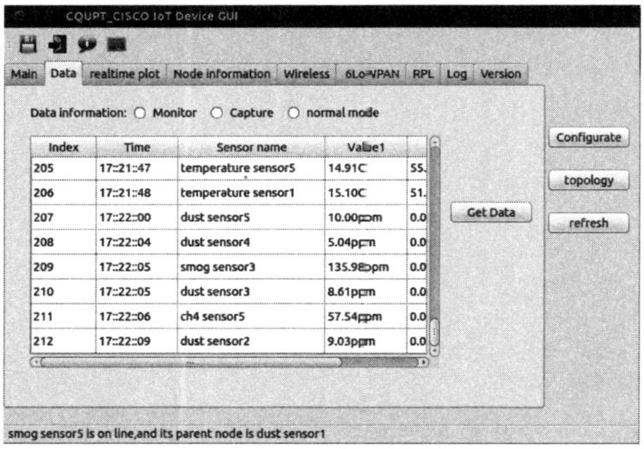

图 7.19 数据显示界面

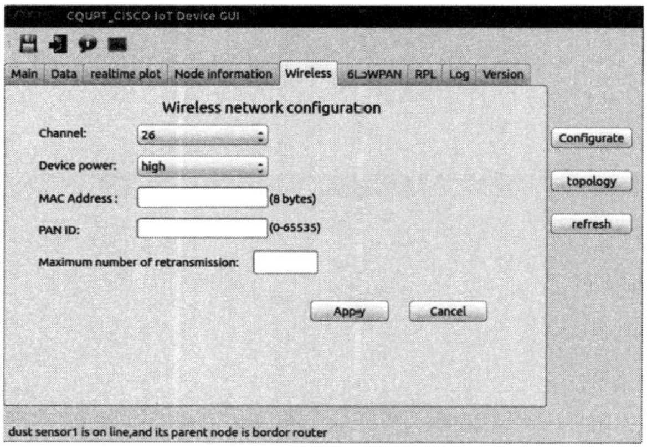

图 7.20 MAC 无线配置页面

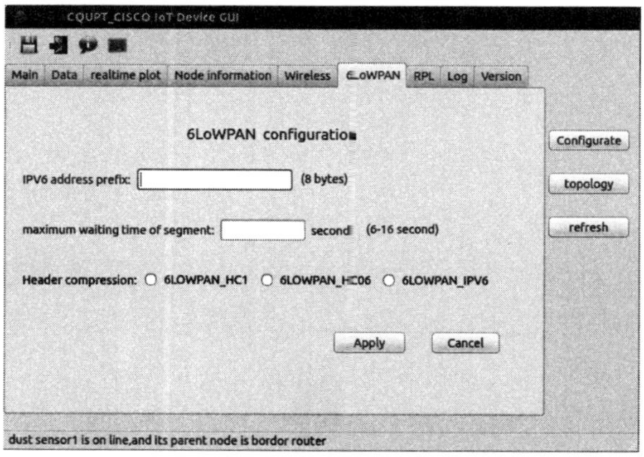

图 7.21 6LoWPAN 配置页面

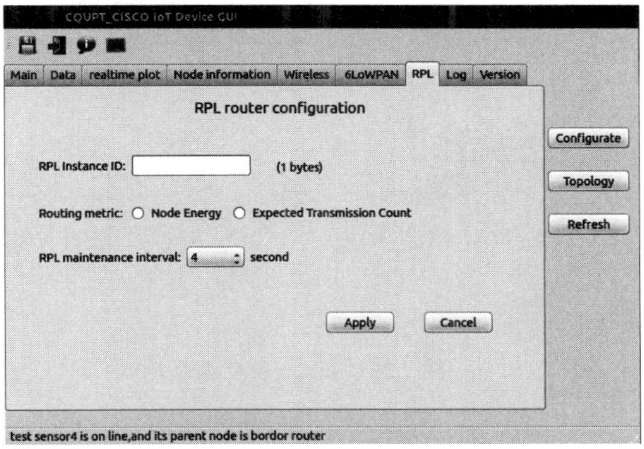

图 7.22　RPL 配置页面

7.3　Sniffer 分析仪功能设计

7.3.1　设计目标和实验结果

设计目标：了解 Sniffer 分析仪、IoT 设备 Sniffer 分析仪的工作原理。

实验结果：协议分析软件能够与守护程序成功连接，并且平台 USB 设备可以抓取并分析子网内节点通信报文。

7.3.2　设计原理

1. Sniffer 分析仪工作模式

在此应用场景下，需要一台运行 Windows/Linux 系统的主机和一个边界路由器设备共同实现 Sniffer 的功能。在 Windows/Linux 主机上配有边界路由器设备的 USB 驱动程序和配套的协议分析软件。边界路由器设备同样通过 USB 接口与主机连接。边界路由器设备启动并成功获得配置信息(如信道号)后，开始抓取相应信道中的网络数据包，并将完整的数据包通过 USB 接口发送给 Windows/Linux 主机上的协议分析软件进行分析。

2. IoT 设备担任 Sniffer 分析仪的工作原理

在边界路由器设备启动时，需要主机上的协议分析软件给出适当的配置信息。在边界路由器设备收到配置信息后，需要对配置信息的合理性进行验证。验证通过后，边界路由器设备启动相应的功能，否则向用户发送错误通知，并维持当前状态。Sniffer 抓包器功能如图 7.23 所示。

当 USB 设备充当 Sniffer 抓包器的时候，将前端接收到的 6LoWPAN 网络的数据加上特定的报头直接转发给上位机测试分析软件，具体的网络协议和数据包分析工作全部由上位机软件来完成。因此，对于 USB 设备来说，只是利用其射频接收数据的功能，上层的网络协议栈在这种模式下处于空闲状态。

图 7.23 Sniffer 抓包器功能

同时，由于有 Linux 后台守护程序的配合，使得 Sniffer 抓到的数据包能够通过套接字的形式进行发送和接收，这样就能够通过网络(如以太网等)使抓包分析界面运行在远程主机上，从远端登录套接字服务器，从而实现远程网络协议分析和抓包功能。

7.3.3 操作步骤

(1)准备实验条件。

硬件条件：PC 机一台、J-Link 下载器一个、IoT 设备五个、配线若干。

软件条件：IAR for ARM 5.50.1、J-Link 仿真器驱动程序、Source Insight、Ubuntu 操作系统、守护程序、sniffer 协议分析软件、基于 IPv6 的物联网研发平台的实验源代码。

(2)sniffer 的配置和启动。

平台 USB 设备可以抓取并分析子网内节点通信报文，需要对装有 Ubuntu 系统的 PC 机和装有配套协议分析软件的 PC 机进行配置，将两台主机的地址设为同一 IP 网段(若 Ubuntu 系统的 PC 机可以与开启 sniffer 软件的 PC 机相互 ping 通，直接跳到“启动协议分析软件”步骤)。

(3)对安装 Ubuntu 系统的 PC 机进行配置。

打开 Linux 终端(Ctrl+Alt+T)输入 sudo ifconfig eth0 172.22.140.151 netmask 255.255.255.0(其中 172.22.140.151 为将要给 PC 机设置的 IP 地址，可以为任意值，但是必须与装有协议分析软件的 PC 机的地址为同一网段。255.255.255.0 为其子网掩码，但是必须与装有协议分析软件的 PC 机的子网掩码相同)，如图 7.24 所示。

输入成功后，终端要求输入超级用户密码，就是电脑的开机密码(输入的时候看不到密码，输入完成后按回车)。再次输入 ifconfig eth0 可以查看 PC 机的网络连接状态，可以看到地址配置成功。

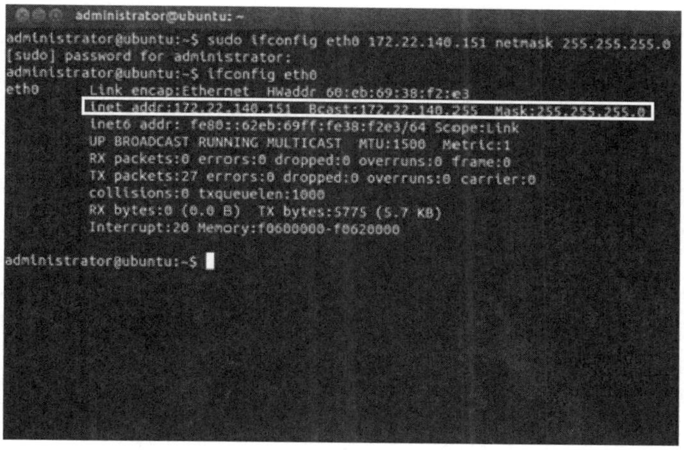

图 7.24　对装 Ubuntu 系统的 PC 机进行配置

(4) 对装配套协议分析软件的 PC 机进行配置。

鼠标右键点击网络，选择属性，打开之后选择本地连接，右键点击其属性，选择 Internet 协议版本 4（TCP/IP）。点击右键可以配置 PC 机的 IP 地址和子网掩码。如图 7.25 所示，配置成功后，点击确定即可。

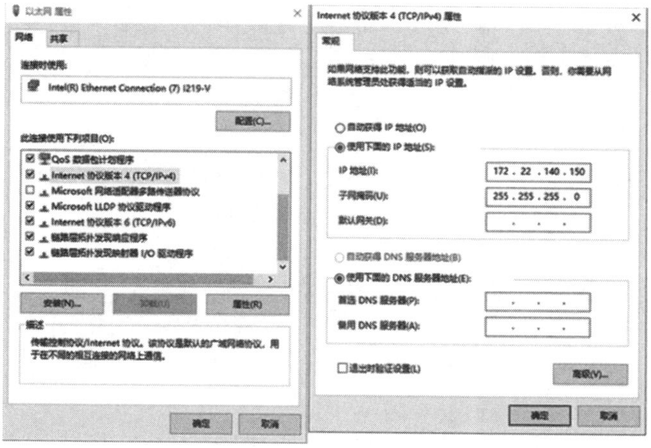

图 7.25　配置 PC 机的 IP 地址和子网掩码

(5) 启动配套 sniffer，两台电脑的连通测试。

当两台 PC 机配置好地址后，在装有配套协议分析软件的 PC 机上进行 ping 测试，看两台电脑是否已经成功连通。打开系统自带的运行窗口，输入 cmd 命令，点击确定，如图 7.26 所示。

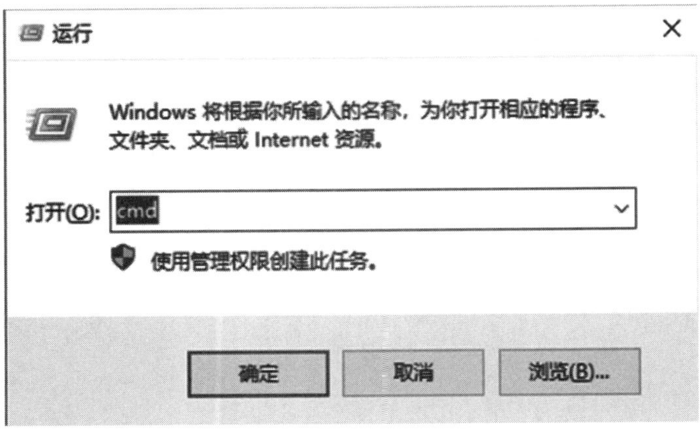

图 7.26 查看两台电脑是否连通

点击确定之后会弹出 windows 环境下的命令提示符窗口，在窗口中输入之前给 Linux 主机配置好的地址，由于之前配置的是 172.22.140.151，所以输入 ping 172.22.140.151，如图 7.27 所示。

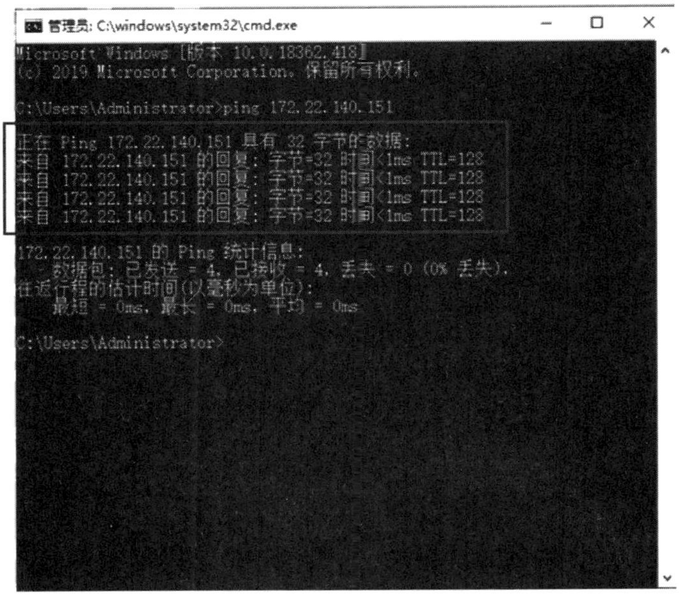

图 7.27 主机对接成功响应

当收到“来自 172.22.140.151 的回复”时，说明两台主机已经对接成功，下面只需启动协议分析软件。

(6)启动协议分析软件。

当两台电脑已经成功连通后，打开配套光盘中软件和工具文件夹下的 sniffer 文件夹中的 

，打开之后点击左上角的 ，对软件的属性进行配置。选择 NET(tcp/ip)，在 IP Address 中输入刚刚给 Linux 主机配置好的 IP 地址，在 NET Port 中输

入 5224(守护程序中对其定义的)，点击 OK，如图 7.28 所示。

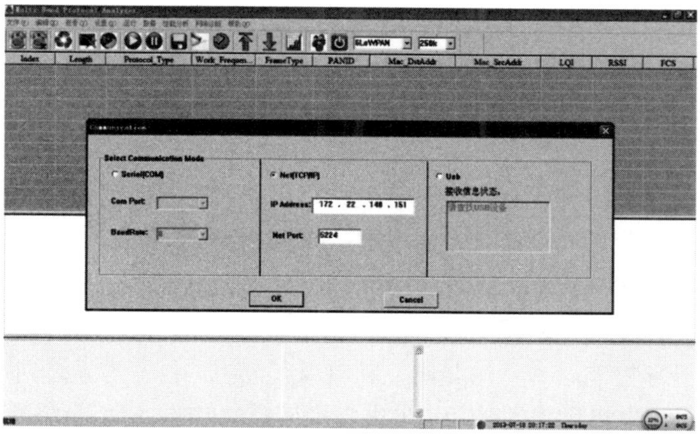

图 7.28　配置软件属性

点击 OK 按钮之后，可以在守护程序中看到客户登录的提示信息“a IPv4 client from: 172.22.140.150”，表明我们的协议分析软件成功与守护程序连接。当配置成功后点击 ，开始进行抓包分析，如图 7.29 所示。

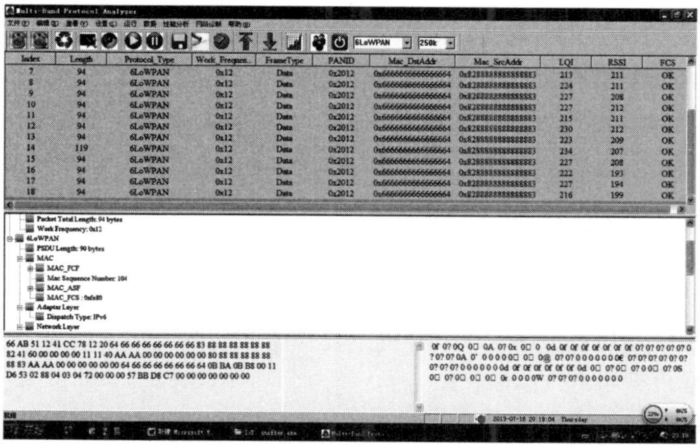

图 7.29　sniffer 抓到的数据包

第 8 章　应用案例详解

本章基于前 7 章的内容，在基于 IPv6 的物联网研发平台上进行具体的应用案例介绍。本章的应用案例主要包括开环控制应用案例、自动闭环控制应用案例、智能控制应用案例和工业现场监控应用案例。

在控制过程中，没有反馈环节，不对控制结果加以修正和调节，单程的控制流向，这种控制方法称为开环控制。本章的开环控制应用案例中，控制者通过对 GUI 人机交互界面进行操作，对直流电机风扇的转动、步进电机风扇的转向(模拟窗帘的开关)、灯光的亮度、彩灯的颜色和智能插座进行实时的控制。

闭环控制有反馈环节，可以把控制结果反馈回来与期望值进行比较，并根据它们的误差及时调整控制作用，控制流向形成了闭合回路。自动闭环控制应用案例中，传感器节点将采集到的环境参数发送给汇聚设备(如网关等)，由汇聚设备将环境参数与相应的阈值进行比较，根据比较结果发送相应的控制指令给受控制设备(如电机等)，被控制设备接受指令后完成相应的动作。

舒适度是指人们从生理与心理方面对客观环境的满意程度进行的综合评价。智能控制应用案例中，将温湿度临界值作为指标形成一种对人体舒适度的模糊评价标准，利用温湿度传感器将环境温度与湿度发送给汇聚设备(如网关等)，当温度值或湿度值超过人体舒适度判定临界值时，边界路由设备下发命令给智能插座，通过智能插座启动相应的电器，使温度或湿度始终维持在人体舒适度范围。

工业控制网络是控制技术、通信技术和计算机技术的综合体现，已广泛应用于过程控制自动化、制造自动化、楼宇自动化和交通运输等多个领域。工业现场监控应用案例中，监控系统主要针对空压机及其管道系统、制冷机及其管道系统、天然气系统、自来水系统、消防水系统、设备冷却水系统、汽油站、机油站、废水处理站和厂房中的设备设施等进行运行监控和能源计量管理，根据实际需求采用无线监控模式进行实时监控，同时支持无线网络与有线网络之间的互联互通，并开发了上位机监控界面方便管理者对现场情况进行实时监控。

8.1　开环控制应用案例

8.1.1　案例介绍

控制过程中，没有反馈环节，不对控制结果加以修正、调节，单程的控制流向，这种控制方法称为开环控制，开环控制系统是指一个输出只受系统输入控制的没有反馈回路的系统。例如，打开电灯的开关就是一种开环控制，按下开关后的一瞬间，控制动作已经结束，电灯是否成功亮起对按开关的这个控制动作没有直接的影响。

8.1.2　应用场景描述

本案例中管理者通过对 GUI 人机交互界面进行操作，对直流电机风扇的转动、步进电机风扇的转向(模拟窗帘的开关)、灯光的亮度、彩灯的颜色和智能插座进行实时的控制。实施控制的示意图如图 8.1 所示。

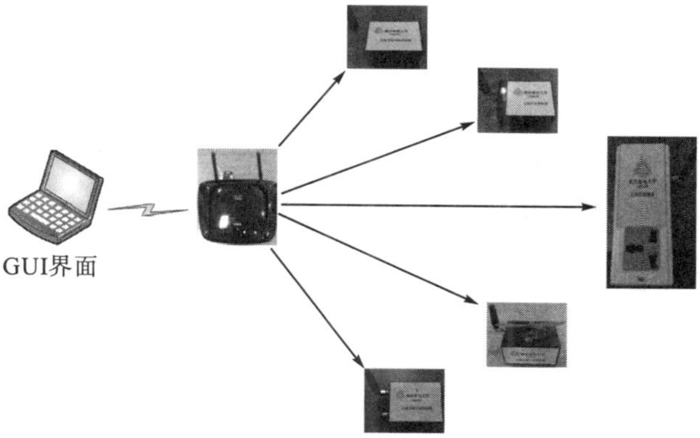

图 8.1　基于 IPv6 的物联网研发平台的开环控制

本案例可以被广泛应用于家居控制、医疗卫生、智能楼宇和工业控制等场景中。

8.1.3　实施条件

硬件条件：PC 机一台、J-Link 下载器一个、无线直流电机控制器两个、无线步进电机控制器一个、无线灯光控制器一个、无线智能插座一个、协议分析工具一个、配线若干。

软件条件：IAR for ARM 5.50.1、J-Link 仿真器驱动程序、Source Insight、Ubuntu 操作系统、守护程序、sscom32 串口调试工具、Packet Sniffer 协议分析工具、控制实验的源代码。

开环控制实物图如图 8.2 所示，左侧的框中是本实验案例中所使用到的受控制设备，它们从左到右、从上到下分别为无线智能插座、无线步进电机控制器、无线直流电机控制器(2 个)和无线灯光调控器。

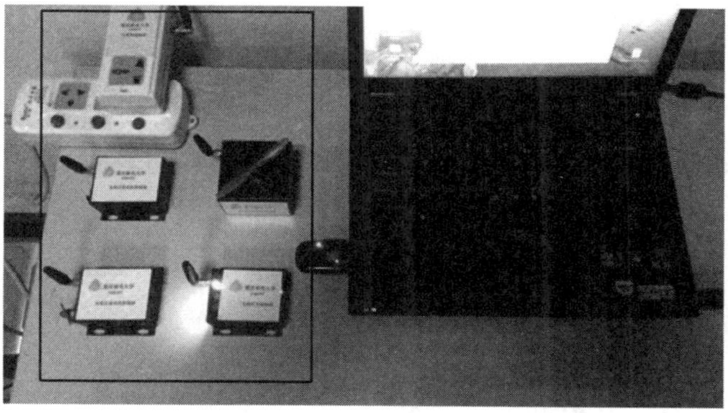

图 8.2　开环控制实物图

8.1.4 案例分析

1. 直流电机、步进电机、无线灯光控制器和智能插座的硬件电路原理

无线光照控制器、无线智能插座、无线直流电机控制器和无线步进电机控制器的相关硬件资料请参考“基于 IPv6 的物联网研发平台\光盘资料\电路原理图”目录下的“IoT 硬件资料”文件夹。相应的使用方法请参考文件夹中的.txt 说明文件。

1) 直流电机控制驱动

GPIO 口初始化配置中，通用 I/O 口的初始化结构体中规定的三个变量分别是 I/O 口号(本次试验用到的是 GPIO_Pin_1)、翻转速度、工作模式。STM32F103 提供的翻转速度分别为 2M、10M、50M，直流电机选择 50M 模式。

```
if(sensor_count==1||sensor_count==2)
{
    GPIO_InitStructure.GPIO_Pin = GPIO_Pin_0;
    GPIO_InitStructure.GPIO_Mode = GPIO_Mode_Out_PP;
    GPIO_InitStructure.GPIO_Speed = GPIO_Speed_50MHz;
}
```

2) 步进电机控制驱动

GPIO 口初始化配置与直流电机控制驱动的 GPIO 口初始化配置原理相似，步进电机选择 50M 模式。

```
if(sensor_count==3)
{
    GPIO_InitStructure.GPIO_Pin = GPIO_Pin_0 | GPIO_Pin_1| GPIO_Pin_9| GPIO_Pin_10;
    GPIO_InitStructure.GPIO_Mode = GPIO_Mode_Out_PP;        //开漏输出
    GPIO_InitStructure.GPIO_Speed = GPIO_Speed_50MHz;       //50M 时钟速度
    GPIO_Init(GPIOA, &GPIO_InitStructure);
}
```

3) 无线 LED 控制器驱动

GPIO 口初始化配置中，无线 LED 控制器选择 50M 模式。

```
if(sensor_count==4)
{
    //PA1 配置为输出 pwm
    GPIO_InitStructure.GPIO_Pin = GPIO_Pin_1;  //选择第端口 2
```

```
        GPIO_InitStructure.GPIO_Mode = GPIO_Mode_AF_PP;  //开漏输出
        GPIO_InitStructure.GPIO_Speed = GPIO_Speed_50MHz;  //50M 时钟速度
        GPIO_Init(GPIOA, &GPIO_InitStructure);  //GPIO 配置函数
        //PA0, PA9, PA10 配置为控制红绿灯
        GPIO_InitStructure.GPIO_Pin = GPIO_Pin_0 | GPIO_Pin_9 | GPIO_Pin_10;
        GPIO_InitStructure.GPIO_Speed = GPIO_Speed_50MHz;
        GPIO_InitStructure.GPIO_Mode = GPIO_Mode_Out_PP;
        GPIO_Init(GPIOA, &GPIO_InitStructure);
}
```

4)智能插座控制驱动

GPIO 口初始化配置中，智能插座控制器选择 50M 模式。

```
    if(sensor_count==5)
    {
        GPIO_InitStructure.GPIO_Pin = GPIO_Pin_9;
        GPIO_InitStructure.GPIO_Mode = GPIO_Mode_Out_PP;
        GPIO_InitStructure.GPIO_Speed = GPIO_Speed_50MHz;  //50M 时钟速度
        GPIO_Init(GPIOA, &GPIO_InitStructure);
}
```

5)开环控制发生机制

上位机将数据查询指令封装成 SLIP 帧发给 IoT 设备，IoT 设备的 SLIP_process 进程按照 SLIP 协议接收并解析该命令，然后通过命令处理函数 SLIP_input_callback()来执行命令。由于查询命令的目标并不是由网关实现，因此网关提取出目标节点的 IP 地址，并重新构造节点查询命令再发送给目标节点，目标节点的应用层命令处理进程 UDP_cmd_process 将处理收到的相应命令，如信息查询命令、拓扑获取命令等。当目标节点收到查询命令之后，Contiki 系统产生一个“tcpip_event”事件，触发应用层的命令处理进程，然后在进程中调用节点应用层时间处理函数，读取传感器数据，并调用 uip_UDP_packet_send()函数 API 接口发送给上位机。

2. 汇聚设备的查询机制程序设计

在边界路由器中，SLIP_input_callback()函数将上位机下发的查询命令封装在 uip_buf[]中，并通过 uip_udp_packet_send()函数发出，在节点端通过调用 UDP_cmd_process 函数接收应用层的命令，并通过解析 buf[]中的值判断命令类型。再通过 tcpip_handler()函数处理命令，调用 uip_udp_packet_send()函数返回给网关。

1）无线直流电机控制

```
if(uip_buf[1] == 0x51)
{
    uip_len = 0;
    memset(&node_ipaddr, 0, 16);
    memcpy(&node_ipaddr, &uip_buf[4], 16);
    if(uip_buf[3] == 0x03)
        kongzhi_kaidianji(node_ipaddr);
    if(uip_buf[3] == 0x13)
        kongzhi_guandianji(node_ipaddr);
}
```

其中，uip_buf[1]==0x51 是直流电机的标志位；uip_buf[3]==0x03 是直流电机的打开控制标志位。判断标志位后，调用 kongzhi_kaidianji()控制函数，打开直流电机，并对直流电机的 GPIO 端口做相应的控制。

打开直流电机的控制函数的源代码如下：

```
void kongzhi_kaidianji(uip_ipaddr_t ipaddr)
{
    uip_ipaddr_t destipaddr;
    uint8_t get_node_topology[2] ={0x01, 0x03};
    //打开直流电机的控制标志位
    server_conn = UDP_new(NULL, uip_htons(0), NULL);
    for(int i=0; i<8; i++)
        ipaddr.u16[i]=(ipaddr.u16[i]<<8)|(ipaddr.u16[i]>>8);
    uip_ip6addr(&destipaddr, (uint16_t)ipaddr.u16[0], (uint16_t)ipaddr.u16[1],
          (uint16_t)ipaddr.u16[2], (uint16_t)ipaddr.u16[3], (uint16_t)ipaddr.u16[4],
          (uint16_t)ipaddr.u16[5], (uint16_t)ipaddr.u16[6], (uint16_t)ipaddr.u16[7]);
    uip_ipaddr_copy(&server_conn->ripaddr, &destipaddr);
    server_conn->rport = UIP_HTONS(7000);
    if(server_conn == NULL)
    {
        UDP_bind(server_conn, UIP_HTONS(7000));
        uip_UDP_packet_send(server_conn, get_node_topology, 2);
        //释放 UDP 连接
        server_conn->lport = uip_htons(0);
        server_conn->rport = uip_htons(0);
```

```
            server_conn->ttl = 0;
            uip_ip6addr(&server_conn->ripaddr, 0, 0, 0, 0, 0, 0, 0, 0);
        }
}
```

直流电机的关闭控制函数操作，只需将标志位 uip_buf[3]改为 0x13 即可。

2)无线 LED 控制

```
    if(uip_buf[1] == 0x52)
    {
        uip_len = 0;
        memset(&node_ipaddr, 0, 16);
        memcpy(&node_ipaddr, &uip_buf[4], 16);
        if(uip_buf[3] == 0x05) //弱光模式
            kongzhi_led_red(node_ipaddr);
        if(uip_buf[3] == 0x06)//普通模式
            kongzhi_led_blue(node_ipaddr);
        if(uip_buf[3] == 0x07)//强光模式
            kongzhi_led_green(node_ipaddr);
}
```

本开发平台所设计的无线 LED 控制器有红、蓝、绿三种不同颜色的指示灯，分别代表弱光、普通和强光三种模式，由 uip_buf[3]来区分和标识。通过判断标志位，分别对无线 LED 控制器实施三种控制，即调用 kongzhi_led_red()、kongzhi_led_blue()、kongzhi_led_green()三个控制函数。

(1)暗光模式：kongzhi_led_red(uip_ipaddr_t ipaddr)函数中，规定：

```
    uint8_t get_node_topology[2] ={0x01, 0x05};
```

调用 uip_UDP_packet_send(server_conn, get_node_topology, 2)，将长度为 2 的控制命令数据包发送出去。

(2)普通模式：kongzhi_led_blue(uip_ipaddr_t ipaddr)函数中，规定：

```
    uint8_t get_node_topology[2] ={0x01, 0x06};
```

调用 uip_UDP_packet_send(server_conn, get_node_topology, 2)，将长度为 2 的控制命令数据包发送出去。

(3)强光模式：kongzhi_led_green(uip_ipaddr_t ipaddr)函数中，规定：

```
uint8_t get_node_topology[2] ={0x01, 0x02};
```

调用 uip_UDP_packet_send(server_conn，get_node_topology，2)，将长度为 2 的控制命令数据包发送出去。

注意：每次调用 uip 发送数据包后都要对 UDP 建立的连接进行复位，即清空操作，主要清空 IP 地址和 conn 口，示例代码如下：

```
//释放 UDP 连接
server_conn->lport = uip_htons(0);
server_conn->rport = uip_htons(0);
server_conn->ttl = 0;
uip_ip6addr(&server_conn->ripaddr, 0, 0, 0, 0, 0, 0, 0, 0);
```

3)无线步进电机控制器

```
if(uip_buf[1] == 0x53)
{
    uip_len = 0;
    memset(&node_ipaddr, 0, 16);
    memcpy(&node_ipaddr, &uip_buf[4], 16);
    if(uip_buf[3] == 0x04)
        kongzhi_zhengzhuan(node_ipaddr);
    if(uip_buf[3] == 0x14)
        kongzhi_fanzhuan(node_ipaddr);
}
```

其中，uip_buf[1]==0x53 是步进电机的标志位；uip_buf[3]==0x04 是步进电机的打开控制标志位。判断标志位后，调用 kongzhi_zhengzhuan()控制函数，打开步进电机，并对步进电机的 GPIO 端口做相应的控制，此时控制的是步进电机的正转。调用 kongzhi_zhengzhuan(uip_ipaddr_t ipaddr)函数，并规定：

```
uint8_t get_node_topology[2] ={0x01, 0x04};
```

然后再调用 uip_UDP_packet_send(server_conn，get_node_topology，2)，将长度为 2 字节的控制命令数据包发送出去。

调用 uip 发送数据包后需要对 UDP 建立的连接进行复位，即清空操作，主要清空 IP 地址和 conn 口，示例代码如下：

```
        //释放 UDP 连接
        server_conn->lport = uip_htons(0);
        server_conn->rport = uip_htons(0);
        server_conn->ttl = 0;
    uip_ip6addr(&server_conn->ripaddr, 0, 0, 0, 0, 0, 0, 0, 0);
```

3. 客户端的查询机制程序设计

客户端的 tcpip_handler()函数用于处理从协调器发送的节点服务控制命令，该函数的驱动是通过判定 uip_newdata()函数返回值是否为 0 完成的。

当收到数据包后，首先判断 uip_appdata[0]的数据，根据字节的内容完成对节点的控制。

1)无线直流电机控制器(case 0x03)

当 uip_appdata[1]为 0x03 时表示要执行打开直流电机的任务，调用 GPIO_ResetBits(GPIOA，GPIO_Pin_0)，PA0 输出低电平，开启电机。

当 uip_appdata[1]为 0x13 时表示要执行关闭直流电机的任务，调用 GPIO_SetBits(GPIOA，GPIO_Pin_0)，PA0 输出高电平，关闭电机。

代码如下所示：

```
        if(((char *)uip_appdata)[1]==0x03)
        {
            GPIO_ResetBits(GPIOA, GPIO_Pin_0);
            //PA0 输出低电平，打开电机
        }
        else if(((char *)uip_appdata)[1]==0x13)
        {
            GPIO_SetBits(GPIOA, GPIO_Pin_0);
            //PA0 输出高电平，关闭电机
    }
```

2)无线 LED 控制器(case 0x04)

当 uip_appdata[1]为 0x05 时表示执行暗光模式的控制任务，GPIO_Pin_0、GPIO_Pin_9、GPIO_Pin_10 分别接入红、蓝、绿三种颜色的 LED 元件。如果是暗光模式，需要红灯亮，蓝灯和绿灯熄灭，调用三个 GPIO 端口控制函数，并设置 LED0_PWM_VAL 为 100，如下所示：

```
        GPIO_SetBits(GPIOA, GPIO_Pin_0);
        GPIO_ResetBits(GPIOA, GPIO_Pin_9);
```

```
GPIO_ResetBits(GPIOA, GPIO_Pin_10);
led0pwmval = 100;
LED0_PWM_VAL=led0pwmval;
```

当 uip_appdata[1]为 0x06 时表示要执行普通模式的控制任务，需要控制蓝灯亮，红灯和绿灯熄灭，调用三个 GPIO 端口控制函数，并设置 LED0_PWM_VAL 为 700，如下所示：

```
GPIO_SetBits(GPIOA, GPIO_Pin_9);
GPIO_ResetBits(GPIOA, GPIO_Pin_0);
GPIO_ResetBits(GPIOA, GPIO_Pin_10);
led0pwmval = 700;
LED0_PWM_VAL=led0pwmval;
```

当 uip_appdata[1]为 0x07 时表示要执行强光模式的控制任务，需要控制绿灯亮，蓝灯和红灯熄灭，调用三个 GPIO 端口控制函数，并设置 LED0_PWM_VAL 为 700，如下所示：

```
GPIO_ ResetBits(GPIOA, GPIO_Pin_9);
GPIO_ResetBits(GPIOA, GPIO_Pin_0);
GPIO_ SetBits(GPIOA, GPIO_Pin_10);
led0pwmval = 700;
LED0_PWM_VAL=led0pwmval;
```

3) 无线步进电机控制器(case 0x05)

当 uip_appdata[1]为 0x04 时表示要执行步进电机的正转任务，通过标志位 zhenfanzhuan 是否为 1 来判断步进电机是否处于正转状态。如果该标志位为 1，则 break，执行到这里完毕；如果标志位为 0，则说明步进电机未处于正转状态，此时调用函数 dianji(100，80，1)，使步进电机开始正转。

当 uip_appdata[1]为 0x14 时表示要执行步进电机的反转任务，通过标志位 zhenfanzhuan 是否为 0 来判断步进电机是否处于反转状态。如果该标志位为 0，则 break，执行到这里完毕；如果标志位为 1，则说明步进电机未处于反转状态，此时调用函数 dianji(100，80，0)，使步进电机开始反转。

源代码如下：

```
case 0x05:
if(((char *)uip_appdata)[1]==0x04)
{
    if(zhenfanzhuan==0)
    {
```

```
            dianji(100，80，1)；//正转，速度 100、周期 80
            zhenfanzhuan=1；
        }
    }
    else if(((char *)uip_appdata)[1]==0x14)
    {
        if(zhenfanzhuan==1)
        {
            dianji(100，80，0)； //反转，速度 100、周期 80
            zhenfanzhuan=0；
        }
}
```

4)智能插座控制(case 0x06)

当 uip_appdata[1]为 0x08 时表示要执行智能插座的打开操作，调用 GPIO 控制函数 GPIO_SetBits(GPIOA，GPIO_Pin_9)，控制 PA9 输出高电平，打开插座。

当 uip_appdata[1]为 0x18 时表示要执行智能插座的关闭操作，调用 GPIO 控制函数 GPIO_ResetBits(GPIOA，GPIO_Pin_9)，控制 PA9 输出低电平，关闭插座。

代码示例如下所示：

```
    case 0x06：
        if(((char *)uip_appdata)[1]==0x08)
        {
            GPIO_SetBits(GPIOA，GPIO_Pin_9)； //PA9 输出高电平，打开插座
        }
        else if(((char *)uip_appdata)[1]==0x18)
        {
            GPIO_ResetBits(GPIOA，GPIO_Pin_9)； //PA9 输出低电平，关闭插座
}
```

8.2 自动闭环控制应用案例

8.2.1 案例介绍

控制过程中，如果有反馈环节，则可以把控制结果反馈回来与期望值进行比较，并根据它们的误差及时调整控制作用，控制流向形成了闭合回路，这种控制方法称为闭环控制。闭环控制是根据控制对象输出反馈来进行校正或者判定的控制方式。以智能家居系统中的

智能窗帘为例，当传感器感应到房间内的光照强度较强(大于或者等于某一阈值)时，发出窗帘关闭命令；当感应到房间内的光照强度低于该阈值时，发出打开窗帘命令。

8.2.2 应用场景描述

本应用案例中，传感器节点将采集到的环境参数发送给汇聚设备(如网关等)，由汇聚设备将传感器采集到的环境参数与对应的阈值进行比较，根据比较结果发送相应的控制指令给受控设备(如电机等)，被控制设备接受指令后完成相应的动作。实施控制的示意图如图 8.3 所示。

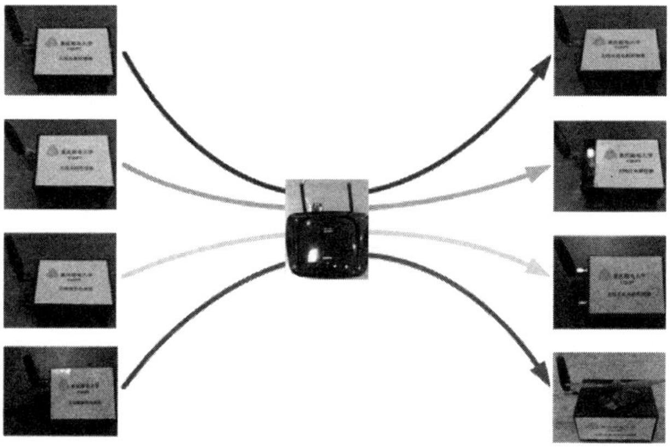

图 8.3　基于 IPv6 的物联网研发平台的闭环控制

本案例可以被广泛应用于家居控制、医疗卫生、智能楼宇和工业控制等场景中。

8.2.3 实施条件

硬件条件：PC 机一台、J-Link 下载器一个、无线直流电机控制器两个、无线步进电机控制器一个、无线灯光控制器一个、无线智能插座一个、无线温湿度传感器两个、无线烟雾传感器两个、无线光照传感器两个、协议分析工具一个和配线若干。

软件条件：IAR for ARM 5.50.1、J-Link 仿真器驱动程序、Source Insight、Ubuntu 操作系统、守护程序、sscom32 串口调试工具、Packet Sniffer 协议分析工具和控制实验的源代码。

闭环控制实物图如图 8.4 所示，图中上位机两侧的框中是本次实验所用到的五对闭环控制设备与被控制设备，它们的控制与被控制关系从上到下、从左到右分别为：无线温湿度传感器 1 号，控制无线智能插座；无线烟雾传感器，控制无线直流电机 1 号控制器；无线温湿度传感器 2 号，控制无线直流电机 2 号控制器；无线光照传感器 2 号，控制无线灯光调控器；无线光照传感器 1 号，控制无线步进电机控制器。

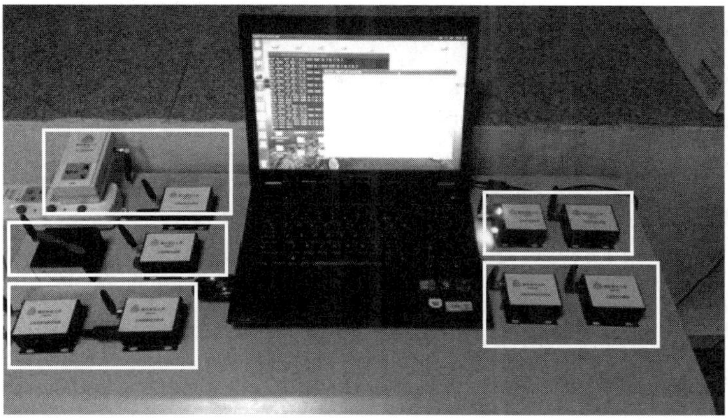

图 8.4　闭环控制实物图

8.2.4　案例分析

1. 电路原理

无线光照传感器、温湿度传感器以及烟雾传感器的 PCB 板图、PCB 元件位置图、硬件原理图以及元器件清单请参考“基于 IPv6 的物联网研发平台\光盘资料\电路原理图”目录下的“IoT 硬件资料”文件夹。相应的使用方法请参考文件夹中的.txt 说明文件。

1) 光照传感器的驱动

在使用光照传感器之前，应该在 main 函数中对传感器进行驱动。主要需要初始化的内容有控制模式、读写速度、通道、子地址模式以及子地址字节数。I2C 初始化控制结构体如下所示：

```
typedef struct
{
    unsigned char controlMode;   //I2C 控制方式
    unsigned int   speed;   //I2C 读写速度
    unsigned char subAddrMode;   //是否有子地址
    unsigned char subAddrWidth;   ///子地址字节数
    unsigned short slaveAddr;   //设备地址
    unsigned char channel;   //需要初始化的通道
}I2C_INIT_INFO;
```

2) GPIO 口初始化

本实验对 I/O 口号、翻转速度以及工作模式的配置如下所示：

```
/* Configure I2C1 pins：PB6->SCL and PB7->SDA */
GPIO_InitStructure.GPIO_Pin =   GPIO_Pin_6 | GPIO_Pin_7;
```

```
GPIO_InitStructure.GPIO_Speed = GPIO_Speed_10MHz;
GPIO_InitStructure.GPIO_Mode = GPIO_Mode_AF_OD;
GPIO_Init(GPIOB, &GPIO_InitStructure);
```

3）中断初始化

STM32 的每个 I/O 口都可以作为中断输入，具体原理参考 6.2 节“传感器节点开发”，在此不再赘述。

本实验设置使能端口为 AFIO，连接到 GPIO 口的中断线设置为 PA1，设置中断为下降沿触发，并且采取中断请求触发中断，抢占式中断通道采用通道 0，响应式中断优先级设置为 0。

4）光照传感器数据存储

初始化任务完毕之后，需要对数据进行采集，并将采集到的数据进行必要的处理后存储在缓冲区响应的数组中。将对应的.c 文件添加到 IAR 新建的工程文件当中（包括头对应.h 文件）。采集到的数据都存放在 ADC_VALUE 数组当中。光照传感器和温湿度传感器不需要 ADC 转换，它们根据 uint8_t VT_I2C_HardReadNByte(I2C_TypeDef *I2Cx，uint32_t subaddr，uint8_t *s，uint32_t num）设置的读取方式，定时采样并存储在数组中。光照传感器采集数据存放在载荷 buf 的第三位和第四位上，示例代码如下所示：

```
void guangzhao_read()
{
    uint8_t ret;
    I2C_Data[0]=0x11;
    ret = VT_I2C_HardWriteNByte(I2C1, 0, I2C_Data, 1);
    //发送测量命令
    Delay(120); //等待大于 120ms，否则传感器没准备好数据会出现读数据错误
    ret = VT_I2C_HardReadNByte(I2C1, 0, I2C_Data, 2); //读取光照强度值
    if(ret);
    else
    {
        buf[3]=I2C_Data[0];
        buf[4]=I2C_Data[1]; }
    }
}
```

5）各个驱动原理介绍

直流电机驱动、步进电机驱动、无线 LED 控制器驱动以及智能插座控制器驱动等详细原理与代码请参考 8.1 节“开环控制应用案例”。

2. 闭环控制发生机制

在 Contiki 系统中，通过类似于 UDP 套接字的 API 函数来实现应用层数据收发。传感器节点的两种数据获取机制通过 UDP_client_process 和 UDP_cmd_process 两个进程来实现，这两个进程都设置为自启动方式运行。

UDP_client_process 启动以后首先设置自己的本地链路和全局 IPv6 地址，然后创建一个 UDP 套接字并绑定目的地址和目标端口，然后初始化 etimer 定时器，设置定时间隔。当 etimer 超时后会产生一个超时事件，触发该事件所关联的任务，从而调用相应的超时处理函数 timeout_handler()，在超时处理函数中完成传感器数据读取、应用层载荷填充，最后调用 API 接口函数 uip_udp_packet_send() 发送出去。

在 uip_udp_packet_send() 中，先将应用层载荷装入 uip_buf 发送缓冲区，然后调用进程 uip_process()。在 uip_process() 中进入"UDP_send"状态，并装载传输层 UDP 头部域，以及 IPv6 头部的部分信息，然后调用 tcpip_iPv6_output() 函数，在此函数中完成网络层头部的装载以及路由选择。之后调用 tcpip_output() 函数，该函数的指针形参"a"在 sicslowpan.c 文件中的 sicslowpan_init() 函数中初始化为 output() 的函数指针，在这个函数中完成 6LoWPAN 协议栈的报头压缩和报文分片功能，完成之后调用 sicslowmac 层的 send_packet() 函数，封装 MAC 层帧头，最后调用无线射频接口函数 NETSTACK_RADIO.send() 将数据包发送出去。

3. 前端节点周期性汇报机制程序设计

节点采集数据并对数据进行响应的转换封装在应用层载荷 buf[] 中调用 uip_udp_packet_send() 函数，调用 PROCESS_THREAD(UDP_receiver_process，ev，data) 函数，在边界路由器端对采集到的数据进行判断，看是否超过阈值，并根据判断结果调用相应的控制函数。

烟雾传感器、温湿度传感器和光照传感器将在环境中采集到的数据上传给边界路由设备，当采集到的数据超过规定值，边界路由设备下发相应指令给直流电机节点，通过直流电机控制风扇转动，降低环境中的烟雾值和温湿度值。通过光照传感器采集到的数据，改变灯光的明暗和彩灯的颜色，来指示当前环境中的光线敏感程度，图 8.4 所示的是闭环控制的控制关系示意图。

1) 温湿度传感器利用温度值控制直流电机

为了保证消息的高可读性和高实时性，在应用层载荷的 buf7[] 开始调用 memcpy((buf+7)，&seq_id，sizeof(seq_id)) 函数添加四个字节的计数器，用来反映传感器主动汇报数据的次数。下面给出一段温湿度传感器周期性主动上传温度数据和湿度数据的源代码：

```
#ifdef SIXLOWPAN_ENDDEVICE_HUMTEMP
    buf[0] = data_com;
    buf[1] = ans_tem_hum;
```

```
        buf[2] = sensor_count;
        Delay(300);
        shtMeasure(&buf[3], SHT_MODE_TEMP);
        //转换公式温度= -39.66+0.01*x
        shtMeasure(&buf[5], SHT_MODE_HUMI);
        //转换公式湿度 = -4 + 0.0405*x - 2.8*10^(-6) * x^2
        Delay(50);
        memcpy((buf+7), &seq_id, sizeof(seq_id));
        //计数器，放在传感器数据之后，四个字节
        uip_UDP_packet_send(this_conn, buf, 11);
#endif
```

通过 uip_udp_packet_send()函数发送数据给网关，网关通过 PROCESS_THREAD(UDP_receiver_process，ev，data)进程对所收到的数据进行解析和判定。判断三个应用层载荷字节是否符合要求的部分源代码示例如下：

```
    if(buf[0]==0x02 && buf[1]==0x55 && buf[2]==0x02)
```

如果符合要求，则需要根据公式对温度值和湿度值进行处理，处理温度值和湿度值的源代码如下：

```
    a=buf[3]*256+buf[4];
    temp_date2=(float)((-1)*39.66+((float)a*0.01));
```

假定温度的临界值为 28℃，高于该温度时，需要对环境进行降温处理，本实验以打开直流电机使电机转动为例。

无线直流电机控制的部分源代码如下：

```
    if(uip_buf[1] == 0x51)
    {
        uip_len = 0;
        memset(&node_ipaddr, 0, 16);
        memcpy(&node_ipaddr, &uip_buf[4], 16);
        if(uip_buf[3] == 0x03)
            kongzhi_kaidianji(node_ipaddr);
        if(uip_buf[3] == 0x13)
            kongzhi_guandianji(node_ipaddr);
}
```

其中，uip_buf[1]==0x51 是直流电机的标志位；uip_buf[3]==0x03 是直流电机的打开控制标志位。判断标志位后，调用 kongzhi_kaidianji()控制函数，打开直流电机，并对直流电机的 GPIO 口做响应的控制。打开直流电机的控制函数的源代码示例如下：

```
void kongzhi_kaidianji(uip_ipaddr_t ipaddr
{
    uip_ipaddr_t destipaddr;
    uint8_t get_node_topology[2] ={0x01, 0x03};
    //打开直流电机的控制标志位
    server_conn = UDP_new(NULL, uip_htons(0), NULL);
    for(int i=0; i<8; i++)
        ipaddr.u16[i]=(ipaddr.u16[i]<<8)|(ipaddr.u16[i]>>8);
    uip_ip6addr(&destipaddr, (uint16_t)ipaddr.u16[0], (uint16_t)ipaddr.u16[1],
        (uint16_t)ipaddr.u16[2], (uint16_t)ipaddr.u16[3], (uint16_t)ipaddr.u16[4],
        (uint16_t)ipaddr.u16[5], (uint16_t)ipaddr.u16[6], (uint16_t)ipaddr.u16[7]);
    uip_ipaddr_copy(&server_conn->ripaddr, &destipaddr);
    server_conn->rport = UIP_HTONS(7000);
    UDP_bind(server_conn, UIP_HTONS(7000));
    uip_UDP_packet_send(server_conn, get_node_topology, 2);
    //释放 UDP 连接
    server_conn->lport = uip_htons(0);
    server_conn->rport = uip_htons(0);
    server_conn->ttl = 0;
    uip_ip6addr(&server_conn->ripaddr, 0, 0, 0, 0, 0, 0, 0, 0);
}
```

直流电机的关闭控制函数操作类似，只需将标志位 uip_buf[3]改为 0x13 即可。

2)温湿度传感器利用温度值和湿度值控制智能插座

温湿度传感器采集数据并自动上传给网关，网关接收到数据包后根据公式对数据进行必要的转换，通过判断临界值来调用相应函数完成相应的功能。

通过 uip_udp_packet_send()函数发送数据给网关，网关通过 PROCESS_THREAD (UDP_receiver_process，ev，data)进程对所收到的数据进行解析和判定。判断三个应用层载荷字节是否符合要求的部分源代码示例如下：

```
if(buf[0]==0x02 && buf[1]==0x55 && buf[2]==0x01)
```

如果符合要求，则需要根据公式对温度值和湿度值进行处理，处理温度值和湿度值的部分源代码如下：

```
a=buf[3]*256+buf[4];
b=buf[5]*256+buf[6];
temp_date1=(float)((-1)*39.66+((float)a*0.01));
shidu=(float)(-4 + 0.0405*b )-(float)(2.8*(b /1000)*(b/1000));
```

此后判断温度值和湿度值，温度值和湿度的临界值分别为 28℃和 80%，如果温度高于 28℃或湿度大于 80%，则需要开启智能插座，对连接到智能插座的电器进行供电，及时改善环境参数。部分源代码如下：

```
if(temp_date1>=28 || shidu>=80 )//温度阈值
    kongzhi_kaichazuo(chazuo_addr);
else
    kongzhi_guanchazuo(chazuo_addr);
```

如果当前温度和湿度的值都在临界值范围内，则需要判断插座的运行状态，此时需要断开智能插座的电源。

3)烟雾传感器利用烟雾浓度值控制直流电机

烟雾传感器将采集到的烟雾浓度值通过 ADC 转换后存入应用层载荷中。为了保证消息的高可读性和高实时性，在应用层载荷的 buf7[]开始调用 memcpy((buf+7)，&seq_id，sizeof(seq_id))函数添加四个字节的计数器，用来反映传感器主动汇报数据的次数。下面给出一段烟雾传感器周期性主动上传烟雾浓度数据的代码示例：

```
#ifdef SIXLOWPAN_ENDDEVICE_SMOG
    buf[0] = data_com;
    buf[1] = ans_smog;
    buf[2] = sensor_count;
    usrStartAdcData();
    Delay(100);
    usrReadAdcData();
    memcpy((buf+5), &seq_id, sizeof(seq_id)); //计数器，放在传感器数据之后，
    四个字节
    uip_UDP_packet_send(this_conn, buf, 9);
#endif
```

根据判断当前的浓度值完成对无线直流电机的控制，下面给出控制直流电机的代码示例：

```
    if(uip_buf[1] == 0x51)
    {
        uip_len = 0;
        memset(&node_ipaddr, 0, 16);
        memcpy(&node_ipaddr, &uip_buf[4], 16);
        if(uip_buf[3] == 0x03)
            kongzhi_kaidianji(node_ipaddr);
        if(uip_buf[3] == 0x13)
            kongzhi_guandianji(node_ipaddr);
}
```

其中，uip_buf[1]==0x51 是直流电机的标志位；uip_buf[3]==0x03 是直流电机的打开控制标志位。判断标志位后，调用 kongzhi_kaidianji()控制函数，打开直流电机，并对直流电机的 GPIO 口做相应的控制。打开直流电机的控制函数的源代码如下：

```
    void kongzhi_kaidianji(uip_ipaddr_t ipaddr)
    {
        uip_ipaddr_t destipaddr;
        uint8_t get_node_topology[2] ={0x01, 0x03}; //打开直流电机的控制标志位
        server_conn = UDP_new(NULL, uip_htons(0), NULL);
        for(int i=0; i<8; i++)
            ipaddr.u16[i]=(ipaddr.u16[i]<<8)|(ipaddr.u16[i]>>8);
        uip_ip6addr(&destipaddr, (uint16_t)ipaddr.u16[0], (uint16_t)ipaddr.u16[1],
              (uint16_t)ipaddr.u16[2], (uint16_t)ipaddr.u16[3], (uint16_t)ipaddr.u16[4],
              (uint16_t)ipaddr.u16[5], (uint16_t)ipaddr.u16[6], (uint16_t)ipaddr.u16[7]);
        uip_ipaddr_copy(&server_conn->ripaddr, &destipaddr);
        server_conn->rport = UIP_HTONS(7000);
        UDP_bind(server_conn, UIP_HTONS(7000));
        uip_UDP_packet_send(server_conn, get_node_topology, 2);
        //释放 UDP 连接
        server_conn->lport = uip_htons(0);
        server_conn->rport = uip_htons(0);
        server_conn->ttl = 0;
        uip_ip6addr(&server_conn->ripaddr, 0, 0, 0, 0, 0, 0, 0, 0);
}
```

直流电机关闭控制函数的操作类似，只需将标志位 uip_buf[3]改为 0x13 即可。

4)光照传感器利用光强值控制步进电机

光照传感器通过调用读取光强值的函数，将采集到的数据存放在应用层载荷中，源代码如下：

```
buf[3]=I2C_Data[0];
buf[4]=I2C_Data[1];
```

为了保证消息的高可读性和高实时性，在应用层载荷的buf[7]开始调用memcpy((buf+7)，&seq_id，sizeof(seq_id))函数添加四个字节的计数器，用来反映传感器主动汇报数据的次数。下面给出一段光照传感器周期性主动上传光强值数据的源代码：

```
    #ifdef SIXLOWPAN_ENDDEVICE_GUANGZHAO
        buf[0] = data_com;
        buf[1] = 0x77;
        buf[2] = sensor_count;
        guangzhao_read();
        memcpy((buf+5), &seq_id, sizeof(seq_id));
        uip_UDP_packet_send(this_conn, buf, 9);
#endif
```

根据光照传感器采集到的光照值控制无线步进电机的代码示例如下：

```
    if(uip_buf[1] == 0x53)
    {
        uip_len = 0;
        memset(&node_ipaddr, 0, 16);
        memcpy(&node_ipaddr, &uip_buf[4], 16);
        if(uip_buf[3] == 0x04)
            kongzhi_zhengzhuan(node_ipaddr);
        if(uip_buf[3] == 0x14)
            kongzhi_fanzhuan(node_ipaddr);
}
```

其中，uip_buf[1]==0x53是步进电机的标志位；uip_buf[3]==0x04是步进电机的打开控制标志位。判断标志位后，调用kongzhi_zhengzhuan()控制函数，打开步进电机，并对直流电机的GPIO口做相应控制，调用kongzhi_zhengzhuan(uip_ipaddr_t ipaddr)函数控制步进电机的正转，并规定：

uint8_t get_node_topology[2] ={0x01，0x04}；

然后再调用 uip_UDP_packet_send(server_conn，get_node_topology，2)，将长度为 2 字节的控制命令数据包发送出去。

调用 uip 发送数据包后都要对 UDP 建立的连接进行复位，即清空操作，主要需要清空 IP 地址和 conn 口，其示例代码如下：

```
server_conn->lport = uip_htons(0);
server_conn->rport = uip_htons(0);
server_conn->ttl = 0;
uip_ip6addr(&server_conn->ripaddr, 0, 0, 0, 0, 0, 0, 0, 0);
```

5)光照传感器利用光强值控制无线 LED 控制器

光照传感器通过调用读取光强值的函数，将采集到的数据存放在应用层载荷中，并周期性主动上传光照强度值。

根据光照强度的值判断三种模式：光照强度值小于等于 50 为弱光模式；光照强度值大于 50 小于 1000 为普通模式；光照强度值大于等于 1000 为强光模式。

根据光照传感器采集到的环境光照强度值控制无线 LED 的代码示例如下所示：

```
if(uip_buf[1] == 0x52)
{
    uip_len = 0;
    memset(&node_ipaddr, 0, 16);
    memcpy(&node_ipaddr, &uip_buf[4], 16);
    if(uip_buf[3] == 0x05)//弱光模式
        kongzhi_led_red(node_ipaddr);
    if(uip_buf[3] == 0x06)//普通模式
        kongzhi_led_blue(node_ipaddr);
    if(uip_buf[3] == 0x07)//强光模式
        kongzhi_led_green(node_ipaddr);
}
```

本实验平台所设计的无线 LED 控制器有红、蓝、绿三种不同颜色指示灯，分别代表弱光、普通和强光三种模式，并由 uip_buf[3]来区分和标识。通过判断标志位对无线 LED 控制器实施三种控制，即调用 kongzhi_led_red()、kongzhi_led_blue()、kongzhi_led_green()三个控制函数。这三个函数控制的方法与 kongzhi_kaidianji(uip_ipaddr_t ipaddr)相类似，只是为了区分控制目标而对控制标志位做了区分。

(1)暗光模式：kongzhi_led_red(uip_ipaddr_t ipaddr)函数中，规定：

uint8_t get_node_topology[2] ={0x01，0x05}；

调用 uip_UDP_packet_send(server_conn，get_node_topology，2)，将长度为 2 的控制

命令数据包发送出去。

(2) 普通模式：kongzhi_led_blue(uip_ipaddr_t ipaddr)函数中，规定：

uint8_t get_node_topology[2] ={0x01，0x06}；

调用 uip_UDP_packet_send(server_conn，get_node_topology，2)，将长度为 2 的控制命令数据包发送出去。

(3) 强光模式：kongzhi_led_green(uip_ipaddr_t ipaddr)函数中，规定：

uint8_t get_node_topology[2] ={0x01，0x07}；

调用 uip_UDP_packet_send(server_conn，get_node_topology，2)，将长度为 2 的控制命令数据包发送出去。

注意：每次调用 uip 发送数据包后都需要对 UDP 建立的连接进行复位，即清空操作，然后需要清空 IP 地址和 conn 口。

8.3 智能控制应用案例

8.3.1 案例介绍

舒适度是指人们从生理与心理方面对客观环境的满意程度进行的综合评价。在热舒适度评价方面，PMV 指标最具代表性。举例来说，与自动闭环控制类似，控制设备(如温湿度传感器)采集环境参数并发送给汇聚设备(如网关等)，汇聚设备判断 PMV 指标后向受控制设备(如智能插座等)发送控制命令，通过控制受控设备的开关，智能地调节环境参数，以达到良好的舒适度指标。

8.3.2 应用场景描述

本应用案例中，将温湿度临界值作为指标形成一种对人体舒适度的模糊评价标准。利用温湿度传感器采集环境中的温度与湿度值并上传给边界路由设备，当温度值或者湿度值超过人体舒适度临界值时，边界路由设备下发命令给智能插座，通过智能插座启动相应的电器，使温度或湿度始终维持在人体舒适度范围。

本案例可以被广泛应用于智能家居、医疗卫生和智能楼宇等场景中。

8.3.3 实施条件

硬件条件：PC 机一台、J-Link 下载器一个、无线智能插座一个、无线温湿度传感器一个、协议分析工具一个和配线若干。

软件条件：IAR for ARM 5.50.1、J-Link 仿真器驱动程序、Source Insight、Ubuntu 操作系统、守护程序、sscom32 串口调试工具、Packet Sniffer 协议分析工具和控制实验的源代码。

实验实物图如图 8.5 所示，左侧的框中是本次实验所使用到的智能控制设备与被控制设备，无线温湿度传感器 1 号控制无线智能插座。

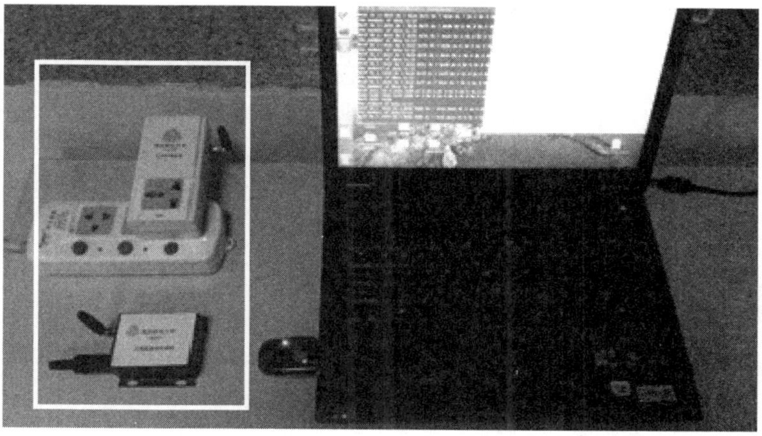

图 8.5　智能控制实物图

8.3.4　案例分析

1. 舒适度控制

受各种因素及条件的影响，舒适度会因个体差异而呈现不同结果。舒适主要是人的主观感觉，故一般称为舒适度。由于影响舒适度的因素与条件十分复杂，这是一个因人而异且很难量化的概念。

1) PMV 热舒适指标简介

在热舒适度评价方面，Fanger 教授提出的 PMV 指标最具代表性。该指标综合考虑了影响人体热舒适度的各个因素，代表了大多数人对热舒适度的评价。PMV 指标的计算公式如下：

$$\begin{aligned}\mathrm{PMV} = &(0.303\mathrm{e}^{-0.036M}+0.028)\{M-W-3.05\times10^{-3}\\&\times[5733-6.99(M-W)-P_{\mathrm{a}}]-0.42[(M-W)-58.15]\\&-1.72\times10^{-5}M(5867-P_{\mathrm{a}})-0.0014M(34-t_{\mathrm{a}})\\&-3.96\times10^{-8}f_{\mathrm{cl}}\left[(t_{\mathrm{cl}}+273)^4-(t_{\mathrm{c}}-273)^4\right]-f_{\mathrm{cl}}h_{\mathrm{c}}(t_{\mathrm{cl}}-t_{\mathrm{a}})\}\end{aligned} \tag{8.1}$$

$$t_{\mathrm{cl}}=35.7-0.028(M-W)-I_{\mathrm{cl}}\left\{3.96\times10^{-8}f_{\mathrm{cl}}\left[(t_{\mathrm{cl}}+273)^4-(t_{\mathrm{c}}+273)^4\right]+f_{\mathrm{cl}}h_{\mathrm{c}}(t_{\mathrm{cl}}-t_{\mathrm{a}})\right\} \tag{8.2}$$

式中，M 为人体新陈代谢率；W 为人体所做的机械功；P_{a} 为人体周围空气的水蒸气分压力，与空气湿度有关；t_{a} 为人体周围空气温度，℃；t_{cl} 为房间的平均辐射温度，℃；f_{cl} 为穿衣服时人体外表面积与裸身人体表面积之比；f_{c} 为衣服外表面温度，℃。h_{c} 为表面传热系数；I_{cl} 为衣服热阻。

$$h_c=\begin{cases}2.38(t_{\mathrm{cl}}-t_{\mathrm{a}})^{0.25},2.38(t_{\mathrm{cl}}-t_{\mathrm{a}})^{0.25}>12.1\sqrt{v_{\mathrm{a}}}\\12.1\sqrt{v_{\mathrm{a}}},2.38(t_{\mathrm{cl}}-t_{\mathrm{a}})^{0.25}<12.1\sqrt{v_{\mathrm{a}}}\end{cases} \tag{8.3}$$

式中，v_{a} 为空气流速。

在实际计算过程中，可以根据以下假设简化式(8.1)～式(8.3)：

一般成年人静坐和轻劳动时，人体新陈代谢率 M 为 69.8 W/m^2；人体所做机械功 W

为 0；服装的面积系数取 1.1；夏季人体服装热阻为 0.5Clo①，冬季人体服装热阻为 1.5Clo；夏季情况下，室内风速取 0.2m/s；冬季情况下，室内风速取 0m/s。

f_{cl}、t_{cl} 可由 I_{cl} 决定，h_c 为风速的函数，因此，在上述假设下，PMW 指标与空气温度、湿度、风速、平均辐射温度、衣服热阻和人体新陈代谢率六个变量有关。一般情况下认为平均辐射温度等于空气温度。

$$\mathrm{PMV} = f(t_a, h_a, v_a, t_r, I_{cl}, W) \tag{8.4}$$

人体的热感觉与 PMV 值之间的关系如图 8.6 所示。

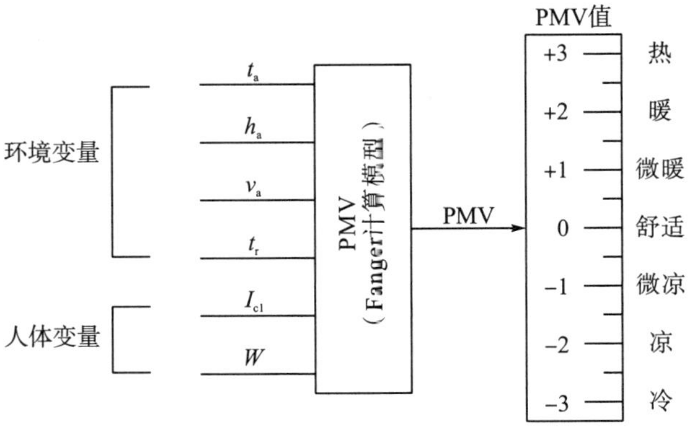

图 8.6 热感觉与 PMV 值之间的关系

当 $\mathrm{PMV} \in [-0.5 \quad 0.5]$ 时，热环境处于舒适区；当 $\mathrm{PMV} = 0$ 时，热环境处于最佳热舒适状态。

2）舒适度指数 *I* 的算法及其实现

人体活动程度以及衣服热阻因场合、活动方式和季节等因素而不同，在热舒适指标控制中，人体活动程度以及服装热阻不作为控制变量，根据不同的情况给出一个确定值输入到 *I* 值中。

根据理论分析，4 个环境变量的每一个变量都可能作为被控参数。综合各个变量对人体热舒适度的影响及实现的难易程度，选择其中 1 个或 2 个变量作为 *I* 值的控制参数。平均辐射温度受到各种扰动量的影响，对目前的系统，环境的平均辐射温度往往是不可控制的。小于 0.1m/s 的风速对 *I* 值影响很小，因此计算室内环境的 *I* 值时，将风速设定为 0.1m/s。

空气温度和相对湿度是影响人体热舒适度的主要因数。空气温度高、相对湿度大，人体感觉闷热；空气温度低、相对湿度大，人体感觉阴冷。因此在 *I* 值控制中需要较精确地控制空气的温度及相对湿度。

参照国家标准 GB/T 27963—2011，舒适度指数 I 的计算公式为

$$I = T - 0.55 \times (1 - \mathrm{RH}) \times (T - 14.4) \tag{8.5}$$

式中，*I* 为舒适度指数，保留 1 位小数；*T* 为某一个评价时段的平均温湿度，单位为摄氏度（℃）；RH 为某一个评价时段的平均空气相对湿度。

其中，与 *I* 值相关的物理参数，如温度和相对湿度信号，均由测量传感器测量获取，

① 1Clo＝0.155m²·K/W。

称为原始量。其他参数例如衣服热阻、平均辐射温度等通过硬件输入端口，根据环境条件设定为某个常数，称为导入量。计算流程见图 8.7。

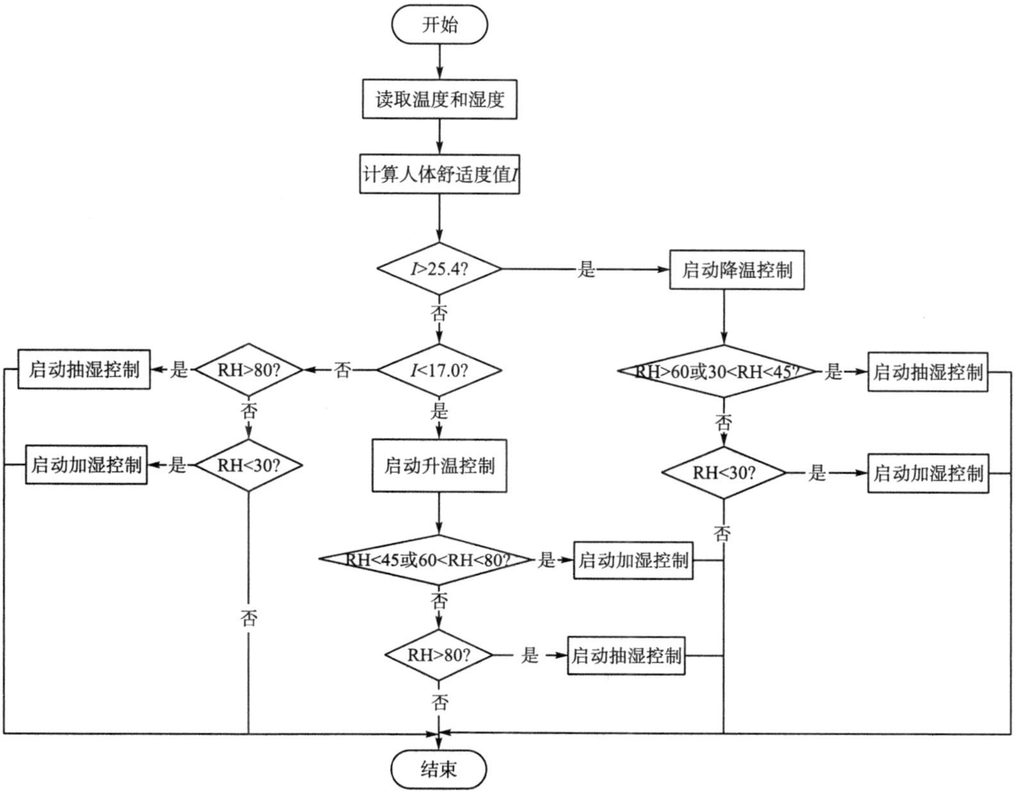

图 8.7　I 值算法流程图

3. 舒适度指数 *I* 的自动控制

系统控制的主要依据是舒适度指数 *I* 值。依据人体对温湿度的感受，国家标准 GB/T 27963—2011 将 *I* 值划分为 5 个等级，如表 8.1 所示。

表 8.1　人居舒适度等级划分

等级	感觉程度	舒适度指数
1	寒冷	< 14.0
2	冷	14.0～16.9
3	舒适	17.0～25.4
4	热	25.5～27.5
5	闷热	> 27.5

1)温度控制信息

温度的变化范围与舒适度值呈正相关性，系统控制命令为：

(a) $I>25.5$，表明温度偏高，发布降温控制命令；

(b) $17.0\leqslant I\leqslant 25.4$，表明温度适宜，不需要发布温度控制命令；

(c) $I<16.9$，表明温度偏低，发布升温控制命令。

2) 相对湿度处理信息

相对湿度的变化范围较复杂，与 I 值可能呈正相关性、负相关性和无关性，这取决于系统的工作模式。人体感觉舒适的相对湿度范围为 45%～60%。本系统仅研究“家庭模式”下的“坐着活动状态”的控制命令，如表 8.2 所示。

表 8.2　相对湿度控制信息

相对湿度/%	温湿指数		
	(−∞，13.9)	(14.0，16.9)	(17.0，+∞)
[0，30)	加湿	加湿	加湿
[30，45)	加湿	不变	去湿
[45，60]	不变	不变	不变
(60，80]	加湿	不变	去湿
(80，100]	去湿	去湿	去湿

3) 换气处理

设室外相对湿度为 R_{ho}(%)，室内相对湿度为 R_h(%)，均为原始量。I 值与 T、R_h 的关系如图 8.8 所示。

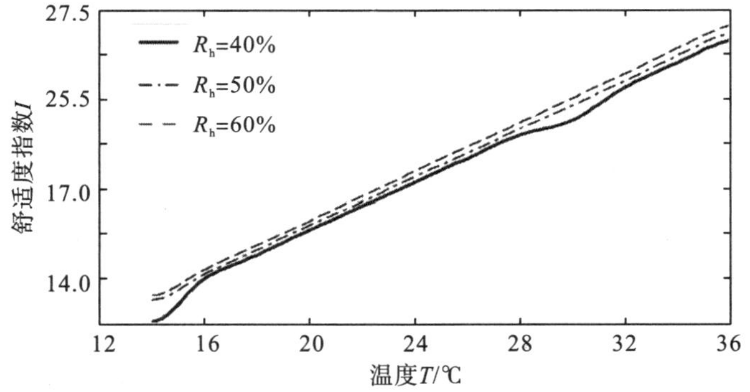

图 8.8　I 值与 T、R_h 的关系

人体的热舒适性与空气的温度和相对湿度相关，图 8.8 给出了在室内情况下，不同的相对湿度下 I 值和室内温度的关系曲线。曲线表明 $R_h\in[45\%,60\%]$时，人体的舒适温度为 23～25℃。在满足人体舒适度的室内温度和相对湿度的条件下，系统通过控制换气处理提高舒适度。

若室外相对湿度 $R_{ho}\in[45\%,60\%]$，在换气处理时，需要附加如下控制信息：$I\geqslant 25.5$ 时发布降温控制命令，$I\leqslant 16.9$ 时发布升温控制命令；$R_h-R_{ho}\geqslant 3\%$时发布去湿控制命令；$R_h-R_{ho}\leqslant -3\%$时发布加湿控制命令。

若室外相对湿度 $R_{ho} \in [45\%, 60\%]$，与室外换气时，撤消已发布的湿度控制命令，此时相对湿度条件已经为最佳，只需要根据 I 值的范围附加温控信息。

将温湿度临界值作为指标形成一种对人体舒适度的模糊评价标准。利用温湿度传感器采集环境中的温度和湿度值并上传给边界路由设备，当温度值或者湿度值超过人体舒适度临界值时，边界路由设备下发命令给智能插座，通过智能插座启动相应的电器，使温度和湿度始终维持在人体舒适度范围，如图 8.9 所示。

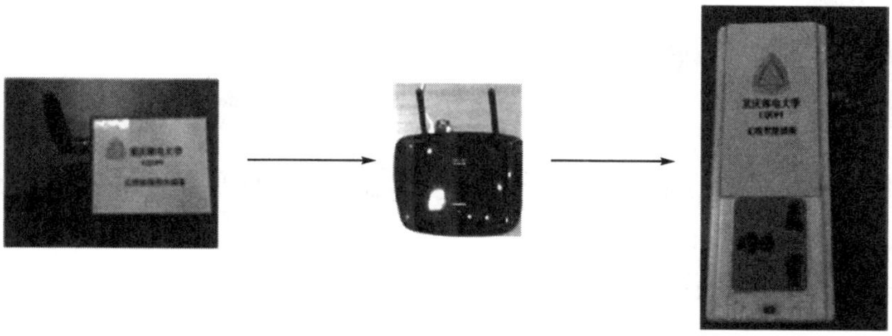

图 8.9　节点闭环控制关系示意图

2. 温湿度传感器利用温湿度的值控制智能插座

将温湿度临界值作为指标形成一种对人体舒适度的模糊评价标准。利用温湿度传感器采集环境中的温度和湿度值并上传给边界路由设备，当温度值或者湿度值超过人体舒适度临界值时，边界路由设备下发命令给智能插座，通过智能插座启动相应的电器，使环境始终维持在人体舒适度范围。人体舒适度范围如表 8.3 所示。

表 8.3　人体舒适范围

等级	感觉程度	舒适度指数
1	寒冷	<14.0
2	冷	14.0～16.9
3	舒适	17.0～27.4
4	热	27.5～30.5
5	闷热	>30.5

温湿度传感器将采集到的数据通过公式 $-39.66+0.01x$ 计算得到温度值 SHT_MODE_TEMP，并存放在应用层载荷 buf[3]和 buf[4]中；温湿度传感器采集到的数据通过公式 $-4+0.0405x-2.8\times10^{-6}x^2$ 计算得到湿度值 SHT_MODE_HUMI，并存放在 buf[5]和 buf[6]中。

```
#ifdef SIXLOWPAN_ENDDEVICE_HUMTEMP
    buf[0] = data_com;
    buf[1] = ans_tem_hum;
    buf[2] = sensor_count;
```

```
        Delay(300);
        shtMeasure(&buf[3], SHT_MODE_TEMP); //转换公式温度=-39.66+0.01*x
        shtMeasure(&buf[5], SHT_MODE_HUMI); //转换公式湿度=-4+0.0405*x-2.8*10^(-6)* x^2
        Delay(50);
        memcpy((buf+7), &seq_id, sizeof(seq_id)); //计数器，放在传感器数据之后，四个字节
        uip_udp_packet_send(this_conn, buf, 11);
#endif
```

通过 uip_udp_packet_send()函数将数据上传到网关，网关通过 PROCESS_THREAD (udp_receiver_process，ev，data)进程对所收到的数据进行解析和判定。判断三个应用层载荷字节是否符合要求的代码示例如下所示：

```
if(buf[0]==0x02 && buf[1]==0x55 && buf[2]==0x02)
```

如果符合要求，则需要依照公式对温度值和湿度值进行处理，处理温度值和湿度值的源代码为：

```
a=buf[3]*256+buf[4];
temp_date2=(float)((-1)*39.66+((float)a*0.01));
```

根据表 8.3 可以知道，判断温度值的临界温度为 27.5℃，高于该温度时，需要对环境进行降温处理，降温与升温的操作通过控制智能插座上的电器的开关来实现。

8.4 工业现场监控应用案例

8.4.1 案例介绍

工业控制网络一直是工业自动化领域的研究热点，以现场总线技术和工业以太网技术为代表的工业控制网络技术引发了工业自动化领域的重大变革，工业自动化正朝着网络化、开放化、智能化和集成化的方向发展。工业控制网络是控制技术、通信技术和计算机技术在工业现场控制层、过程控制层和生产管理层的综合体现，已广泛应用于过程控制自动化、制造自动化、楼宇自动化、交通运输等多个领域。

8.4.2　应用场景描述

本案例中，以监控系统针对空压机及其管道系统、制冷机及其管道系统、天然气系统、自来水系统、消防水系统、设备冷却水系统、汽油站、机油站、废水处理站和厂房中设备等进行运行监控和能源计量管理为例，根据实际需求采用无线监控模式实时监控，并支持无线网络与有线网络之间的互联互通。同时，开发了上位机监控界面，以方便管理者对现场情况进行实时监控。

8.4.3　实施条件

硬件条件：PC 机一台、J-Link 下载器一个、无线温湿度传感器若干、协议分析工具一个和配线若干。

软件条件：IAR for ARM 5.50.1、J-Link 仿真器驱动程序、Source Insight、Ubuntu 操作系统、守护程序、sscom32 串口调试工具、Packet Sniffer 协议分析工具和控制实验的源代码。

图 8.10 为某发动机厂厂房的现场照片(照片仅供参考)。

图 8.10　某发动机厂厂房现场参考照片

8.4.4　案例分析

本工业现场环境监控应用案例中，主要对空压机及其管道系统、制冷机及其管道系统、天然气系统、自来水系统、消防水系统、设备冷却水系统、汽油站、机油站、废水处理站和厂房中的设备设施的运行环境参数(如温度、湿度等)进行监控。根据项目应用需求，为了使设计的设备应用更广泛、使用寿命较长，对该系统提出以下几点功能需求：

(1) 采用无线监控模式。系统能够远程集中监测工厂的综合动力站房的直燃机组的温湿度、空压站的温湿度、配电室的温湿度、消防生产生活水泵房的用水量、水管的压力和软水池的水位及水温，能够远程控制发动机变送器和加工厂房的风机启停，且由于工厂现场布线工作复杂繁重，故需要采用无线通信系统。无线环境监控网络节点设备的布局密度大、覆盖面积广，并且在网络传输过程中经常遇到现场机械设备等障碍物的阻挡，如果穿透性不强或者传输距离不足，就需要在网络中增加路由节点或者中继器，从而造成过多的资源浪费，并且增加了系统的能耗，降低了数据的传输效率和实时性。为了解决这一问题，需要在射频模块硬件设计上尽可能地提高射频信号的输出功率，提高传输性能。根据工厂厂房现场环境条件，各无线设备的最大通信距离应在 300m 以上，才能保证网络设备的正常通信。

(2) 无线网络与有线网络互联互通。要实现相关信息数据在 PC 机上实时显示等相关处理，就需要将底层无线网络采集的数据通过有线网络传输到 PC 机，实现底层无线网络与有线网络的交互。

(3) 人机交互。为了对工业现场的数据进行准确的分析，再进行相应的操作，需要为该系统配备上位机监控软件。

(4) 较强的抗干扰能力。本网络是应用于工业现场的，是对生产加工过程进行监控。由于工业现场的环境复杂，无线监控网络难免受到各种各样的干扰。无线数据的传输空间有各种工业设备的电磁干扰及墙体的阻挡，使得无线设备的信号衰减严重。这些干扰会影响到数据传输的稳定性，从而影响到网络的采集精度和控制精度，降低系统的可靠性，严重的甚至造成生产事故。因此工业无线监控设备需要有较强的抗干扰能力。

(5) 稳定可靠。无线环境监控设备正常运行是无线环境监控网络正常工作的重要保证，由于其运行周期较长、规模较大、各类型变送器种类较多，使得无线环境监控设备必须具有很高的稳定性与可靠性。

(6) 扩展性和灵活性。为了增强节点的扩展性和灵活性，方便在其他领域扩展应用，在硬件设计上，应该选择具有丰富硬件资源的微处理器，并规范和标准化相关接口；在软件设计上，采用模块化设计，模块之间采用标准的接口函数进行调用。同时上位机软件与集中器也应具有较好的扩展性，方便今后对网络设备的添加、删除或修改。

(7) 设备微型化。节点设备的体积应尽量小，以便于安装在配电柜中。同时，应方便拆卸，对于已安装的终端设备器件能够快速方便的更换。

(8) 低成本。工业现场变送器、传感器数目庞大，在未来工厂厂房的扩建过程中，实际的需求量会越来越大。在进行硬件设计时，应当综合考虑性能与成本两个重要的因素，在满足性能的条件下尽可能降低成本。

根据上述需求，设计该应用案例的监控网络总体结构如图 8.11 所示，整个网络为 IPv6 无线传感器网络，支持以太网接入。

本应用案例的软件设计主要由以下几个部分组成：协议栈软件设计、前端节点应用程序设计、后台守护程序设计、上位机界面软件设计。下面对上述组成部分依次进行介绍。

1. 协议栈软件设计

由协议栈构架可知，基于 IPv6 的物联网研发平台协议栈的应用层运行 CoAP 协议或者传感器应用程序，通过 UDP 套接字程序接口进行应用层数据的封装与解析；传输层运

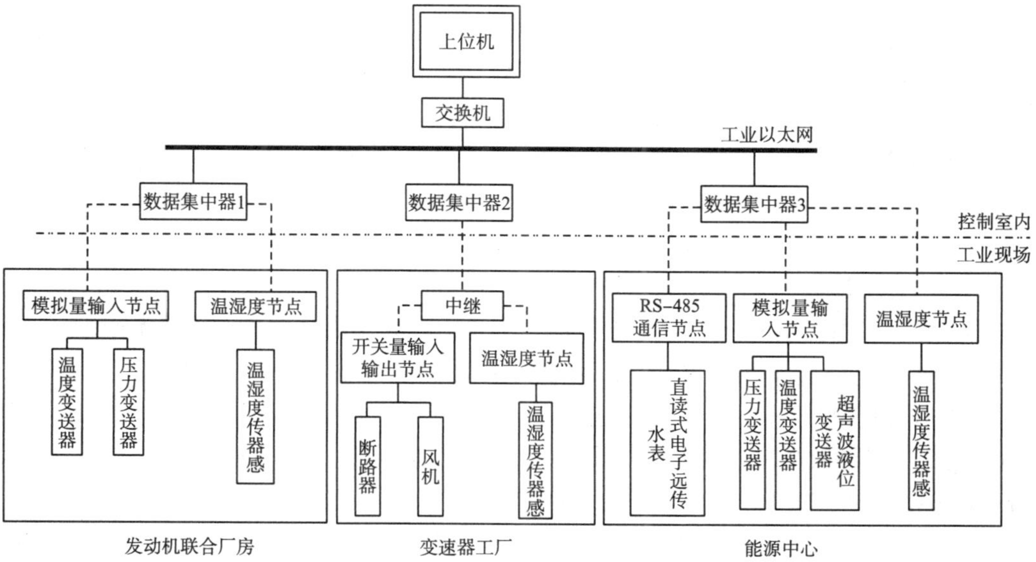

图 8.11　工业环境监控网络总体结构示意图

行 UDP 协议，为上层提供类似于套接字的接口；网络层运行轻量级的 IPv6 协议栈，包括精简的邻居发现协议，同时实现了 RFC 6550 定义的 RPL 路由协议主体框架，为网络层的 route-over 路由转发提供支持；适配层以下的 MAC 层实现 IEEE 802.15.4 帧的封装与解析并为上下层提供服务接口；物理层实现信道切换、Contiki 系统移植和各种驱动程序设计，包括 STM32 的 USB 接口驱动、串口驱动、UZ2400 射频芯片驱动程序设计和多种传感器驱动等。

本研发平台的软件开发基于 Contiki 源代码，在开发中，Contiki 源代码中部分功能可以直接使用，以减少工作量，在此基础上还需完成以下工作：

(1) 硬件驱动程序(包括传感网汇聚设备的 USB 驱动程序)的移植与调试；

(2) 根据需求完善协议并移植 Contiki 协议栈软件。

其中，Contiki 协议栈软件的移植主要包括以下几个模块的设计与实现：

(1) 6LoWPAN 数据通信模块；

(2) 路由转发模块；

(3) SLIP 接口模块。

根据协议栈层次划分，6LoWPAN 数据通信模块主要由以下几个部分共同协作实现通信功能：

(1) MAC 层 IEEE 802.15.4 协议；

(2) 适配层 6LoWPAN 协议；

(3) 路由寻址与转发 RPL 协议；

(4) 传输层 UDP 协议；

(5) 应用层协议。

在 6LoWPAN 子网节点数据处理的过程中，重点是网络层报文头部的解析以及数据包的接收、转发和路由等功能，并考虑适配层协议的特定功能以及 RPL 路由协议的实施。

数据服务主要包括：数据帧的装载/解析、发送/接收、适配层分片/重组、报头压缩/解压缩和基于 IPv6 的无线传感器网络路由选择等。RFC 4944 标准定义了 6LoWPAN 适配层，以解决 IPv6 协议与 IEEE 802.15.4 协议之间存在差异性的问题。

6LoWPAN 传感器节点通过 etimer 定时器控制数据的周期性发送，并在网络层进行路由选择，如果能够找到有效的下一跳地址，则正常发送，否则丢弃；无线数据的接收通过射频中断来判断，然后调用上层的网络接口进行协议处理，如果是发送给自己的数据包则进一步解析，否则进行路由转发或者丢弃。

IPv6 边界路由器由 6LoWPAN 根节点与一台 Linux 主机共同构成，根节点通过 USB 接口与 Linux 主机连接，如果根节点接收到的数据包目的地不为自己，则进行路由转发，封装成 SLIP 包传输给 Linux 主机做进一步的路由。Linux 主机调用系统内核中的网络层 IP 路由规则寻找报文的下一跳地址，如果能够找到则通过外部 IPv6 网络转发出去，否则丢弃。6LoWPAN 数据服务流程见图 6.9 所示。

边界路由器接收上位机发出的命令之后对其进行解析，如果是发给自己的则直接执行命令的动作，如果是对其他子网节点发出的指令，则将命令转发给对应的节点。IPv6 地址自动配置机制由前缀和全网标识符组成，是网络层运行的基础。因此在所有的配置命令中前缀的请求与获取命令是初始化之后必须执行的，其他命令根据网络的应用场景可以选择配置。

协议栈 Contiki 平台实现。边界路由器节点与 6LoWPAN 子网节点有不同的功能，因此在 Contiki 协议栈中需要设计不同功能的进程来完成相应的功能。根据 Contiki 的事件驱动内核的进程调度机制，以及各层次功能逻辑关系表述边界路由器各层的报文处理、数据通信以及具体功能实现。

2. 前端节点应用程序设计

6LoWPAN 协议栈设计了两种传感器数据获取机制：周期性汇报机制、查询机制。

(1) 周期性汇报机制：传感器节点通过定时器定期向网关汇报所采集的传感器数据；

(2) 查询机制：通过上位机发送信息获取指令，传感器节点收到指令之后被动返回传感器数据。

在 Contiki 系统中，通过类似于 UDP 套接字的 API 函数来实现对应用层数据的收发。传感器节点的两种数据获取机制通过 UDP_client_process 和 UDP_cmd_process 进程来实现，这两个进程都设置为自启动方式运行。UDP_client_process 启动以后首先设置自己的本地链路和全局 IPv6 地址，然后创建一个 UDP 套接字并绑定目的地址和目标端口，最后初始化 etimer 定时器，设置定时间隔。当 etimer 超时以后会产生一个超时事件，触发该事件所关联的任务，从而调用相应的超时处理函数 timeout_handler()，在超时处理函数中完成传感器数据读取、应用层载荷填充，最后调用 API 接口函数 uip_udp_packet_send() 发送出去。

接收过程中，在 uip_udp_packet_send() 中，先将应用层载荷装入 uip_buf 发送缓冲区，然后调用进程 uip_process()。uip_process() 处于“UDP_send”状态，装载传输层 UDP 头部域，以及 IPv6 头部的部分信息。然后调用 tcpip_iPv6_output() 函数，在此函数中完成网络层头部的装载以及路由选择。之后调用 tcpip_output()函数，该函数的指针形参“a”在 sicslowpan.c 文件中的 sicslowpan_init()函数中初始化为 output()的函数指针，在这个函数中完成 6LoWPAN 协议栈的报头压缩和报文分片功能。完成之后调用 sicslowmac 层的 send_packet()函数，封装 MAC 层帧头。最后调用无线射频接口函数 NETSTACK_RADIO. send()将数据包发送出去。

获取传感器节点采集到的环境参数信息的另一种方式为查询机制获取方式。上位机发出数据查询指令，封装成 SLIP 帧发给网关，网关的 SLIP_process 进程按照 SLIP 协议接收并解析命令，然后调用 SLIP 桥接文件中的命令处理函数 SLIP_input_callback()来执行命令。由于查询命令的目标并不是网关，因此网关提取出目标节点的 IP 地址，并重新构造节点查询命令再发送给目标节点，目标节点的应用层命令处理进程 UDP_cmd_process 负责处理收到的命令，如信息查询命令、拓扑获取命令等。当目标节点收到查询命令之后，Contiki 系统产生一个“tcpip_event”事件，触发应用层的命令处理进程，然后在进程中调用节点应用层时间处理函数，读取传感器数据，并调用 API 接口函数 uip_UDP_packet_send()发送给上位机。

为了方便 6LoWPAN 传感器网络汇聚网关与 Linux 主机之间的数据传输，本开发平台使用 SLIP 协议来传输数据。SLIP 是串行线路 IP 的缩写，是一个包组帧协议，定义了在串行线路上将数据包封装成帧的一系列字符，用于在两点之间的线路上传输 TCP/IP 协议数据，它作为一个通用的格式，很早就被 Linux、Windows 等操作系统支持。因此，在本开发平台中，边界路由设备与主机之间选用 SLIP 协议进行数据传输。底层的 USB 接口使用虚拟串口模式，为 SLIP 协议提供支持。

3. 后台守护程序设计

详细的设计原理见 7.1.2 小节“设计原理”。

Linux 系统中，对所有硬件设备的操作都是通过接口来实现的，不同类型的硬件设备抽象出来的接口函数相同，即对不同硬件的操作可以通过同样的方式完成。设备驱动为操作系统内核提供统一的接口，操作系统为应用程序提供统一的函数调用，设备驱动与函数调用接口的关系见图 7.1。

在程序启动后开始处理程序收到的参数、初始化相应的接口及网络套接字。在守护程序中要同时监听多个接口(文件描述符)，在该守护程序中通过调用 Linux 系统提供的 select()系统实现守护程序对多个网络接口的监听。当有数据可读时，通过判断收到数据的接口和数据类型采取不同的处理方式。

4. 上位机界面软件设计

管理系统主要用于收集 IPv6 无线传感网中传感器节点的各种数据信息，通过接收到的传感器节点数据信息解析出传感器节点采集的环境数据、传感器节点的工作状态和网络的运行情况等，完成对 IPv6 无线传感网及其传感器节点的监测。同时，IPv6 无线传感网管理系统也可以向 IPv6 无线传感网中的传感器节点发送控制命令，改变 IPv6 无线传感网及其传感器节点的工作状态，实现对 IPv6 无线传感网及其传感器节点的管理和控制。

管理系统功能的设计采用了模块化体系结构，将管理系统中每个功能按照模块化进行划分设计，每个模块之间不需要了解其他模块的具体工作，只需要提供模块间的接口，根据接口所提供的服务独立完成自己的工作。这样可以使得管理系统具有很高的灵活性和可扩展性，在不同系统平台和使用环境中，增加和删除管理系统的功能更加的便捷，有利于管理系统跨平台的设计和实现。

下面以数据通信模块、数据处理模块、网络拓扑模块、网络管理模块、应用管理模块、趋势图模块、数据库模块和日志模块为例，介绍上位机软件的功能模块划分，其设计如图 8.12 所示。

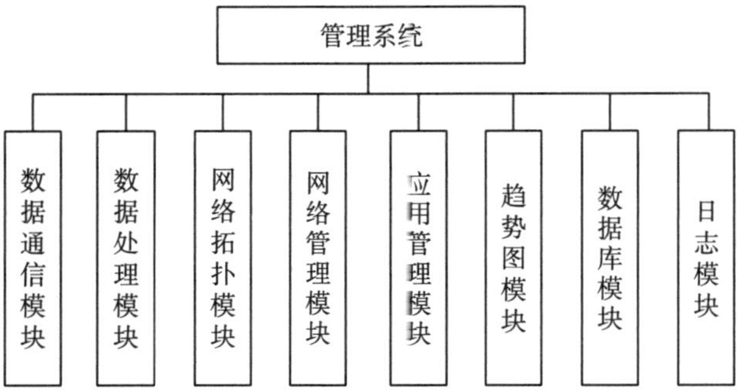

图 8.12 管理系统的功能设计

1) 数据通信模块

本模块实现管理系统与协调器之间的通信，通过本模块接收和发送数据帧。根据管理系统的两种实现方式，本模块支持多种通信方式。管理系统采用 TCP 的通信方式，作为客户端获取输入的服务器端 IP 地址和端口号，通过 socket 与服务器端进行连接，实现与守护程序之间的通信，守护程序再通过串口与协调器通信，从而实现管理系统与协调器之间的通信。此外，还支持的通信方式包括网络机顶盒 Android 系统，管理系统通过串口利用 SLIP 协议直接与协调器通信等。

2) 数据处理模块

本模块实现对数据通信模块接收到的数据进行解析处理，处理规则由 IPv6 无线传感器网络协议栈规定的数据格式确定，然后将所需要的各种信息进行封装，并传递到相关的进程再进行后续处理。

3) 网络拓扑模块

本模块实现以树形结构的形式显示网络拓扑结构，并对从数据处理模块收到的网络拓扑信息进行解析和整理，分析网络中各个设备之间的连接关系以及各个设备在树形网络结构中所在的位置，并将网络中设备的连接关系以拓扑图的形式显示。该模块保证实时、动态的显示在网设备的连接情况，使用户能够直观地监测到网络的拓扑结构。

4) 网络管理模块

本模块实现对网络中节点信息的管理和显示。通过从数据处理模块收到的管理信息，将网络中节点的各种管理信息进行解析和整理并显示，能够对网络中的节点下发管理命令，进行网络的管理。该模块能够下发 Client/Server 通信模式读服务指令查看网络中不同设备的各种信息；能够下发 Client/Server 通信模式写服务指令配置网络中不同设备的各种参数信息；能够下发 Client/Server 通信模式执行服务指令触发网络中部分设备执行特定操作。同时，能够处理网络中节点上传的 Client/Server 通信模式响应请求的管理信息帧，并且可以处理网络中节点上传的 Publisher/Subscriber 通信模式和 Report/Sink 通信模式的管理信息帧，实现对网络的管理。

5) 应用管理模块

本模块主要是向用户提供应用服务，用户通过本模块向网络中的节点发出控制命令，用于控制一些特殊节点的运行状态。同时可以通过 Client/Server 通信模式下发读服务指令到网络中带有传感器的节点，用于读取该传感器节点当前采集的环境数据，该节点会响应该服务指令。

6) 趋势图模块

本模块实现以趋势图的形式显示网络中传感器节点的环境数据，从而使用户能够直观、实时地获取网络中节点采集到的历史环境数据，方便查看环境数据的变化情况。

7) 数据库模块

本模块实现传感器节点采集的环境数据的存储。将传感器节点采集到的环境数据保存到数据库中，并采用列表的形式进行显示，从而使用户能够方便地查询环境数据的历史记录。本模块还能够实现数据库的查找功能，使用户能够查看单一设备采集到的所有环境数据的历史记录。

8) 日志模块

本模块实现对管理系统各种动作的记录，包括用户的操作和网络中设备数据的通信，使用户能够实时了解管理系统的工作状态和网络中设备数据通信的状态。

附录A　GPIO 操作

一、STM32 GPIO 一般操作步骤

1.使能 GPIO 对应的外设时钟

使能 GPIOA、GPIOB、GPIOC 对应的外设时钟：

```
RCC_APB2PeriphClockCmd(RCC_APB2Periph_GPIOA |
RCC_APB2Periph_GPIOB|
RCC_APB2Periph_GPIOC ，ENABLE)；
```

2.声明一个 GPIO_InitStructure 结构体

```
GPIO_InitTypeDef GPIO_InitStructure;
```

3.选择待设置的 GPIO 管脚

选择待设置的 GPIO 第 7、8、9 管脚位：

```
GPIO_InitStructure.GPIO_Pin = GPIO_Pin_7 | GPIO_Pin_8 | GPIO_Pin_9;
```

4. 设置选中 GPIO 管脚的速率

设置选中 GPIO 管脚的速率为最高速率 2MHz：

```
GPIO_InitStructure.GPIO_Speed = GPIO_Speed_2MHz;
```

5. 设置选中 GPIO 管脚的模式

设置选中 GPIO 管脚的模式为开漏输出模式：

```
GPIO_InitStructure.GPIO_Mode = GPIO_Mode_Out_OD;
```

6. 根据 GPIO_InitStructure 中指定的参数初始化外设 GPIOX

根据 GPIO_InitStructure 中指定的参数初始化外设 GPIOC：

```
GPIO_Init(GPIOC，&GPIO_InitStructure)；
```

7.其他

将端口 GPIOA 的第 1、2 脚置 1(高电平)：

```
GPIO_SetBits(GPIOA，GPIO_Pin_1 | GPIO_Pin_2)；
```

将端口 GPIOA 的第 1、2 脚置 0(低电平)：

```
GPIO_ResetBits(GPIOA，GPIO_Pin_1| GPIO_Pin_2)；
```

其中 SetBits、ResetBits 设置电平：

GPIOB->BSRR = 0x01 就是把 GPIOB port 0 升为高电平；

GPIOB->BRR = 0x01 就是把 GPIOB port 0 降为低电平

二、GPIO 库函数

附 A.1 GPIO 库函数

函数名	描述
GPIO_DeInit	将外设 GPIOx 寄存器重设为缺省值
GPIO_AFIODeInit	将复用功能(重映射事件控制和 EXTI 设置)重设为缺省值
GPIO_Init	根据 GPIO_InitStruct 制定的参数初始化外设 GPIOx 寄存器 示例：GPIO_InitTypeDef GPIO_InitStructure
GPIO_StructInit	填入 GPIO_InitStruct 中参数的缺省值
GPIO_ReadInputDataBit	读取指定端口管脚的输入
GPIO_ReadInputData	读取指定的 GPIO 端口输入
GPIO_ReadOutputDataBit	读取指定端口管脚的输出
GPIO_ReadOutputData	读取指定的 GPIO 端口输出
GPIO_SetBits	设置指定的数据端口位
GPIO_ResetBits	清除指定的数据端口位
GPIO_WriteBit	设置或者清除指定的数据端口位
GPIO_Write	向指定 GPIO 数据端口写入数据
GPIO_PinLockConfig	锁定 GPIO 管脚设置寄存器
GPIO_EventOutputConfig	选择 GPIO 管脚用作事件输出
GPIO_EventOutputCmd	使能或者失能事件输出
GPIO_PinRemapConfig	改变指定管脚的映射
GPIO_EXTILineConfig	择 GPIO 管脚用作外部中断线路

附录B　uIP 通信协议

一、数据结构

1. union　uip_ip4addr_t

表示 IPv4 地址，定义在 core/net/uip.h 中。

2. struct　uip_802154_shortaddr

表示 16 位 IEEE 802.15.4 地址(短地址模式)，定义在 core/net/uip.h 中。

3. struct　uip_802154_longaddr

表示 64 为 IEEE 802.15.4 地址(长地址模式)，定义在 core/net/uip.h 中。

4. struct　uip_80211_addr

表示 IEEE 802.11 地址，定义在 core/net/uip.h 中。

5. struct　uip_eth_addr

表示 IEEE 802.3 地址，定义在 core/net/uip.h 中。

6. struct　uip_conn

此结构体用于鉴定一个 TCP 连接，除了 appstate，其他的成员都是只读的。appstate 域列入结构体的目的是让应用存取应用相关的连接状态，该结构体定义于 uip.h 中。源代码如下：

```
struct uip_conn {
    uip_ipaddr_t ripaddr;      /*远程主机的 IP 地址，被 uip_process().调用*/
    uint16_t lport;            /*本地主机的 TCP 端口号，被 uip_process().调用*/
    uint16_t rport;            /*远程主机的 TCP 端口号，以以太网传输的字节顺序排列，
                                 被 uip_process().调用*/
    uint8_t rcv_nxt[4];        /*下一个期待接收的序列号，被 uip_process().调用*/
    uint8_t snd_nxt[4];        /*下一个要发送数据的序列号，被 uip_process().调用*/
    uint16_t len;              /*上一个发送的数据长度，被 uip_process().调用*/
    uint16_t mss;              /*现行连接的端大小的最大值*/
    uint16_t initialmss;       /*连接初始段大小的最小值，被 uip_process().调用*/
    uint8_t sa;                /*重传超时计算变量 1，被 uip_process().调用*/
```

```
    uint8_t sv;              /*重传超时计算变量 2，被 uip_process().调用*/
    uint8_t rto;             /*重传超时，被 uip_process().调用*/
    uint8_t tcpstateflags;   /*TCP 状态标志位，被 uip_process().调用*/
    uint8_t timer;           /*重传控制定时器. ，被 uip_process().调用*/
    uint8_t nrtx;          /*上个数据包发送过程中的重传次数，被 uip_process().调用*/
    uip_tcp_appstate_t appstate;   /*应用状态*/
};
```

应用举例：

struct uip_conn　uip_conns[UIP_CONNS];

其中，uip_conns 为 uip_conn 型结构体数列；UIP_CONNS 为数列的大小，默认值为 10，表示最大并行 UDP 连接数为 10。每一个 uip_conns[i]（其中 i=0，1，…，UIP_CONNS-1）代表不同的 UDP 连接。

7. struct　uip_udp_conn

该结构体代表一个 uIP UDP 连接，除了 appstate，其他的成员都是只读的。appstate 域列入结构体的目的是让应用存取应用相关的连接状态，该结构体定义于 uip.h 中。源代码如下：

```
  struct uip_udp_conn {
    uip_ipaddr_t  ripaddr ;      /* 远 程 主 机 的  IP  地 址 ， 被  resolv_getserver() ,
uip_process(),
  uip_udp_new()调用 */
    uint16_t lport;            /*本地主机的 TCP 端口号，被 uip_init()，uip_process()，
  uip_udp_new()调用*/
    uint16_t rport;          /*远程主机的 TCP 端口号，以以太网传输的字节顺序排列，
  被 uip_process()，  uip_udp_new()调用*/
    uint8_t   ttl;        /*默认的生命周期，被 uip_process()，  uip_udp_new()调用  */
    uip_udp_appstate_t appstate;   /*应用状态，被 udp_attach()，udp_new()调用  */
};
```

应用举例：

struct uip_udp_conn　uip_udp_conns[UIP_UDP_CONNS];

其中，uip_udp_conns 为 uip_udp_conn 型结构体梳理；UIP_UDP_CONNS 为数列的大小，默认值是 10，表示最大并行 UDP 连接个数为 10.

8. struct　uip_stats

该结构体存储的是当 UIP_STATISTICS 被置 1 时，运行 TCP/IP 协议的过程中记录的数据，该结构体定义于 uip.h 中。源代码如下：

```
struct uip_stats {
struct {
    uip_stats_t    recv   /*IP 层收到的数据包个数*/
    uip_stats_t    sent         /*IP 层发送的数据包个数*/
    uip_stats_t    forwarded /*IP 层拒绝转发的数据包个数*/
    uip_stats_t    drop      /*IP 层丢弃的数据包个数*/
    uip_stats_t    vhlerr   /* IP 层因为错误的 IP 版本号和头部长度而丢弃的数据包个数*/
    uip_stats_t    hblenerr /*IP 层因为数据长度高八位错误而丢弃的数据包个数*/
    uip_stats_t    lblenerr /*IP 层因为数据长度第八位错误而丢弃的数据包个数*/
    uip_stats_t    fragerr /*IP 层因为数据分片而丢弃的数据包个数*/
    uip_stats_t    chkerr   /*IP 层因为校验和错误而丢弃的数据包个数*/
    uip_stats_t    protoerr   /*IP 层因不是 ICMP，UDP，TCP 格式而丢弃的数据包个数*/
}  ip；                      /*运行 IP 层记录的数据*/
struct {
    uip_stats_t    recv      /*接收的 ICMP 数据包个数*/
    uip_stats_t    sent      /*发送的 ICMP 数据包个数*/
    uip_stats_t    drop     /*运行 ICMP 时丢弃的数据包个数*/
    uip_stats_t    typeerr /*运行 ICMP 时因为数据格式不符而丢弃的数据包个数*/
    uip_stats_t    chkerr   /*运行 ICMP 时因为校验和错误而丢弃的数据包个数*/
}  icmp；       /*运行 ICMP 记录的数据*/
struct {
    uip_stats_t    drop      /*丢失的 UDP 数据包个数*/
    uip_stats_t    recv      /*接收的 UDP 数据包个数*/
    uip_stats_t    sent      /*发送的 UDP 数据包个数*/
    uip_stats_t    chkerr   /*有错误校验和的 UDP 数据包个数*/
}  udp；      /*传输层运行 UDP 记录的数据*/
}
```

二、功能模块

1. 原始套接字库

数据结构：

struct psock，该结构体中不包含用户可视的元素，表示 Protosockets 库。

相关文件：

psock.h

宏定义：

```
#define   PSOCK_INIT(psock，buffer，buffersize)     /*初始化原始套接字结构体*/
#define   PSOCK_BEGIN(psock)              /*在功能函数中启动原始套接字线程*/
```

```
#define PSOCK_SEND(psock, data, datalen)          /*发送数据*/
#define PSOCK_SEND_STR(psock, str)                /*发送一个以 0 结尾的字符串*/
#define PSOCK_GENERATOR_SEND(psock, generator, arg)/*生成数据并且发送*/
#define PSOCK_CLOSE(psock)                        /*关闭原始套接字*/
#define PSOCK_READBUF(psock)                      /*数据缓冲区满后读取数据*/
#define PSOCK_READBUF_LEN(psock, len)             /*读取"len"长度缓冲区数据*/
#define PSOCK_READTO(psock, c)                    /*数据读取到 c*/
#define PSOCK_DATALEN(psock)                      /*获得上次读到的数据长度*/
#define PSOCK_EXIT(psock)                         /*退出原始套接字的线程*/
#define PSOCK_CLOSE_EXIT(psock)                   /*关闭原始涛机子，退出线程*/
#define PSOCK_END(psock)                          /*声明原始套接字的线程结尾*/
#define PSOCK_NEWDATA(psock)                      /*查明是否有数据到达*/
#define PSOCK_WAIT_UNTIL(psock, condition)        /*等待直到 condition(限制条件)为真*/
```

2. DNS 解析

相关文件：

resolv.c

功能函数：

(1) void resolv_query(const char *name)

该函数用于给队列建立名称代号，通过查询代号发送队列的数据。

(2) uip_ipaddr_t * resolv_lookup(const char *name)

该指针函数用于查找已知主机名的主机。

(3) uip_ipaddr_t * resolv_getserver(void)

该函数指针用于获得一个配置的 DNS。

(4) void resolv_conf(const uip_ipaddr_t *dnsserver)

该函数用于获得一个 DNS。

相关变量：

process_event_t resolv_event_found，当某 DNS 取消时，定义一个事件执行广播。

3. 简单 UDP 支持

功能函数：

(1) int simple_udp_send(struct simple_udp_connection *c，const void *data，uint16_t datalen)

该函数用于发送一个 UDP 数据包。

(2) int simple_udp_sendto(struct simple_udp_connection *c，const void *data，uint16_t datalen，const uip_ipaddr_t *to)

该函数用于将 UDP 数据包发送到特定的 IP 目的地址。

(3) int simple_udp_register(struct simple_udp_connection *c，uint16_tlocal_port，

uip_ipaddr_t *remote_addr，uint16_t remote_port，

simple_udp_callback receive_callback）（此处格式不更改）

该函数用于注册一个新的 UDP 连接。

4. SLIP 协议支持

相关文件：

slipdev.c

slipdev.h

功能函数：

（1）uint8_t slipdev_send（void）

该函数用于将 uip_buf 和 uip_appdata 缓冲区的数据包通过 SLIP 协议发送出去。

（2）uint16_t slipdev_poll（void）

该函数用于对 SLIP 协议的设备轮询检查是否有要发送的数据包。

（3）void slipdev_init（void）

该函数用于对采用 SLIP 协议的设备进行初始化。

（4）void slipdev_char_put（uint8_t c）

该函数用于将字符型数据输入。

（5）uint8_t slipdev_char_poll（uint8_t *c）

该函数用于轮询查看是否有要输入的字符型数据，如果返回值为 0 则说明没有输入，如果返回值是除了 0 之外的任何数，则表示有数据输入。

5. contiki/uIP 接口

相关文件：

tcpip.h

宏定义：

#define UIP_APPCALL tcpip_uipcall，定义了 uIP 为了响应 TCP/IP 事件而调用的功能应用名称。

相关变量：

process_event_t tcpip_event

TCP 功能函数：

（1）void tcp_attach（struct uip_conn *conn，void *appstate）

该函数用于将一个 TCP 连接加入当前进程。

（2）void tcp_listen（uint16_t port）

该函数用于开启一个 TCP 连接。

（3）void tcp_unlisten（uint16_t port）

该函数用于关闭对一个监听中的 TCP 连接。

（4）struct uip_conn * tcp_connect（uip_ipaddr_t*ripaddr，uint16_t port，void*appstate）

该函数用于打开指定目的地址和端口的 TCP 连接。

（5）void tcpip_poll_tcp（struct uip_conn *conn）

该函数用于轮询查看某已知的 TCP 连接。

(6) #define tcp_markconn (conn，appstate) tcp_attach (conn，appstate)。

定义了一个被标记的 TCP 连接

UDP 功能函数：

(1) void udp_attach (struct uip_udp_conn *conn，void *appstate)

该函数用于将一个 UDP 连接加入当前进程。

(2) struct uip_udp_conn * udp_new (const uip_ipaddr_t *ripaddr，uint16_t port，void *appstate)

该函数用于建立一个新的 UDP 连接。

(3) struct uip_udp_conn * udp_broadcast_new (uint16_t port，void *appstate)

该函数用于建立一个新的 UDP 广播连接。

(4) void tcpip_poll_udp (struct uip_udp_conn *conn)

该函数用于轮询查看某已知的 UDP 连接。

(5) #define udp_bind (conn，port) uip_udp_bind (conn，port)

定义了一个与本地端口绑定在一起的 UDP 连接。

TCP/IP 数据包处理：

(1) unsigned char tcpip_is_forwarding

该标志位指示 TCP/IP 协议栈是否在转发信息。

(2) void tcpip_input (void)

该函数用于转发接收到的数据包给 TCP/IP 协议栈。

(3) uint8_t tcpip_output (void)

该输出函数的输出对象是 L2 层的目的地 MAC 地址。

(4) void tcpip_set_outputfunc (uint8_t (*f) (void))

该函数用于设置回调函数。

6. 数据包转发

数据结构：

```
struct{
uip_fw_netif* next            /*指针指向列表中下一个接口的位置*/
uip_ipaddr_t ipaddr           /*该接口的 IP 地址*/
uip_ipaddr_t netmask          /*该接口的掩码*/
uint8_t (* output) (void)     /*指针指向发送函数*/
};
```

相关文件：

uip-fw.c

uip-fw.h

宏定义：

```
#define  UIP_FW_NETIF(ip1, ip2, ip3, ip4, nm1, nm2, nm3, nm4, outputfunc)
             /*为 uIP 网络接口的宏进行初始化操作*/
#define  uip_fw_setipaddr(netif, addr)  /*为网络接口设置 IP 地址*/
#define  uip_fw_setnetmask(netif, addr) /*为网络接口设置掩码*/
#define  UIP_FW_LOCAL        /*定义了当前存在一个没有错误的数据包需要在本
                               地处理*/
#define  UIP_FW_OK           /*定义当前存在一个无错误的数据包表示一切正常*/
#define  UIP_FW_FORWARDED    /*定义了当前存在一个无错误的数据包需要转发*/
#define  UIP_FW_ZEROLEN      /*定义了当前存在一个长度为 0 的无错误数据包未
                                成功发送*/
#define  UIP_FW_TOOLARGE     /*定义了当前存在一个长度超过网络接口限制的数
                                据包*/
#define  UIP_FW_NOROUTE      /*定义当前存在一个数据包找不到对应的网络接口*/
#define  UIP_FW_DROPPED      /*定义了当前存在一个需要被转发或者输出的数据
包丢失*/
```

功能函数：

(1) void uip_fw_init(void)

该函数用于初始化 uIP 转发模型。

(2) uint8_t uip_fw_output(void)

该函数用于选择正确的网络接口发送数据包。

(3) uint8_t uip_fw_forward(void)

该函数用于转发 uip_buf 中的数据包。

(4) void uip_fw_register(struct uip_fw_netif *netif)

该函数用于注册一个带有转发模块的网络接口。

(5) void uip_fw_default(struct uip_fw_netif *netif)

该函数用于注册一个默认的网络接口。

(6) void uip_fw_periodic(void)

该函数用于定期处理。

7. TCP 吞吐量控制

相关文件：

uip-split.h

功能函数：

void uip_split_output(void)

该函数为 uIP 的 TCP 发送函数。uIP TCP 的实现规定在同一时刻所允许的最大 TCP 连接数为 1。由于 ACK 延迟算法被大多数 TCP 接收器所支持，因此 uIP 在 TCP 连接数上的限制大大降低了发送数据的实际吞吐量。该模块的目的就是解决这样的一个问题。具体做法是，将 TCP 发送的最大长度的 TCP 数据包分裂成两个，由于 ACK 延迟算法没有被 TCP 接收器所调用，这样就在发送数据时提高了数量级从而提高了吞吐量。

8. uIP 运行参数配置

宏定义：

```
#define  uip_sethostaddr(addr)    /*设置主机的 IP 地址*/
#define  uip_gethostaddr(addr)    /*获取主机的 IP 地址*/
#define  uip_setdraddr(addr)      /*设置默认路由器的 IP 地址*/
#define  uip_setnetmask(addr)     /*设置子网掩码*/
#define  uip_getdraddr(addr)      /*获取默认路由器的 IP 地址*/
#define  uip_getnetmask(addr)     /*获取子网掩码*/
#define  uip_setethaddr(eaddr)    /*设置以太网卡的 MAC 地址，ARP 需要知道以太网
                                    卡的 MAC 地址为了能够应对 ARP 查询和生成工作
                                    以太网报头。*/
```

9. uIP 初始化控制

功能函数：

(1) Void uip_init(void)

该函数为 uIP 协议栈初始化函数，它的主要工作为 IPv6 数据结构的初始化、监听端口的初始化、将所有连接的标志位设置为关闭。此外，如果定义了 UIP_UDP，则将 uip_udp_conns 的 lport 清零。

(2) void uip_setipid(uint16_t id)

该函数用于启动时设置初始 ip_id。

10. uIP 设备驱动

数据结构：

```
Union uip_buf_t                          /*uIP 数据缓冲区*/
宏定义：
#define  uip_input()                     /*处理收到的数据包*/
#define  uip_udp_periodic(conn)          /*定期处理一个由连接数定义的连接*/
#define  uip_udp_periodic_conn(conn)     /*定期处理一个由指针指向其结构体连接的
                                           UDP 连接*/
```

功能函数：

void uip_reass_over(void)

该函数用于丢弃当前数据包的重组。

相关变量：

```
uip_buf_t uip_aligned_buf                /*用于发送数据包和接收数据包 uIP 缓冲区*/
```

11. uIP 应用程序调用接口

应用程序调用接口：

```
#define uip_datalen()            /*存放在 uip_appdata 中的现行可用的传入数据长度*/
#define uip_urgdatalen()          /*到达连接的带外数据长度(高优先级数据)*/
#define uip_close()              /*关闭当前连接*/
#define uip_abort()              /*中止当前连接*/
#define uip_stop()               /*告诉发送方主机停止发送数据*/
#define uip_stopped()            /*查明当前连接是否以前被 uip_stop()停止过*/
#define uip_restart()            /*如果当前连接被 uip_stop()停止过，重新开始*/
#define uip_udpconnection()      /*查明当前连接是否是 udp 连接*/
#define uip_newdata()            /*查明新传入的数据是否可用*/
#define uip_acked()              /*查明以前发送的数据是否得到回应了*/
#define uip_connected()          /*查明连接是否连接上了*/
#define uip_closed()             /*查明连接是否是被另一端关闭*/
#define uip_aborted()            /*查明连接是否被另一端中止*/
#define uip_timeout()            /*查明连接是否超时*/
#define uip_rexmit()             /*查明是否需要将上次传送的数据重新传送*/
#define uip_poll()               /*查明连接是否被 uip 轮询了*/
#define uip_initialmss()         /*获得当前连接的初始最大段大小*/
#define uip_mss()                /*获取可以在当前连接上发送的最大段大小*/
#define uip_udp_remove(conn)          /*移除一个 udp 连接*/
#define uip_udp_bind(conn, port)      /*绑定一个 udp 连接到本地端口*/
#define uip_udp_send(len)          /*在当前连接上发送一个长度为 len 的 udp 数据报*/
void uip_listen(u16_t port)            /*开始监听指定的端口*/
void uip_unlisten(u16_t port)          /*停止监听指定的端口*/
uip_conn * uip_connect(uip_ipaddr_t * ripaddr, u16_t port)
                                       /*通过 TCP 连接到远程主机*/
void uip_send(const void * data, int len)     /*在当前连接上发送数据*/
uip_udp_conn * uip_udp_new(uip_ipaddr_t * ripaddr , u16_t port)
                                  /*建立一个新的 udp 连接*/
```

功能函数：

(1) void uip_listen(uint16_t port)

该函数用于启动对某端口的监听动作。该函数需要监听的端口号为 16 位以太网传输字节排列的端口号，需要调用 UIP_HTONS()或 uip_htons()进行转换。

(2) Void uip_unlisten (uint16_t port)

该函数用于停止对某端口的监听动作。该函数需要监听的端口号为 16 位以太网传输字节排列的端口号，需要调用 UIP_HTONS () 或 uip_htons () 进行转换。

(3) struct uip_conn * uip_connect (uip_ipaddr_t *ripaddr，uint16_t port)

该函数表示使用 TCP 连接到远程主机。

(4) void uip_send (const void *data，int len)

该函数用于在连接已经建立成功的基础上发送数据。

(5) struct uip_udp_conn * uip_udp_new (const uip_ipaddr_t *ripaddr，uint16_t rport)

该函数用于建立新的 UDP 连接。

12. uIP 数据转换

数据转换调用接口：

```
    #define  uip_ipaddr_to_quad (a)      /*将 IP 地址转化成四字节以逗号隔开的格式*/
    #define  uip_ipaddr (addr，addr0，addr1，addr2，addr3)
                                         /*从第 4 个字节开始构造 IP 地址*/
    #define  uip_ip6addr (addr，addr0，addr1，addr2，addr3，addr4，addr5，addr6，addr7)
                                         /*将八个 16 位数据构造为一个 IPv6 地址*/
    #define  uip_ip6addr_u8 (addr，addr0，addr1，addr2，addr3，addr4，addr5，addr6，
addr7，addr8，addr9，addr10，addr11，addr12，addr13，addr14，addr15)
                                         /*将十六个 8 位数据构造为一个 IPv6 地址*/
    #define  uip_ipaddr_copy (dest，src) (* (dest) = * (src) )
                                         /*复制 IP 地址*/
    #define  uip_ipaddr_cmp (addr1，addr2)
                                         /*比较两个 IP 地址*/
    #define  uip_ipaddr_maskcmp (addr1，addr2，mask)
                                         /*比较添加子网掩码的两个 IP 地址*/
    #define  uip_ipaddr_mask (dest，src，mask)  /*判断该 IP 是否为广播地址*/
    #define  uip_ipaddr1 (addr)      /*获取 IP 地址的第一个字节*/
    #define  uip_ipaddr2 (addr)      /*获取 IP 地址的第二个字节*/
    #define  uip_ipaddr3 (addr)      /*获取 IP 地址的第三个字节*/
    #define  uip_ipaddr4 (addr)      /*获取 IP 地址的第四个字节*/
#define  UIP_HTONS (n)               /*将 16 位数据的排列顺序从主机字节排列顺序转化
                                       为以太网传输字节排列顺序*/
```

功能函数：

(1) uint16_t uip_htons (uint16_t val)

该函数用于将 16 位数据的排列顺序从主机字节排列顺序转化为以太网传输字节排列顺序。

(2) int uiplib_ipaddrconv (const char *addrstr，uip_ipaddr_t *addr)

该函数用于将机器二进制数表示的 IP 地址转化为数值的表示形式。

13. uIP 底层接口变量

相关变量：

```
uint16_t    uip_len            /*uip_buf 中数据包的长度*/
uint8_t   uip_ext_len          /*扩展头长度*/
```

14. uIP-ARP 兼容

数据结构：

struct uip_eth_hdr /*以太网头部*/

相关文件：

uip_arp.c

uip_arp.h

功能函数：

(1) void uip_arp_init(void)

该函数用于初始化 ARP 模块。

(2) void uip_arp_timer(void)

该函数用于定期处理 ARP 功能请求。

(3) void uip_arp_arpin(void)

该函数用于处理接收到 ARP 数据包。

(4) void uip_arp_out(void)

该函数用于在发送 IP 层数据包时预配置以太网头部，并检查是否需要发送 ARP 请求。

15. uIP 选项配置

静态配置模块：

```
#define  UIP_FIXEDADDR           /*定义 uIP 是否使用一个固定的 IP 地址*/
#define  UIP_PINGADDRCONF        /*Ping IP 地址分配*/
#define  UIP_FIXEDETHADDR        /*定义 uIP ARP 模型的以太网网卡是否使用固定的 MAC 地址*/
IP 配置模块：
#define  UIP_TTL    64               /*规定 uIP 发送 IP 数据包的生命周期*/
#define  UIP_REASS_MAXAGE  60  /*缓冲区的 IP 数据包重组前的最大等待时间*/
#define  UIP_REASSEMBLY              /*定义是否支持对 IP 数据包的重组*/
IPv6 配置模块：
#define  UIP_LINK_MTU    1280        /*IP 层的最大传输单元*/
#define  UIP_CONF_IPV6    0          /*是否采用 IPv6 标准，默认值 0*/
#define  UIP_CONF_IPV6_QUEUE_PKT 0
```

```
                    /*是否对每个队列中的邻居进行地址解析,默认为否 */
#define  UIP_CONF_IPV6_CHECKS    1
                    /*是否支持 IPv6 一致性检查，强烈推荐。默认为是 */
#define  UIP_CONF_IPV6_REASSEMBLY    0
                    /*是否支持 IPv6 数据包分片，默认为否*/
#define  UIP_CONF_NETIF_MAX_ADDRESSES  3
                    /*默认的与 IPv6 地址相关联的节点接口*/
#define  UIP_CONF_DS6_PREFIX_NBU    2
                   /*默认的与 IPv6 前缀相关节点接口*/
#define  UIP_CONF_DS6_NBR_NBU    4
                   /*邻居缓存中可以存储的默认邻居数*/
#define  UIP_CONF_DS6_DEFRT_NBU    2
                              /*默认路由路径的最少数目*/
UDP 配置模块：
#define  UIP_UDP    1              /*是否支持以 UDP 为传输层协议*/
#define  UIP_UDP_CHECKSUMS         /*定义 UDP 校验和是否使用*/
#define  UIP_UDP_CONNS             /*定义最大的可支持的 UDP 连接数*/
TCP 配置模块：
#define  UIP_TCP                   /*是否支持以 UDP 为传输层协议*/
#define  UIP_ACTIVE_OPEN           /*是否支持开放的 uIP 可编译连接*/
#define  UIP_CONNS                 /*定义最大的可支持的 TCP 连接数*/
#define  UIP_LISTENPORTS           /*同时监听的最大 TCP 端口数*/
#define  UIP_URGDATA               /*定义是否支持 TCP 高优先级数据通知*/
#define  UIP_RTO    3              /*重传定时器初值*/
#define  UIP_MAXRTX    8           /*最大重传次数*/
#define  UIP_MAXSYNRTX    5        /*认证阶段所允许的最大 SYN 重传次数*/
#define  UIP_TCP_MSS  (UIP_BUFSIZE - UIP_LLH_LEN - UIP_TCPIP_HLEN) /**/
#define  UIP_RECEIVE_WINDOW        /*TCP 数据最大长度*/
#define  UIP_TIME_WAIT_TIMEOUT    120  /*TCP 连接的最大生存周期*/
ARP 配置模块：
#define  UIP_ARPTAB_SIZE           /*ARP 表的长度*/
#define  UIP_ARP_MAXAGE    120     /*ARP 表的最大生存周期*/

6LoWPAN 配置模块：
#define  SICSLOWPAN_REASS_MAXAGE    20
                         /*数据包重组的最长等待时间，必须小于 60s*/
#define  SICSLOWPAN_CONF_COMPRESSION    0
                         /*是否对 IPv6 数据包进行压缩*/
```

```
#define  SICSLOWPAN_CONF_MAX_ADDR_CONTEXTS 1
                              /*如果使用 IPHC 压缩，最大支持的地址数 */
#define  SICSLOWPAN_CONF_FRAG   0  /*是否支持 6LoWPAN 分片*/
通用配置模块：
#define  UIP_BUFSIZE              /*uIP 数据缓冲区的大小*/
#define  UIP_STATISTICS   0       /*定义是否支持数据统计*/
#define  UIP_LOGGING              /*定义是否支持日志记录功能*/
#define  UIP_BROADCAST            /*广播支持*/
#define  UIP_LLH_LEN              /*定义数据链路层头部长度*/
void  uip_log(char *msg)          /*输出 uIP 的消息日志*/
CPU 配置模块：
#define  UIP_BYTE_ORDER           /*运行 uIP 的设备 CPU 的字节顺序*/
面向应用配置模块：
typedef struct tcpip_uipstate uip_tcp_appstate_t
                      /*被存储在 uip_conn 结构体中的 TCP 应用程序状态*/
typedef struct tcpip_uipstate uip_udp_appstate_t
                      /*被存储在 uip_conn 结构体中的 UDP 应用程序状态*/
```

16. uIP-IPv6 兼容 9

数据结构：

```
struct  uip_ds6_nbr                /*邻居发现缓存入口*/
struct  uip_ds6_defrt              /*默认路由入口*/
struct  uip_ds6_prefix             /*前缀表*/
struct  uip_ds6_addr               /*单播地址*/
struct  uip_ds6_aaddr              /*任播地址*/
struct  uip_ds6_maddr              /*组播地址*/
struct  uip_ds6_route              /*路由表入口*/
struct  uip_ds6_netif              /*接口结构体，存储与之有关的全部变量*/
struct  uip_ds6_element            /*DS 的类属性*/
struct  uip_icmp6_error            /*ICMPv6 错误消息常量*/
struct  uip_nd6_ns                 /*邻居关系常量*/
struct  uip_nd6_na                 /*邻居通告消息常量*/
struct  uip_nd6_rs                 /*路由关系常量*/
struct  uip_nd6_ra                 /*路由通告消息常量*/
struct  uip_nd6_redirect           /*询问消息常量*/
struct  uip_nd6_opt_hdr            /*邻居发现头部*/
struct  uip_nd6_opt_prefix_info    /*邻居发现消息前缀信息*/
struct  uip_nd6_opt_mtu            /*邻居发现消息的最小传输单元*/
```

相关文件：

uip-ds6.c

uip-ds6.h

uip-icmp6.c

uip-icmp6.h

uip-nd6.c

uip-nd6.h

uip6.c

rpl-dag.c

rpl-ext-header.c

rpl-icmp6.c

rpl-of-etx.c

rpl-of0.c

rpl-timers.c

rpl.c

宏定义：

```
#define  UIP_DS6_NBR_NBS    0
#define  NBR_INCOMPLETE    0        /*邻居发现入口的可能状态*/
#define  ADDR_TENTATIVE    0        /*地址的可能状态*/
#define  ADDR_ANYTYPE    0        /*地址获取的方法*/
#define  UIP_DS6_PERIOD  （CLOCK_SECOND/10）
#define  UIP_DS6_ROUTE_STATE_TYPE    rpl_route_entry_t /*定义 RPL 路由功能*/
#define  UIP_ICMP6_ECHO_REQUEST_LEN    4    /*回声请求帧长度*/
#define  UIP_ICMP6_ERROR_LEN    4          /*错误消息长度*/
#define  UIP_ND6_OPT_HDR_BUF（(uip_nd6_opt_hdr  *）&uip_buf[uip_l2_l3_icmp_
hdr_len + nd6_opt_offset]）                    /*指针指向邻居发现选项*/
#define  UIP_ND6_DEF_MAXDADNS    1        /*当使用EUI-64时不采用DAD，
draft-ietf-6lowpan-nd-15 规定*/
```

数据类型：

```
typedef struct uip_ds6_nbr       uip_ds6_nbr_t
typedef struct uip_ds6_defrt     uip_ds6_defrt_t
typedef struct uip_ds6_prefix    uip_ds6_prefix_t
typedef struct uip_ds6_addr      uip_ds6_addr_t
typedef struct uip_ds6_aaddr     uip_ds6_aaddr_t
typedef struct uip_ds6_maddr     uip_ds6_maddr_t
typedef struct uip_ds6_route     uip_ds6_route_t
```

```
typedef struct uip_ds6_netif      uip_ds6_netif_t
typedef struct uip_ds6_element    uip_ds6_element_t
typedef struct uip_icmp6_error    uip_icmp6_error
```

功能函数：

(1) void uip_ds6_init (void)

该函数用于邻居发现初始化。

(2) void uip_ds6_periodic (void)

该函数用于定时处理 ND 的数据结构。

(3) uint8_t uip_ds6_list_loop (uip_ds6_element_t *list，uint8_t size，uint16_t elementsize，uip_ipaddr_t *ipaddr，uint8_t ipaddrlen，uip_ds6_element_t **out_element)

该函数是一个通用循环程序，涵盖了邻居发现中所有的数据结构。

(4) void uip_ds6_select_src (uip_ipaddr_t *src，uip_ipaddr_t *dst)

该函数用于选择原地址的类型，为 RFC 3484 规定。

(5) void uip_ds6_set_addr_iid (uip_ipaddr_t *ipaddr，uip_lladdr_t *lladdr)

该函数用于根据 MAC 地址设置 64 位 IP 地址。

(6) uint8_t get_match_length (uip_ipaddr_t *src，uip_ipaddr_t *dst)

该函数用于获取两个地址中相同的位。

(7) void uip_ds6_send_rs (void)

该函数用于周期性发送 RS 找寻路由器。

(8) uint32_t uip_ds6_compute_reachable_time (void)

该函数用于计算到达时间，为 RFC 4861 规定。

相关变量：

(1) struct etimer　　uip_ds6_timer_rs

该定时器用于计算维护数据结构的时间。

(2) uip_ds6_netif_t　　uip_ds6_if

(3) struct etimer　　uip_ds6_timer_rs

该定时器用于计算维护数据结构的时间。

(4) uip_ds6_route_t　　uip_ds6_routing_table [UIP_DS6_ROUTE_NB]

该变量为前缀列表。

DS6 数据结构：

```
uip_ds6_netif_t    uip_ds6_if
uip_ds6_nbr_t      uip_ds6_nbr_cache [UIP_DS6_NBR_NB]        /*单一接口*/
uip_ds6_defrt_t    uip_ds6_defrt_list [UIP_DS6_DEFRT_NB]     /*缓存*/
```

```
uip_ds6_prefix_t   uip_ds6_prefix_list [UIP_DS6_PREFIX_NB]   /*默认 RT 列表*/
uip_ds6_route_t    uip_ds6_routing_table [UIP_DS6_ROUTE_NB] /*前缀列表*/
uint8_t            uip_ds6_addr_size       /*路由表*/
uint8_t            uip_ds6_netif_addr_list_offset
```

邻居发现用例：

```
uip_ds6_nbr_t *   uip_ds6_nbr_add(uip_ipaddr_t *ipaddr，uip_lladdr_t *lladdr，uint8_t
isrouter，uint8_t state)
void              uip_ds6_nbr_rm(uip_ds6_nbr_t *nbr)
uip_ds6_nbr_t *   uip_ds6_nbr_lookup(uip_ipaddr_t *ipaddr)
uip_ds6_nbr_t *   uip_ds6_nbr_ll_lookup(uip_lladdr_t *lladdr)
```

默认路径用例：

```
uip_ds6_defrt_t *   uip_ds6_defrt_add(uip_ipaddr_t *ipaddr，unsigned long interval)
void                uip_ds6_defrt_rm(uip_ds6_defrt_t *defrt)
uip_ds6_defrt_t *   uip_ds6_defrt_lookup(uip_ipaddr_t *ipaddr)
uip_ipaddr_t *      uip_ds6_defrt_choose(void)
```

前缀列表用例：

```
uip_ds6_prefix_t *   uip_ds6_prefix_add(uip_ipaddr_t *ipaddr，uint8_t ipaddrlen，
unsigned long interval)
void                 uip_ds6_prefix_rm(uip_ds6_prefix_t *prefix)
uip_ds6_prefix_t *   uip_ds6_prefix_lookup(uip_ipaddr_t *ipaddr，uint8_t ipaddrlen)
uint8_t              uip_ds6_is_addr_onlink(uip_ipaddr_t *ipaddr)
```

全局单播地址列表用例：

```
uip_ds6_addr_t *     uip_ds6_addr_add(uip_ipaddr_t *ipaddr，unsigned long
vlifetime，uint8_t type)
void                 uip_ds6_addr_rm(uip_ds6_addr_t *addr)
uip_ds6_addr_t *     uip_ds6_addr_lookup(uip_ipaddr_t *ipaddr)
uip_ds6_addr_t *     uip_ds6_get_link_local(int8_t state)
uip_ds6_addr_t *     uip_ds6_get_global(int8_t state)
```

组播地址列表用例：

```
uip_ds6_maddr_t *   uip_ds6_maddr_add(uip_ipaddr_t *ipaddr)
void                uip_ds6_maddr_rm(uip_ds6_maddr_t *maddr)
uip_ds6_maddr_t *   uip_ds6_maddr_lookup(uip_ipaddr_t *ipaddr)
```

任播地址列表用例：

```
uip_ds6_aaddr_t *    uip_ds6_aaddr_add(uip_ipaddr_t *ipaddr)
void                 uip_ds6_aaddr_rm(uip_ds6_aaddr_t *aaddr)
uip_ds6_aaddr_t *    uip_ds6_aaddr_lookup(uip_ipaddr_t *ipaddr)
```

路由表用例：

```
uip_ds6_route_t *    uip_ds6_route_lookup(uip_ipaddr_t *destipaddr)
uip_ds6_route_t  *     uip_ds6_route_add(uip_ipaddr_t  *ipaddr ,  uint8_t  length ,
uip_ipaddr_t *nexthop, uint8_t metric)
void                 uip_ds6_route_rm(uip_ds6_route_t *route)
void                 uip_ds6_route_rm_by_nexthop(uip_ipaddr_t *nexthop)
```

IP 地址校对：

```
#define              uip_ds6_is_my_addr(addr)(uip_ds6_addr_lookup(addr)! =NULL)
#define              uip_ds6_is_my_maddr(addr)(uip_ds6_maddr_lookup(addr)!=NULL)
#define             uip_ds6_is_my_aaddr(addr)(uip_ds6_aaddr_lookup(addr)!=NULL)
```

ICMPv6 数据类型：

```
#define   ICMP6_DST_UNREACH   1        /*邻居不可达*/
#define   ICMP6_PACKET_TOO_BIG 2       /*数据包长度超出范围*/
#define   ICMP6_TIME_EXCEEDED   3      /*超时*/
#define   ICMP6_PARAM_PROB   4         /*IPv6 头部错误*/
#define   ICMP6_ECHO_REQUEST   128     /*回声请求*/
#define   ICMP6_ECHO_REPLY   129       /*回声响应*/
#define   ICMP6_RS      133            /*路由请求*/
#define   ICMP6_RA      134            /*路由通告*/
#define   ICMP6_NS      135            /*邻居请求*/
#define   ICMP6_NA      136            /*邻居通告*/
#define   ICMP6_REDIRECT    137        /*重新投递*/
#define   ICMP6_RPL     155            /*RPL 路由*/
```

ICMPv6 不可达消息代号：

```
#define   ICMP6_DST_UNREACH_NOROUTE    0          /*路径阻碍*/
#define   ICMP6_DST_UNREACH_ADMIN    1            /*管理者禁止*/
#define   ICMP6_DST_UNREACH_NOTNEIGHBOR   2       /*目标不是邻居*/
#define   ICMP6_DST_UNREACH_BEYONDSCOPE   2       /*超出原地址范围*/
#define   ICMP6_DST_UNREACH_ADDR    3             /*地址不可达*/
#define   ICMP6_DST_UNREACH_NOPORT    4           /*端口不可达*/
```

ICMPv6 超时消息代号：

```
#define  ICMP6_TIME_EXCEED_TRANSIT    0        /*ttl==0 正在投递 */
#define  ICMP6_TIME_EXCEED_REASSEMBLY  1      /*ttl==1 正在重组 */
```

ICMPv6 消息错误代号：

```
#define  ICMP6_PARAMPROB_HEADER     0          /*头部错误*/
#define  ICMP6_PARAMPROB_NEXTHEADER  1        /*下一跳头部未知*/
#define  ICMP6_PARAMPROB_OPTION     2          /*未知选项*/
ICMPv6-RFC4443：
void  uip_icmp6_echo_request_input(void)
void  uip_icmp6_error_output(uint8_t type，uint8_t code，uint32_t param)
void  uip_icmp6_send(uip_ipaddr_t *dest，int type，int code，int payload_len)
```

相关头部指针：

```
#define  UIP_IP_BUF  ((struct uip_ip_hdr *)&uip_buf[UIP_LLH_LEN])
                                          /*IP 头部指针*/
#define UIP_ICMP_BUF ((struct uip_icmp_hdr *)&uip_buf[uip_l2_l3_hdr_len])
                                          /*ICMP 头部指针*/
#define  UIP_ND6_RS_BUF ((uip_nd6_rs *)&uip_buf[uip_l2_l3_icmp_hdr_len])
#define  UIP_ND6_RA_BUF ((uip_nd6_ra *)&uip_buf[uip_l2_l3_icmp_hdr_len])
#define  UIP_ND6_NS_BUF ((uip_nd6_ns *)&uip_buf[uip_l2_l3_icmp_hdr_len])
#define  UIP_ND6_NA_BUF ((uip_nd6_na *)&uip_buf[uip_l2_l3_icmp_hdr_len])
```

宏定义：

```
#define  UIP_ND6_HOP_LIMIT    255          /*跳数限制*/
#define  UIP_ND6_INFINITE_LIFETIME  0xFFFFFFFF  /*生命周期*/
RFC4861-主机参数：
#define  UIP_ND6_MAX_RTR_SOLICITATION_DELAY  1
#define  UIP_ND6_RTR_SOLICITATION_INTERVAL  4
#define  UIP_ND6_MAX_RTR_SOLICITATIONS      3
RFC4861-节点参数：
#define  UIP_ND6_SEND_RA                  1
#define  UIP_ND6_MAX_RA_INTERVAL          600
#define  UIP_ND6_MIN_RA_INTERVAL  (UIP_ND6_MAX_RA_INTERVAL / 3)
#define  UIP_ND6_M_FLAG                   0
#define  UIP_ND6_O_FLAG                   0
#define  UIP_ND6_ROUTER_LIFETIME    3 * UIP_ND6_MAX_RA_INTERVAL
```

```
#define  UIP_ND6_MAX_INITIAL_RA_INTERVAL    16
#define  UIP_ND6_MAX_INITIAL_RAS            3
#define  UIP_ND6_MIN_DELAY_BETWEEN_RAS      3
#define  UIP_ND6_MAX_RA_DELAY_TIME_MS       500
RFC4861-路由参数：
#define  UIP_ND6_MAX_MULTICAST_SOLICIT      3
#define  UIP_ND6_MAX_UNICAST_SOLICIT        3
#define  UIP_ND6_REACHABLE_TIME             30000
#define  UIP_ND6_RETRANS_TIMER              1000
#define  UIP_ND6_DELAY_FIRST_PROBE_TIME     5
#define  UIP_ND6_MIN_RANDOM_FACTOR(x) (x / 2)
#define  UIP_ND6_MAX_RANDOM_FACTOR(x) ((x)+(x)/ 2)
选项类型：
#define  UIP_ND6_OPT_SLLAO                  1
#define  UIP_ND6_OPT_TLLAO                  2
#define  UIP_ND6_OPT_PREFIX_INFO            3
#define  UIP_ND6_OPT_REDIRECTED_HDR         4
#define  UIP_ND6_OPT_MTU                    5
#define  UIP_ND6_OPT_TYPE_OFFSET            0
#define  UIP_ND6_OPT_LEN_OFFSET             1
#define  UIP_ND6_OPT_DATA_OFFSET            2
ND6 消息长度：
#define  UIP_ND6_NA_LEN                     20
#define  UIP_ND6_NS_LEN                     20
#define  UIP_ND6_RA_LEN                     12
#define  UIP_ND6_RS_LEN                     4
ND6 消息字节长度：
#define  UIP_ND6_OPT_HDR_LEN                2
#define  UIP_ND6_OPT_PREFIX_INFO_LEN        32
#define  UIP_ND6_OPT_MTU_LEN                8
#define  UIP_ND6_OPT_LLAO_LEN     8 /*长度的 ND6 LLAO 选择默认 L2 类型*/
ND6 通告标志位掩码：
#define  UIP_ND6_NA_FLAG_ROUTER             0x80
#define  UIP_ND6_NA_FLAG_SOLICITED          0x40
#define  UIP_ND6_NA_FLAG_OVERRIDE           0x20
#define  UIP_ND6_RA_FLAG_ONLINK             0x80
#define  UIP_ND6_RA_FLAG_AUTONOMOUS         0x40
```

邻居发现消息数据结构：

```
typedef struct uip_nd6_ns          uip_nd6_ns          /*邻居发现请求*/
typedef struct uip_nd6_na          uip_nd6_na          /*邻居发现通告*/
typedef struct uip_nd6_rs          uip_nd6_rs          /*路由请求*/
typedef struct uip_nd6_ra          uip_nd6_ra          /*路由通告*/
typedef struct uip_nd6_redirect    uip_nd6_redirect    /*重定向消息*/
```

邻居发现选项数据结构：

```
typedef struct uip_nd6_opt_hdr    uip_nd6_opt_hdr     /*邻居发现选项头*/
typedef struct uip_nd6_opt_prefix_info    uip_nd6_opt_prefix_info /*邻居发现选项前
                                                                   缀信息*/
typedef struct uip_nd6_opt_mtu    uip_nd6_opt_mtu    /*邻居发现选项 MTU*/
typedef struct uip_nd6_opt_redirected_hdr    uip_nd6_opt_redirected_hdr
```

邻居发现消息构造：

```
void   uip_nd6_ns_input(void)          /*处理邻居请求*/
void   uip_nd6_ns_output(uip_ipaddr_t *src，uip_ipaddr_t *dest，uip_ipaddr_t *tgt)
```

/*发送邻居请求或者通告*/

```
void   uip_nd6_na_input(void)          /*处理邻居通告*/
void   uip_nd6_rs_output(void)         /*发送路由请求*/
void   uip_nd6_ra_input(void)          /*处理路由通告*/
```

L2 相关变量：

```
uip_lladdr_t   uip_lladdr = {{0x00，0x06，0x98，0x00，0x02，0x32}}
```

L3 相关变量：

```
uint8_t *   uip_next_hdr                /*下一跳头部类型*/
uint8_t   uip_ext_bitmap = 0            /*记录已经解析的 IPv6 头部的位图*/
uint8_t   uip_ext_len = 0               /*扩展头读取的长度*/
uint8_t   uip_ext_opt_offset = 0        /*头部选项读取的长度*/
```

数据缓存区：

```
#define   FBUF((struct uip_tcpip_hdr *)&uip_reassbuf[0])
#define   UIP_IP_BUF ((struct uip_ip_hdr *)&uip_buf[UIP_LLH_LEN])
#define   UIP_ICMP_BUF((struct uip_icmp_hdr *)&uip_buf[uip_l2_l3_hdr_len])
#define   UIP_UDP_BUF ((struct uip_udp_hdr *)&uip_buf[UIP_LLH_LEN + UIP
```

```
            IPH_LEN])
#define  UIP_TCP_BUF ((struct uip_tcp_hdr *) &uip_buf[UIP_LLH_LEN + UIP_IPH_LEN])
#define  UIP_EXT_BUF ((struct uip_ext_hdr *) &uip_buf[uip_l2_l3_hdr_len])
#define  UIP_ROUTING_BUF ((struct uip_routing_hdr *) &uip_buf[uip_l2_l3_hdr_len])
#define  UIP_FRAG_BUF ((struct uip_frag_hdr *) &uip_buf[uip_l2_l3_hdr_len])
#define  UIP_HBHO_BUF ((struct uip_hbho_hdr *) &uip_buf[uip_l2_l3_hdr_len])
#define  UIP_DESTO_BUF ((struct uip_desto_hdr *) &uip_buf[uip_l2_l3_hdr_len])
#define  UIP_EXT_HDR_OPT_BUF ((struct  uip_ext_hdr_opt  *) &uip_buf[uip_l2_l3_
         hdr_len + uip_ext_opt_offset])
#define  UIP_EXT_HDR_OPT_PADN_BUF ((struct uip_ext_hdr_opt_padn*) &uip_buf
         [uip_l2_l3_hdr_len + uip_ext_opt_offset])
#define  UIP_ICMP6_ERROR_BUF ((struct uip_icmp6_error*) &uip_buf[uip_l2_l3_
         icmp_hdr_len])
```

数据缓存相关变量：

```
uip_buf_t          uip_aligned_buf   /*发送和接收数据的缓冲区*/
void *             uip_appdata   /*指向缓冲区用户数据的指针*/
void *             uip_sappdata
uint16_t           uip_len     /*在缓冲区中数据包的长度*/
uint16_t           uip_slen
```

全局变量：

```
uint8_t            uip_flags
struct uip_conn *  uip_conn    /*指向当前 TCP 连接的指针*/
```

TCP 定义：

```
#define  TCP_FIN            0x01
#define  TCP_SYN            0x02
#define  TCP_RST            0x04
#define  TCP_PSH            0x08
#define  TCP_ACK            0x10
#define  TCP_URG            0x20
#define  TCP_CTL            0x3f
#define  TCP_OPT_END        0
#define  TCP_OPT_NOOP       1
#define  TCP_OPT_MSS        2
#define  TCP_OPT_MSS_LEN    4
```

```
UDP 变量：
struct uip_udp_conn *   uip_udp_conn
struct uip_udp_conn     uip_udp_conns [UIP_UDP_CONNS]
ICMPv6 变量：
uint16_t   uip_chksum(uint16_t *data，uint16_t len) /*计算网络校验和*/
uint16_t   uip_ipchksum(void)            /*计算 IP 头部校验和*/
uint16_t   uip_icmp6chksum(void)         /*计算 ICMP 校验和*/
void       uip_init(void)                /*初始化 uIP*/
void   remove_ext_hdr(void)
struct uip_udp_conn * uip_udp_new(const uip_ipaddr_t *ripaddr，uint16_t rport)
/*建立新的 UDP 连接*/
void   uip_process(uint8_t flag)
uint16_t   uip_htons(uint16_t val)       /*将 16 位主机字节排列顺序转化为以太
网传输字节排列顺序*/
uint32_t   uip_htonl(uint32_t val)
void   uip_send(const void *data，int len)   /*在当前连接发送数据*/
```

17. 6LoWPAN 的 uIP 实现

数据结构：

```
struct    sicslowpan_addr_context          /*分片头部*/
struct    sicslowpan_nh_compressor         /*下一个压缩头部的结构体*/
```

相关文件：

sicslowpan.c

sicslowpan.h

宏定义：

```
#define   DEBUG       0   /*HC06：为 UDP 添加压缩机制，暂只支持双
端口压缩和双端口均不压缩*/
#define   MAC_MAX_PAYLOAD   102         /*IEEE802.15.4 负载长度(127 字节，
                                        其中 25 字节为 MAC 头部长度)*/
#define   COMPRESSION_THRESHOLD 0       /*MAC 规定的最小负载长度*/
#define   sicslowpan_buf      uip_buf   /*用于 6LoWPAN 处理的缓冲区*/
```

缓冲区指针：

```
#define   RIME_FRAG_PTR        (rime_ptr)
#define   RIME_FRAG_DISPATCH_SIZE   0
#define   RIME_FRAG_TAG             2
#define   RIME_FRAG_OFFSET          4
```

```
#define  RIME_IPHC_BUF      ((uint8_t *) (rime_ptr + rime_hdr_len))
#define  RIME_HC1_PTR      (rime_ptr + rime_hdr_len)
#define  RIME_HC1_DISPATCH            0
#define  RIME_HC1_ENCODING            1
#define  RIME_HC1_TTL                 2
#define  RIME_HC1_HC_UDP_PTR     (rime_ptr + rime_hdr_len)
#define  RIME_HC1_HC_UDP_DISPATCH            0
#define  RIME_HC1_HC_UDP_HC1_ENCODING        1
#define  RIME_HC1_HC_UDP_UDP_ENCODING        2
#define  RIME_HC1_HC_UDP_TTL                 3
#define  RIME_HC1_HC_UDP_PORTS               4
#define  RIME_HC1_HC_UDP_CHKSUM              5
```

Sicslowpan 和 uIP 缓冲区中的指针：

```
#define  SICSLOWPAN_IP_BUF ((struct uip_ip_hdr *) &sicslowpan_buf[UIP_LLH_LEN])
#define  SICSLOWPAN_UDP_BUF ((struct uip_udp_hdr *) &sicslowpan_buf[UIP_
         LLIPH_LEN])
#define  UIP_IP_BUF    ((struct uip_ip_hdr *) &uip_buf[UIP_LLH_LEN])
#define  UIP_UDP_BUF    ((struct uip_udp_hdr *) &uip_buf[UIP_LLIPH_LEN])
#define  UIP_TCP_BUF    ((struct uip_tcp_hdr *) &uip_buf[UIP_LLIPH_LEN])
#define  UIP_ICMP_BUF   ((struct uip_icmp_hdr *) &uip_buf[UIP_LLIPH_LEN])
```

HC06 变量：

```
const uint8_t   unc_llconf [] = {0x0f, 0x28, 0x22, 0x20}
const uint8_t   unc_ctxconf [] = {0x00, 0x88, 0x82, 0x80}
const uint8_t   unc_mxconf [] = {0x0f, 0x25, 0x23, 0x21}
const uint8_t   llprefix [] = {0xfe, 0x80}
```

Sicslowpan 通用宏定义：

```
#define  SICSLOWPAN_UDP_4_BIT_PORT_MIN    0xF0B0
#define  SICSLOWPAN_UDP_4_BIT_PORT_MAX    0xF0BF
#define  SICSLOWPAN_UDP_8_BIT_PORT_MIN    0xF000
#define  SICSLOWPAN_UDP_8_BIT_PORT_MAX    0xF0FF
```

6LoWPAN 压缩方法：

```
#define  SICSLOWPAN_COMPRESSION_IPV6     0
#define  SICSLOWPAN_COMPRESSION_HC1      1
#define  SICSLOWPAN_COMPRESSION_HC06     2
```

适配层压缩类型：

```
#define  SICSLOWPAN_DISPATCH_IPV6          0x41
#define  SICSLOWPAN_DISPATCH_HC1           0x42
#define  SICSLOWPAN_DISPATCH_IPHC          0x60
```

```
#define  SICSLOWPAN_DISPATCH_FRAG1          0xc0
#define  SICSLOWPAN_DISPATCH_FRAGN          0xe0
HC1 编码：
#define  SICSLOWPAN_HC1_NH_UDP              0x02
#define  SICSLOWPAN_HC1_NH_TCP              0x06
#define  SICSLOWPAN_HC1_NH_ICMP6            0x04
HC-UDP 编码：
#define  SICSLOWPAN_HC_UDP_ALL_C            0xE0
IPHC 编码：
#define  SICSLOWPAN_IPHC_FL_C               0x10
#define  SICSLOWPAN_IPHC_TC_C               0x08
#define  SICSLOWPAN_IPHC_NH_C               0x04
#define  SICSLOWPAN_IPHC_TTL_1              0x01
#define  SICSLOWPAN_IPHC_TTL_64             0x02
#define  SICSLOWPAN_IPHC_TTL_255            0x03
#define  SICSLOWPAN_IPHC_TTL_I              0x00
#define  SICSLOWPAN_IPHC_CID                0x80
#define  SICSLOWPAN_IPHC_SAC                0x40
#define  SICSLOWPAN_IPHC_SAM_00             0x00
#define  SICSLOWPAN_IPHC_SAM_01             0x10
#define  SICSLOWPAN_IPHC_SAM_10             0x20
#define  SICSLOWPAN_IPHC_SAM_11             0x30
#define  SICSLOWPAN_IPHC_SAM_BIT            4
#define  SICSLOWPAN_IPHC_M                  0x08
#define  SICSLOWPAN_IPHC_DAC                0x04
#define  SICSLOWPAN_IPHC_DAM_00             0x00
#define  SICSLOWPAN_IPHC_DAM_01             0x01
#define  SICSLOWPAN_IPHC_DAM_10             0x02
#define  SICSLOWPAN_IPHC_DAM_11             0x03
#define  SICSLOWPAN_IPHC_DAM_BIT            0
#define  SICSLOWPAN_IPHC_ADDR_CONTEXT_LL 0
#define  SICSLOWPAN_IPHC_MCAST_RANGE        0xA0
LOWPAN_UDP 编码：
#define  SICSLOWPAN_NHC_UDP_MASK            0xF8
#define  SICSLOWPAN_NHC_UDP_ID              0xF0
#define  SICSLOWPAN_NHC_UDP_CHECKSUMC  0x04
#define  SICSLOWPAN_NHC_UDP_CHECKSUMI   0x00
#define  SICSLOWPAN_NHC_UDP_CS_P_00         0xF0
```

```
#define  SICSLOWPAN_NHC_UDP_CS_P_01         0xF1
#define  SICSLOWPAN_NHC_UDP_CS_P_10         0xF2
#define  SICSLOWPAN_NHC_UDP_CS_P_11         0xF3
LOWPAN 头部长度：
#define  SICSLOWPAN_IPV6_HDR_LEN            1
#define  SICSLOWPAN_HC1_HDR_LEN             3
#define  SICSLOWPAN_HC1_HC_UDP_HDR_LEN      7
#define  SICSLOWPAN_FRAG1_HDR_LEN           4
#define  SICSLOWPAN_FRAGN_HDR_LEN           5
地址压缩测试函数：
#define  sicslowpan_is_iid_16_bit_compressable(a)  /*检查是否可以压缩IID的'a'
                                                     到16位表示的数*/
#define  sicslowpan_is_mcast_addr_decompressable(a)/*检查9位组ID是否是已知
                                                     压缩的组播地址*/
#define  sicslowpan_is_mcast_addr_compressable(a)/*检查多播地址的112位组ID
                                                     是否可映射到9
位组ID，如果可以映射则表示该组为全部的节
点或者全部的路由器设备*/
#define  sicslowpan_is_mcast_addr_compressable48(a)
#define  sicslowpan_is_mcast_addr_compressable32(a)
#define  sicslowpan_is_mcast_addr_compressable8(a)
```

18. contiki OS 的 uIP 架构

相关文件：

uip_arch.h

功能函数：

```
void       uip_add32(uint8_t *op32, uint16_t op16)/*运行32位的加法*/
uint16_t   uip_chksum(uint16_t *buf, uint16_t len)/*计算网络校验和*/
uint16_t   uip_ipchksum(void)                    /*计算IP头部校验和*/
uint16_t   uip_tcpchksum(void)                   /*计算TCP校验和*/
相关变量：
uint8_t   uip_acc32[4]                  /*4字节数组用于32字节序列号的计算*/
```

三、相关文件

uip.c

uip.h

宏定义

1. #define UIP_STAT(s)

结构体存储的是当 UIP_STATISTICS 被置 1 时，运行 TCP/IP 协议的过程中记录的数据，被 uip_icmp6_echo_request_input()，uip_icmp6_error_output()、uip_nd6_na_input()、uip_nd6_ns_input()、uip_nd6_ns_output()、uip_nd6_ra_input()、uip_nd6_rs_output()、uip_process()调用。

2.#define UIP_APPDATA_SIZE

该宏表示应用层用户数据可用的缓冲区(uip_buf[])的大小。这个宏规定应用层负载的最大长度，从而检查可用的用户数据。

四、数据类型

1. typedef union uip_ip4addr_t uip_ip4addr_t

定义 IPv4 地址的数据类型。

2. typedef struct uip_802154_shortaddr uip_802154_shortaddr

定义 16 位 IEEE 802.15.4 地址(短地址模式)的数据类型。

3. typedef struct uip_802154_longaddr uip_802154_longaddr

定义 64 为 IEEE 802.15.4 地址(长地址模式)的数据类型。

4. typedef struct uip_80211_addr uip_80211_addr

定义 IEEE 802.11 地址的数据类型。

5. typedef struct uip_eth_addr uip_eth_addr

定义 IEEE 802.3 地址的数据类型。

6. typedef uip_eth_addr uip_lladdr_t

定义 IEEE 802.3 长地址的数据类型。

五、功能函数

1. void uip_setipid(uint16_t id)

该函数式 uIP 初始化函数，可以在启动时设置初始 ip_id。

2. void uip_add32(uint8_t *op32，uint16_t op16)

该函数用于完成 32 位加法运算。由于不是所有承载了 uIP 的架构都可以进行 32 位运算，所以 uIP 通过定义一个外部函数兼容 32 位运算，用于完成 TCP 协议处理，被 uip_process()、uip_split_output()调用。该功能添加了两个参数并且将计算结果存储在 uip_acc32 的全局变量中。

该函数的两个参数分别为 op32 和 op16，其中，op32 是一个 32 位整数，以一个 4 字节数组表示，以以太网传输的字节顺序排列；另外，op16 是一个 16 位整数，以主机字节顺序排列。

3. uint16_t uip_chksum(uint16_t *buf，uint16_t len)

该函数计算缓冲中的网络校验和。网络校验和是一个用于校验目的地一组数据项的和。具体实现遵从 RFC 1071。

4. uint16_t uip_ipchksum(void)

该函数计算存储在 uip_buf 中 IP 层的数据包头部长度。互联网 IP 报头校验和是 IP 头部长度的计算，IP 报头的校验和应该是 20 个字节。

5. uint16_t uip_tcpchksum(void)

该函数计算 TCP 数据包存储在 uip_buf 和 uip_appdata 的校验和。TCP 校验是网络校验和中的 TCP 数据段，伪头部的定义及其具体实现遵从 RFC 793。

6. void uip_init(void)

该函数为 uIP 初始化函数，在启动 TCP/IP 时初始化配置响应的成员。

7. struct uip_udp_conn * uip_udp_new(const uip_ipaddr_t *ripaddr，uint16_t rport)

该函数建立新的 UDP 连接，该函数会自动分配一个未使用的本地端口的连接。另一个端口可以选定后通过调用 uip_udp_bind()和 uip_udp_new()建立新的 UDP 连接。

8. void uip_unlisten(uint16_t port)

该函数用于停止对端口的监听动作，由于该功能处理的端口是按照以太网传输的字节顺序排列的，所以需要调用 UIP_HTONS()或者 uip_htons()进行转换。

9. void uip_listen(uint16_t port)

该函数用于启动对端口的监听动作，由于该功能处理的端口是按照以太网传输的字节顺序排列的，所以需要调用 UIP_HTONS()或者 uip_htons()进行转换。

10. void uip_process(uint8_t flag)

该函数用于根据跳数或者目的选项头处理一跳之内的选项，该函数返回的返回值及其含义如附表 B.1 所示。

附表 B.1 函数返回值及其含义表

返回值	含义
0	没有要发送的数据
1	丢弃数据包
2	有一个 ICMP 的错误消息要发送

11. uint16_t uip_htons(uint16_t val)

该函数用于将 16 位数据变量从当前主机排列的字节顺序转换成以太网传输的字节顺序，将常量转换为以太网的字节排列顺序，使用 UIP_HTONS()宏。

12. void uip_send(const void *data，int len)

该函数用于在当前建立的连接下发送数据，当前的连接为 TCP 连接，只有当应用程序封装负载完成并调用 uIP 来处理事件时才能发送数据。调用该函数切实发送出去的数据由 TCP 连接规定的最大传输长度决定的，uIP 只是原样接收数据。此外，对 uIP 将要发送的数据进行列队控制发送采用的是 uip_mss()函数。

13. uint16_t uip_udpchksum(void)

该函数计算 UDP 数据包存储在 uip_buf 和 uip_appdata 的校验和。UDP 校验是网络校验和中的 UDP 数据段，伪头部的定义及其具体实现遵从 RFC 768。

14. uint16_t　uip_icmp6chksum (void)

该函数计算 ICMP 数据包存储在 uip_buf 的校验和。ICMP 校验是网络校验和中的 ICMP 数据段，常被 mac_translateIcmpLinkLayer()、uip_icmp6_echo_request_input()、uip_icmp6_error_output()、uip_icmp6_send()、uip_nd6_ns_input()、uip_nd6_ns_output()、uip_nd6_rs_output()、uip_process()调用。

六、指针变量

1. void *　uip_appdata

该指针指向缓冲区的应用层用户数据，如果应用层要发送数据，则需要该存储空间先写入用户数据再调用 uip_send()函数，常被 slipdev_send()、uip_arp_out()、uip_fw_forward()、uip_process()、uip_split_output()、uip_tcpchksum()调用。

2. uint16_t　uip_len

该全局变量 uip_len 记录有 uip_buf 缓冲区中数据包的长度，当网络设备驱动程序调用输入功能时，uip_len 应该被设置为 uip_buf 缓冲中要发送的数据包包长度值。发送数据包时，设备驱动程序应该使用 uip_len 变量的内容来确定输出数据包的长度。

3. struct uip_conn *　uip_conn

该指针指向当前的 TCP 连接，使连接形成通路，被 uip_process()调用。

4. struct uip_udp_conn *　uip_udp_conn

该指针指向当前的 UDP 连接，使连接形成通路，被 uip_process()调用。

5. uint8_t　uip_acc32 [4]

该数组是一个四字节数组，用于 uIP 内置的 32 位序列号计算。

6. void * uip_appdata

该指针指向缓冲区的应用层用户数据，如果应用层需要发送数据，则需要使用该存储空间写入用户数据再调用 uip_send()函数。

7. struct uip_conn *　uip_conn

该指针指向当前的 TCP 连接，使连接形成通路，被 uip_process()调用。

8. struct uip_udp_conn *　uip_udp_conn

该指针指向当前的 UDP 连接，使连接形成通路。

9. uip_lladdr_t　uip_lladdr

该全局变量记录主机的 L2 层长地址。

附录 C　Rime 路由协议

一、功能模块

1. Rime 缓存空间管理

有关文件：

packetbuf.c

packetbuf.h

宏定义：

```
#define   PACKETBUF_SIZE 128          /*缓冲区大小，以字节为单位*/
#define   PACKETBUF_HDR_SIZE 48       /*头部缓冲区大小，以字节为单位*/
功能函数：
void      packetbuf_clear(void)                /*清空缓冲区*/
void      packetbuf_clear_hdr(void)            /*清空头部缓冲区*/
int       packetbuf_copyfrom(const void *from，uint16_t len)
                                   /*将外部缓冲的数据复制到 Rime 缓冲区*/
void      packetbuf_compact(void)              /*缓冲区数据比较*/
int       packetbuf_copyto_hdr(uint8_t *to)   /*将头部缓冲区的数据复制到外部缓冲*/
int       packetbuf_copyto(void *to)           /*复制整个 Rime 缓冲区到外部缓冲*/
int       packetbuf_hdralloc(int size)         /*为出栈数据包分配头部空间*/
int       packetbuf_hdrreduce(int size)        /*去掉接收数据包在缓冲区的头部*/
void      packetbuf_set_datalen(uint16_t len) /*设置缓冲区数据长度*/
void *    packetbuf_dataptr(void)              /*获取缓冲区负载指针*/
void *    packetbuf_hdrptr(void)               /*获取缓冲区头部指针*/
void      packetbuf_reference(void *ptr，uint16_t len)/*将 Rime 缓冲区指向外部缓冲*/
int       packetbuf_is_reference(void)         /*检查缓冲区是否引用外部数据*/
void *    packetbuf_reference_ptr(void)       /*获取指向缓冲区引用外部数据的指针*/
uint16_t  packetbuf_datalen(void)              /*获取缓冲区数据包负载的长度*/
uint8_t   packetbuf_hdrlen(void)               /*获取缓冲区数据包头部的长度*/
uint16_t  packetbuf_totlen(void)               /*获取缓冲区中数据包的长度*/
```

2. 数据包队列

数据结构：

```
struct    packetqueue          /*数据包队列*/
struct    packetqueue_item          /*数据包队列中的项*/
相关文件：
packetqueue.c
packetqueue.h
宏定义：
#define   PACKETQUEUE(name，size)       /*定义一个数据包队列*/
源代码：
LIST(name##_list)；   \
MEMB(name##_memb，struct packetqueue_item，size)；   \
static struct packetqueue name = { &name##_list，\
&name##_memb }
参数：
name：数据包队列的变量名；
size：数据包队列的最大缓冲区长度。
功能函数：
void    packetqueue_init(struct packetqueue *q) /*数据包队列初始化函数*/
int     packetqueue_enqueue_packetbuf(struct packetqueue *q，clock_time_t lifetime，void *ptr)
/*添加一个数据包到队列*/
struct packetqueue_item *     packetqueue_first(struct packetqueue *q)
/*访问缓冲区队列结构体的第一个项目*/
void    packetqueue_dequeue(struct packetqueue *q) /*删除数据包缓冲区的第一个项目*/
int     packetqueue_len(struct packetqueue *q) /*获取数据包队列的长度*/
项目功能函数：
struct queuebuf *    packetqueue_queuebuf(struct packetqueue_item *i)
/*访问数据包队列*/
void *    packetqueue_ptr(struct packetqueue_item *i) /*访问用户定义的数据包队列指针*/
```

3. Rime 队列缓存空间管理

相关文件：

queuebuf.c

queuebuf.h

4. ABC 模块的邻居广播

数据结构：

```
struct    abc_callbacks /*当 ABC 模块收到数据包时调用 void(*recv )(struct abc_conn
*ptr) */
相关文件：
```

abc.c

abc.h

功能函数：

void abc_open(struct abc_conn *c，uint16_t channel，const struct abc_callbacks *u)

/*建立一个 ABC 广播连接*/

void abc_close(struct abc_conn *c) /*关闭 ABC 连接*/

int abc_send(struct abc_conn *c) /*发送广播包*/

void abc_input(struct channel *channel) /*内部功能：把数据包传到 ABC 层处理*/

5. 公告

数据结构：

struct announcement/*该结构包含公告数据包的状态。它是一个不透明的结构，没有用户可见的元素*/

相关文件：

announcement.c

announcement.h

应用接口 API：

void announcement_register(struct announcement *a，uint16_t id，announcement_callback_t callback) /*注册一个公告*/

void announcement_remove(struct announcement *a) /*删除已经注册的公告*/

void announcement_remove_value(struct announcement *a)/*删除公告中的变量*/

void announcement_set_value(struct announcement *a，uint16_t value)

/*设置公告中的值*/

void announcement_bump(struct announcement *a) /*公告发布*/

void announcement_listen(int periods) /*在一段时间内监听公告消息*/

系统接口 API：

typedef void(*announcement_observer)(uint16_t id，uint8_t has_value，uint16_t newvalue，uint16_t

oldvalue，uint8_t bump)

void announcement_init(void) /*初始化接口*/

void announcement_register_listen_callback(void(*callback)(int time))/*注册一个监听回调公告*/

void announcement_register_observer_callback(announcement_observer observer)

/*注册观察者回调公告*/

struct announcement * announcement_list(void) /*获取注册公告列表*/

void announcement_heard(const rimeaddr_t *from，uint16_t id，uint16_t value)

/*通知收到传入的公告消息*/

6. Rime 广播通知

广播公告模块实现了一个周期性显式的公告。该模块发布公告的注册信息。

相关文件：

broadcast-announcement.h

7. 最优广播

数据结构：

struct　broadcast_callbacks /*广播回调的结构体*/

相关文件：

broadcast.h

功能函数：

void　broadcast_open (struct broadcast_conn *c，uint16_t channel，const struct broadcast_callbacks *u)

/*建立确定的最优广播连接*/

void　broadcast_close (struct broadcast_conn *c) /*关闭广播连接*/

int　broadcast_send (struct broadcast_conn *c) /*发送一个确定最优连接的广播包*/

8. 连接预估

相关文件：

collect-link-estimate.c

功能函数：

void　collect_link_estimate_new (struct collect_link_estimate *le)

void　collect_link_estimate_update_tx (struct collect_link_estimate *le，uint8_t tx)

void　collect_link_estimate_update_tx_fail (struct collect_link_estimate *le，uint8_t tx)

void　collect_link_estimate_update_rx (struct collect_link_estimate *n)

uint16_t　collect_link_estimate (struct collect_link_estimate *le)

9. 邻居管理

邻居管理使用邻居表，存放邻居信息。

相关文件：

collect-neighbor.h

10. 基于多跳的树形网络数据搜集机制

该数据搜集机制基于多跳可靠数据传输。该机制使用两个信道，一个搜集邻居发现信息，一个搜集数据包信息。

相关文件：

collect.c

collect.h

11. 时间间隔内的本地广播

数据结构：

```
struct    ipolite_callbacks  /*对应应该时间间隔内的广播的回调消息结构体*/
struct    ipolite_conn       /*不透明的结构逞，不具备用户可见的元素*/
```

相关文件：

ipolite.c

ipolite.h

功能函数：

```
void   ipolite_open(struct ipolite_conn *c，uint16_t channel，uint8_t maxdups，const
struct
ipolite_callbacks *cb)                        /*建立 ipolite 连接*/
void   ipolite_close(struct ipolite_conn *c)        /*关闭连接*/
int    ipolite_send(struct ipolite_conn *c，clock_time_t interval，uint8_t hdrsize)
                                              /*在该连接上发送数据*/
void   ipolite_cancel(struct ipolite_conn *c)       /*取消挂起的发送数据包事件*/
```

12. Mesh 路由

数据结构：

```
struct    mesh_callbacks                      /*mesh 路由回调结消息构体*/
相关文件：
mesh.c
mesh.h
功能函数：
void   mesh_open(struct mesh_conn *c，uint16_t channels，const struct mesh_callbacks
*callbacks)                                   /*建立 mesh 路由连接*/
void   mesh_close(struct mesh_conn *c)              /*关闭 mesh 路由连接*/
int    mesh_send(struct mesh_conn *c，const rimeaddr_t *dest)
/*在 mesh 连接上发送数据*/
```

13. 多跳转发

该多跳转发机制规定，在已经设置 route_add()之后，多跳转发机制发送数据包给一个确定节点，在每一个节点处进行泛洪转发以减少传输量。具体的做法是，该多跳转发机制不执行泛洪包重发，也不标记数据包版本号，而是携带发送方信息和 ID 属性。当节点收到泛洪包后记录下发送方信息和 ID 号，这样可以有效的减少路由冗余。该机制同时包含一个最大生命周期的计时器，当计时器归零后，不再进一步转发泛洪的数据包。

相关文件：

multihop.h

14. 邻居发现

该模块实现了一个周期性的邻居发现机制。通过调用回调函数发送邻居发现消息。

相关文件：

neighbor-discovery.c

neighbor-discovery.h

15. 网络转发

该模块规定最优的泛洪路径。

相关文件：

netflood.c

netflood.h

16. 周期性通知-RIMEPOLITEANN

该模块实现了一个周期性的公告，发布的公告需要先完成注册。

相关文件：

polite-announcement.h

17. RIMEPOLITEANN 本地广播

数据结构：

struct　polite_callbacks

struct　polite_conn

相关文件：

polite.c

polite.h

功能函数：

void　polite_open (struct polite_conn *c，uint16_t channel，const struct polite_callbacks *cb)

void　polite_close (struct polite_conn *c)

int　polite_send (struct polite_conn *c，clock_time_t interval，uint8_t hdrsize)

void　polite_cancel (struct polite_conn *c)

18. Rime 地址

相关文件：

rimeaddr.c

rimeaddr.h

功能函数：

```
void    rimeaddr_copy(rimeaddr_t *dest, const rimeaddr_t *from) /*复制 RIME 地址*/
int     rimeaddr_cmp(const rimeaddr_t *addr1, const rimeaddr_t *addr2)
                                                         /*比较两个 Rime 地址*/
void    rimeaddr_set_node_addr(rimeaddr_t *addr)     /*设置当前节点的 RIME 地址*/
定义变量:
rimeaddr_t     rimeaddr_node_addr                          /*节点的 RIME 地址*/
const rimeaddr_t    rimeaddr_null                          /*空 RIME 地址*/
```

19. Rime 路由发现机制

相关文件：

route-discovery.c

route-discovery.h

20. Rime 路由表

相关文件：

route.c

route.h

21. 单跳批量数据可靠传输

该模块实现了一个单跳的批量数据可靠传输的机制。

相关文件：

rudolph0.c

rudolph0.h

22. 多跳批量数据可靠传输

该模块实现了一个多跳的批量数据可靠传输的机制。

相关文件：

rudolph1.c

rudolph1.h

23. 固定最优广播

数据结构：

```
struct   stbroadcast_conn /*这是一个不透明的结构，没有用户可见字段。stbroadcast_
                               open()函数用于
设置 stbroadcast 连接     */
相关文件:
stbroadcast.c
stbroadcast.h
```

功能函数：

```
void  stbroadcast_open(struct stbroadcast_conn *c, uint16_t channel, const struct
stbroadcast_callbacks *u)          /*建立一个连接*/
void  stbroadcast_set_timer(struct stbroadcast_conn *c, clock_time_t t)
                                   /*设置重传时间*/
int   stbroadcast_send_stubborn(struct stbroadcast_conn *c, clock_time_t t)
                                                          /*发送数据包*/
void  stbroadcast_cancel(struct stbroadcast_conn *c)      /*取消发送*/
```

24. 单跳可靠传输

相关文件：

runicast.c

runicast.h

25. 固定单播

相关文件：

stunicast.c

stunicast.h

26. 可靠的一对多泛洪

相关文件：

trickle.c

trickle.h

27. 单跳单播

相关文件：

stunicast.c

stunicast.h

二、相关文件

rime.h

collect-link-estimate.h

rime.c

三、功能函数

```
int  rime_init(void)
void  rime_input(void)              /*初始化 Rime 协议栈*/
void  collect_link_estimate_new(struct collect_link_estimate *le)
                                    /*将收到的数据包转发给 Rime 协议栈*/
void  collect_link_estimate_update_tx(struct collect_link_estimate *le, uint8_t num_tx)
                                    /*初始化一个新的连接*/
void  collect_link_estimate_update_tx_fail(struct collect_link_estimate *le, uint8_t num_tx)
                                    /*发送数据包完毕后更新连接状态和参数*/
void  collect_link_estimate_update_rx(struct collect_link_estimate *le)
                                    /*接收数据包完毕后更新连接的状态和参数*/
uint16_t  collect_link_estimate(struct collect_link_estimate *le)
/*计算，对连接进行预估*/
```

附录 D　软件安装步骤

一、集成开发环境及仿真器驱动的安装

1. IAR 集成开发环境的安装与配置

打开平台配套光盘目录下的“工具和软件\IAR”中的 CD-EWARM-5501-1908_mcu123. zip，将其解压出来，并执行“autorun.exe”文件。双击该文件即会弹出如图 D.1 所示页面。

点击“Install IAR Embedded Workbench”完全安装 IAR 集成开发环境。进入欢迎安装页面，显示欢迎安装 IAR for ARM 5.50.1，如图 D.2 所示，只需点击 Next 即可。

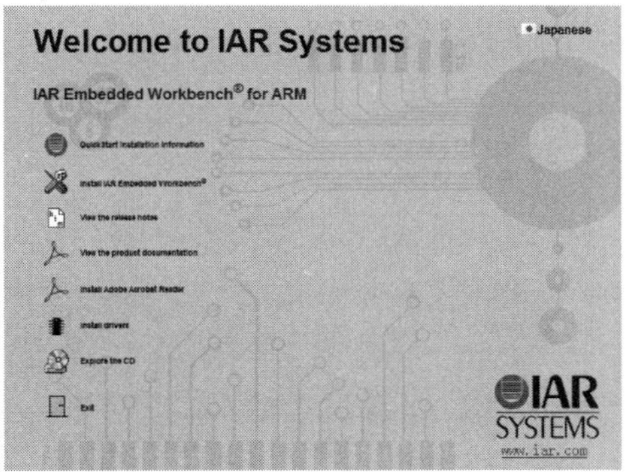

图 D.1　安装首页

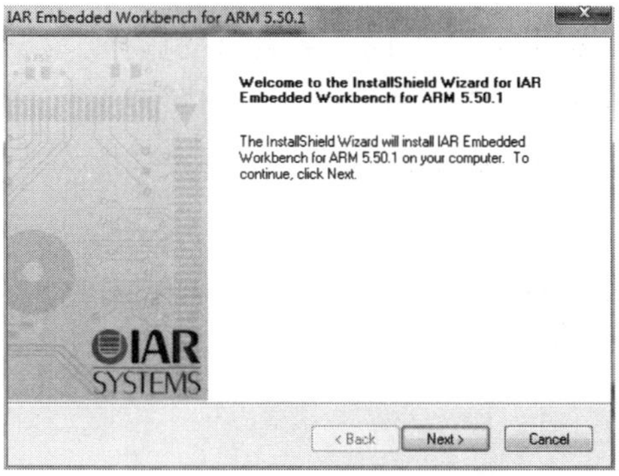

图 D.2　欢迎安装页面

然后选择“I accept the terms of the license agreement”，如图 D.3 所示，再点击“Next”按钮。

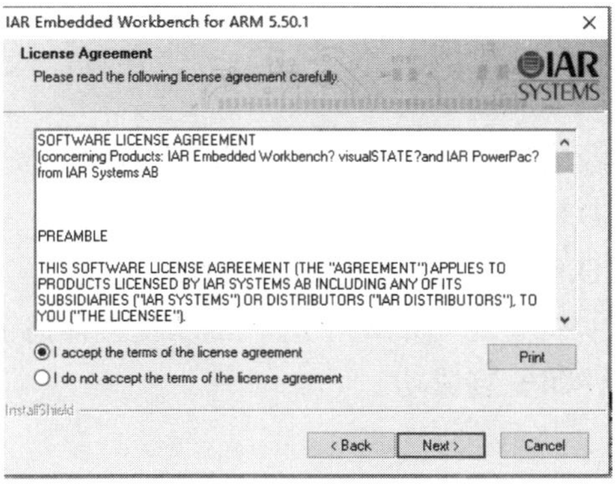

图 D.3　选择同意页面

在“Name”栏中输入名字，在“Company”栏输入单位名字，并在“License”栏中输入注册 ID 号，如图 D.4 所示。将获取到的“License Key”复制到对应的地方，如图 D.5 所示，点击“Next”按钮。

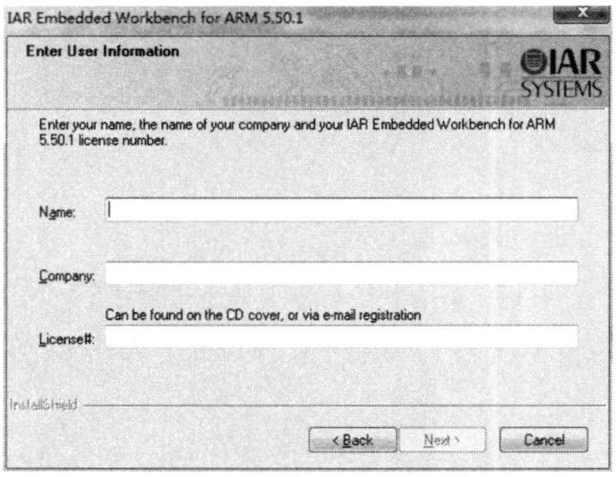

图 D.4　账户名密码页面

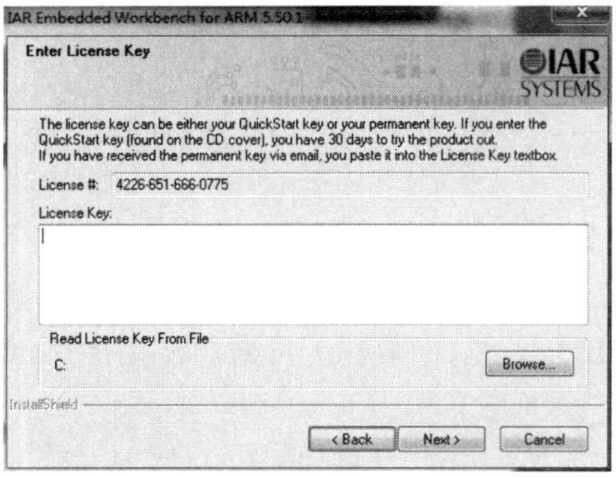

图 D.5　证书输入页面

然后是 IAR 的安装目录的选择，若需要修改的话，点击“Change”按钮即可；若无需修改点击“Next”按钮，如图 D.6 所示。

图 D.7 表示在开始菜单中添加的文件夹名称，如果不做任何修改的话点击“Next”按钮。

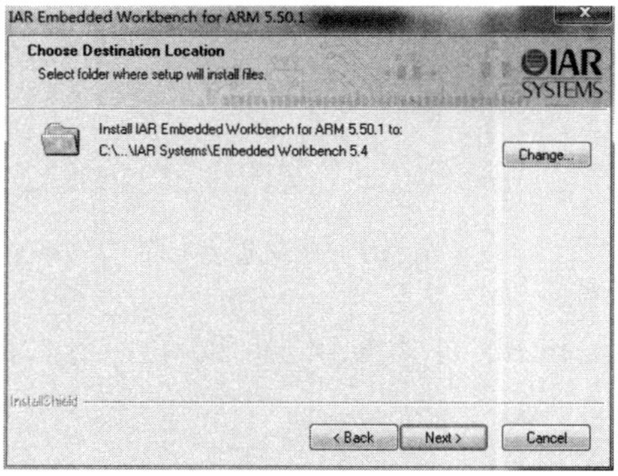

图 D.6　安装目录页面

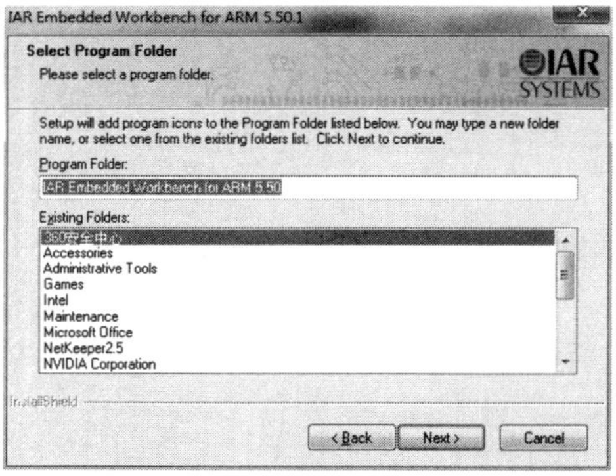

图 D.7　文件夹名称输入页面

如果以上的步骤都已经成功完成，下一步点击“Install”按钮，此时软件会自动全部安装，安装开始页面如图 D.8 所示。

安装进度条页面如图 D.9 所示，此页面表示软件正在安装，请耐心等待直到显示如图 D.10 所示的安装成功提示页面。这里的两个选项可以视具体情况而勾选，点击“Finish”按钮。完成上述操作后软件即安装成功。

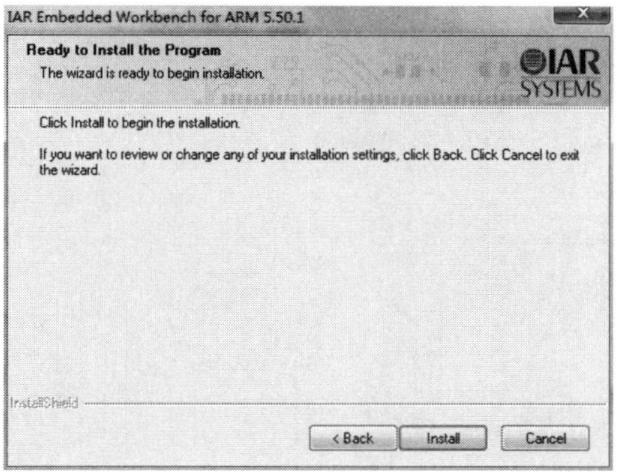

图 D.8　安装开始页面

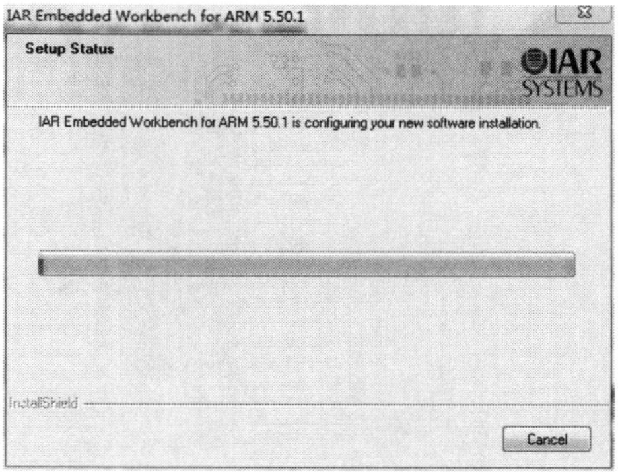

图 D.9　安装进度条页面

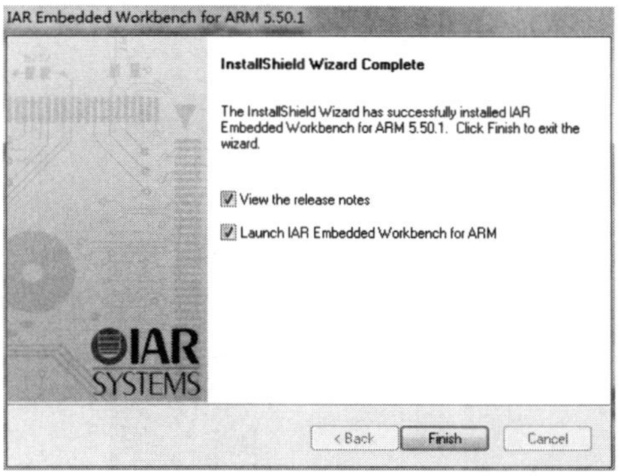

图 D.10　安装成功提示页面

2. J-Link 仿真器驱动程序的安装与配置

打开配套光盘中位于“工具和软件\J-Link 仿真器驱动\jlink 驱动 V408i”目录下的“Setup_JLinkARM_V408i.rar”压缩包并将其解压。双击“Setup_JLinkARM_V408i.exe”，如图 D.11 所示。点击图 D.11 中的“Yes”按钮，并开始安装，如图 D.12 所示。在图 D.12 的开始安装页面点击“Next”按钮，进行完全安装。

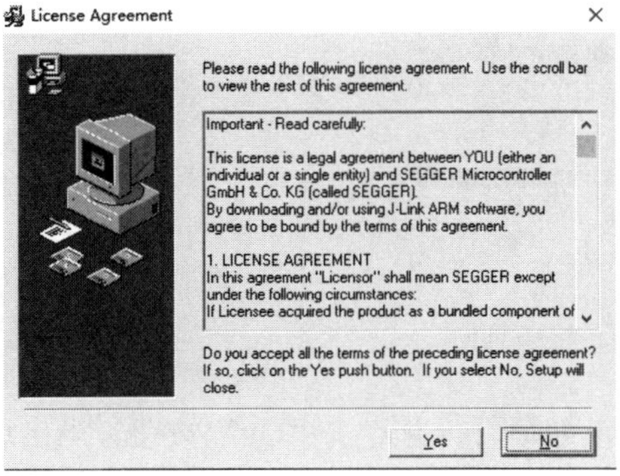

图 D.11　欢迎页面

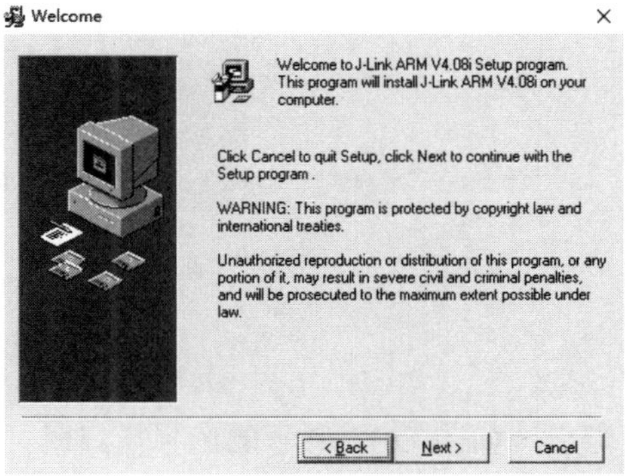

图 D.12　安装开始页面

在图 D.13 的目录修改页面中进行安装目录的修改，若不修改则直接安装。

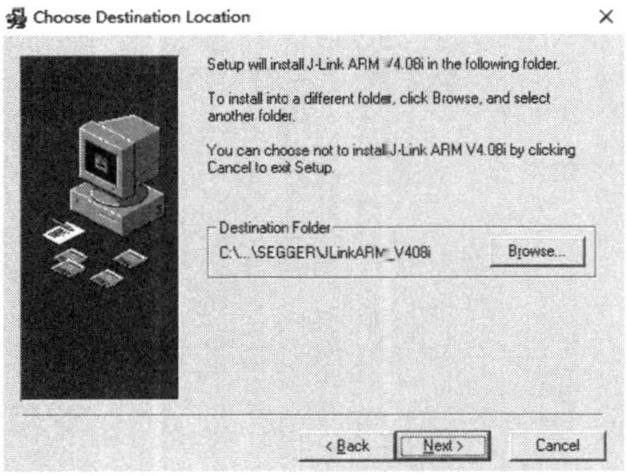

图 D.13　目录修改页面

然后出现页面选项，选项分别为创建开始菜单、添加桌面快捷键方式。若需要只需在前面勾选就行。点击 Next，如图 D.14 所示。确定是否安装。点击 NEXT，如图 D.15 的安装开始页面所示。当显示如图 D.16 所示的进度条页面时，表示正在安装，请耐心等待。

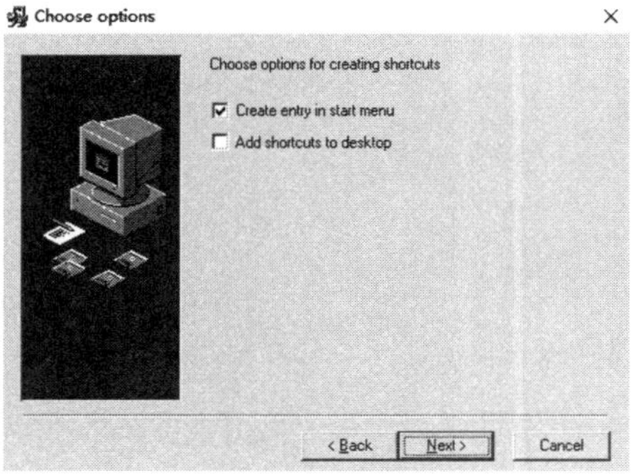

图 D.14　开始菜单创建页面

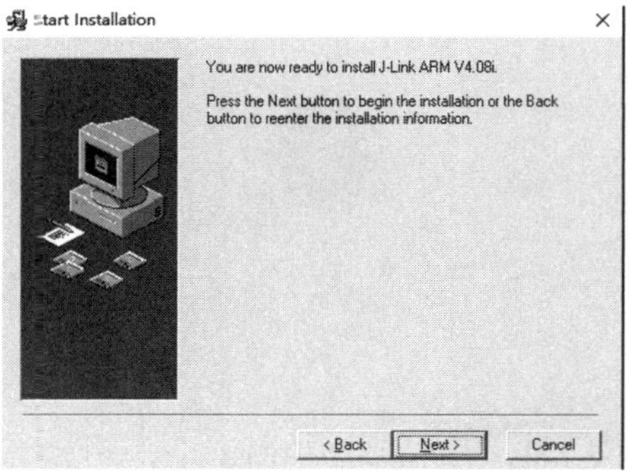

图 D.15　安装开始页面

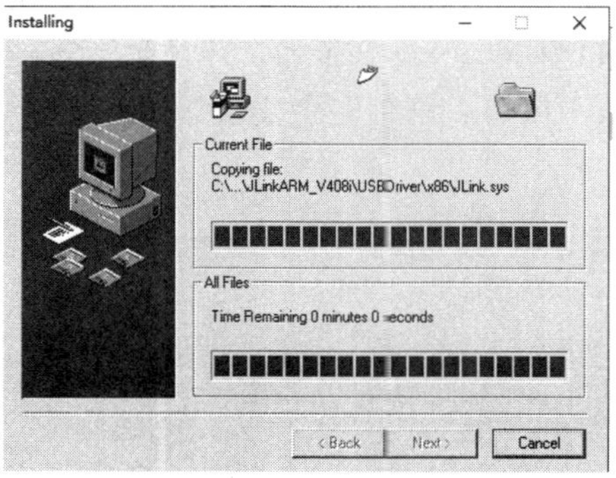

图 D.16　安装进度条页面

当出现如图 D.17 所示的选择窗口时，勾选全部项目，并点击“Ok”按钮。当出现如图 D.18 所示的安装成功提示页面时，说明安装成功。

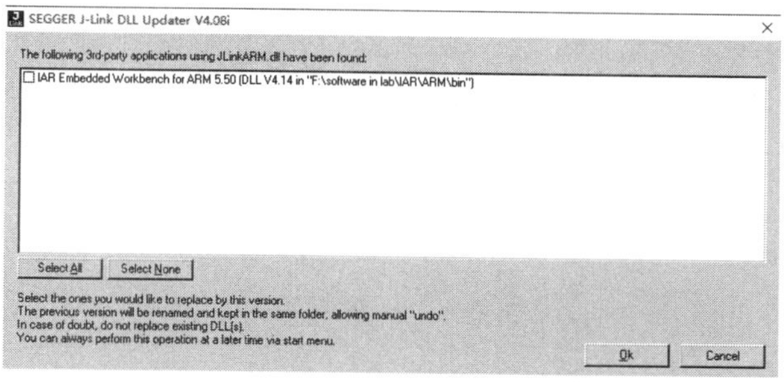

图 D.17 选择窗口

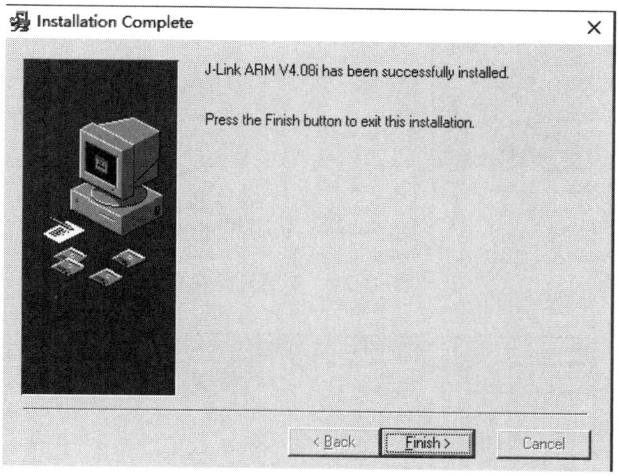

图 D.18 安装成功提示页面

二、Source Insight 代码编辑软件的安装

打开配套光盘中的“工具和软件\source insight”文件夹中的“Setup.exe”文件，如图 D.19 所示。点击“Agree”按钮。随即进入如图 D.20 所示的安装的起始页面。

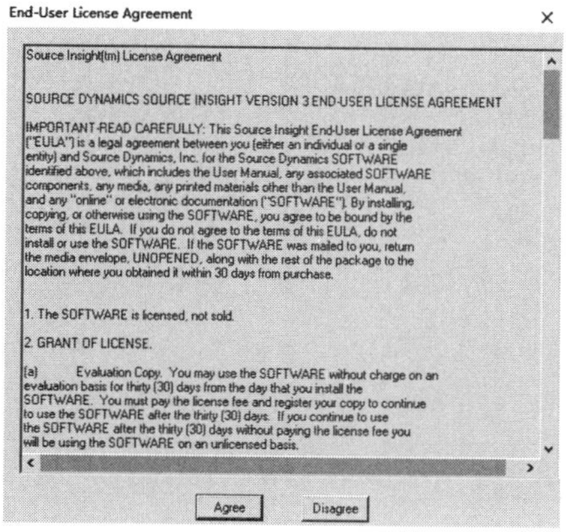

图 D.19 安装开始页面

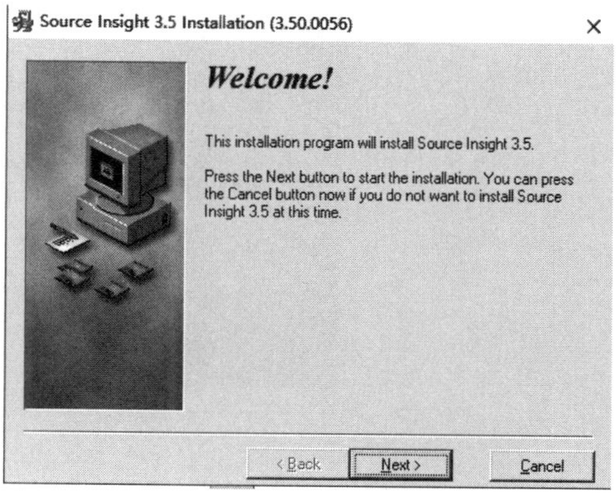

图 D.20 安装起始页面

之后只需一直点击“Next”按钮，直至进入安装开始页面，如图 D.21 所示。弹出安装进度条窗口，如图 D.22 所示。当显示如图 D.23 所示的安装基本完成页面时，表示软件已经安装成功，下一步进行注册。

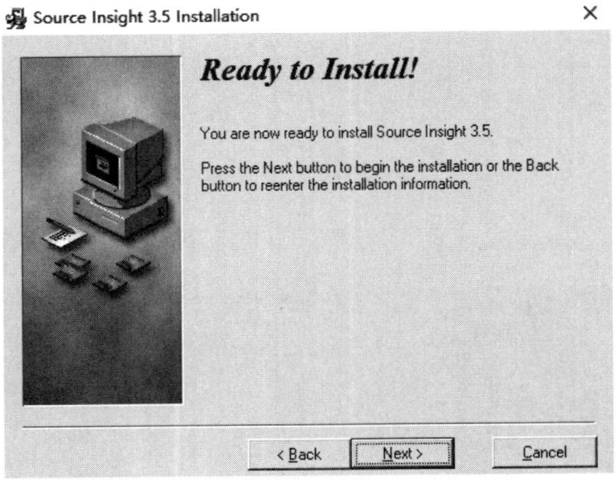

图 D.21　安装开始页面

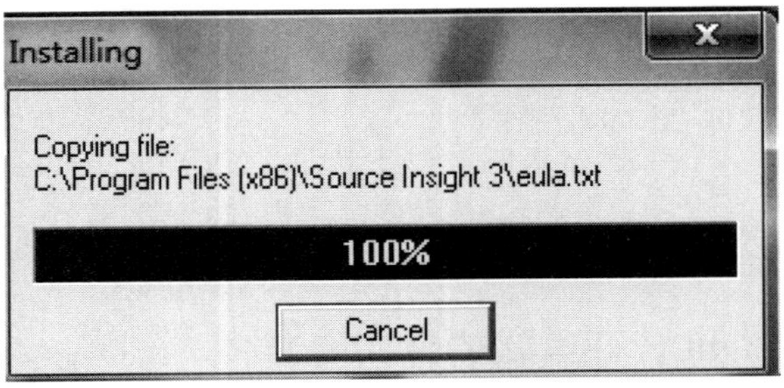

图 D.22　安装进度条页面

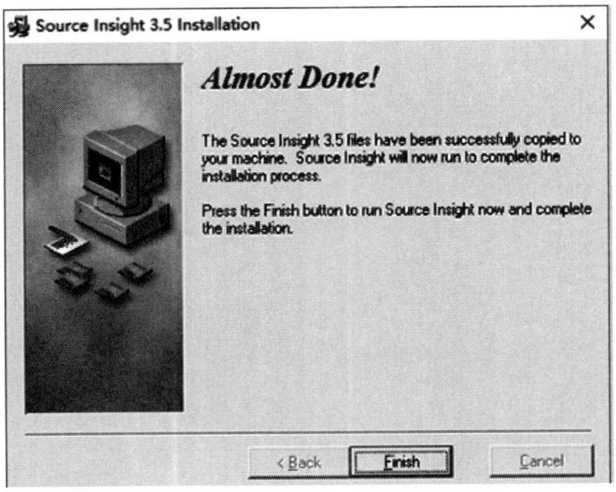

图 D.23　安装基本完成页面

在如图 D.24 所示的注册页面中填写姓名和单位，随即弹出如图 D.25 所示的基本信息设置页面，点击 Continue 即可。至此，安装完成。

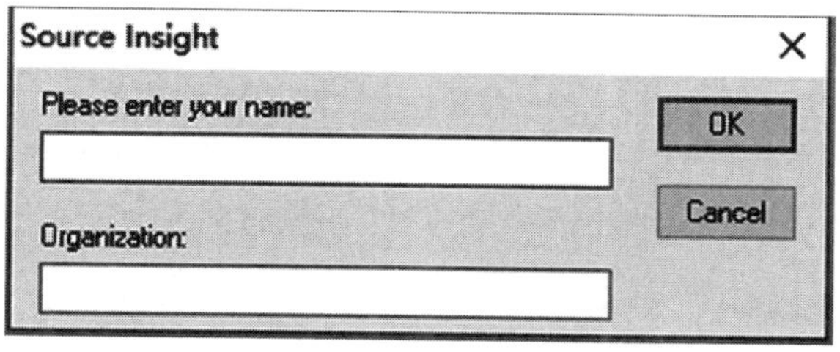

图 D.24　注册页面

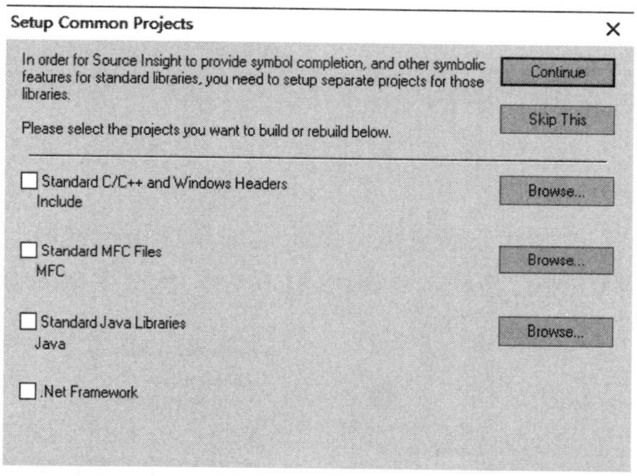

图 D.25　基本信息设置页面

三、Packet Sniffer 软件的安装

双击文件夹中的“Setup_SmartRF_Packet_Sniffer_2.18.1”文件，即会弹出如图 D.26 所示的页面。此时进入到欢迎安装页面，只需点击“Next”即可。然后进入到选择同意页面，点击“I Agree”，如图 D.27 所示。

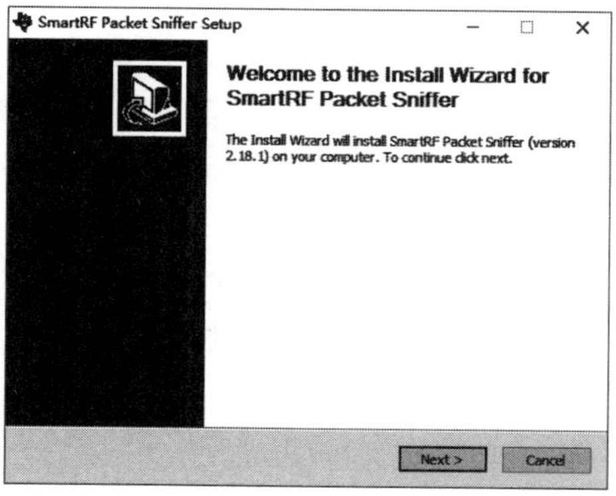

图 D.26　欢迎安装页面

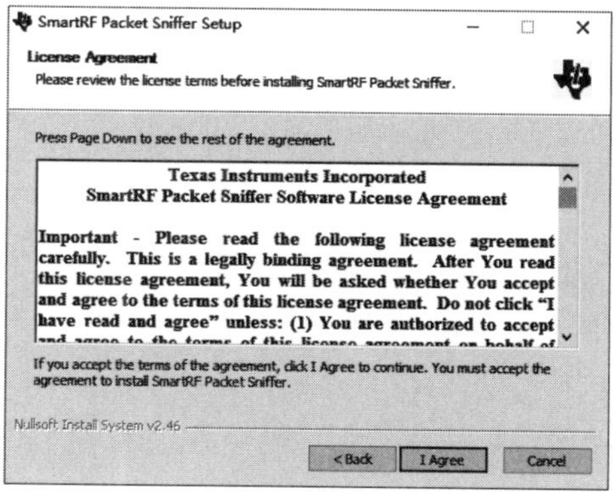

图 D.27　选择同意页面

此时进入到安装组件选择界面，如果不需要修改，直接点击“Next”即可，如图 D.28 所示。然后进入到安装目录选择界面，如果不需要修改，点击“Next”即可，如图 D.29 所示。

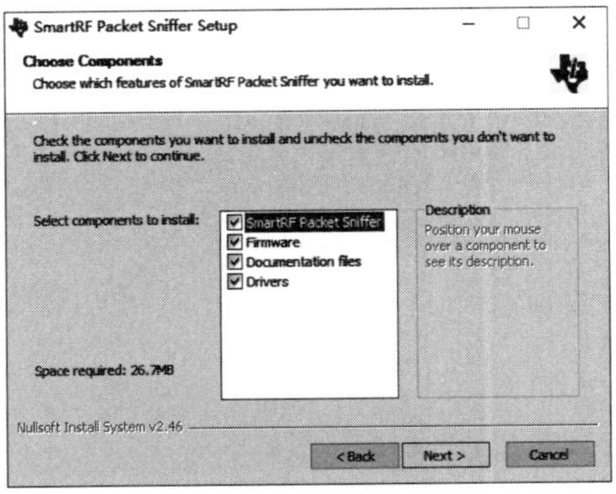

图 D.28　组件选择页面

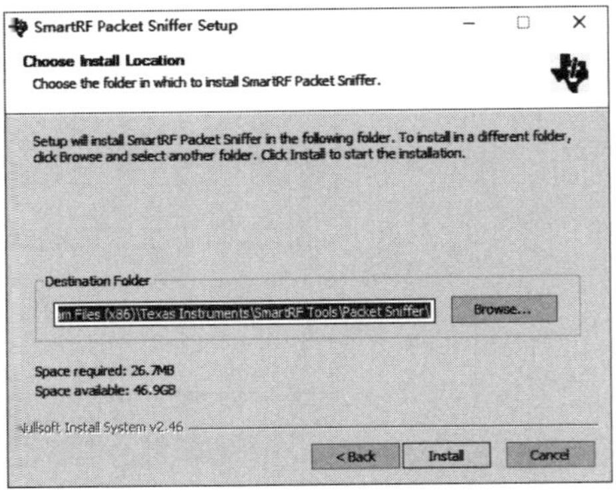

图 D.29　安装目录页面

最后进入到图 D.30 所示的安装进度界面，此时软件正在安装，请耐心等待几分钟，安装完毕之后，点击“Close”按钮，如图 D.31 所示，此时 Packet Sniffer 软件安装完毕。

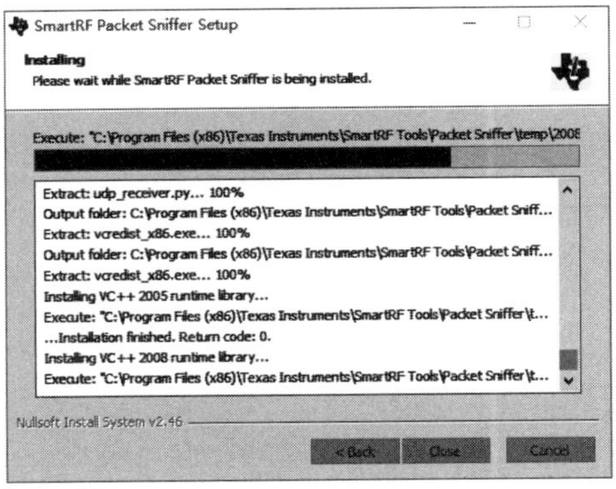

图 D.30　安装进度页面

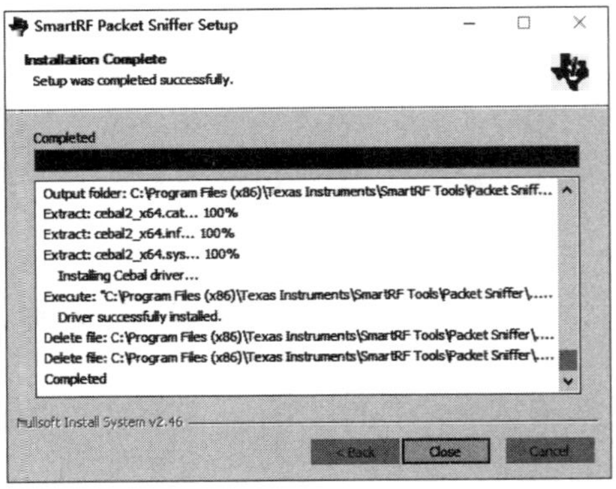

图 D.31　安装完成页面

附录 E　部分英文缩写全称

MTU：Maximum Transmission Unit，最大传输单元

TSCH：Time Slotted Channel Hopping，时隙信道跳频

LPWAN：Low-Power Wide-Area Network，低功率广域网络

DECT：Digital Enhanced Cordless Telecommunications，数字增强无绳通信

MPL：Multicast Protocol for Low power and Lossy Networks，低功耗有损网络多播协

AMI：Advanced Metering Infrastructure，高级量测架构

IoT：Internet of Things，物联网

IDE：Integrated Development Environment，集成开发环境

FFD：Full Functional Device，全功能设备

RFD：Reduced Function Device，精简功能设备

FCS：Frame Check Sequence，帧校验序列

DODAG：Destination Oriented Directed Acyclic Graph，目标导向的有向无环图

CDC：Communication Device Class，通信设备类

LBR：LoWPAN Border Router，LoWPAN 边界路由器

NVIC：Nested Vectored Interrupt Controller，内嵌向量中断控制器

PMV：Predicted Mean Vote，预计热舒适指标